高等职业教育改革创新示范教材

采掘机械设备使用与维护

主　编　魏国江　郑凌生

副主编　韦玉军　王立环

　　　　孙彦梅　侯志国

参　编　张孝廉　赵雪峰　王长海

　　　　陶梦琴　周建波　郭鸿奇

主　审　贾发亮

机　械　工　业　出　版　社

本书为校企合作共同开发的教材，系统地介绍了煤矿井下采掘机械设备的结构、工作原理、主要性能，以及使用、维护和故障处理等方面的知识。全书共分12个单元，涉及大功率电牵引采煤机、液压支架、单体液压支柱、乳化液泵站、刮板输送机、巷道掘进机、凿岩机、凿岩台车和装载机械等设备。每个单元都配有实训任务，以满足职业教育工学结合的教学要求，做到理论与实践相结合。

本书适合职业技术院校和成人教育院校矿山机电专业使用，也可供煤矿开采技术类专业选用，还可供从事煤矿工作的工程技术人员参考。

本书配有相关教学资源，选择本书作为教材的教师可登录 www.compedu.com网站，注册、免费下载。

图书在版编目（CIP）数据

采掘机械设备使用与维护/魏国江，郑凌生主编．—北京：机械工业出版社，2013.7（2021.1重印）
高等职业教育改革创新示范教材
ISBN 978-7-111-43086-5

Ⅰ.①采… Ⅱ.①魏…②郑… Ⅲ.①采掘机—使用方法—高等职业教育—教材②采掘机—维修—高等职业教育—教材 Ⅳ.①TD421.5

中国版本图书馆CIP数据核字（2013）第144644号

机械工业出版社（北京市百万庄大街22号 邮政编码100037）
策划编辑：汪光灿 责任编辑：汪光灿 王海霞
版式设计：霍永明 责任校对：樊钟英
封面设计：张 静 责任印制：常天培
北京富资园科技发展有限公司印刷
2021年1月第1版·第6次印刷
184mm×260mm·21印张·516千字
标准书号：ISBN 978-7-111-43086-5
定价：55.00元

电话服务
客服电话：010-88361066
010-88379833
010-68326294

网络服务
机 工 官 网：www.cmpbook.com
机 工 官 博：weibo.com/cmp1952
金 书 网：www.golden-book.com
机工教育服务网：www.cmpedu.com

前言

为贯彻《国务院关于大力发展职业教育的决定》，落实国务院关于加快矿业类人才培养的重要精神，满足煤炭行业发展对一线技能型人才的需求，教育部、国家安全生产监督管理总局、中国煤炭工业协会决定实施“职业院校煤炭行业技能型紧缺人才培养培训工程”，并制定了职业教育煤炭行业技能型紧缺人才培养培训教学方案。本书是按照上述方案要求，针对职业教育特色和教学模式的需要，以及学生的心理特点和认知规律而编写的，以“简明实用”为编写宗旨。

本书以培养煤矿采掘设备高端技能型人才为目的，经过校、矿专家对本书定位、知识结构、能力结构等方面的共同研究，决定将企业专家的经验以及新技术、新设备、新工艺融入书中，以突出本书的先进性和实用性。本书的编写采用“理论—实践”一体化的模式，课程教学可基于工作过程进行教学设计，构建真实的工作场景，以提高学生的实践能力和综合应用能力；实践性技能训练可在生产单位采用顶岗实习的方法进行教学。

本书的总学时约为120学时，每单元的学时安排见下表（含实训），供教师参考。

单　元	建议学时	单　元	建议学时	单　元	建议学时
第一单元	6	第五单元	10	第九单元	4
第二单元	18	第六单元	12	第十单元	20
第三单元	16	第七单元	8	第十一单元	8
第四单元	10	第八单元	4	第十二单元	4

本书由河北能源职业技术学院魏国江和开滦集团设备管理中心郑凌生担任主编，并负责全书的统稿和修改；开滦集团设备管理中心韦玉军、侯志国，河北能源职业技术学院王立环、孙彦梅任副主编；安徽矿业职业技术学院贾发亮任主审。全书共分12个单元，第一、二单元，第三单元的课题一由河北能源职业技术学院王立环编写；第三单元的课题二由开滦集团设备管理中心周建波编写；第四、五单元，第六单元的课题一和课题二由河北能源职业技术学院魏国江编写；第六单元的课题三由开滦集团安全技术培训中心陶梦琴编写；第七单元的课题一由开滦集团设备管理中心侯志国编写；第七单元的课题二由开滦集团设备管理中心张孝廉编写；第八单元由开滦集团设备管理中心赵雪峰编写；第九单元由开滦集团设备管理中心韦玉军编写；第十单元由河北能源职业技术学院孙彦梅编写；第十一单元由开滦集团设备管理中心郑凌生编写；第十二单元的课题一、二由开滦集团设备管理中心王长海编写；第十二单元的课题三由山西省雁北煤炭工业学校郭鸿奇编写。此外，开滦集团公司副总工程

师刘向昕和开滦集团钱家营矿业公司的孟宪敬对本书提出了许多宝贵意见和建议。

本书在编写过程中得到了开滦集团公司有关部门的大力支持，并参考了许多相关文献和资料，在此谨向这些文献、资料的编著者和支持本书编写工作的单位和个人表示衷心的感谢。

由于时间仓促和编者水平有限，书中错误和缺点在所难免，恳请广大读者批评指正。

编　者

目录

第一单元

采煤机概述

【学习目标】

本单元由采煤机的组成及类型和机械化采煤工作面的布置两个课题组成。通过本单元的学习，学生应了解采煤机的组成和类型，综合机械化采煤工作面配套设备的布置；熟悉采煤机在煤矿生产中的作用与重要性，以及综合机械化采煤工作面配套设备的作用；掌握采煤机的类型、主要结构组成和工作过程；领会采煤机的操作要领和操作方法，并能进行采煤机的基本操作。

课题一　采煤机的组成及类型

【任务描述】

本课题主要对滚筒式采煤机作总体的介绍和分析，使学生对采煤机有全面的认识，提高学习兴趣，树立岗位责任意识，为后续学习打下一定的知识基础。

【知识学习】

煤矿井下长壁回采工作面的采煤工作主要包括落煤、装煤、支护、运输和移置机械设备等工序。采煤机械是机械化采煤工作面的主要设备，我国目前使用最多的是滚筒式采煤机，也有少量刨煤机。滚筒式采煤机是集机、电、液压于一体的大型矿山机械设备，是煤矿井下综合机械化采煤工艺中的核心生产设备。其采高范围大，对各种煤层适应性强，能适应较复杂的顶、底板条件，因此得到了广泛的应用，其外形如图1-1所示。刨煤机要求的煤层地质条件较严格，一般适用于煤质较软，不粘顶板，顶、底板较稳定的薄煤层或中厚煤层，故应用范围较窄；但刨煤机结构简单，尤其是在薄煤层条件下，其劳动生产率较高。

图1-1　采煤机外形图

一、滚筒式采煤机的组成及工作原理

1. 采煤机的主要组成部分

采煤机的类型很多，目前基本上以滚筒式采煤机为主，其基本组成部分大体相同。滚筒式采煤机一般由截割部、牵引部、电气系统和辅助装置四大部分组成。滚筒式采煤机根据滚筒的数量，分为单滚筒采煤机（主要用于薄煤层，如图 1-2 所示）和双滚筒采煤机（主要用于中厚煤层，如图 1-3 所示）。

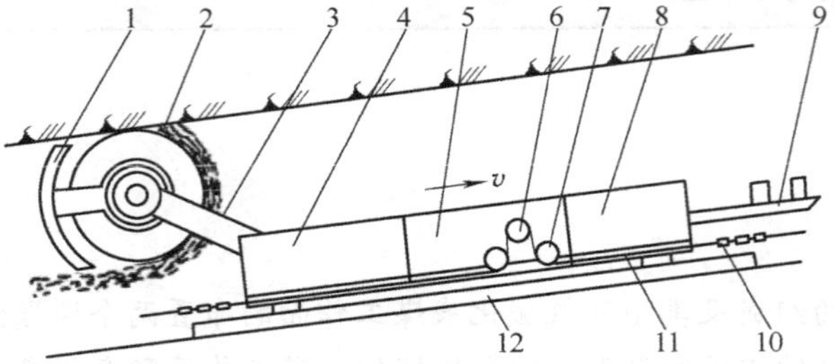

图 1-2 单滚筒采煤机的组成

1—弧形挡煤板 2—滚筒 3—摇臂 4—截割部固定减速箱 5—牵引部 6—主链轮 7—辅助链轮 8—电动机 9—电缆架 10—锚链 11—底托架 12—输送机槽

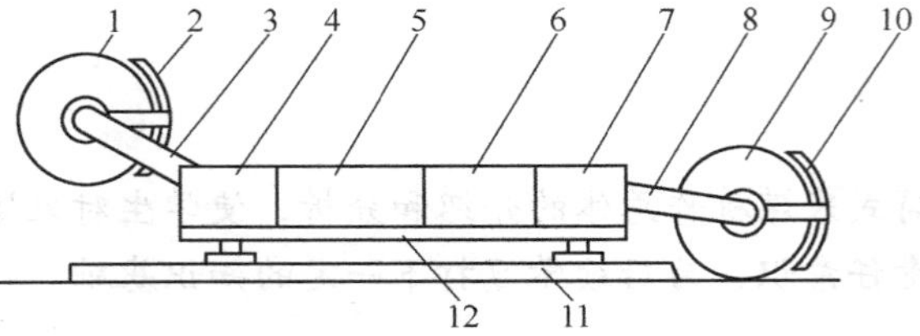

图 1-3 双滚筒采煤机的组成

1、9—滚筒 2、10—弧形挡煤板 3、8—摇臂 4、7—截割部固定减速箱 5—牵引部 6—电动机 11—输送机槽 12—底托架

（1）截割部 截割部由截割传动装置和截割机构组成，包括截割部固定减速箱、摇臂齿轮箱、滚筒及附件等。电动机的动力通过截割部固定减速箱、摇臂齿轮箱减速后传递给滚筒。截割部的主要作用是完成落煤、碎煤和装煤工作。

（2）牵引部 牵引部由牵引传动装置和牵引机构组成，牵引传动装置进行能量转换，牵引机构移动采煤机。牵引部的主要作用是控制采煤机，使其按要求沿工作面运行，并对采煤机进行过载保护。

（3）电气系统 电气系统包括电动机及其箱体和装有各种电气元件的中间箱（连接箱）、接线箱等。电气系统的作用是为采煤机提供动力，并对采煤机进行过载保护。

（4）辅助装置（又称附属装置） 辅助装置包括挡煤板、底托架、电缆拖曳装置、供水喷雾冷却装置及调高、调斜等装置。辅助装置的主要作用是同各主要部件一起构成完整的采煤机功能体系，以满足高效、安全采煤的要求。

此外，为了实现滚筒升降、机身调斜及翻转挡煤板等功能，采煤机上还装有辅助液压装置。

2. 采煤机的总体结构

长壁回采工作面采煤机多用水平螺旋滚筒，通常采用双滚筒。两个滚筒一般对称地布置在机器的两端，采用摇臂调高。这样布置不但有较好的工作稳定性，对顶板和底板的起伏适应能力强，而且只要滚筒具有横向切入煤壁的能力，就可以自开工作面切口。这一类采煤机的截割部采用齿轮传动，为了加大调高范围，还采用了惰轮以增加摇臂的长度；电动机和采煤机的纵轴相平行，采用单电动机驱动时，穿过牵引部通常会有一根长长的过轴；采煤机的牵引部和截割部通常各自独立，用底托架作为安装各部件的基体，如图 1-4 所示。

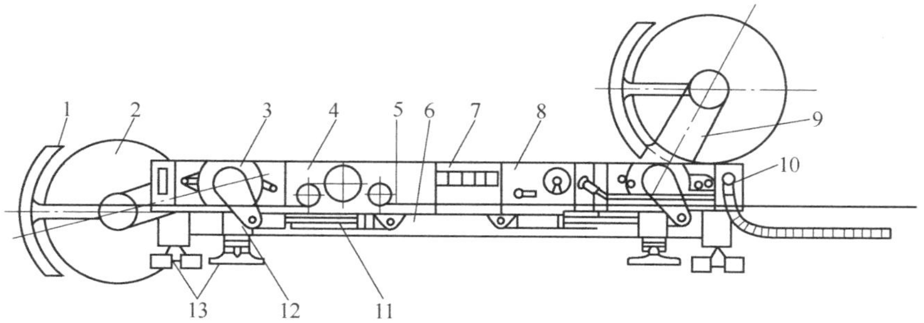

图 1-4　双滚筒采煤机结构

1—弧形挡煤板　2—滚筒　3—截割部固定减速箱　4—牵引部　5—牵引链　6—底托架　7—电气控制箱　8—电动机　9—摇臂　10—电缆拖曳装置　11—调高液压缸　12—调斜液压缸　13—滑靴

图 1-4 所示为链牵引双滚筒采煤机。电动机 8 是采煤机的动力部分，它通过两端出轴驱动滚筒和牵引部。牵引部 4 通过主动链轮与固定在工作面两端的牵引链 5 相啮合，使采煤机沿工作面移动，因此，牵引部是采煤机的行走机构。左、右截割部固定减速箱 3 将电动机的动力经齿轮减速传到摇臂 9 的齿轮，以驱动滚筒 2。滚筒 2 是采煤机直接进行落煤和装煤的机构，称为采煤机的工作机构。滚筒上焊有端盘及螺旋叶片，其上装有截煤用的截齿，由螺旋叶片将落下的煤装到刮板输送机中。为了提高螺旋滚筒的装煤效果，滚筒侧装有弧形挡煤板 1，它可以根据不同的采煤方向来回翻转 180°。底托架 6 用来固定整个采煤机，并经其下部的 4 个滑靴 13 使采煤机骑在刮板输送机的槽帮上。采空区侧的 2 个滑靴套在输送机的导向管上，以保证采煤机的可靠导向。底托架内的调高液压缸 11 用来升降摇臂，以调整采煤机的采高。调斜液压缸 12 用来调整采煤机的横向倾斜度，以适应煤层沿走向起伏不平时的割煤要求。采煤机的电缆和供水管靠电缆拖曳装置 10 夹持，并由采煤机托着在刮板输送机的电缆槽中移动。电气控制箱 7 内装有各种电控元件，以实现各种控制及电气保护。为降低电动机和牵引部的温度并提供喷雾降尘用水，采煤机上还设有专门的供水系统和内、外喷雾系统。

双滚筒采煤机与单滚筒采煤机的主要区别是多了一个截割部，双滚筒采煤机可根据功率要求采用单电动机驱动、双电动机驱动或多电动机驱动等。

3. 采煤机的工作原理

采煤机的割煤是通过螺旋滚筒上的截齿对煤壁进行切割来实现的。

采煤机的装煤是通过滚筒螺旋叶片的螺旋面来实现的，将从煤壁上切割下的煤运出，再利用叶片外缘将煤抛到刮板输送机溜槽内运走，如图1-5所示。

图1-5　滚筒式采煤机的工作原理

1—截齿　2—螺旋叶片　3—滚筒　4—工作面可弯曲刮板输送机

双滚筒采煤机（图1-6）工作时，前滚筒割顶部煤，后滚筒割底部煤。因此，双滚筒采煤机沿工作面牵引一次，可以进一刀；返回时，又可以进一刀，即采煤机往返一次进两刀，这种采煤方法称为双向采煤法。

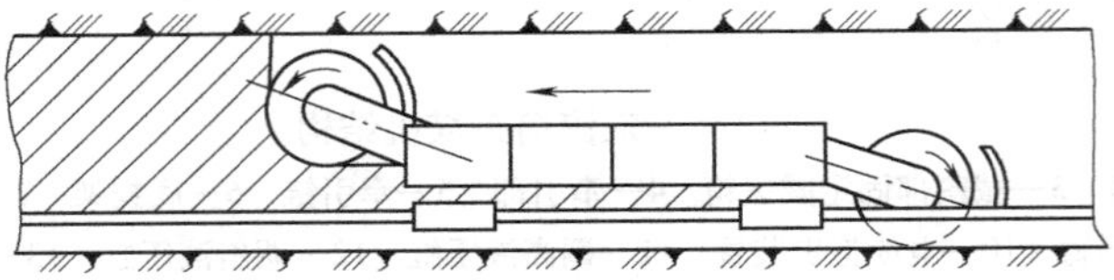

图1-6　双滚筒采煤机工作原理示意图

为了使滚筒落下的煤能装入刮板输送机，滚筒上的螺旋叶片的螺旋方向必须与滚筒的旋转方向相适应。对于顺时针旋转（人站在采空区侧观察）的滚筒，螺旋叶片的方向必须为右旋；对于逆时针旋转的滚筒，其螺旋叶片的方向必须为左旋。也就是人站在采空区侧从上面看滚筒，截齿向左的用左旋滚筒，向右的用右旋滚筒，即“左转左旋，右转右旋”。

二、滚筒式采煤机的类型

1. 按工作机构的数量分类

滚筒式采煤机按工作机构的数量分为单滚筒采煤机和双滚筒采煤机。单滚筒采煤机的机身较短，质量较小，自开切口性能较差，适宜在高档普采及较薄煤层工作面中使用；双滚筒采煤机的调高范围大，生产率高，适用范围广，多用于中、厚煤层。

2. 按牵引部的装配位置分类

滚筒式采煤机按牵引部的装配位置分为内牵引采煤机和外牵引采煤机。传动装置位于采煤机上的称为内牵引，传动装置位于工作面两端的称为外牵引。目前，大部分采煤机采用内牵引，只有某些薄煤层采煤机和刨煤机为了充分利用电动机功率来割煤并缩短机身，才采用外牵引。

3. 按牵引方式分类

滚筒式采煤机按牵引方式分为钢丝绳牵引采煤机、锚链牵引采煤机和无链牵引采煤机。

钢丝绳牵引采煤机的牵引力较小；锚链牵引采煤机的牵引力中等，安全性较差，这两种采煤机目前基本淘汰。无链牵引采煤机工作平稳、安全，结构简单，应用广泛。无链牵引机构的类型很多，目前使用的主要有齿轨式无链牵引机构、销轨式无链牵引机构和链轨式无链牵引机构三种。

4. 按牵引部的控制方式分类

滚筒式采煤机按牵引部的控制方式分为机械牵引采煤机、液压牵引采煤机和电牵引采煤机三种。

（1）机械牵引采煤机　机械牵引采煤机主要采用齿轮传动和相应的机械构件来实现采煤机的调速、停止、换向、过载保护等，其结构一般非常复杂，工作时只能获得几种工作速度，早已被淘汰。

（2）液压牵引采煤机　液压牵引采煤机利用由液压泵和液压马达组成的容积调速系统来驱动牵引机构，液压传动的牵引部由于具有无级调速特性，且换向、停止、过载保护易于实现，便于操作及能实现根据负载自动调速，保护系统比较完善等特点，因而得到了广泛应用。但是液压牵引采煤机的效率低，油液易污染，零件容易损坏，使用寿命较短，因此也正在逐步被淘汰。

（3）电牵引采煤机　目前广泛使用的是电牵引采煤机，它由单独的牵引电动机经齿轮传动驱动牵引机构。根据牵引电动机的形式可以分为直流电牵引采煤机和交流电牵引采煤机两类。

1）直流电牵引采煤机。它利用晶闸管调速装置改变加在牵引直流电动机电枢回路的电压或磁通来实现采煤机牵引速度的无级调速。

2）交流电牵引采煤机。它采用三相交流鼠笼式感应电动机，利用变频调速装置改变供给交流电动机电源频率和电压来实现电动机调速，从而达到改变牵引速度的目的。

此外，采煤机按煤层厚度不同，可分为厚煤层采煤机、中厚煤层采煤机和薄煤层采煤机；按截割（主）电动机的布置方式分为截割（主）电动机纵/横向布置在机身上的采煤机和截割（主）电动机纵/横向布置在摇臂上的采煤机；按调高方式不同，可分为固定滚筒式采煤机、摇臂调高式采煤机和机身摇臂调高式采煤机；按机身与输送机的配合导向方式不同，可分为骑槽式采煤机、爬底板式采煤机；按适用煤层倾角可分为大倾角采煤机和适用于煤层倾角35°以下的采煤机。

三、国产采煤机型号编制方法

MT/T 83—2006 规定，滚筒采煤机的产品型号按以下规定编制。

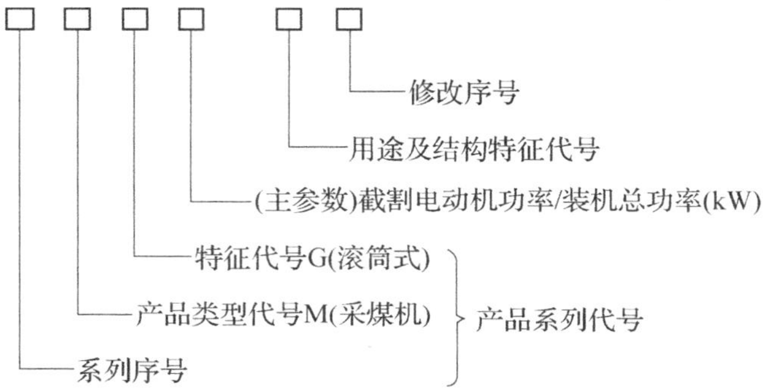

当产品按系列设计时，系列序号以阿拉伯数字顺序编号；当产品按单机设计时，此项可省略。用途及结构特征代号见表1-1。

表1-1 用途及结构特征代号

序号	用途及结构特征	代号
1	适用于薄煤层	B
	适用于中厚煤层	省略
2	适用于煤层倾角35°以下	省略
	适用于煤层倾角35°~55°（大倾角）	Q
3	基型	省略
	高型	G
	矮型	A
4	双滚筒	省略
	单滚筒	T
5	骑槽式	省略
	爬底板式	P（省略B）
6	摇臂摆角小于120°	省略
	摇臂摆角大于120°（短臂式）	N（省略T）
7	牵引链或钢丝绳牵引	省略
	无链牵引	W
8	内牵引	省略
	外牵引	F
9	液压调速牵引	省略
	电气调速牵引	D

例如，MG300/700-WD型号的含义为：M—采煤机；G—滚筒式；300—截割电动机额定功率为300kW；700—装机总功率为700kW；W—无链牵引；D—电气调速牵引。

MG200/475-W型号的含义为：M—采煤机；G—滚筒式；200—截割电动机额定功率为200kW；475—装机总功率为475kW；W—无链牵引；省略液压调速牵引。

课题二　机械化采煤工作面的布置

【任务描述】

滚筒式采煤机与工作面可弯曲刮板输送机、桥式转载机、可伸缩胶带输送机、液压支架等设备配套使用，共同完成煤矿井下综合机械化采煤工艺中的落煤、装煤、运输和顶板支护等工序。本课题主要介绍和分析采煤工作面的设备布置，使学生对机械化采煤方法有全面的了解，并掌握采煤机的基本操作方法。

【知识学习】

一、普通机械化采煤工作面

普通机械化采煤工作面（简称普采工作面）利用采煤机或刨煤机落煤和装煤，利用工作面可弯曲刮板输送机运煤，将单体液压支柱与金属铰接顶梁配套使用，实现了人工控制顶板，从而实现了落煤、装煤和运煤工序的机械化。

普通机械化采煤工作面的配套设备主要由单滚筒采煤机或双滚筒采煤机（刨煤机）、工作面可弯曲刮板输送机及单体液压支柱组成。普采工作面设备布置如图 1-7 所示。

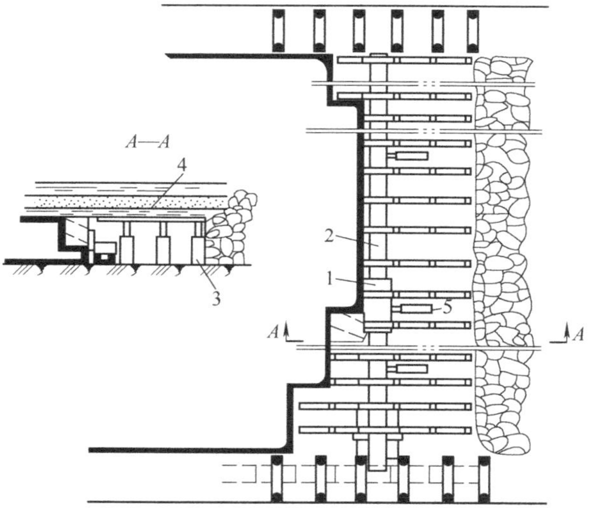

图 1-7　普采工作面设备布置图

1—单滚筒采煤机　2—工作面可弯曲刮板输送机　3—单体液压支柱　4—金属铰接顶梁　5—推移千斤顶

单滚筒采煤机 1 安装在工作面可弯曲刮板输送机 2 上，以其为运行导轨，沿采煤工作面移动进行落煤和装煤。用单体液压支柱 3 和金属铰接顶梁 4 支护裸露的顶板。当采煤机采装完煤以后，用推移千斤顶 5 将刮板输送机向煤壁侧推移一个步距。推移步距等于采煤机的截深，即滚筒的宽度。推移输送机（推溜）完毕后应立即进行支护。当工作面控顶距离达到一定值后，在采空区不再需要支护的地方，应将单体液压支柱 3 和金属铰接顶梁 4 拆除回收，使顶板岩石冒落下来，称为回柱放顶。沿工作面全长采完一刀，工作面推进一个步距，完成一个工作循环。

二、综合机械化采煤工作面

综合机械化采煤工作面（简称综采工作面）利用大功率双滚筒采煤机落煤和装煤，利用工作面可弯曲刮板输送机运煤，利用自移式液压支架控制顶板，将各种相对独立的机电设备合理地组合在一起，在工艺过程中协调工作，使采煤工作面的落煤、装煤、运煤、支护顶板工序全部实现了机械化。

综采工作面配套设备是指采煤工作面和运输（回风）平巷生产系统的机电设备。主要以采煤机、工作面可弯曲刮板输送机和自移式液压支架为中心配套发展，在工作面运输巷道还配备有桥式转载机和可伸缩胶带输送机。综合机械化采煤工作面的配套设备及工作面布置如图1-8所示。

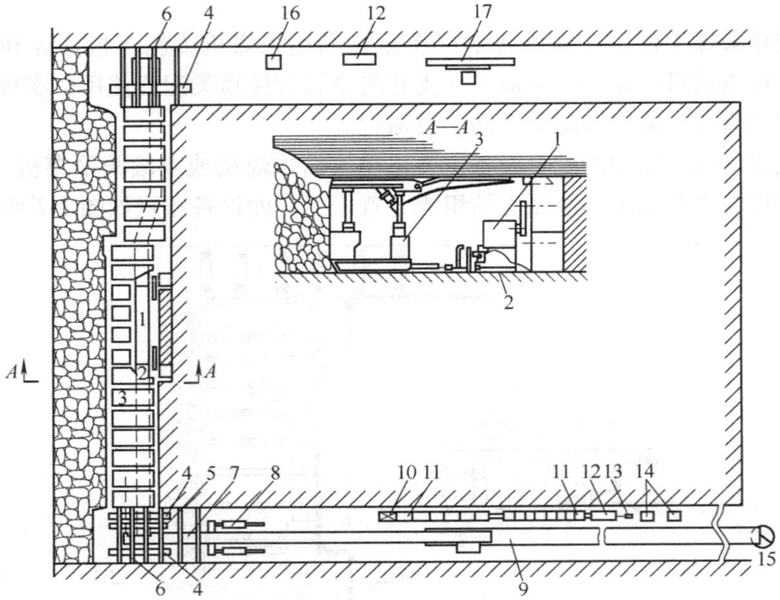

图1-8　综合机械化采煤工作面的配套设备及工作面布置

1—双滚筒采煤机　2—工作面可弯曲刮板输送机　3—液压支架　4—端头支架　5—锚固支架　6—巷道棚梁　7—桥式转载机　8—转载机推移装置　9—可伸缩胶带输送机　10—集中控制台　11—配电点　12—乳化液泵站　13—移动装置　14—移动变电站　15—煤仓　16—绞车　17—单轨吊车

采煤机1完成落煤、装煤工序，双滚筒采煤机骑在可弯曲刮板输送机上沿工作面穿梭割煤，截深一般为600mm。可弯曲刮板输送机2完成工作面的运煤工序，在完成运煤工作、清理机道的同时，还作为采煤机的运行轨道和液压支架向前移动时的支点。液压支架3用来控制工作面顶板，支架的升降、支架的推移、输送机的推移（推溜）均由液压控制。端头支架4用来加强工作面端部的顶板支护，并用来推移输送机机头、机尾的设备。桥式转载机7的一端与工作面输送机的机头搭接，另一端骑在可伸缩胶带输送机9的机尾上，其功用是将刮板输送机的煤转到可伸缩胶带输送机上。可伸缩胶带输送机9是运输平巷中的运煤设备。

此外，乳化液泵站12是液压支架或其他液压装置的动力设备。移动变电站14为工作面各设备提供电源。集中控制台10用于控制可弯曲刮板输送机、桥式转载机、可伸缩胶带输送机及通信等。

综采设备之间有着密切的联系，操作中要充分发挥各设备的效能，使其密切配合，互相创造有利的工作条件。

综采工作面一般采用长壁后退式采煤方法，其生产工艺流程比较简单，一般是双滚筒采煤机落煤，同时把煤装到工作面可弯曲刮板输送机上。在工作面内出现一段空顶后，先推移输送机，而后移液压支架，即所谓的“滞后支护方式”；或者先移液压支架，后推移输送机，即所谓的“及时支护方式”。具体采用哪种方式，是根据工作面顶板的稳定性和使用的综采机械的机型来决定的。

三、采煤机的进刀方式

当采煤机沿工作面双向采煤时，每次截割完工作面全长后，工作面就向前推进一个截深的距离。在采煤机重新开始截割下一刀之前，首先要使滚筒切入煤壁，推进一个截深，这一过程称为进刀。综采工作面两端巷道的断面较大，刮板输送机的机头和机尾一般可伸进巷道。当采煤机截割到工作面端头时，其前滚筒可截割至巷道，因此不需要人工预开切口，而由采煤机在进刀过程中自开切口。

采煤机的进刀方式主要有斜切式进刀和正切式进刀两种。正切式进刀是在工作面两端用千斤顶将输送机及其上面的采煤机滚筒推向煤壁，利用滚筒端盘面上的截齿钻入煤壁，以实现进刀。斜切式进刀分为端部斜切式进刀和中部斜切式进刀（半工作面法）两种：利用采煤机在工作面两端约 25 ~30m 的范围内斜切进刀称为端部斜切式进刀；利用采煤机在工作面中部斜切进刀称为中部斜切式进刀。斜切式进刀较为常用。

【任务实施】

一、任务实施前的准备

学生必须经过煤矿安全资质鉴定，获得煤矿安全生产上岗资格证；完成入矿安全生产教育，具有安全生产意识和相关煤矿安全生产知识。

二、任务实施目的

1）通过参观，了解综采工作面和普采工作面使用的主要机械设备。

2）熟悉采煤机的外形及主要组成。

3）了解采煤机的主要性能参数。

4）掌握采煤机的操作要求。

三、现场参观、实训教学

1）参观普采工作面及综采工作面，模拟综采工作面。

2）观察各种典型采煤机，画出采煤机组成示意图，标出各部分名称。根据实际情况，了解典型型号采煤机的主要用途、适用范围、外形结构、主要组成及作用。

四、采煤机的操作要求

1. 操作前的准备工作

采煤机司机在开机前必须进行仔细的检查和试运转，以便发现问题并及时处理，确保安全。

（1）工作面的检查　检查支护情况，包括检查顶、底板的起伏变化，液压支架的接顶状态；观察煤层的变化情况，查看煤层高度是否发生变化，有无夹矸，煤质硬度，以及煤壁是否有片帮等状况，查看支架的护帮板及侧护板是否完好；检查采煤机周围有无障碍、杂物和人员；检查工作面轨道是否平直。

（2）设备检查　控制手柄、按钮与安全设施应灵敏、可靠、准确、齐全，并置于“零位”和“停止”位置；必须将截割部离合手柄置于“断开”位置，并插上闭锁插销；检查各部润滑油位是否符合要求，各部连接螺栓是否齐全、紧固，滚筒截齿是否齐全、锐利和牢固，喷嘴、水管是否固定可靠，供水压力、流量是否符合要求，电缆及电缆拖曳装置是否可靠，电缆槽内是否有煤块或矸石，齿条连接销是否牢固，工作面信号系统是否正常，停止输送机的按钮是否可靠等。发现问题应及时处理好。

（3）试运转检查

1）先将电动机点动一下，检查电动机是否被卡住。

2）起动空转，确定电动机是否正常。

3）电动机空转正常后，依次调试调速手柄、换向手柄、调高手柄等手柄（或按钮），注意其是否有异常，动作是否灵活可靠。最后，在合上截割部离合器时，应将电动机点动一下，当电动机即将停止时，将离合器轻轻推上。

4）检查滚筒转向是否正常，观察各部位压力是否准确、正常。

5）如果是久停后的首次起动，要在不供冷却水的情况下使电动机空转10～15min，使油温上升到40℃，排除液压系统中的空气。

2. 采煤机操作

（1）采煤机运行操作　检查工作结束后，发出信号通知运输系统操作人员由外向里按顺序逐台起动输送机。待刮板输送机正常起动运转后，方可按下列顺序起动采煤机：

1）解除各紧急停止按钮。

2）合上电动机隔离开关。

3）点动起动和停止电动机的按钮，待电动机即将停止转动时，合上截割部离合器（切忌截割部离合器不能在电动机高速运转时接合，否则会打掉齿轮离合器的牙齿）。

4）打开采煤机供水截止阀，供给冷却喷雾用水。

5）发出采煤机起动运行预警信号，并注意机器周围有无人员及障碍物。

6）按动起动按钮，观察滚筒转向是否正确。

7）操作调高手柄或按钮，把挡煤板翻转到滚筒后面，再把滚筒调至所需的高度。

8）根据顶底板及煤层构造情况确定一个初始牵引速度，采煤机牵引速度要由小到大逐渐增加，不允许猛增（即牵引速度要均匀）。

（2）采煤机在运行过程中的注意事项

1）顶底板不好时应先采取改善措施，不得强行截割，也不准甩下不管；夹矸、断层空巷等要提前处理好。

2）运行中随时注意采煤机各部的温度、压力、声音、振动等运行状况，发现异常情况应及时停机检查并处理好，否则不得继续开机。

3）大块煤、矸石及其他物料不得拉入采煤机底托架内，以防卡住或堵塞过煤空间，或造成采煤机脱轨落道。

4）电缆、水管不得受拉、受挤，不得拖在电缆槽或电缆车外。

5）不得在电动机开动运行时操纵截割离合器。

6）运转过程中，随时观察冷却喷雾水压、流量、雾化情况是否符合要求，否则应停机检查并处理。

7）不允许频繁起动采煤机的电动机。

8）停机时，坚持先停牵引后停电动机。无异常紧急情况，不允许在运行中直接用停电动机的方式停机，更不准用紧急停机手柄（或按钮）直接停机。

9）司机随机操作时既要安全操作机器，又要注意自身的安全。

10）严禁滚筒截割支架顶梁、护帮板、金属网及输送机铲煤板，否则不仅会损坏截齿，更有可能产生截割火花而引发瓦斯、煤尘爆炸事故。

11）当工作面或滚筒附近瓦斯的浓度超限时，应立即停机，切断电源并进行汇报和处理。

12）司机除采用无线电遥控外，必须跟机操作，手不能离操作手柄或按钮过远。

（3）正常停机操作　正常停机的操作原则是先停牵引，后停电动机。其操作顺序如下：

1）将牵引调速手柄置于零位（或将开关阀手柄置于零位，电动机恒功率开关回零位），停止牵引。

2）待截割滚筒内的余煤排净后，用停止按钮停电动机。

3）将离合器及其操作手柄置于零位，关闭进水截止阀。

4）当采煤机较长时间停车或司机远离采煤机时，应将换向隔离开关置于零位，切断电源，打开截割离合器，关闭冷却喷雾水阀门，停止供水；并将两滚筒放到底板上，以便摇臂内各部润滑油的流动。

（4）紧急情况停车　出现下列情况之一时，可操作急停开关或停止按钮：

1）采煤机负荷过大，电动机被憋住（闷车）时。

2）采煤机附近片帮冒顶严重，危及安全时。

3）出现人身事故或重大事故时。

4）采煤机本身发生异常，如内部发生异响，电缆拖曳装置出槽卡住，采煤机掉道，采煤机突然停止供水喷雾，采煤机失控等。

3. 操作注意事项

1）没有经过培训或没有取得上岗证的人员不得开机。

2）应严格执行相关规程和岗位责任制，以及现场交接班制度和维护保养制度。

3）无喷雾冷却水或水的压力，流量达不到要求时，不准开机。

4）截割滚筒上的截齿、喷嘴应无缺损和失效。

5）刮板输送机未正常起动运行时不得开机。

6）根据规定，采煤机上必须配备机载式甲烷断电仪或便携式甲烷检测报警仪，所指示的甲烷（CH_4）浓度大于或等于1.0%时不得开机（其报警浓度为1.0%，断电浓度为1.5%，复电浓度为1.0%）

7）开机前要先喊话，并发出相应的预警信号，仔细观察机器周围的情况，确认无不安全的因素时方可开机。

8）点动电动机，在其即将停止转动时操作截割部离合器。

9）禁止带负荷起动或频繁点动开机。

10）采煤机在割煤过程中，要注意割直、割平并严格控制采高，防止工作面出现过度弯曲或顶板出现台阶式状况，注意防止割支架顶梁或输送机铲煤板。

11）工作面遇有坚硬矸石或硫化铁夹层时应放震动炮处理，不能用采煤机强行截割。

12）除紧急情况外，不允许在停止牵引前用停止按钮、隔离开关、断路器或紧急停止按钮来直接停止电动机。

13）在采煤机工作过程中，防滑装置应可靠，不应在防滑装置失灵的情况下继续开动机器。

14）需要较长时间停机时，应先让输送机运完中部槽中的煤后，再按顺序停电动机，然后断开隔离开关，脱开离合器，切断磁力起动器隔离开关，最后闭锁输送机。

15）检修滚筒或更换截齿时，应切断电动机电源，断开截割部离合器和隔离开关，并闭锁刮板输送机；让滚筒在适宜的高度上，用手转动滚筒进行检查或更换截齿。

16）翻转挡煤板时操作要正确，以防损坏挡煤板。

17）工作面瓦斯、煤尘超限时，应立即停止割煤，必须按规定停电，撤出人员。

五、评分标准（表1-2）

表1-2 采煤机操作评分标准

考核内容	考核项目	分值	检测标准	得分
素质考评	出勤、态度、纪律、认真程度	10	教师掌握	
采煤机结构组成及作用	采煤机各组成部件、作用	20	每项2分	
操作前的准备工作	1. 检查工作面 2. 检查采煤机各部件是否牢靠，有无障碍	15	检查不全扣5分，不检查不得分	
采煤机的操作	1. 采煤机起动操作 2. 采煤机正常停机操作 3. 采煤机紧急停机操作	30	每项操作不正确扣2～10分	
操作注意事项	1. 准备工作要做到细、紧、净 2. 操作要做到勤、准、匀、快 3. 割煤要做到严、直、够	15	每项操作不正确扣2～5分	
安全文明操作	1. 遵守安全规程 2. 清理现场卫生	10	1. 不遵守安全规程扣5分 2. 不清理现场卫生扣5分	
总计				

【思考与练习】

1. 采煤机如何分类？
2. 采煤机主要由哪几部分组成？各部分有什么作用？
3. 试述采煤机的工作原理。
4. 什么是综合机械化采煤？它有什么特点？
5. 综采工作面的主要配套设备有哪些？各自的用途是什么？
6. 试述采煤机操作前工作面检查的内容。
7. 哪些情况下采煤机需要紧急停车？

第二单元
采煤机的组成

【学习目标】

本单元由采煤机截割部、采煤机牵引部和采煤机附属装置三个课题组成。通过本单元的学习，学生应能够阐述采煤机截割部、牵引部和附属装置的组成、类型及结构特点，并能正确地操作、使用和维护采煤机，以及处理采煤机的常见故障。

课题一　采煤机截割部

【任务描述】

截割部是采煤机落煤、装煤的工作机构。通过本课题的学习，学生应掌握截割部的组成、截齿类型、滚筒结构、截割部传动系统原理、截割部的操作和使用与维护等内容。

【知识学习】

截割部包括截割机构和截割传动装置两大部分。截割部的功率消耗占采煤机装机功率的80% ~90%，并且承受很大的负载及冲击载荷。滚筒的截割性能和传动装置的质量都直接影响采煤机的生产率、传动效率、比能耗和使用寿命。由于生产率高和比能耗低主要体现在截割部，所以要求截割部具有较高的强度、刚度和可靠性，良好的润滑、密封、散热条件和较高的传动效率。

一、截割机构

1. 截齿

截齿是采煤机直接落煤的刀具，截齿的几何形状和质量直接影响采煤机的工况、能耗、生产率和吨煤成本。

（1）对截齿的要求

1）耐磨性和强度要高。

2）几何参数合理，适合不同的煤质和截割工况。

3）固定可靠，拆装方便。

（2）截齿的种类　截齿按安装方式可分为径向截齿和切向截齿两种；按形状又可分为镐形截齿和扁形截齿两种。

1）镐形截齿。镐形截齿分为圆锥形镐形截齿（图 2-1a）和带刃扁形截齿（图 2-1b 所示）两种。镐形截齿的齿身为圆柱形，插在齿座内，尾部用弹性挡圈固定。这种截齿形状简单，制造容易，可以绕轴线自转。当截齿一侧磨损时，原则上可通过自转而自动磨锐齿头，但实际上常由于齿身锈蚀、变形或被煤粉堵塞等原因而不能自转，导致一面受力和磨损而过早失效。带刃扁截齿对煤的锲入作用要好些，但其形状复杂，不能自转。

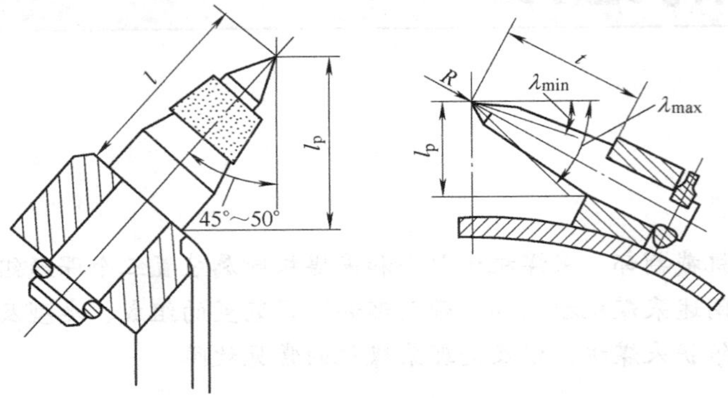

a)　b)

图 2-1　镐形截齿及其固定

a）圆锥形镐形截齿　b）带刃扁形截齿

镐形截齿主要依靠齿尖的尖劈作用楔入煤体而将煤破碎，其破煤原理类似于用镐挖煤。镐形截齿适用于中硬或中硬以上，层理及节理比较发达或含有夹石的各种脆性煤层，也适用于煤层厚度不稳定，需要割顶、割底的采煤工作面；但不适用于吃刀深度大、崩落角小、层理及节理不发达、粘而韧的煤层，也不适宜做滚筒端盘上的角度齿。这种截齿广泛用于中、小功率的采煤机，约占全国截齿总耗量的 20%。

2）扁形截齿。扁形截齿是采煤机上用得最多的一种截齿。它是沿滚筒径向安装的，如图 2-3 所示，又称径向截齿。其割煤原理类似于用车刀切削工件，又称为刀形截齿。

按截齿前端形状的不同，扁形截齿又分为平前面截齿（图 2-2a）和屋脊状前面截齿（图 2-2b）两种。平前面截齿的结构简单，但截煤时产生的煤粉多，刀具受力大，适用于中

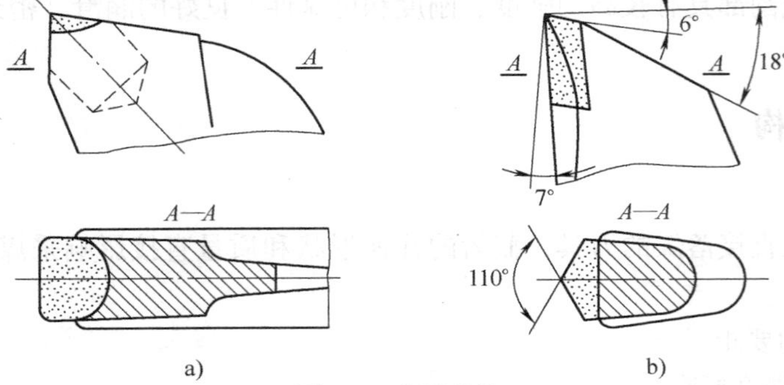

a)　b)

图 2-2　扁形截齿

a）平前面截齿　b）屋脊状前面截齿

硬及夹石较少且节理发达的煤层。屋脊状前面截齿的强度高，截煤时产生的煤粉少，截齿受力也相对减小，适用于韧性好、夹石多的硬煤层。

扁形截齿可用于不同硬度的煤层，其适用范围较广，约占全国截齿总耗量的80%。

扁形截齿的固定方法有多种。在图2-3a中，销和橡胶套装在齿座侧孔内，装入截齿时靠刀体下端斜面将销压回，对位后销被橡胶套弹回至刀体窝内而将截齿固定；在图2-3b中，销和橡胶套装在刀体孔中，装入时，销沿斜面压入齿座孔中而实现固定；在图2-3c中，横销和橡胶套装在齿座中，用卡环挡住横销并防止橡胶套转动，装入时，刀体的14°斜面将销压回，靠销卡住刀体上的缺口以实现固定。拆卸时，可使用专用工具将截齿拔出。

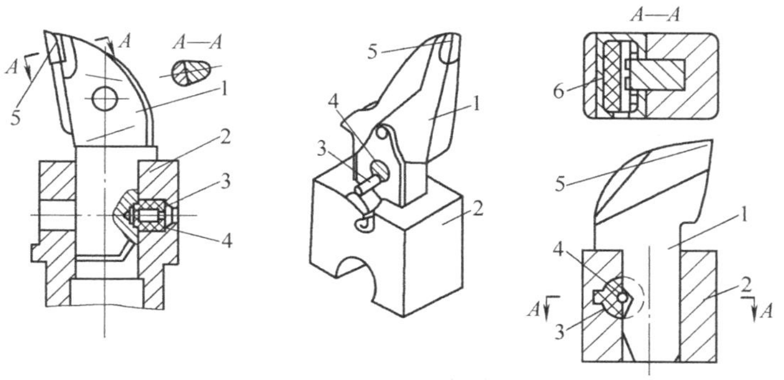

图2-3 扁形截齿及其固定

1—刀体 2—齿座 3—销 4—橡胶套 5—硬质合金头 6—卡环

(3) 截齿材料 截齿刀体的材料一般为40Cr和35CrMnSiA等合金结构钢，经调质处理后可获得足够的强度和冲击韧度。扁形截齿的刀头镶有硬质合金核或片，镐形截齿的刀头堆焊硬质合金层。硬质合金是一种碳化钨和钴的合金。碳化钨的硬度极高，耐磨性好，但性质脆，承受冲击载荷的性能差。在碳化钨中加入适量的钴，可以提高硬质合金的强度和韧性，但其硬度稍有降低。截齿上的硬质合金常用YG-8C、YG-11C或YG-13C，YG-8C适合截割软煤或中硬煤，YG-11C和YG-13C适合截割坚硬煤。

(4) 截齿的失效形式及寿命 截齿的失效形式有磨损、弯曲、崩合金片、掉合金、折断、丢失等，其中以磨损为主。截齿磨损量主要取决于煤层及夹矸的磨蚀性。截齿磨损后，其端面与煤的接触面积增大，使阻力急剧上升。一般规定截齿齿尖的硬质合金磨去1.5～3mm或与煤的接触面积大于$1cm^2$时，应更换截齿。当其他失效形式出现时，也必须及时更换截齿。采煤机截齿消耗量为10～100个/1000t煤。

2. 螺旋滚筒

(1) 螺旋滚筒的结构 螺旋滚筒的作用是落煤和装煤，它由螺旋叶片1、端盘2、齿座3、喷嘴4及筒毂5等部分组成，如图2-4所示。筒毂5与滚筒轴连接，上面焊有螺旋叶片和端盘；齿座焊在叶片和端盘上，齿座的孔用来安装截齿，叶片上两齿座间布置有内喷雾喷嘴。截齿完成落煤的任务，螺旋叶片将截落的煤推向输送机。端盘紧贴煤壁工作，以切出新的整齐的煤壁，为防止端盘与煤壁相碰，端盘边缘的截齿向煤壁侧倾斜，端盘上截齿截出的宽度为B_t=80～120mm。内喷雾水则由喷雾泵通过供水系统引入滚筒空心轴，经喷嘴喷出实现喷雾降尘。

(2) 螺旋滚筒的参数 螺旋滚筒的参数有结构参数和运动参数两种。结构参数包括滚筒的直径、宽度和螺旋叶片的头数和旋向，运动参数是指滚筒的旋转方向和转速。

1）滚筒的直径。滚筒直径 D 是指截齿齿尖处的直径，滚筒直径应根据煤层厚度或采高来选择。滚筒直径尺寸已成系列：0.6m、0.65m、0.7m、0.8m、0.9m、1.0m、1.1m、1.25m、1.4m、1.8m、2.0m、2.3m及2.6m。

叶片直径 D_y 是指叶片外缘齿座突出处的最大直径。叶片直径与筒毂直径 D_g 之差为滚筒的装煤空间，筒毂直径 D_g 越小，螺旋叶片内、外缘之间的运煤空间越大，对提高滚筒的装运煤能力越有利，筒毂直径 D_g 与叶片外缘直径 D_y 之比通常为0.4～0.6。

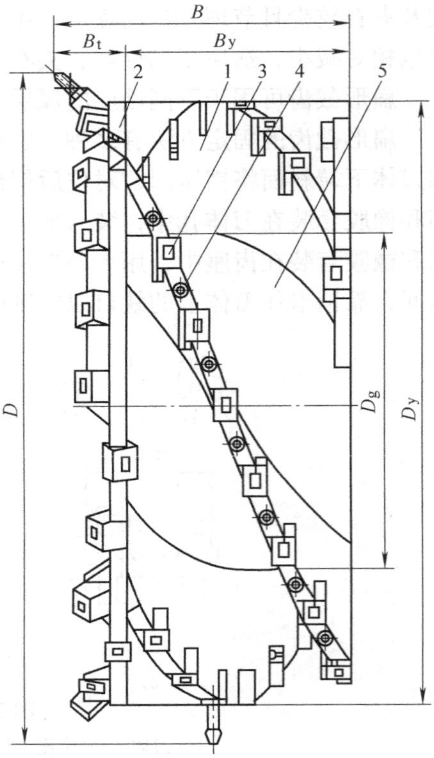

图2-4　螺旋滚筒
1—螺旋叶片　2—端盘　3—齿座
4—喷嘴　5—筒毂

2）滚筒的宽度。滚筒宽度 B 是滚筒边缘到端盘最外侧截齿齿尖的距离，也就是采煤机的截深，但滚筒的实际截深小于滚筒宽度。为了充分利用煤的压张效应，减小截深是有利的，但截深太小则容易影响采煤机的生产率。我国滚筒宽度系列为500mm、600mm、630mm、700mm、750mm、800mm 和 1000mm。近年来，特别是薄煤层采煤机，多采用800～1000mm的截深，以提高工作面生产率。

3）螺旋叶片的头数。如图2-5所示，螺线旋转一周的轴向距离称为导程 L，相邻两螺线之间的轴向距离称为螺距 S。若螺旋头数为 Z，显然有 $L=ZS$。通常螺旋叶片头数为2～4头，以双头螺旋叶片用得最多，3头、4头螺旋叶片一般用于直径较大的滚筒或用来开采硬煤。

4）螺旋叶片的旋向。滚筒的螺旋叶片有左旋和右旋之分，如图2-6所示。为向输送机推运煤，滚筒的旋转方向必须与滚筒的螺旋方向相一致：站在采空区侧看滚筒，对于沿逆时针旋转的滚筒，其叶片应为左旋；顺时针旋转的滚筒，其叶片应为右旋。即应符合通常所说的“左转左旋，右转右旋”的规律。

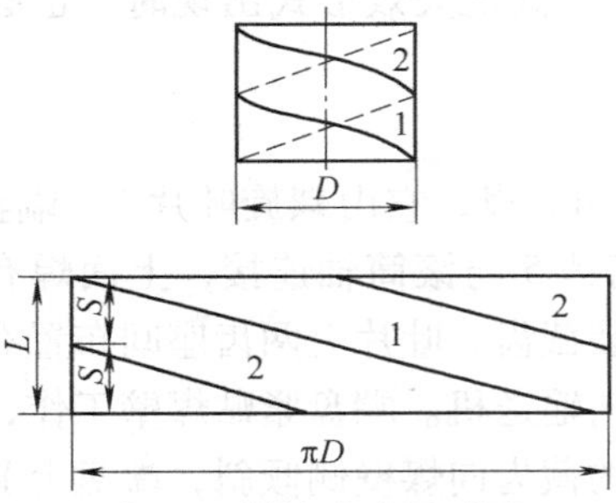

图2-5　螺旋叶片展开图

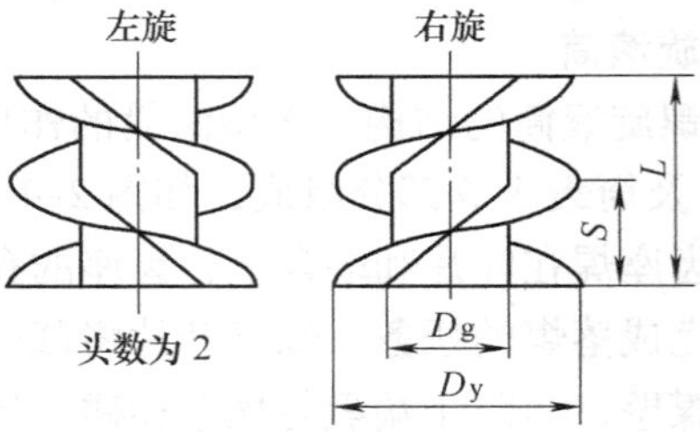

图2-6　螺旋叶片的旋向

5）滚筒的旋转方向。螺旋滚筒的旋转方向影响采煤机的装煤能力、运行稳定性和操作的安全性。

双滚筒采煤机为了使两个滚筒的截割阻力能相互抵消，以增强机器的工作稳定性，必须使两个滚筒的转动方向相反。滚筒的转向分反向对滚和正向对滚两种，因反向对滚时煤尘较少，碎煤不易抛出伤人，中、厚煤层采煤机都采用这种方式，如图2-7a所示。当滚筒直径较小时，滚筒转向为正向对滚，如图2-7b所示，这时不经摇臂下面装煤，有利于提高装煤效率。

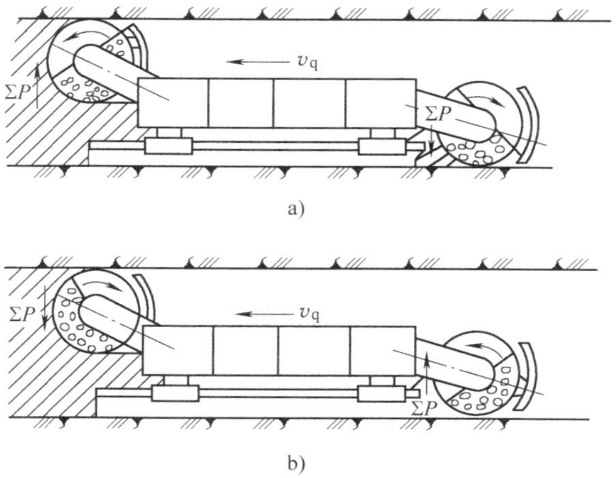

图2-7　双滚筒采煤机滚筒的旋转方向

a）反向对滚　b）正向对滚

为了符合装煤要求，滚筒叶片的螺旋方向是左滚筒为左旋滚筒，右滚筒为右旋滚筒。单滚筒采煤机，一般在左工作面用右螺旋滚筒，在右工作面用左螺旋滚筒。

6）滚筒的转速。采煤机在截割过程中，滚筒以一定的转速 n 旋转，同时又以一定的牵引速度 v_q（m/min）沿工作面移动，Z 为每一截线上的截齿数。这时，截齿切下的煤屑呈月牙形，其最大厚度为 h_{max}（mm）

$$h_{max}=\frac{1000v_{qmax}}{nZ}$$

由上式可以看出，牵引速度 v_q 越大，切割煤的深度越深，即煤屑厚度 h_{max} 就越大。而滚筒转速 n 越高，煤屑厚度 h_{max} 越小，即煤的块度越小，易造成煤尘飞扬。所以，滚筒转速一般限制为20～50r/min，而薄煤层一般为60～100r/min，相应的截割速度一般为3～5m/s。

7）截齿配置。螺旋滚筒上截齿的排列规律称为截齿配置。螺旋滚筒上的截齿排列合理，可以降低截煤能耗，提高块煤率，以及使滚筒受力平稳，振动小。截齿的排列取决于煤的性质和滚筒的直径等。

截齿的排列情况可用截齿配置图来表示，如图2-8所示。截齿配置图就是滚筒截齿齿尖

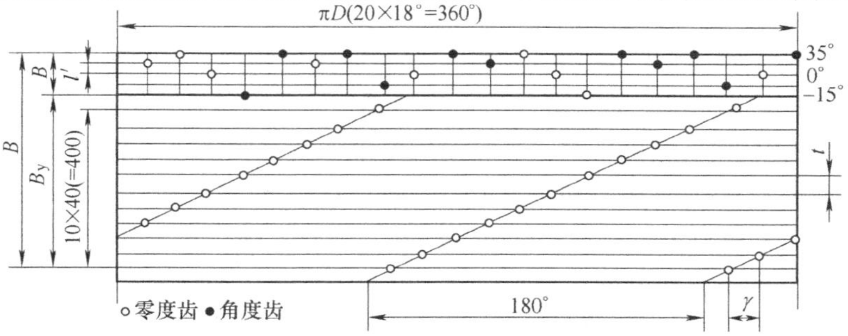

图2-8　截齿配置图

所在圆柱面的展开图。图中水平线为不同截齿的空间运动轨迹展开线，称为截线；相邻截线间的间距称为截距。

螺旋滚筒上的截齿配置包括端盘上的截齿配置和叶片上的截齿配置两部分。由于端盘贴煤壁工作，煤的压张程度差，工作条件恶劣，故端盘部分截齿的截距要比螺旋叶片部分的截距小，而且越贴近煤壁，截距越小。端盘上的截距都是靠调整齿座倾角获得的，向煤壁的倾角用"+"号，向采空区侧用的倾角"-"号表示。叶片上截齿的截距 t 一般为 32 ~ 65mm，原则上讲，越靠近采空区侧煤的压张系数越小，截距可以逐步加大。由图可见，端盘部分的截齿较密，通常每条截线上的截齿数等于叶片头数，图 2-8 中为 2 头螺旋叶片。

3. 滚筒连接

滚筒和滚筒轴的连接结构有锥形轴端与平键连接（锥轴连接）、方轴连接、内齿轮副与锥形盘复合连接（锥盘连接）和轴端突缘与楔块连接等多种方式。

（1）锥轴连接　如图 2-9 所示，其特点是结构紧凑，但因连接长度长，对锥度加工精度要求较高，并且使用后轴键变形而易出现掉滚筒和拆卸滚筒不便的情况。锥轴连接主要用于中、小功率的采煤机。

（2）方轴连接　如图 2-10 所示，其特点是工作可靠，拆装方便，但加工较锥轴连接困难。方轴连接适用于较大及大功率采煤机。

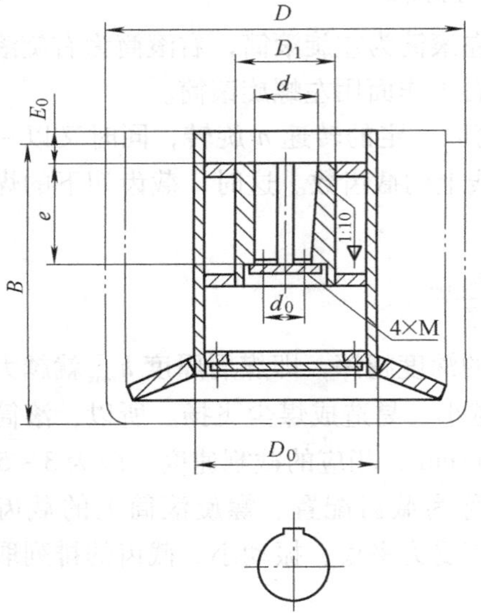

图 2-9　锥轴连接

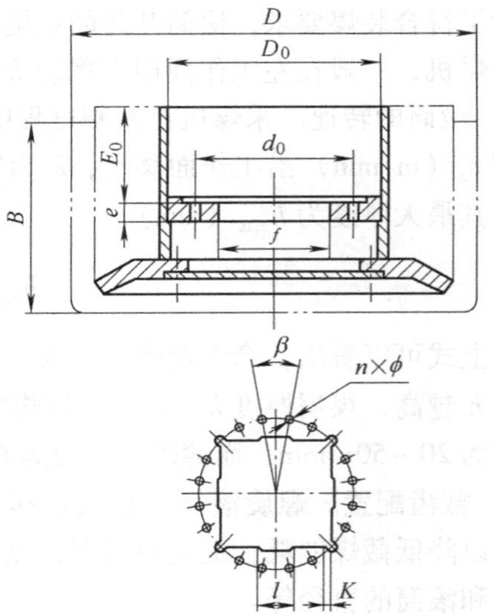

图 2-10　方轴连接

（3）锥盘连接　如图 2-11 所示，其特点与锥轴连接相似。与锥轴连接相比，其传递转矩大，但对锥盘锥度加工精度的要求较高，连接螺栓防松措施要求可靠。锥盘连接方式实际应用较少，仅为 AM500 采煤机采用，实际使用效果不及方轴连接可靠。

（4）轴端凸缘与楔块连接。如图 2-12 所示，MKⅡ型采煤机用 4 个 ϕ35mm 的圆柱销（虚线表示）和 12 根螺钉 1 连接滚筒和轴端凸缘；此外，还用 6 根螺钉 2 拉紧 6 块弧形楔块 3，使滚筒轮毂内孔和楔块外缘表面斜面楔合。安装滚筒时，把滚筒转到楔块的最低位置，预紧 12 根螺钉 1，使滚筒与轴端凸缘的端面贴紧；然后预紧 6 根螺钉 2，使楔块稍微楔紧，接着拧紧各根螺钉 1（拧紧力矩为 480N·m），再依次拧紧各螺钉 2（拧紧力矩为 480N·m）。

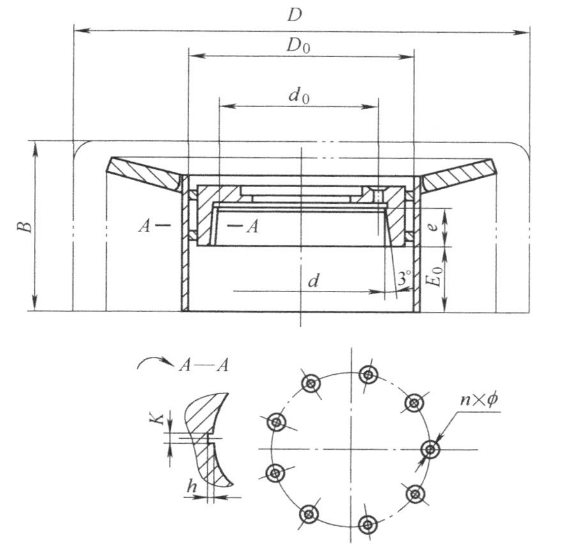

图 2-11 锥盘连接

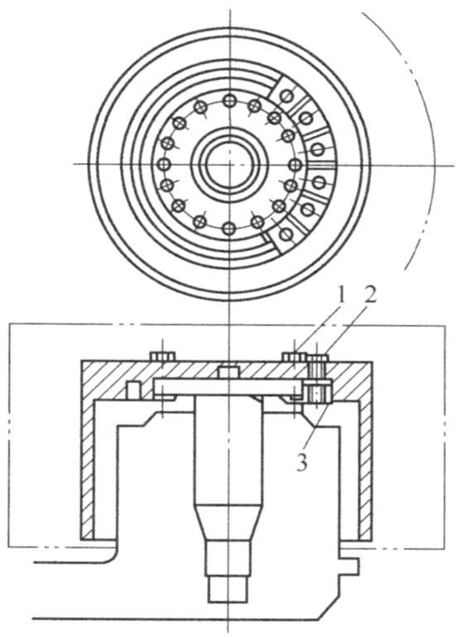

图 2-12 轴端凸缘与楔块连接

1、2—螺钉 3—弧形楔块

二、截割部传动装置

采煤机截割部消耗的功率大，并且承受很大的负载及冲击载荷。因此，要求截割部传动装置具有高的强度、刚度和可靠性，良好的润滑、密封、散热条件和高的传动效率等。

1. 传动方式及传动特点

（1）传动方式 采煤机截割部大多采用齿轮传动，主要有以下几种传动方式：

1）电动机—机头减速箱—摇臂减速箱—滚筒（图 2-13a）。这种传动方式的特点是传动简单，摇臂从机头减速箱端部伸出（称为端面摇臂），支承可靠，强度和刚度好，但摇臂下限位置受输送机限制，卧底量较小。

2）电动机—机头减速箱—摇臂减速箱—行星齿轮传动—滚筒（图 2-13b）。由于行星减速器的传动比大，因此可使前几级传动比减小，系统得以简化，但行星齿轮的采用使滚筒筒毂尺寸增加，因而这种传动方式适用于中、厚煤层以上工作的大直径滚筒采煤机。其摇臂从机头减速箱侧面伸出（称为侧面摇臂），所以可获得较大的卧底量。

3）电动机—机头减速箱—滚筒（图 2-13c）。这种传动方式取消了摇臂，而由电动机、机头减速箱和滚筒组成的截割部来调高，使齿轮数大大减少，机壳的强度、刚度增大，可获得较大的调高范围，还可使采煤机机身长度大大缩短，有利于采煤机开切口等工作。

4）电动机—摇臂—行星齿轮传动—滚筒（图 2-13d）。这种传动方式采用主电动机横向布置，使电动机轴与滚筒轴平行，取消了承载大、易损坏的锥齿轮，使截割部更为简化。采用这种传动方式可获得较大的调高范围，并使采煤机的机身长度进一步缩短。新型的电牵引采煤机都采用这种传动方式。

（2）截割部的传动特点

1）采煤机电动机的转速为 1460 ~ 1475r/min，而滚筒的转速一般为 20 ~ 50r/min，因

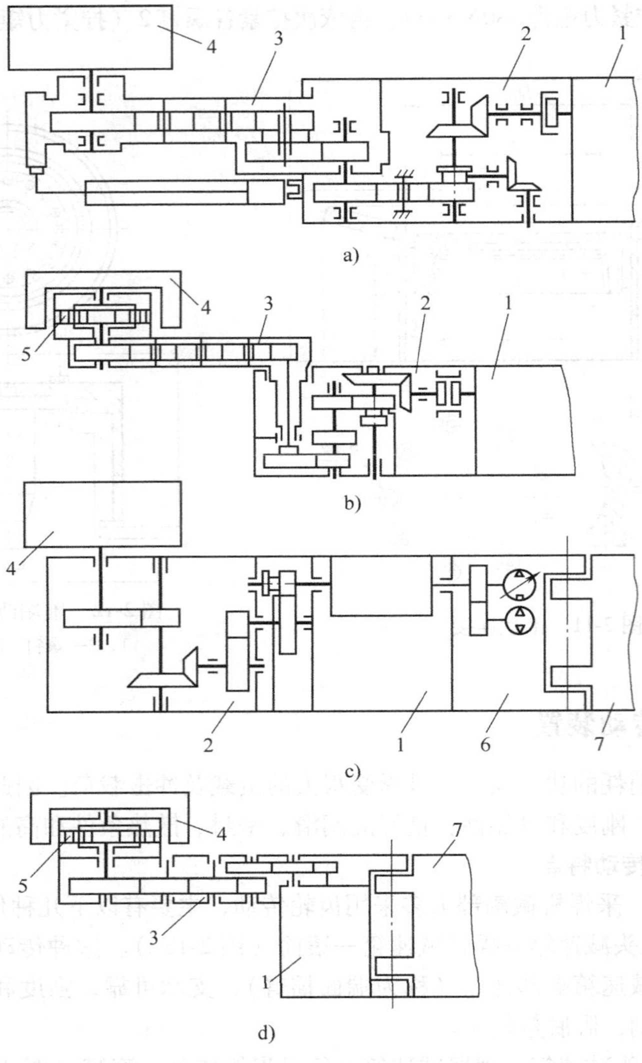

图 2-13 截割部传动方式

1—电动机 2—固定减速箱 3—摇臂 4—滚筒 5—行星齿轮传动 6—泵箱 7—机身及牵引

此，截割部的总传动比为 30 ~50 左右，所以一般需用 3 ~5 级齿轮减速。

2）多数采煤机的电动机轴线与滚筒轴线垂直，传动装置中必须装有锥齿轮。为减小传递转矩及便于加工，锥齿轮一般放在高速级（第一或第二级），并采用弧齿锥齿轮。两齿轮在安装时应使两轮的轴向力将两轮推开，以增大齿侧间隙，避免轮齿楔紧造成损坏。弧齿锥齿轮轴向力的方向取决于齿轮转向及螺旋线方向。

3）通常采煤机的电动机除驱动截割部外，还要驱动牵引部，故截割部传动系统中必须设置离合器，使采煤机在调动或检修（如更换截齿等）时将滚筒与电动机脱开，以保证作业安全。

4）为适应破碎不同性质煤层的需要，有的采煤机备有两种或三种滚筒转速，利用变换齿轮变速。

5）为扩大调高范围，加长摇臂，摇臂内常装有一组惰轮。

6）由于行星齿轮传动为多齿啮合，传动比大，效率高，可减少齿轮模数，故末级采用行星齿轮传动可简化前几级传动。

7）截割部承受很大的冲击载荷，为保护传动零件，在一些采煤机截割部中设有专门的安全保险销。例如，MG300 及日本 MCLE-DR6565 采煤机的传动系统设置了安全剪切销，当外载荷达到额定载荷的 3 倍时，剪切销被剪断，滚筒停止工作。剪切销一般放在高速级。

2. 摇臂减速箱的布置方式

摇臂调高采煤机的摇臂减速箱有三种布置方式如图 2-14 所示。图 2-14a 所示为侧置式摇臂，即摇臂位于采煤机机身一侧；图 2-14b 所示为侧跨式摇臂，即摇臂内一部分跨过机身端部，形成双支点，其传动轴受力状况较好；图 2-14c 所示为端部摇臂，即摇臂在机身宽度范围内，其结构强度、传动轴受力状况都较好，但卧底性差。MG300 系列和英国 AM 系列采煤机均为侧置式摇臂。

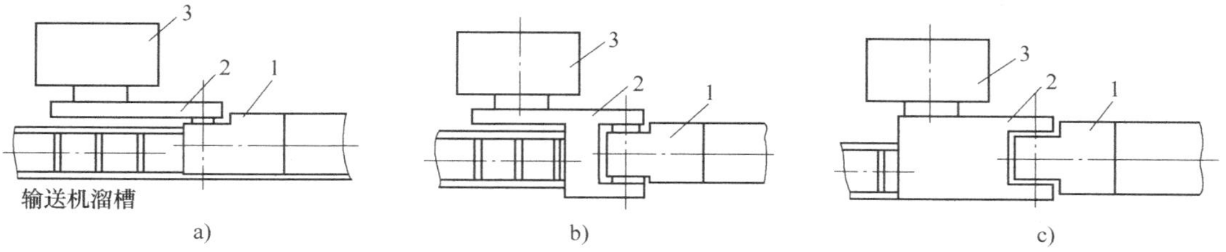

图 2-14　摇臂的结构形式

a）侧置式摇臂　b）侧跨式摇臂　c）端部摇臂

1—机头减速箱　2—摇臂减速箱　3—滚筒

3. 截割部的冷却

大功率截割部由于结构紧凑、散热条件差，容易使润滑油稀释，使粘度降低，严重时会造成齿面失效和密封件老化损坏，所以一般应设置冷却装置。常用的冷却装置有两种形式。

（1）外置式冷却器（图 2-15）　冷却器置于截割部固定箱或摇臂的外部，用润滑油泵将油液从油池中吸出冷却后再至油池。摇臂外壳上、下面设有冷却水道，用喷雾水冷却油液。

（2）内置式冷却器（图 2-16）　截割部固定箱或摇臂的油池中放入合适的冷却管，通入冷却水以冷却油液。

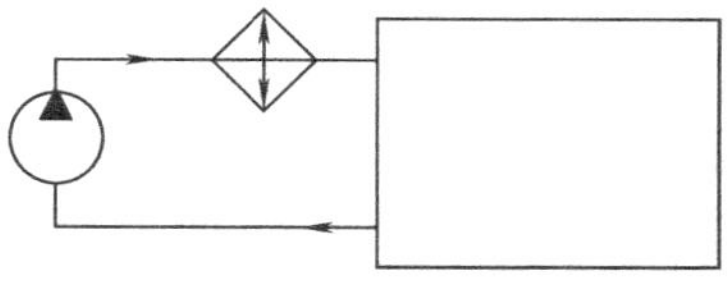

图 2-15　外置式冷却器

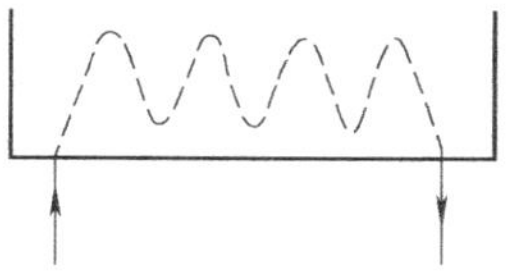

图 2-16　内置式冷却器

4. 截割部的密封与润滑

（1）密封　采煤机截割部采用的密封件有 O 形密封圈、旋转轴唇形密封和浮动机械密封三种。旋转轴唇形密封配合转轴的尺寸精度、几何精度、表面粗糙度和硬度均应符合相关标准的规定，选用的橡胶胶料应避免与使用的润滑油有不相容性。

浮动机械密封由于具有耐磨损、抗污染、抗磨粒磨损的性能，在矿山、工程机械中得到了广泛的应用。密封装置由密封环、O 形密封圈与配套外壳组成，如图 2-17 所示。密封环的材料为高强度高铬合金铸铁，工作面的表面粗糙度达 $Ra0.1\mu m$，工作密封面的平面度在 0.9～1.5μm 之间，表面硬度为 60～72HRC。设计密封组时，必须使安装后密封表面的比压为 0.2～0.3MPa（比压过大会使表面烧坏，比压过小会封不住油液），配套外壳的几何尺寸、O 形密封圈的尺寸与硬度都会影响轴向比压的大小。密封需要良好的润滑，当密封的外径线速度小于 3m/s 时，允许使用润滑脂；当速度超过 4.5m/s 时，必须采用润滑油。

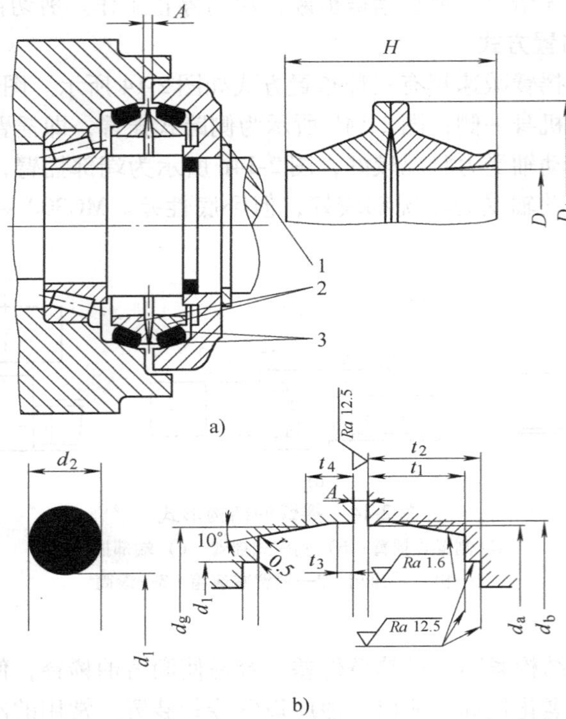

图 2-17　浮动机械密封

1—外壳　2—密封环　3—O 形密封圈

浮动机械密封常用在截割部滚筒轴上，用以在煤尘、砂石条件下进行有效的密封。

（2）润滑　采煤机截割部因传递功率大而发热严重，其壳体温度可高达 100℃。因此，截割部传动装置的润滑十分重要。

1）飞溅润滑。飞溅润滑是截割部中最常用的润滑方法，即将一部分转动零件浸在油池内，依靠它们向其他零件供油和溅油，同时将部分润滑油甩到箱壁上，以利于散热。油池注油量要适当，既要保证齿轮与轴承的润滑要求，也应注意高速搅动产生的损耗不过多地转化成热量。为了防止采煤机在倾斜煤层中工作时油液集中在低处的工况，一般把箱体内腔分隔成几个独立的油池，以保证正常润滑（摇臂常采用这种润滑方式）。目前使用的采煤机大部分采用飞溅润滑，它的特点是减速箱结构简单，但转动件与油液搅拌中会消耗部分能量。

例如，MG150（200）/375（475）采煤机摇臂机壳和行星减速器均采用飞溅润滑，加注 320 号极压工业齿轮油。臂身上设有上、下两个油标，用于观察机壳油位；中心齿轮处的机壳上也设有上、下两个油标，用于观察行星油池的油位，当臂身位于水平位置时，油位在这两个油标之间即可。在臂身上设有两个油池的加油孔、透气塞，下端设有放油孔，如图 2-18 所示。

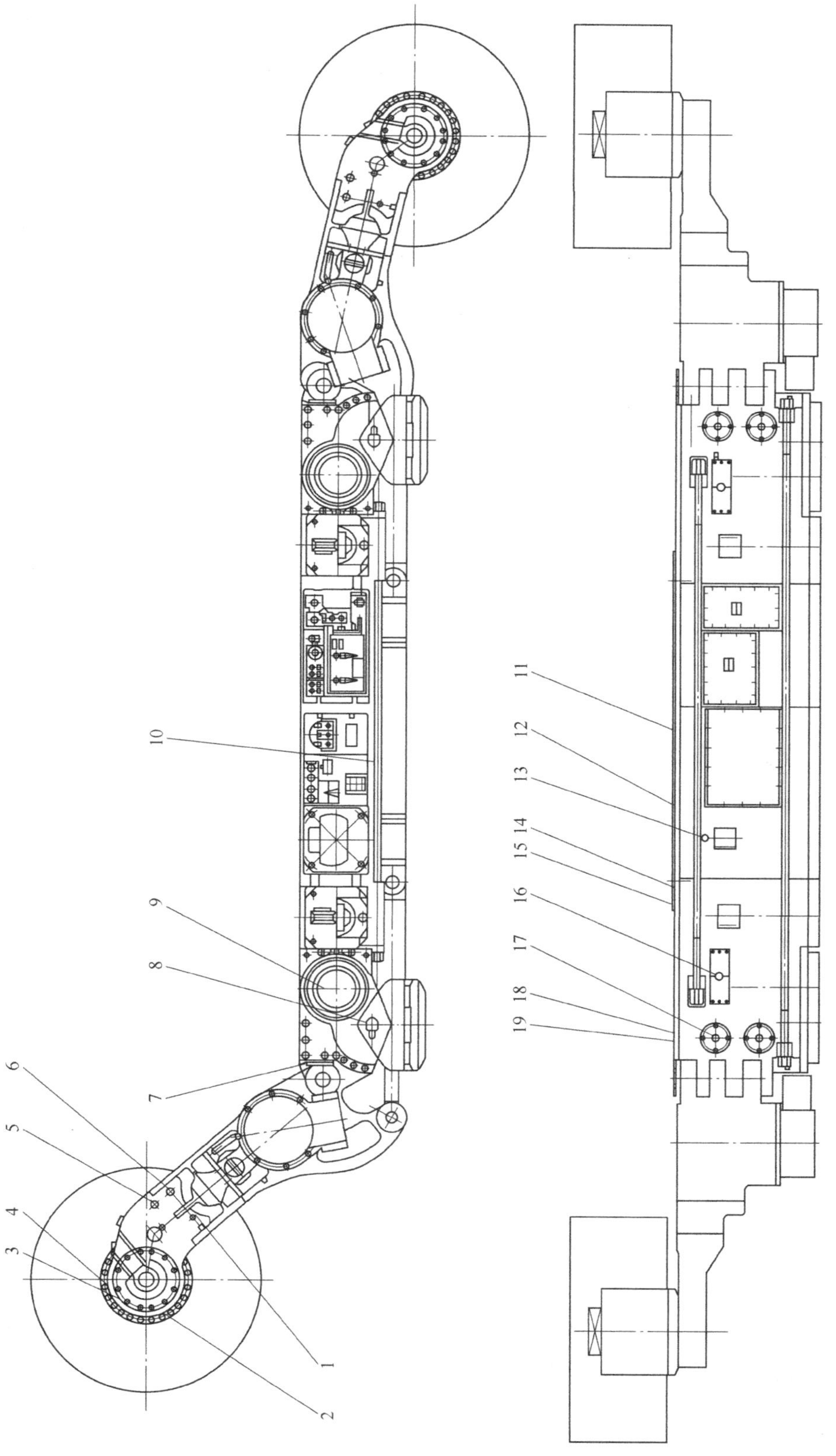

图 2-18　润滑系统

1、3、7—油标　2、10、12、15、19—放油孔　4、6、11、13、14、18—透气塞　5、13、17—加油孔　8、9—加油嘴　16—油位标尺

2）强迫润滑。随着现代采煤机功率的加大，采用强迫润滑的情况日见增多。强迫润滑一般是通过一个润滑系统来实现的，主要用于摇臂减速箱（因摇臂工作时的位置总在变化）。

强迫润滑的优点是可使距油液面较高位置的转动件得到充分润滑，避免采煤机在特殊工况条件下，转动件因缺油而造成损坏；其缺点是减速箱的结构较复杂。

采煤机摇臂齿轮的润滑具有特殊性，它不仅承载重、冲击大，而且割顶煤或割底部煤时，摇臂中的润滑油集中在偏低一端，使其他部位的齿轮得不到润滑。因此，在采煤机操作中，一般规定滚筒割顶煤或卧底时，在工作一段时间后，应停止牵引，将摇臂下降或放平，使摇臂内的全部齿轮都得到润滑后，再上升工作。

根据采煤机截割部减速箱和摇臂的承载特点，都选用粘度为150～460mm^2/s（40℃）的极压（工业）齿轮油作为润滑油，其中以220#和320#硫磷型极压齿轮油用得最多。

【任务实施】

一、任务实施前的准备

学生必须经过煤矿安全资质鉴定，获得煤矿安全生产上岗资格证；完成入矿安全生产教育，具有安全生产意识和相关煤矿安全生产知识。准备典型采煤机截割部、各种截齿；准备锤子、手钳、胀簧钳、套筒扳手、活动扳手、起吊设备等；熟悉截割部传动装置的结构、拆装安全注意事项及技术要求。

二、任务实施的目的

1）能正确拆装滚筒、固定减速箱和摇臂减速箱。

2）能熟练更换截齿。

3）能正确调整传动装置的各种间隙。

三、现场参观、实训教学

1）拆装螺旋滚筒、固定减速箱和摇臂减速箱。

2）更换截齿。

3）调整锥齿轮侧隙和接触斑点，以及各轴承的端面间隙。

4）判断实习采煤机螺旋滚筒的旋向和转向。

5）结合典型采煤机滚筒，了解截割滚筒的结构、完好标准、拆装安全注意事项，并在螺旋滚筒上预设报废的截齿等。

四、采煤机截割部的操作

1. 训练前的准备

（1）采煤机的检修　为保证采煤机的正常运转和设备完好，充分发挥采煤机的效能及延长机器的使用寿命，除了做好采煤机的日常维护工作，严格执行“四检”（包括班检、日检、周检或旬检、月检）外，还必须定期对采煤机进行强制检修。按采煤机的检修内容分为小修、中修和大修。

1）小修。采煤机小修是指采煤机在工作面运行期间，结合“四检”进行强制维修和临时性的故障处理，以维持采煤机的正常运转和完好。小修周期为一个月。

2）中修。中修是指采煤机采完一个工作面后，整机（至少牵引部）上井，由使用矿进行定检和调试。中修周期4~6个月。中修除完成小修的内容外，还需要完成以下6项任务：

① 将采煤机全部解体清洗、检验、换油，根据磨损情况更换密封件及其他零件和组件。

② 对采煤机各种护板进行整形、修理和更换，对底托架及滑靴（或滚轮）进行修理。

③ 滚筒的局部整形及齿座修复。

④ 导轨、电缆槽和拖缆装置的修理、整形。

⑤ 控制箱的检验和修复。

⑥ 整机调试。试运转合格后方可下井使用，并要求试验记录齐全。

3）大修。采煤机运转2~3年，产煤80~100万t后，如果其主要部位磨损超限，整机性能普遍降低，并且具备修复价值和条件的，可进行以恢复其主要性能为目的的整机大修。采煤机检修质量应符合综采设备检修质量标准。

大修除完成中修的任务外，还需要完成以下十项任务：

① 截割部机壳、端盖、轴承杯、摇臂套、小摇臂的修复或更换。

② 摇臂的机壳、轴承座、行星轮架（系杆），连接凸缘的修复和更换。

③ 滚筒的整形及配合面的修复。

④ 调高、调斜、张紧千斤顶的修复和更换。

⑤ 液压泵和所有阀件及其他零件的修复或更换。

⑥ 牵引部行星轮机构的修复。

⑦ 冷却喷雾系统的修复。

⑧ 电动机绕组整机重绕或更换部分线圈，以及防爆面的修复。

⑨ 为恢复整机性能所必须进行的其他零件的修复或更换。

⑩ 整机调试，试运转合格后喷漆出厂。

（2）截割部检修质量要求

1）机壳内不得有任何杂物，不允许有锈斑。

2）各传动齿轮完好无损，啮合状况符合规定。

3）各部轴承符合配合要求，无异常情况。

4）各部油封完好无损，不得渗漏。

5）按规定注入新的润滑油和润滑脂。

6）离合器手柄、调高手柄、挡煤板翻转手柄等必须动作灵活、可靠，位置正确。

7）滚筒不得有裂纹和开焊现象，螺旋叶片的磨损量不超过原厚度的1/3。

8）端面及径向齿座完整无缺，其孔磨损不超过1.5mm，补焊齿座的角度应正确无误。

（3）截割滚筒完好标准

1）滚筒无裂纹或开焊。

2）喷雾装置齐全，水路畅通，喷嘴不堵塞，水成雾状喷出。

3）螺旋叶片磨损量不超过内喷雾的螺纹，无内喷雾的螺旋叶片磨损量不超过原厚度的1/3。

4）截齿缺少或截齿无合金的数量不超过10%，齿座损坏或短缺的数量不超过2个。

（4）截割部完好标准

1）齿轮传动无异响，油位适当，在斜倾工作位置，齿轮能带油，轴头不漏油。

2）离合器动作灵活可靠。

3）摇臂升降灵活，不自动下降。

4）摇臂千斤顶无损伤，不漏油。

（5）截割部维护的主要内容

1）检查和处理采煤机表面情况，保持采煤机各部位清洁，无浮煤、浮矸，无积水和其他杂物。

2）检查各部位螺栓是否松动、折断，如有上述情况应进行紧固、更换。

3）检查各部位是否漏油、渗油，保持规定液面，在运行卡中进行记录，对渗油、漏油部位进行处理。

4）检查各部油位、油质情况，必要时进行油质化验。

5）检查操作手柄、按钮是否灵活、可靠、位置正确，并处理操作手柄、按钮故障。

6）听各部运转声音是否正常，发现问题应查明原因并进行处理。

7）更换和修理损坏和变形的零部件。

2. 操作训练

1）判断实习采煤机螺旋滚筒的旋向和转向。

2）拆装螺旋滚筒、截齿。

3）拆卸固定减速箱、摇臂减速箱。

4）清洗拆卸后的零部件。

5）装配固定减速箱、摇臂减速箱。

6）调整轴承端面间隙、锥齿轮侧隙和接触斑点。

7）对照完好标准检查滚筒、截割部。

8）采煤机截割部的维护和检查。

3. 注意事项

1）在拆装过程中，要保证做到清洁卫生，无杂物进入机箱内。禁止使用棉纱进行清洁，应使用绸布或泡沫塑料。

2）拆装时注意安全。

3）拆装滚筒时要多人协调配合，统一指挥。

4）更换滚筒和截齿时必须断电，断开截割离合器。

五、评分标准（表2-1）

表2-1　截割部的使用与维护评分标准

考核内容	考核项目	分值	检测标准	得分
素质考评	出勤、态度、纪律、认真程度	10	教师掌握	
截割部的组成及作用	截割部各组成部件的结构特点及作用	20	每项2分	
滚筒完好标准	检查采煤机滚筒各部件是否牢靠，有无障碍	15	检查不全扣5分，不检查不得分	

（续）

考核内容	考核项目	分值	检测标准	得分
拆装训练	1. 拆装螺旋滚筒 2. 拆装固定减速箱 3. 拆装摇臂减速箱	30	操作不正确，每项扣2~10分	
操作注意事项	1. 更换滚筒和截齿时必须断电，断开截割离合器 2. 拆装滚筒时要多人协调配合，统一指挥 3. 拆装时注意安全	15	操作不正确，每项扣2~5分	
安全文明操作	1. 遵守安全规程 2. 清理现场卫生	10	1. 不遵守安全规程扣5分 2. 不清理现场卫生扣5分	
总计				

课题二　采煤机牵引部

【任务描述】

采煤机牵引部是采煤机的重要组成部分，它担负着移动采煤机，使工作机构连续落煤或调动机器的任务，而且牵引速度的大小直接影响工作机构的效率和质量，并对整机的生产能力和工作性能有很大影响。本课题要求学生掌握牵引部的组成，无链牵引机构的类型，交流电牵引原理及牵引部的操作、使用与维护方法。

【知识学习】

采煤机牵引部由传动装置和牵引机构两大部分组成。传动装置的重要功能是进行能量转换，即将电动机的电能转换成传动主链轮或驱动轮的机械能，它可分为机械传动（已淘汰）、液压传动（液压牵引）及电传动（电牵引）三种形式，目前只使用液压牵引和电牵引传动装置。牵引机构是协助采煤机沿工作面行走的装置，主要有钢丝绳牵引、链牵引和无链牵引三种形式，其中钢丝绳牵引早已不再使用，链牵引也趋于淘汰，正逐渐被无链牵引机构所代替，因此本课题主要介绍无链牵引机构。

一、对牵引机构的要求

1. 传动比大

在液压传动或机械传动的牵引部中，因为采煤机的牵引速度一般为0~25m/min，所以传动装置的总传动比在300左右。如果采用可调速的电动机，则传动比可相对减小。

2. 牵引力大

随着工作面生产能力的提高，采煤机必须具有很大的牵引力。为了提高牵引力，在液压牵引方式中常采用双牵引方式，即液压泵向两个液压马达同时供油的方式，但牵引速度随之下降；而在电牵引采煤机中则无此问题，牵引力最大可达950kN。

3. 能实现无级调速

随着采煤机外载荷的不断变化，要求牵引速度能随着外载荷的不断变化而变化。在液压牵引采煤机中，可通过控制变量泵的流量来实现；在电牵引采煤机中，则通过控制牵引电动机的转速来实现。

4. 能实现正、反向牵引和停止牵引

在液压牵引采煤机中常用单电动机，即截割和牵引共用一台电动机，因此，牵引方向的改变或停止牵引是通过液压泵供油方向的改变或停止供油来实现的。电牵引采煤机采用多电动机，截割电动机和牵引电动机是分开的，因此，易于实现牵引部正、反向牵引和停止牵引，而且在采煤机各种工况下的操作方法也大为简化。

5. 有完善可靠的安全保护

在液压牵引采煤机中，主要根据电动机的负荷变化和牵引阻力的大小来实现自动调速或过载回零（停止牵引），先进的采煤机中还设有故障检测和诊断装置。在电牵引采煤机中，主要通过对牵引电动机的控制来保证牵引部的安全可靠运行。

6. 操作方便

牵引部应有手动操作、离机操作及自动调速等装置。

7. 零部件应有高的强度和可靠性

虽然牵引部只消耗采煤机装机功率的10% ~15%，但因牵引速度低、牵引力大、零部件受力大，所以必须有足够的强度和可靠性。

二、无链牵引机构

链牵引机构由于存在牵引链弹性伸长量的变化，会引起牵引链的纵向振动和横向振动，以致采煤机的牵引速度和载荷波动得比较剧烈；同时，随着功率的不断增大，断链和跳链的事故逐渐增多。而无链牵引机构不存在这些问题，因此，其在大功率采煤机上得到了普遍应用。

（1）无链牵引机构的主要优点

1）采煤机移动平稳，振动小，载荷均匀，延长了机器的使用寿命，降低了故障率。

2）能够实现双牵引传动，使牵引力提高到400 ~600kN，以适应采煤机在大倾角（最大可达55°）条件下工作，并可通过设置制动器实现防滑。

3）可实现工作面多台采煤机同时工作，以提高产量。

4）啮合效率高，可将牵引力有效地用在割煤上。

5）消除了牵引链带来的断链、反链敲缸等事故，大大提高了安全性。

（2）无链牵引机构的缺点

1）对刮板输送机的弯曲和起伏不平要求较高，对煤层地质条件变化的适应性也较差。

2）无链牵引机构使机道宽度增加了约100mm，提高了对支架控顶能力的要求。

无链牵引机构按工作原理可分为轮轨式、链轨式和液压缸推进式三大类。其中，链轨式与液压缸推进式由于结构庞大，维修困难，可靠性差，行走机构复杂，目前尚无实际用途；而轮轨式无链牵引机构目前使用最多，并被认为是具有发展前途的无链牵引方式。轮轨式无链牵引机构按啮合件的不同，又可分为若干形式。

（3）常用的无链牵引机构类型

1）齿轮销轨型。齿轮销轨型是通过旋转齿轮与固定销轨的啮合作用实现无链牵引的。如图 2-19 所示，销轨是一节一节连接成的，每节销轨在两块钢板之间焊有数个间距与齿轮节距相适应的柱销，其长度是输送机槽长度的一半，并用销轴 6 固定在槽帮轨座内。牵引部减速器输出轴上的驱动齿轮 2 通过行走轮（传动齿轮）3 与销轨 5 相啮合，由于销轨固定不动，所以采煤机便以销轨为导轨移动，并由导向滑靴 4 保证运动方向。

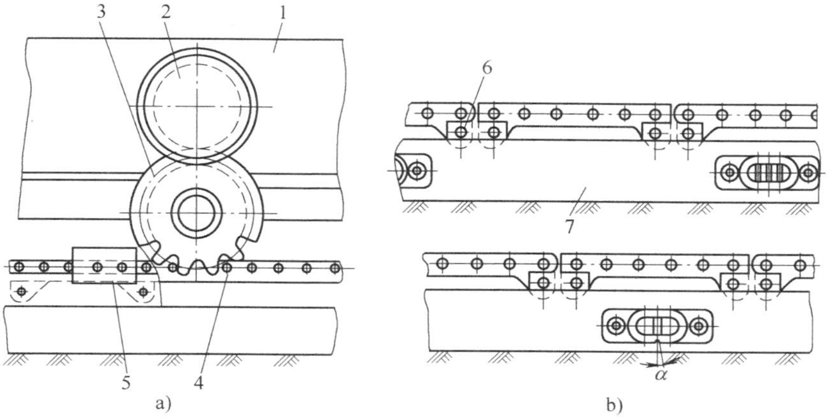

图 2-19　齿轮销轨型无链牵引机构

1—牵引部减速器　2—驱动齿轮　3—行走轮　4—导向滑靴　5—销轨　6—销轴　7—销轨座

2）销轮齿条型。如图 2-20 所示，在牵引部减速器输出轴上安装有销轮 1，销轮 1 是在两块圆盘间沿圆周均布焊接 5 根圆柱销构成，而齿条式齿轨则用螺栓固定在输送机槽帮上。销轮 1 被驱动后，采煤机便以齿条为导轨运行。

3）复合齿轮齿条型。这种无链牵引装置如图 2-21 所示。它的驱动轮 2 和行走轮 3 均为交错齿双齿轮，而复合齿条 4 也是相应的交错齿双齿条，它们之间对应形成双啮合而使采煤机运行。这种机构齿部粗壮，强度高，寿命长，交错齿轮啮合运行平稳，轮齿端面互相靠紧，能起横向定位和导向作用；齿条间由螺栓连接，其下部由扣钩连接，以适应输送机垂直和水平偏转。

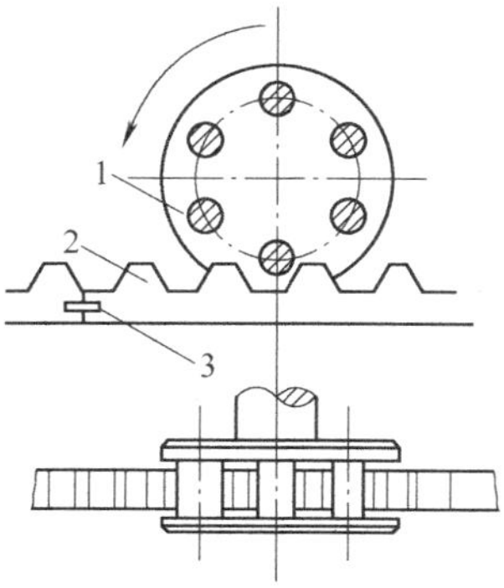

图 2-20　销轮齿条型牵引原理

1—销轮　2—齿条　3—齿条连接圆环

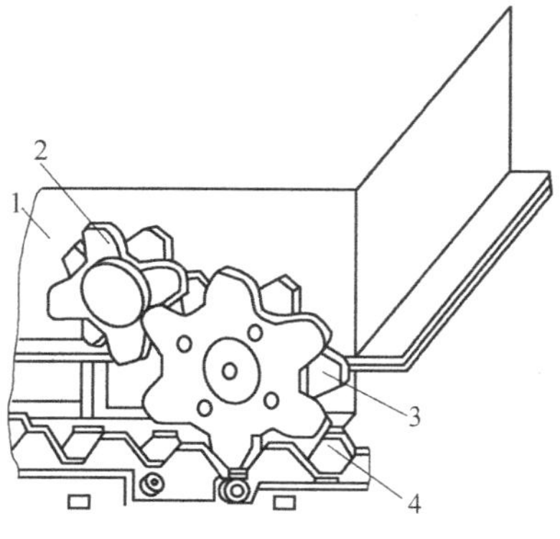

图 2-21　复合齿轮齿条型无链牵引装置

1—牵引部减速器　2—驱动轮

3—行走轮　4—复合齿条（交错齿双齿条）

4）链轮链轨型。如图 2-22 所示，链轮链轨式无链牵引机构由采煤机牵引部传动装置 1 输出轴上的长齿驱动链轮 2，使链轮 2 与铺设在输送机采空区侧挡板 5 内的链轨架 4 上的不等节距圆环链 3 相啮合而驱动采煤机。与链轮同轴的导向滚轮 6 支承在链轨架 4 上导向。底托架 7 两侧有卡板卡在输送机相应的槽内进行定位。

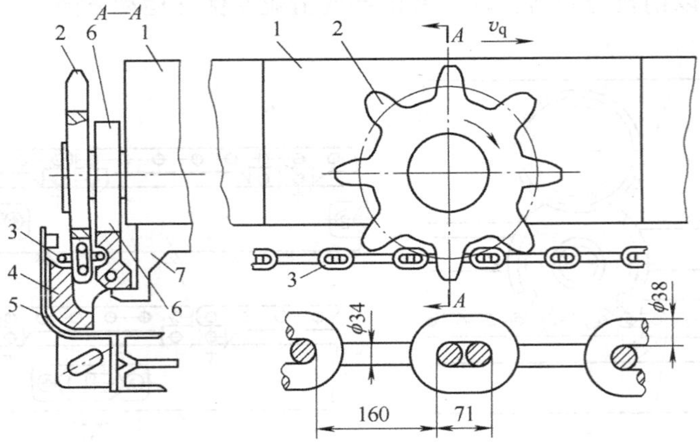

图 2-22　链轮链轨型无链牵引机构

1—传动装置　2—链轮　3—圆环链　4—链轨架　5—侧挡板　6—导向滚轮　7—底托架

这种机构利用圆环链挠曲性好的特点，使输送机和中部槽垂直面的偏转角达 ±6°，水平偏转角达 ±1.5°，因此，适合在底板起伏大并有断层的条件下工作。

5）强力链轨型。如图 2-23 所示，强力链轨型无链牵引机构的链轨是由一个中环和两个边环可拆卸的模锻件组成的长链条。链条嵌在溜槽挡煤板上的方形断面导槽内，导槽外口兼作滑靴导向，中环上的方孔与采煤机牵引部输出轴的齿轨链轮相啮合而移动采煤机。

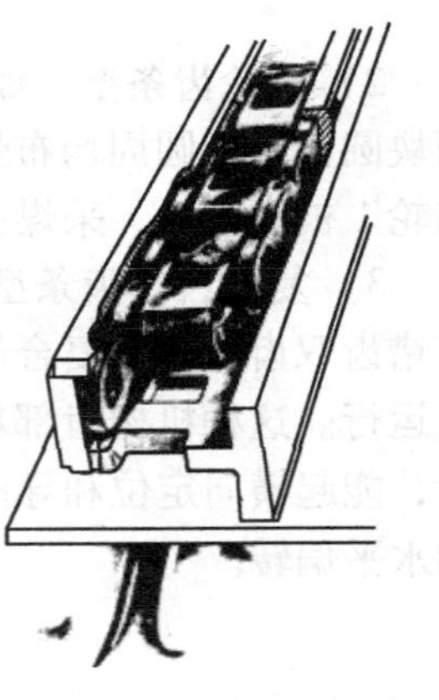

图 2-23　强力链轨型无链牵引机构的链轨

强力链轨型无链牵引机构的特点如下：

① 牵引力大，每个牵引机构的牵引力达 300kN，如装两套，则总牵引力可达 600kN。

② 使用寿命长，由于驱动齿轮只啮合在链环中心线上，所以磨损后可以反向和翻转链环反复使用，从而延长了机构的使用寿命。

③ 维修和更换简便，链环和连接板损坏时，只需更换单件。

④ 提高采煤机、输送机对底板起伏的适应性。

三、牵引部传动装置

牵引部传动装置用来驱动牵引机构，从而使采煤机沿工作面移动。它将电动机的电能转换为主动链轮或驱动轮的机械能，并为采煤机提供所需的多种保护和速度控制。牵引部传动装置按传动类型可分为机械牵引、液压牵引和电牵引三种。按布置方式又可分为内牵引和外牵引两种：内牵引的传动装置位于采煤机上，外牵引的传动装置与采煤机机身分离而在工作面两端。大部分采煤机都采用内牵引，只有在某些薄煤层采煤机中，为了充分利用电动机功率来割煤和缩短机身，才采用外牵引。牵引部传动装置的常见分类方法如图 2-24 所示。目前，液压牵引采煤机的使用越来越少，绝大多数采煤机制造企业生产电牵引采煤机。

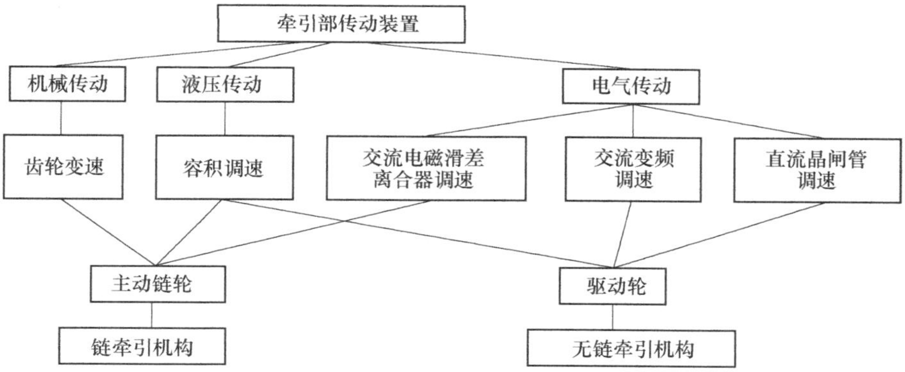

图 2-24　牵引部传动装置的类型

1. 液压牵引传动装置

液压牵引是利用液压传动装置进行驱动的牵引方式。液压传动的牵引部可以实现无级调运、变速、换向和停机等，其操作比较方便，保护系统比较完善，并且能随负载变化自动调节牵引速度。

液压牵引传动装置由泵、马达和阀等液压元件组成，将液压油供给液压马达。从马达到链轮采用机械传动。马达到链轮的传动方式通常有三种（图 2-25），典型液压牵引采煤机牵引部的液压系统如图 2-26 所示。

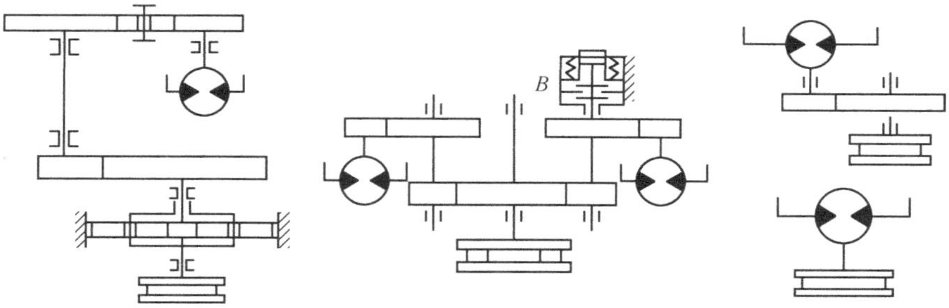

a)　　b)　　c)

图 2-25　不同马达的传动方式

a）高速马达　b）中速马达　c）低速马达

（1）高速马达系统（图 2-25a）　高速马达一般为定量马达，其结构往往与主泵相同。这种系统的减速装置有较大的传动比，传动机构易于布置，泵和马达零件的互换性好，便于维修，因此用得最多。

（2）中速马达系统（图 2-25b）　中速马达通常采用行星转子式摆线马达，减速装置的传动比较小，常用于无链牵引的牵引箱中。图中 B 为制动器，用于防止机器下滑。

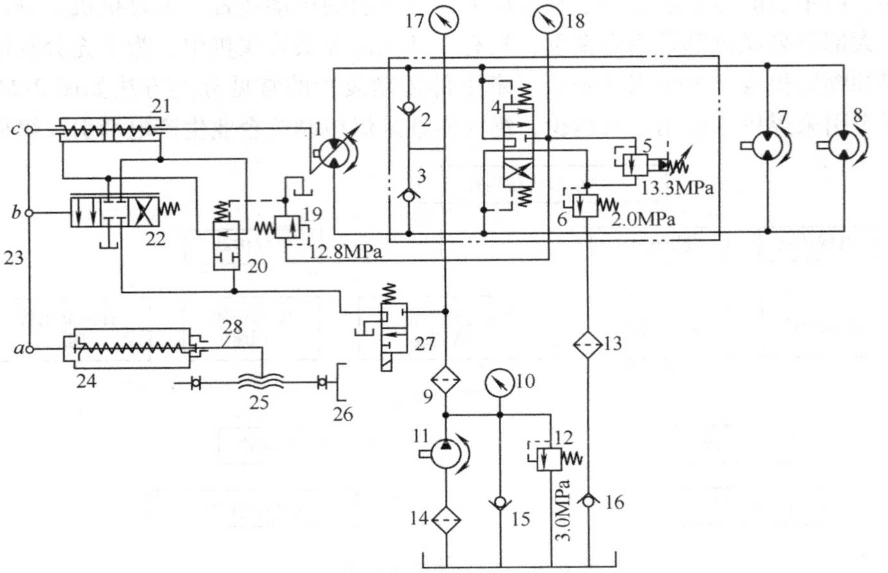

图 2-26　1MGD200 型采煤机牵引部的液压系统

1—主液压泵　2、3、16—单向阀　4—整流阀　5—高压安全阀　6—低压溢流阀　7、8—液压马达　9—精过滤器　10、17、18—压力表　11—辅助液压泵　12—低压安全阀　13—冷却器　14—粗过滤器　15—倒吸阀　19—压力调速阀　20—失压控制阀　21—变量液压缸　22—伺服阀　23—差动杠杆　24—调速套　25—螺旋副　26—调速换向手柄　27—电磁阀　28—调速杆

（3）低速马达系统（图 2-25c）　低速马达通常采用径向柱塞式内曲线马达，其转矩大，转速低，可直接或只经一级齿轮减速驱动主链轮。

2. 电牵引传动装置

电牵引利用单独的牵引电动机通过电气调速装置经齿轮传动来驱动牵引机构。牵引电动机根据形式不同，可以分为直流电牵引和交流电牵引两类。

图 2-27 所示为电牵引采煤机示意图，它是将交流电输入可控硅整流，控制箱 1 控制直流电动机 2 调速，然后经齿轮减速装置 3 带动驱动轮 4 使机器移动的。两个滚筒 7 分别用交流电动机 5 经摇臂 6 来驱动。由于截割部交流电动机 5 的轴线与机身的纵轴线垂直，所以，截割部机械传动系统与液压牵引的采煤机不同，没有锥齿轮传动。这种截割部兼作摇臂的结构可使机器的长度缩短。摇臂调高系统的液压泵由单独的交流电动机驱动。

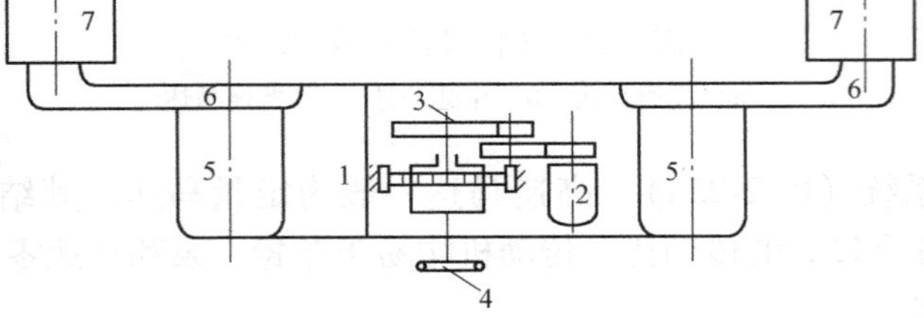

图 2-27　电牵引采煤机示意图

1—控制箱　2—直流电动机　3—齿轮减速装置　4—驱动轮　5—交流电动机　6—摇臂　7—滚筒

（1）直流电牵引　直流电牵引是用晶闸管调速装置改变加在牵引直流电动机电枢回路的电压 U 或磁通 Φ，来实现对采煤机牵引速度的无级调速。

直流电牵引采煤机具有Ⅱ、Ⅳ象限工作的优点，可以在煤层倾角较大的工作面工作。电牵引采煤机已用于倾角为40°~55°的急倾斜煤层，且效果良好。

直流电牵引采煤机由于变流装置极其复杂，技术难度较大，且体积庞大，一般不能实现采煤机的随机装备，有的需要安装在巷道内，因此直接限制了直流电牵引采煤机的发展。随着大功率电力电子元器件制造技术的发展，直流电牵引技术已基本被交流电牵引技术所取代。

（2）交流电牵引　交流电牵引采用的电动机是三相交流鼠笼式感应电动机，利用变频调速装置改变供给交流电动机电源频率和电压来实现调速，从而达到改变牵引速度的目的。

交流电牵引的优点是：交流电动机结构简单，体积小，可靠性高，维护量小，易于向高压、大功率、高转速方向发展，而且交流变频调速技术成熟，可采用模块式大功率晶体管和微机控制技术。其缺点是目前尚不能在大倾角下工作。

电牵引克服了液压调速时工作介质易受污染、受温度变化影响大的弊端，其效率高、寿命长，易实现各种保护、监控和显示，有效减小了采煤机的尺寸。

（3）电牵引采煤机的优点

1）具有良好的牵引特性。可在采煤机前进时提供牵引力，使机器克服阻力移动；也可在采煤机下滑时进行发电制动，向电网反馈电能。机器能在各种条件下按要求的速度运行。

2）可用于大倾角煤层。牵引电动机轴端装有停机时防止采煤机下滑的制动器。它的设计制动力矩为电动机额定转矩的1~2倍，因此，电牵引采煤机可用于40°倾角的煤层，而无需其他防滑装置。

3）运行可靠，使用寿命长。电牵引和液压牵引不同，前者除电动机的电刷和换向器有磨损外，其他元件均无磨损。因此，其使用可靠、故障少、寿命长、维修工作量小。

4）反应灵敏，动态特性好。电子控制系统能将多种信号快速传递到调节器中，以便及时调整各种参数，防止机器超载运行。例如，当截割电动机超载时，电子控制系统能立即发出信号，降低牵引速度；当截割电动机过载3倍时，采煤机能自动后退，从而可防止滚筒堵转。

5）效率高。电牵引采煤机将电能转换为机械能只作一次转换，效率可达0.9；而液压牵引由于能量的几次转换，加上存在的泄漏损失、机械摩擦损失和液压损失，故效率只有0.65~0.7。

6）结构简单。电牵引部的机械传动系统结构简单，尺寸小，质量小。

7）有完善的检测和显示系统。采煤机在运行中，各种参数如电压、电流、温度、速度、水压等均可检测和显示。当某些参数超过允许值时，便会发出报警信号，严重时可以自行切断电源。

8）可实现四象限运行。所谓四象限运行，是指采煤机可以在其牵引力 F 和牵引速度 v 的坐标系中运行在四个象限中的任一象限，如图2-28所示。由于电牵引采煤机可以把机器的动能和位能转变成电能反馈到电网中去而产生制动力，因此，不管煤层倾角是多少，采煤机总能按司机调定的速度运行。Ⅰ、Ⅲ象限牵引力和牵引速度同号，为牵引运行；Ⅱ、Ⅳ象限牵引力和牵引速度异号，为制动运行。液压牵引同样具有良好的调速特性，但它只能向机器提供牵引力而不能提供制动力，即它只能运行在Ⅰ、Ⅲ象限，不能运行在Ⅱ、Ⅳ象限。

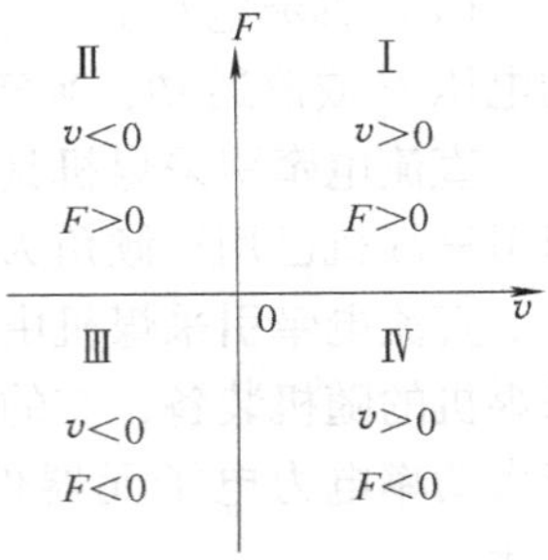

图 2-28 四象限运行

(4) 电牵引调速原理 由于直流电牵引技术已基本被交流电牵引技术所取代，所以以下只介绍交流电动机的牵引调速特性。

交流电动机的转速方程为

$$n = \frac{60f}{P}(1-s)$$

式中 f——定子电源频率；

P——电动机的极对数；

s——转差率。

从上式可知，只要调节定子电源频率 f，就可调节转速 n。但当 f 在工频以下变化时，气隙磁通 Φ_q 为

$$\Phi_q = K\frac{U}{f}$$

式中 U——定子端电压。

K——电动机常数。

当 f 升高时，若 U 不变，则 Φ_q 下降，导致电动机转矩下降。为保持 Φ_q 不变，通常同时调节 U 和 f，并使压频比恒定，即

$$\frac{U}{f} = 常数$$

由于 Φ_q 基本不变，则转矩也基本不变。在工频以下，这种调速属于压频比恒定、恒转矩的调频调速控制。但是，这种调频调速在频率 f 很低时，U 并不与 E（电动势）近似相等，而是 E 下降更多，使 Φ_q 减少，保持不了 Φ_q 恒定，从而导致电动机的转矩 M 和 M_{max} 下降。为了提高低频时的转矩，采用提高 U 来提高 M 的方法，这时 U 与 f 的比值增大，不是原先恒定的比值，这种调速属于提高电压、补偿低频的调压调频控制，以提高电动机在低频时的 M 和 M_{max}。但是，提高电压不能超过电动机的允许范围。当电压为恒定值后，则转为恒功率调速。变频调速的牵引特性如图 2-29 所示。

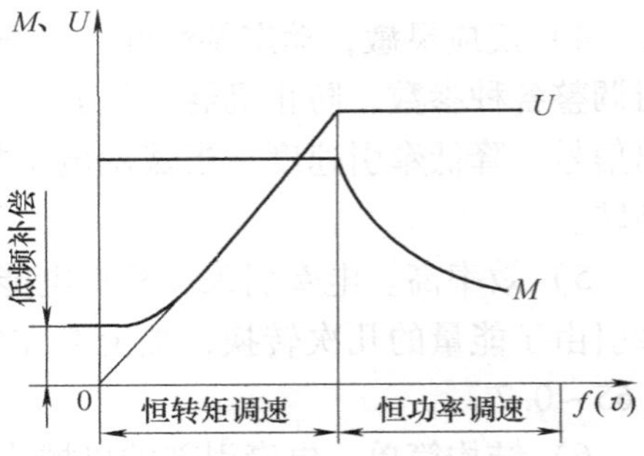

图 2-29 变频调速的牵引特性

上述调压调频（VVVF）是交流电动机变频调速控制的基本原理。为实现 VVVF 变频调速，一般采用交-直-交变频器。采用二极管整流将交流变成直流，再采用正弦脉宽调制逆变器（SPWM），将直流变成可调频率的交流，以实现交流电动机的频率调速控制。SPWM 控制可采用计算机软件或大规模 SPWM 集成块实现，采煤机上广泛采用计算机软件实现。图 2-30 所示为典型变频器的原理方框图。

图 2-31 所示为附加能量回馈单元的四象限变频器。

图 2-32a 所示为交流电牵引“一拖二”方式，图 2-32b 所示为交流电牵引“一拖一”方式。

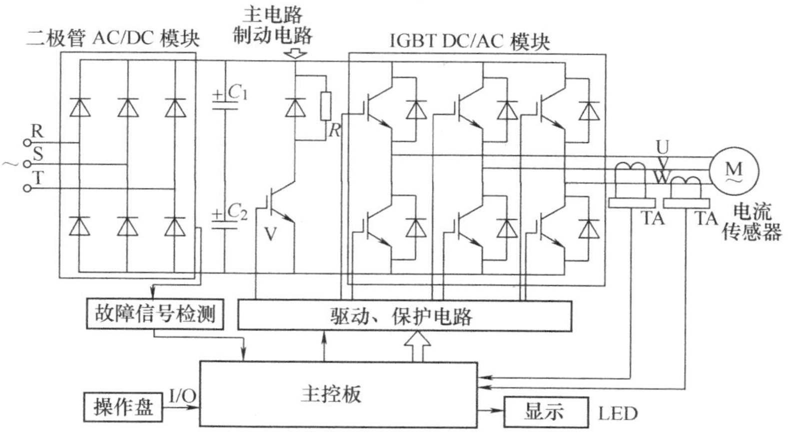

图 2-30　典型变频器的原理方框图

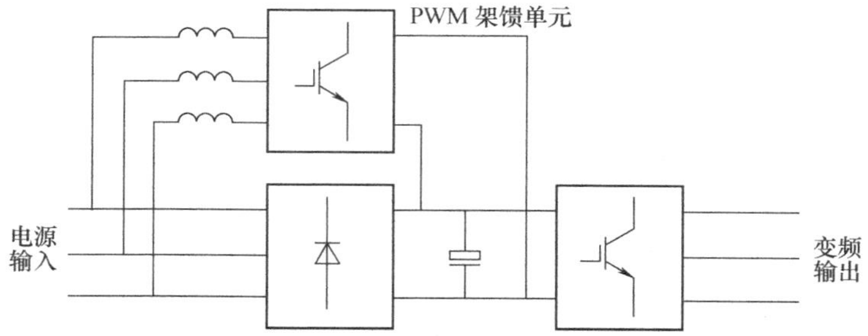

图 2-31　四象限变频器

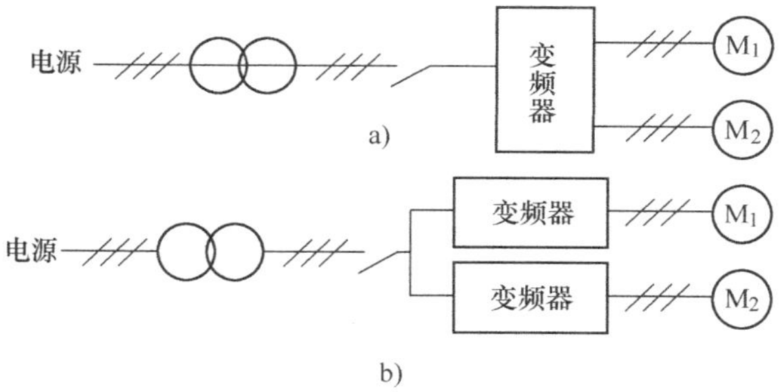

图 2-32　交流电牵引拖动方式

a)“一拖二”　b)“一拖一”

【任务实施】

一、任务实施前的准备

熟悉采煤机牵引部结构图，准备采煤机电牵引部；准备锤子、手钳、胀簧钳、套筒扳手、活动扳手、起吊设备等工具。

二、任务实施的目的

1）能正确拆装采煤机牵引部。
2）掌握牵引部的试验与调整方法。
3）熟悉牵引部面板上的各种仪表、控制按钮和手柄的名称。
4）掌握采煤机牵引部传动装置的结构特点和工作原理。
5）掌握各种无链牵引机构的结构组成和工作原理。
6）了解电牵引采煤机结构布置的变化。

三、现场参观、实训教学

1）观察采煤机牵引部的外形结构。
2）观察无链牵引采煤机的工作过程。
3）观察电牵引采煤机的调速操作。

四、操作训练

1. 训练前的准备

1）熟悉采煤机各电气设备的位置、作用、性能，特别是各按钮的功能，熟悉后方可操作。
2）严格执行操作程序，禁止在无冷却水的条件下开机采煤。
3）学会观察采煤机各显示窗的内容，能够根据显示窗的内容判断采煤机的运行状况。
4）检查采煤机是否正常，严禁带故障运行，以免发生事故。

电牵引采煤机整个系统的操作按功能可分为三部分操作内容：

1）主回路的操作。包括 1 启、2 启、3 启、主停，先导回路试验，运输机闭锁。
2）牵引系统的操作。包括牵引，采煤机左行，采煤机右行，采煤机停止牵引。
3）摇臂升降的操作。包括左摇臂上升，左摇臂下降，右摇臂上升，右摇臂下降。

2. 操作训练

1）观察电牵引采煤机的外形和结构组成，画出采煤机控制面板情况。
2）识读电牵引电力传动系统图。
3）了解电气元件的布置位置。
4）观察电牵引采煤机的工作过程，掌握调速方法。
5）掌握电牵引采煤机的操作要领。

五、评分标准（表 2-2）

表 2-2　牵引部的使用与维护评分标准

考核内容	考核项目	分值	检测标准	得分
素质考评	出勤、态度、纪律、认真程度	10	教师掌握	
采煤机牵引部的结构组成及作用	1. 采煤机牵引部各组成部件及其作用 2. 正确区分各种无链牵引机构	20	每项 2 分	

（续）

考核内容	考核项目	分值	检测标准	得分
电牵引采煤机牵引部的拆装	1. 电气元件的识别 2. 电牵引部的拆装	10	操作不正确，每项扣2～5分	
电牵引采煤机的操作	1. 主回路的操作 2. 牵引系统的操作 3. 摇臂升降的操作	30	操作不正确，每项扣2～10分	
操作注意事项	1. 准备工作到位 2. 拆装顺序合理	20	操作不正确，每项扣2～10分	
安全文明操作	1. 遵守安全规程 2. 清理现场卫生	10	1. 不遵守安全规程扣5分 2. 不清理现场卫生扣5分	
总计				

课题三　采煤机辅助装置

【任务描述】

采煤机的辅助装置包括调高和调斜装置、底托架、自动拖缆装置、内外喷雾冷却系统、弧形挡煤板、破碎装置、防滑装置和辅助液压装置等。这些辅助装置配合采煤机的基本部件实现采煤机的各种动作，满足高效、安全采煤的要求。

通过本课题的学习，学生应熟悉采煤机各辅助装置的组成、作用和工作要求，掌握辅助液压系统的工作原理，能够正确维护采煤机的辅助装置，准确分析和处理辅助液压系统的常见故障。

【知识学习】

一、内、外喷雾冷却系统

1. 内、外喷雾冷却系统的作用

采煤机冷却喷雾系统的主要作用是冷却电动机和牵引部，并利用高压水雾来降低采煤机在截割煤层和装煤过程中产生的大量煤尘，保护工人的健康，防止因煤尘浓度过高引发煤尘爆炸事故。

2. 内喷雾冷却系统

为了提高采煤机的降尘效果，一般都采用内、外喷雾相结合的灭尘方式。所谓内喷雾，就是使压力水流经滚筒轴的中心孔道，从安装在滚筒螺旋叶片上的喷嘴向截齿进行喷射的降尘方式。

内喷雾时，喷嘴离截齿较近，可以对着截齿齿面喷射，把粉尘扑灭在刚刚生成还没有扩散的阶段，其降尘效果好，耗水量小。但供水管要通过滚筒轴和滚筒，需要可靠的回转密封，且喷嘴易堵塞和损坏。采煤机喷雾系统消耗于内喷雾的水量约占总水量的65%～80%。

3. 外喷雾冷却系统

外喷雾是喷嘴安装在采煤机机身上，将水从滚筒外向滚筒及煤层进行喷射的降尘方式。

内、外喷雾冷却系统中的水阀有两个冷却及外喷雾出水口的接管，其中一路通过液压泵箱冷却器后由外喷雾喷嘴喷出，另一路通过电动机水套后从外喷雾喷嘴喷出。电动机冷却和油液冷却的水量通过水阀中的节流阀应调定在20~30L/min之间。如果所采用的水阀不含超压安全释放功能，则在两路外喷雾冷却系统中，均要设置单独的安全阀，安全阀的调定压力不允许大于1.5MPa。外喷雾的喷嘴离粉尘源较远，粉尘容易扩散，因而耗水量大，但供水系统的密封和维护比较容易。

4. 喷嘴的结构形式

喷嘴是喷雾系统中的关键元件，要求其雾化质量好、喷射范围大、耗水量少、尺寸小、不易堵塞、拆卸方便。喷嘴的结构形式很多，图2-33所示是使用效果较好的几种喷嘴。

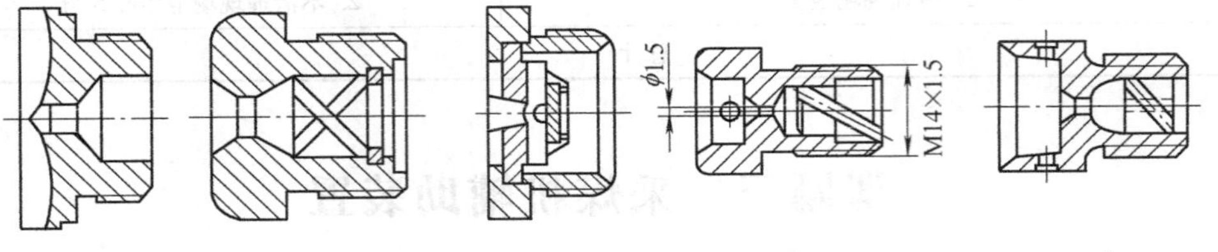

a) b) c) d) e)

图2-33 喷嘴的形式

a) 平射型 b) 旋涡型 c) 内冲击型 d)、e) 引射型

图2-33a所示是平射型喷嘴，由于受到一直槽的约束，其喷雾断面呈扁平的矩形；图2-33b所示是旋涡型喷嘴，由于装有双头螺旋槽和旋轮，使喷雾具有旋转力，喷雾断面呈圆形；图2-33c所示是内冲击型喷嘴，压力水进入喷嘴后被分成两路，分别从喷嘴内梯形槽的两端相向流入，在喷嘴中央互相碰撞，从喷嘴中央的正方形小孔喷出，由于受到孔外一条梯形槽的约束，其喷雾断面呈矩形；图2-33d、e所示是引射型喷嘴，从喷嘴中心孔喷出的高速水流，把喷嘴周围的空气经引风孔吸入喷嘴，气水混合的结果使雾化效果得到改善，同时也可从空气中捕集粉尘，因而灭尘效果大为提高，而耗水量却可得到减少，喷嘴出口得到了有效保护，不易堵塞和磨损。

5. 内、外喷雾冷却系统的工作过程

如图2-34所示，供水由喷雾泵站顺槽钢管、工作面拖移软管接入，经截止阀、过滤器

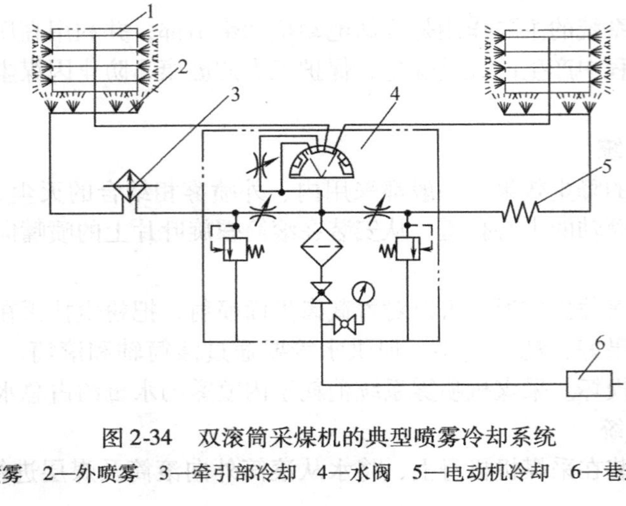

图2-34 双滚筒采煤机的典型喷雾冷却系统

1—内喷雾 2—外喷雾 3—牵引部冷却 4—水阀 5—电动机冷却 6—巷道喷雾泵站

及水分配器分配到各路，分别完成左、右截割部的内、外喷雾冷却，牵引部的冷却及外喷雾，电动机的冷却及外喷雾。由于牵引部冷却器、电动机、滚筒轴密封等的限制，冷却喷雾水的压力不能过高，因此，需要用安全阀、减压阀进行控制；同时，为保证喷雾灭尘效果，还应具有足够的水量及压力。《煤矿安全规程》中规定：采煤机工作时必须有内、外喷雾装置，否则不准工作；无水或喷雾装置损坏时必须停机。

6. 水阀

采煤机水阀应具有水路的开启与关闭、喷雾与冷却各路水量的分配、水质过滤、水压显示、超压安全释放等功能。双滚筒采煤机的水阀，在采煤机牵引方向改变，左右滚筒供水量要求变化时，可由水阀上的二位四通旋阀实现水量的变换。典型水阀如图 2-35 所示。

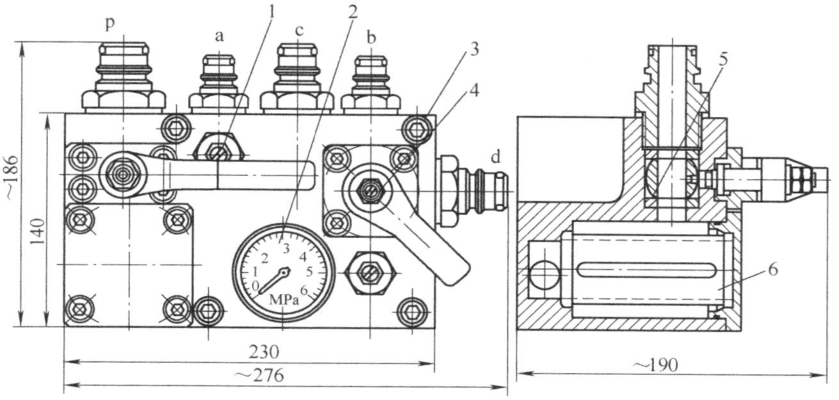

图 2-35 典型水阀

1—节流阀 2—压力表 3—安装螺栓 4—换向阀 5—球阀 6—过滤芯
p—进水口 a、b—冷却水出口 c、d—左、右滚筒喷雾出口

二、底托架

1. 作用与组成

底托架用来支承、固定整个采煤机，并保证采煤机在刮板输送机上沿导向装置平稳地移动。底托架还可以用来固定调高、调斜液压缸支座、滑靴、导链管链轮轴等，以及固定和保护冷却、喷雾水管。底托架主要由托架、导向滑靴、支承滑靴（或滚轮）和紧定装置等组成。

2. 架体形式

底托架主体有焊接和铸造两种结构，铸造底托架由于刚性好、重心低，因此有利于机器稳定工作；焊接底托架的刚性相对较差，但其质量小，因此被国内、外采煤机普遍采用。一般采煤机的电动机、截割部、牵引部、控制箱等组装成一个整体，并用螺栓和定位块固定在底托架上。底托架的高度要根据采高、滚筒直径、机面高度及卧底量等来确定。底托架与输送机的支承导向部分的结构尺寸必须匹配；底托架下应留有足够的过煤高度，以保证煤流畅通。

（1）整体式　整体式底托架为一个整体部件，如图 2-36 所示。

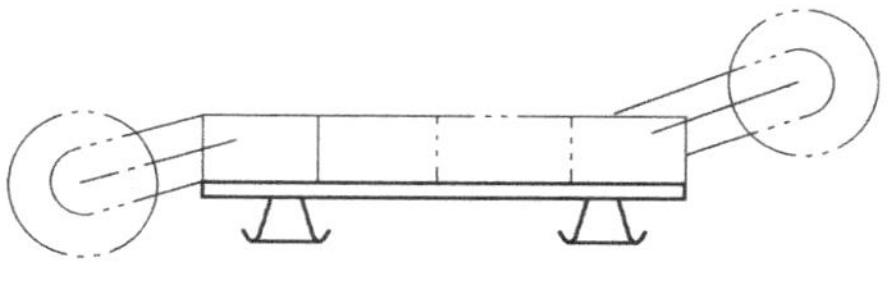

图 2-36　整体式底托架

（2）整体抽屉式（分体抽屉式）　整体抽屉式

底托架采用框架式结构，各部件（除摇臂外）装在抽屉式框架内，如图2-37所示。

(3) 分体式　分体式底托架由几段组成，用连接件将其连成一体，便于井下运输，如图2-38所示。

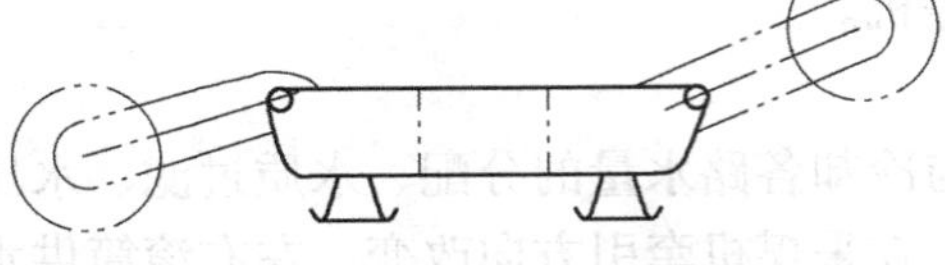

图2-37　整体抽屉式（分体抽屉式）底托架

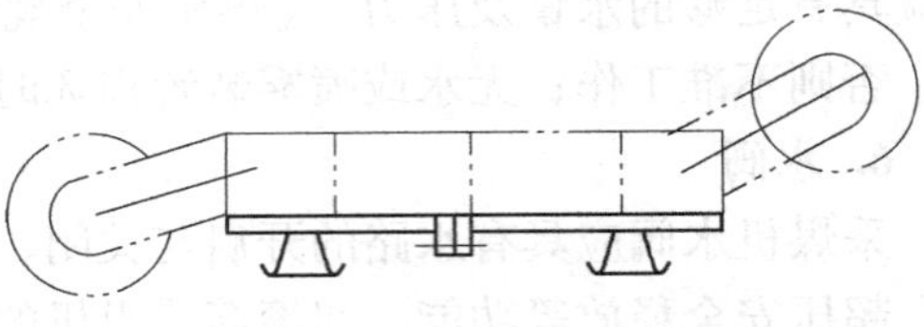

图2-38　分体式底托架

(4) 可调斜式　一般在底托架靠采空区侧或煤壁侧滑靴上装有调斜液压缸，以解决啃底与飘刀的问题，如图2-39所示。

(5) 可调高式　可调高式底托架装有调整底托架（机身）高度的液压缸，一般用于薄煤层采煤机，如图2-40所示。

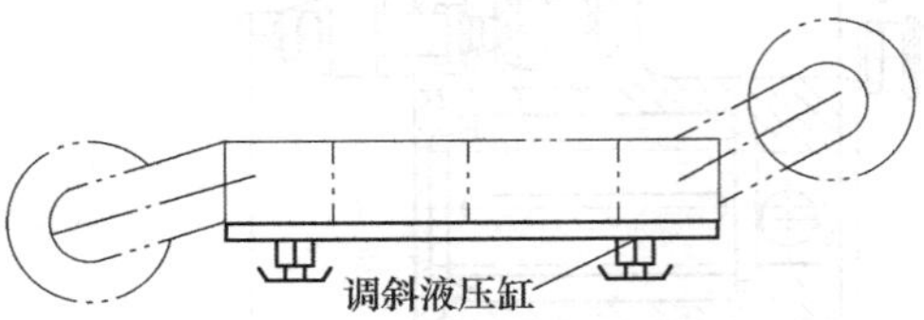

图2-39　可调斜式底托架

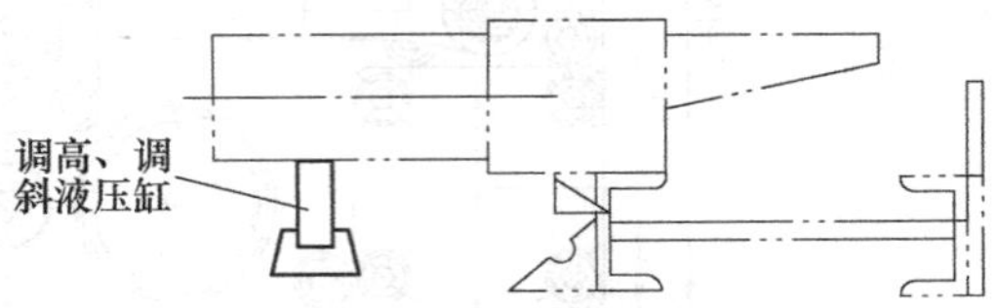

图2-40　可调高式底托架

3. 支承方式

(1) 导向滑靴、支承滑靴均支承在输送机的槽帮钢上（或导向滑靴支承在挡煤板上）前、后支承的跨距较小，影响采煤机工作的稳定性，适用于中小型采煤机和窄机身采煤机，如图2-41所示。

(2) 导向滑靴、支承滑靴（或滚轮）分别支承在电缆槽架和输送机的铲煤板上　前、后支承的跨距较大，增加了采煤机工作的稳定性，有较大的过煤空间，输送机的槽帮钢不承受压力，适用于大型采煤机，如图2-42所示。

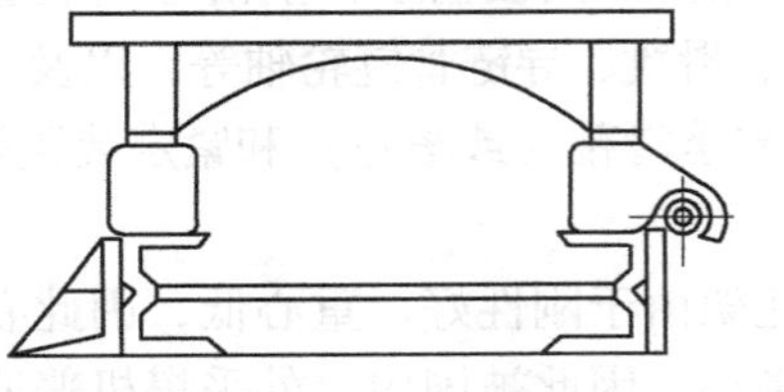

图2-41　支承滑靴在槽帮钢上

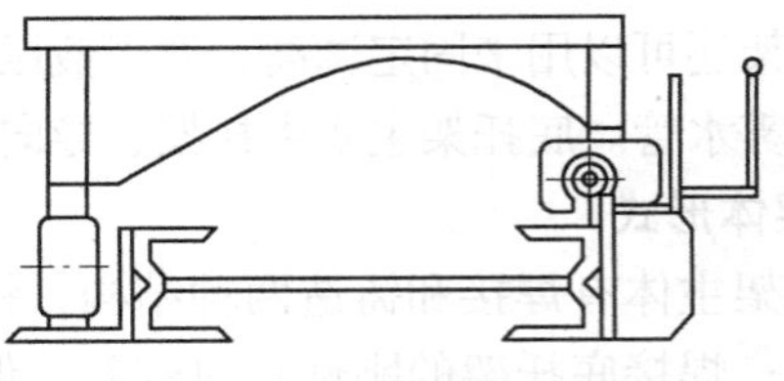

图2-42　支承滑靴在铲煤板上

4. 连接方式

1）在托架对接面用螺栓连接，弹性销或圆柱销定位，如图2-43a所示。其结构简单，装拆方便，但对螺栓的防松要求较高。

2）在托架对接面用螺栓连接；在对接面两侧，用连接板和圆柱销定位，如图2-43b所示。其对螺栓的防松要求相对较低，但装拆不是很方便。

3）在托架对接面用螺栓连接，并用平键定位，如图2-43c所示。其连接可靠，但加工精度要求较高。

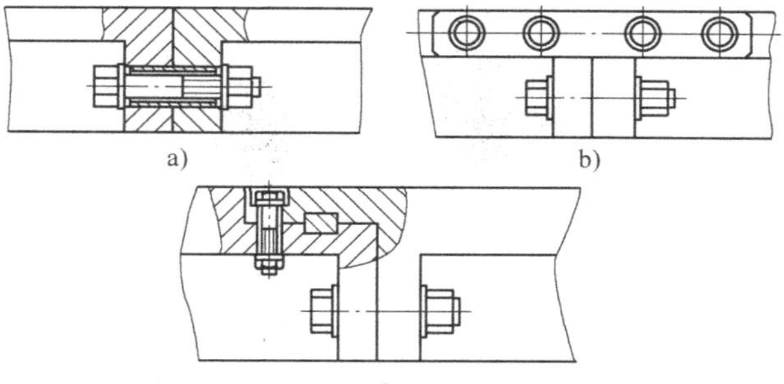

图 2-43　底托架的连接方式

a）螺栓连接，弹性销或圆柱销定位　b）螺栓连接，连接板和圆柱销定位　c）螺栓连接，平键定位

5. 连接螺栓的防松装置

（1）锁紧垫圈　如图 2-44 所示，当螺栓拧紧后，锁紧垫套在相邻的几个螺栓和螺母上起防松作用。其结构简单，但需要使用多种规格的锁紧垫圈，安装比较麻烦。

（2）防松偏心螺母　如图 2-45 所示，利用两个螺母的偏心量，以增大螺纹间的摩擦力，达到防松的目的。其结构简单，安装方便。

（3）液压螺母　液压螺母分底环式和顶环式两种，图 2-46 所示为底环式。它是利用高压油的压力使螺栓具有一定的弹性伸长量，从而产生很大的预紧力，达到防松的目的。其结构先进、可靠，可使每个螺栓的预紧力相同，而不产生扭转变形。

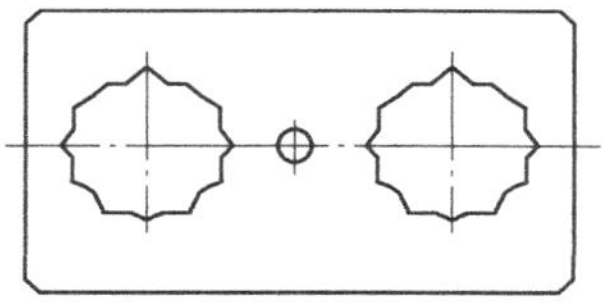

图 2-44　锁紧垫圈

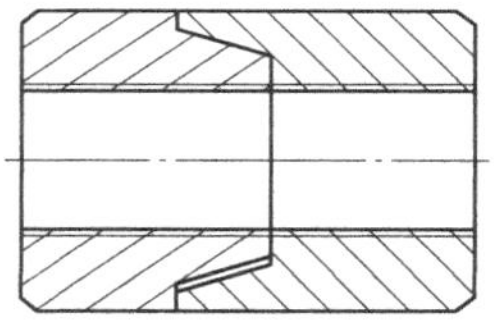

图 2-45　防松偏心螺母

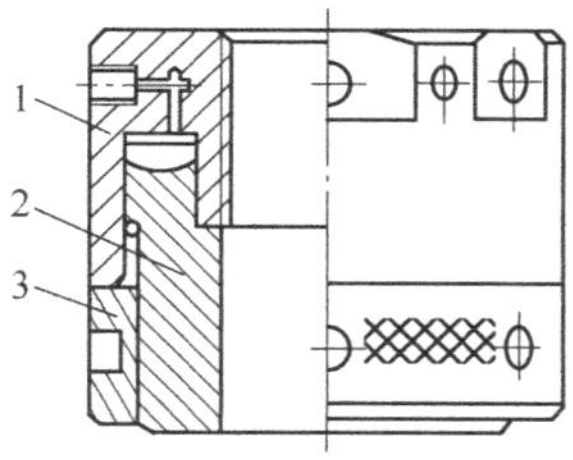

图 2-46　底环式液压螺母

1—缸体　2—活塞　3—锁紧螺母

6. 紧定装置

（1）楔铁紧定　利用楔铁压紧采煤机各部件，防止左右窜动。这种装置紧定可靠，但底托架加工比较困难，如图 2-47a 所示。

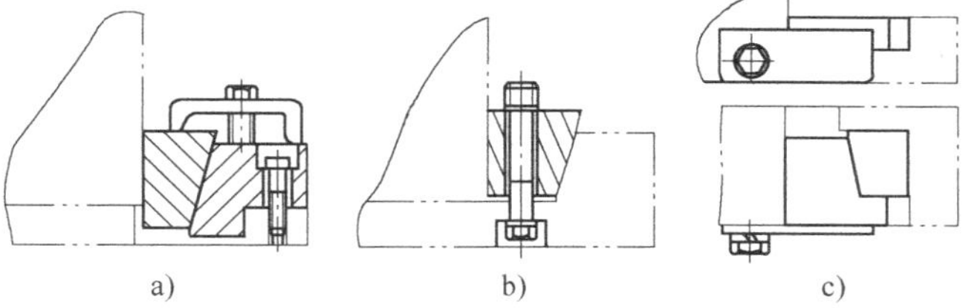

图 2-47　紧定装置

a）楔铁紧定　b）压块紧定　c）水平楔铁紧定

（2）压块紧定　利用压块防止各部件左右窜动。这种方式结构简单、可靠，安装方便，加工比较简单，如图2-47b所示。

（3）水平楔铁紧定　楔铁水平放置，防止各部件左右窜动。这种方式紧定可靠，加工比较简单，高度尺寸较小，适用于薄煤层采煤机，如图2-47c所示。

三、防滑装置

当采煤工作面倾角超过10°时，骑在输送机中部槽上运行的采煤机就有下滑的危险。目前，无链牵引采煤机设有液压制动装置，能起到可靠的防滑作用。有链牵引采煤机，为防止牵引链断链后下滑，必须设置单独的防护装置。所以《煤矿安全规程》中明确规定：当工作面倾角在15°以上时，滚筒式采煤机必须有可靠的防滑装置。防滑装置有防滑杆式、抱闸式、制动器式、防滑绞车式等。

四、电缆拖移装置

电缆拖移装置是采煤机沿工作面行走时，拖动电缆和水管以实现不间断地给采煤机提供电源和水源的装置。通常把电缆和水管装在电缆夹里，由采煤机一起拖动。这样，拖移它们的拉力由电缆夹来承受，而电缆和水管不承受拉力，并受电缆夹的保护以防被外物碰伤和砸坏。

电缆夹由框形链环用铆钉连接而成，每段长0.71m，各段之间用销轴连接，如图2-48所示。链环朝采空区侧是开口的，电缆和水管从开口放入并用挡销挡住。电缆夹的一端用一个可回转的弯头固定在采煤机右端的电气接线箱上。

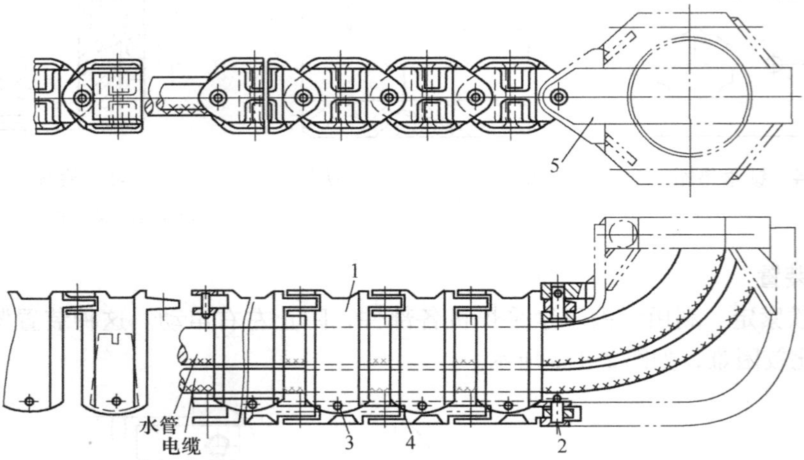

图2-48　电缆夹

1—弯头　2—框形链环　3—挡销　4—护缆板　5—板式链

为了改善靠近采煤机机身这一段电缆夹的受力情况，在电缆夹的开口一边装有一条节距相同的板式链，使链环不致发生侧向弯曲和扭绞。

由主巷道来的电缆和水管进入工作面后，前半段工作面的电缆和水管直接铺在电缆槽的底部，从工作面中部附近才开始将电缆和水管放入电缆夹内。拖动的电缆及电缆夹的总长度最好比采煤机运行长度的一半长出2m，以便能够打弯和适应工作面延长的需要。在采煤机下行过程中，中部电缆将出现双弯，这对某些工作面和电缆槽高度是不允许的。在这种情况下，只能使拖动的电缆及电缆夹的长度恰好等于采煤机运行长度的一半。由于电缆长度没有余量，所以应在工作面两端设行程开关，使采煤机及时停止牵引，不致拉断电缆。司机在工作中要随时注意电缆夹板的运行情况，及时清理电缆槽中的矸石和煤块，防止电缆夹板被挂住或出槽而引发事故。

使用电缆拖移装置时应注意以下问题：

1）拖缆架的结构尺寸和位置应满足工作面总体配套的要求，以及电缆弯曲曲率半径的要求。

2）电缆夹链的长度应大于工作面长度的一半，并留有一定的余量，以适应工作面长度的经常变化。

3）应及时清理电缆槽内的积煤，以保证电缆和水管的正常拖移。

4）上述电缆夹不适用于极薄和薄煤层采煤机。

5）选择电缆夹时，其破断拉力应≥3000kN。

五、破碎装置

当煤层较厚、煤的块度较大时，采煤机迎煤流的机身端部应安装破碎装置。采煤机破碎装置由破碎传动装置和破碎机构（破碎滚筒）组成，破碎机构的调高由液压系统实现。破碎滚筒主要由小破碎齿、大破碎齿、破碎滚筒体、端盖和键等组成，如图2-49所示。轮毂上用键固定3片大破碎齿和4片小破碎齿，每片破碎齿沿圆周径向交错布置6把刀齿。为提高齿面的耐磨性，刀齿表面应堆焊新型耐磨材料。

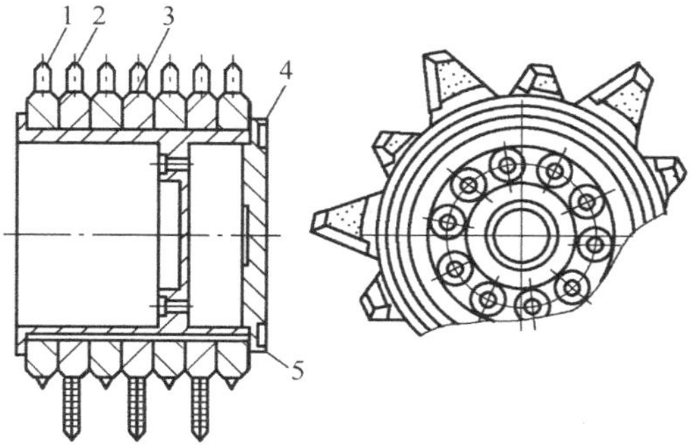

图2-49 破碎滚筒
1—小破碎齿 2—大破碎齿 3—轮毂
4—端盖 5—键

六、调高、调斜装置与调高液压系统

为了适应煤层厚度的变化，在煤层高度范围内上、下调整滚筒称为调高，目前大多数采煤机采用摇臂调高。为了使滚筒能适应底板沿走向的起伏不平，使采煤机机身绕纵轴摆动称为调斜，机身调斜由调斜液压缸实现。

1. 调高装置

采煤机调高有摇臂调高和机身调高两种类型，它们都是靠调高液压缸（千斤顶）来实现调高的。用摇臂调高时，大多数调高千斤顶装在采煤机底托架内（图2-50a），通过小摇臂轴使摇臂升降；也可将调高千斤顶放在端部（图2-50b）或截煤部固定减速箱内（图2-50c）等。用机身调高时，摇臂千斤顶有安装在机身上部的（图2-51），也有安装在机身下面的，如MXP240型采煤机的调高装置。

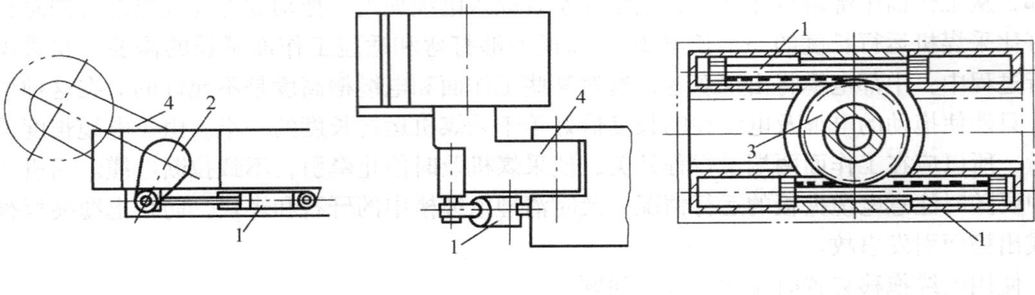

图 2-50　摇臂调高方式

1—调高千斤顶　2—小摇臂　3—齿轮　4—摇臂

2. 调斜装置

(1) 调斜液压缸布置在托架与导向滑靴之间　如图 2-52a 所示，此装置适应底板沿煤层走向的起伏不平，适用于中小型采煤机。

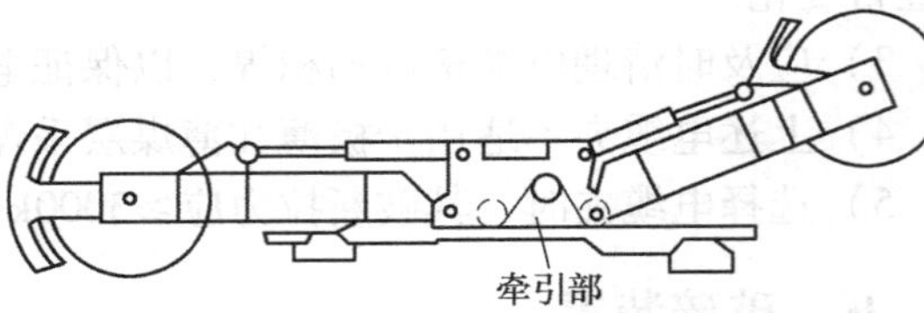

图 2-51　机身调高方式

(2) 调斜液压缸布置在上、下托架之间　如图 2-52b 所示，此装置适应底板沿走向的起伏不平，适用于大型采煤机。

3. 调高液压系统

调高液压系统的功能是根据需要调节滚筒高度，并在调好后保持滚筒的位置不变。如图 2-53 所示，它属于开式系统，主要由调高液压泵 2、换向阀 3、双向液压锁 4、调高液压缸 5 和安全阀 6 等组成。

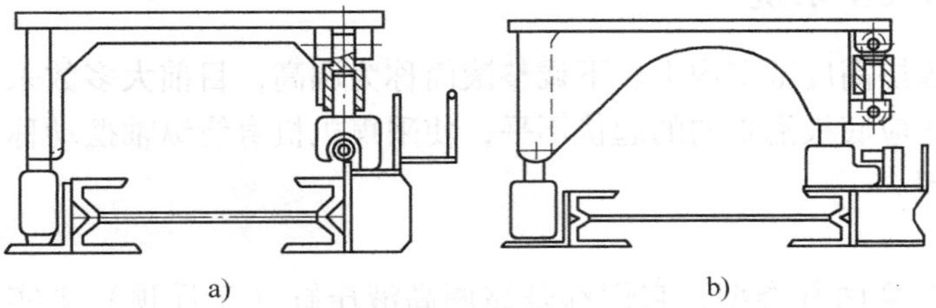

图 2-52　调斜方式

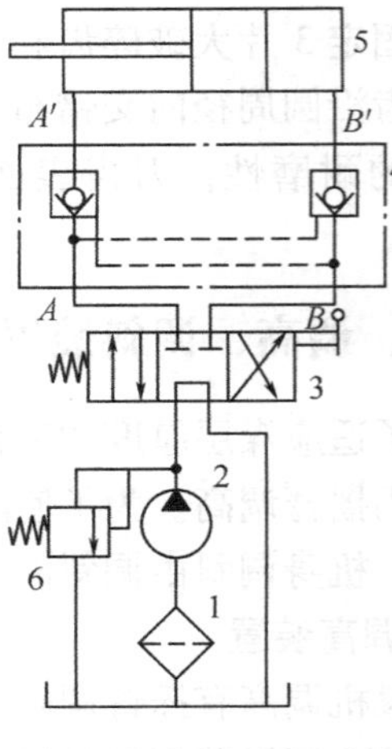

图 2-53　调高液压系统

1—粗过滤器　2—调高液压泵　3—手动换向阀

4—双向液压锁　5—调高液压缸　6—安全阀

手动换向阀 3 在零位时，调高液压泵 2 经粗过滤器 1 吸油，手动换向阀 3 卸荷，调高液压缸 5 不动作。将手动换向阀 3 的手柄向外拉，调高液压泵 2 输出的液压油经手动换向阀 3 的右阀位，进入调高液压缸 5 的前腔，调高液压缸 5 后腔的油液回油箱，使活塞杆缩回，摇臂下摆而使滚筒下调。松开手柄，手动换向阀 3 回到零位，双向液压锁 4 锁紧调高液压缸 5 活塞的两腔，从而使滚筒保持在调好的位置上。向里推手柄，油路与上述相反，摇臂上摆，滚筒上调。安全阀 6 的作用是限定调高系统的最高压力，以防调高中过载。

采煤机的调高往往采用定量泵—液压缸系统，为防止液压元件泄漏而引起摇臂下降，回路中设置了液压锁；为防止液压系统过载，回路中设置了溢流阀。

【任务实施】

一、任务实施前的准备

熟悉采煤机附属装置的结构特点及作用，准备锤子、手钳、胀簧钳、套筒扳手、活动扳手、起吊设备等工具。

二、任务实施的目的

1）能正确检查与维护采煤机的辅助装置。

2）能根据采煤机辅助液压系统的工作现象，判断、分析与处理其故障。

3）提高检查、维护采煤机辅助装置的工作技能。

4）提高发现问题、分析问题和解决问题的能力。

三、现场参观、实训教学

1）检查与维护采煤机的辅助装置。

2）进行采煤机辅助液压系统的故障分析、判断与处理。

四、操作训练

1. 训练前的准备

（1）采煤机的日常维护

1）检查各部分是否按规定注油，油量、油位是否合乎规定。

2）检查水路是否畅通，经常检查水温、水压。

3）检查电缆、夹板是否完好，有无漏电现象。

4）检查截齿是否松脱、丢失或过度磨损。

5）注意齿轨轮与齿轨的啮合情况，检查齿轨组的连接是否可靠。

6）开机时应先点动，只有在确认各部完全、正常后方可正式起动。

7）随时注意对采高的调整，特别注意工作滚筒切勿和顶梁相撞。

8）翻转装煤板时靠自重下沉，当装煤板到下方后可适当使摇臂下降，使装煤板与底板产生一定摩擦力后即可开牵引，随机器行走即可自动翻转，但切勿使摇臂下降过多，以免损坏装煤板及其他机件。

9）经常注意各处温升、压力表读数，以及有无异常噪声及漏油等情况。

10）注意倾斜、抖动、卡住等情况。

11）检查喷雾喷嘴是否堵塞，各喷嘴能否形成帘雾。

12）开机前注意环境及人身安全，提前发出信号或喊话，检查采煤机附近有无人员在工作。

13）机器有异常情况时（过热、抖动等），应立即停机检修，故障未排除前切勿带故障工作。

14）牵引停止时，应将调速换向手柄调至零位（注意不要超出，以免造成反向牵引）并立即扳下开关手柄。

（2）采煤机的维修保养

1）日检。

① 检查电动机、磁力起动器、电控箱、电缆等电气部分的运转是否良好，接地是否正常，拖缆装置是否完好。

② 检查机器温升、声响、传动件、各手柄、压力等是否正常。

③ 检查连接及紧固件是否松动、开焊、脱位等，特别是齿轨组连接是否牢固，齿轨的柱销是否开焊。

④ 检查各水、油管路，接头，法兰，结合面，出轴处等是否有渗漏；各油位油面是否正常；各润滑点是否按规定注油；各过滤器是否堵塞。

⑤ 检查截齿磨损情况，及时更换磨损严重者；检查驱动轮及齿轨轮的润滑情况。

⑥ 检查喷雾喷嘴是否畅通。

⑦ 应特别注意保护液压内腔的清洁，注意传动油不被污染、弄脏，定期更换精滤芯及油液。

2）周检。

① 检查并清洗液压传动箱的粗过滤器滤芯。

② 取样化验各工作油液的油质是否符合要求。

③ 检查和处理日检不能处理的问题，对整机的大致运行情况作好记录。

④ 检查司机对采煤机的日常维护情况。

3）月检。除按日检项目进行外，还包括打开大盖，检查所有机件，查看运转件的磨损情况，应特别注意仔细检查各液压件及管路、接头的漏损情况。但检查前必须采取有效措施，防止煤尘及污物进入各油池，否则不准打开盖板。

4）季检。除按照日检、周检及月检项目进行外，还包括更换易损件，换油，检查各传动间隙，磨损情况及电动机绝缘情况等。

5）大修。采煤机在采完一个工作面后应升井大修。大修要求对采煤机进行解体清洗检查，更换损坏或磨损严重的零件，测量齿轮啮合间隙，对液压元件应按要求进行维护、拆卸清洗和试验，对电气件进行检修、更换，必要时做电气试验。机器大修后，主要零部件要做性能试验，检测有关数据，符合要求后方可下井。

（3）采煤机附属装置的完好标准

1）底托架无严重变形，螺栓齐全紧固，与牵引部及截割部接触平稳，挡铁严密。

2）滑靴磨损均匀，磨损量不大于10mm。

3）支撑架固定牢靠，滚轮转动灵活。

4）破碎机动作灵活可靠，无严重变形、磨损，不缺破碎齿。

5）挡煤板无严重变形，翻转装置动作灵活。

6）喷雾装置齐全，水路畅通，喷嘴不堵塞，水成雾状喷出。

7）采煤机应有可靠的防滑装置。

（4）辅助液压系统的常见故障及其处理方法（表2-3）

表2-3　辅助液压系统的常见故障及其处理方法

故障现象	可能原因		处理方法
开车摇臂立即升起或下降	控制系统失灵	1. 控制按钮失灵 2. 控制阀卡研 3. 操作手柄松脱	更换 更换 紧固或更换
摇臂升不起，或者升起后自动下降或升起后受力下降	油路密封不严	1. 液压锁失灵 2. 液压缸窜油 3. 管路漏油 4. 安全阀整定值过低	更换 更换 拧紧或更换 重调至要求
挡煤板翻转动作失灵	油路漏油	1. 供油路漏油 2. 翻转液压缸漏油 3. 液压马达漏油 4. 换向阀窜油 5. 保护用安全阀失灵	修复 更换 更换 更换 调整复位或更换

2. 操作训练

1）采煤机辅助装置的维护和检查。

2）从维护检查中发现问题，并解决这些问题。

3）观察采煤机辅助装置的工作情况。

4）根据工作情况判断故障现象。

5）根据故障现象，分析出故障可能的产生原因。

6）采用合理的方法，尽快查找出故障部位并进行处理。

3. 注意事项

1）维护检查要认真、细致，注意方法。

2）熟知故障现象。

3）善于总结，找出规律。

4）拆装时注意安全。

5）在拆装过程中，要保证做到清洁卫生，无杂物进入箱体内；禁止使用棉纱，要用绸布或泡沫塑料。

6）在安装过程中，不可丢失或损坏任何一个密封件。

五、评分标准（表2-4）

表2-4　辅助装置的使用与维护评分标准

考核内容	考核项目	分值	检测标准	得分
素质考评	出勤、态度、纪律、认真程度	10	教师掌握	
采煤机辅助装置的结构及作用	采煤机各辅助装置的结构特点及作用	15	每项2分	

（续）

考核内容	考核项目	分值	检测标准	得分
辅助装置的拆装	1. 底托架的拆装 2. 喷雾冷却系统的拆装 3. 调高液压系统的拆装	30	操作不正确，每项扣2~10分	
采煤机辅助装置的维护与保养	1. 日常维护 2. 维修保养 3. 完好标准	30	操作不正确，每项扣2~10分	
操作注意事项	1. 准备工作到位 2. 拆装顺序合理	5	操作不正确扣2~5分	
安全文明操作	1. 遵守安全规程 2. 清理现场卫生	10	1. 不遵守安全规程扣5分 2. 不清理现场卫生扣5分	
总计				

【思考与练习】

1. 螺旋滚筒有哪些结构参数和工作参数？
2. 滚筒的结构是怎样的？如何根据具体条件选用滚筒的螺旋方向和螺旋头数？
3. 什么是扁形截齿和镐形截齿？它们各适用于什么场合？
4. 截齿的失效形式有哪些？
5. 采煤机截割部大多采用哪些传动方式？各有哪些特点？
6. 采煤机截割部传动有哪些特点？
7. 简述采煤机牵引部的组成及功能。
8. 对牵引部有哪些要求？
9. 无链牵引有哪些优缺点？
10. 常用的无链牵引机构有哪几种？
11. 牵引传动装置有哪几种形式？各有什么特点？
12. 电牵引采煤机有哪些特点？
13. 简述电牵引采煤机的调速原理和特性。
14. 采煤机有哪些辅助装置？其作用如何？

第三单元

典型采煤机

【学习目标】

本单元由 MG650/1605-WD 电牵引采煤机和刨煤机两个课题组成。通过本单元的学习，学生应了解典型采煤机械的适用条件、结构特点和工作原理，熟悉它们的操作和维护方法，并能够对常见故障进行正确分析。

课题一　MG650/1605-WD 电牵引采煤机

【任务描述】

采煤机技术发展的趋势是电牵引采煤机将逐步取代液压牵引采煤机。电牵引采煤机既可以实现采煤机要求的工作特性，而且更易实现监测和控制自动化，又可克服液压牵引采煤机加工精度要求高、工作液体易被污染、维修较困难、工作可靠性较差和传动效率较低等缺点，还便于实现工况参数显示和故障显示。

本课题主要对 MG650/1605-WD 电牵引采煤机的结构特点、工作原理进行分析，通过本课题的实施，学生可对电牵引采煤机的结构和使用与维护有全面的认识。

【知识学习】

一、概述

MG650/1605-WD 电牵引采煤机的总体结构为多电动机横向抽屉式布置的主机架框架结构，其牵引方式为机载交流变频调速销轨式无链牵引，电源电压为 3300V。控制系统采用 PLC 可编程序控制器进行各种动作控制；监测系统采用工业控制计算机，实现恒功率自动控制、数据记录、回放和处理，并提供中文界面显示各种参数和运行工况。

1. 适用范围

MG650/1605-WD 电牵引采煤机适用于缓倾斜、中硬煤层长壁式综采工作面，采高范围为 2.2 ~4.5m，可在周围空气中的甲烷、煤尘、硫化物、二氧化碳等不超过《煤矿安全规程》中所规定的安全含量的矿井中使用。其在长壁式采煤工作面可实现采、装、运的机械化，具有良好的可靠性，能满足高产、高效工作面的要求。

2. 主要技术特征（表 3-1）

表 3-1 MG650/1605-WD 电牵引采煤机的主要技术特征

项目		数值
采高范围/m		2.2～4.5
机面高度/mm		1638
适应煤层倾角		0°～16°
供电电压/V		3300
装机总功率/kW		1605（2×650+2×90+35）
摇臂长度/mm		2930
摇臂摆角		-17.95°～+45.68°
截割电动机	功率/kW	650
	转速/(r/min)	1480
	电压/V	3300
	摇臂传动比	46.8
	截割速度/(m/s)	3.31
	滚筒转速/(r/min)	31.62
牵引电动机	牵引形式	机载交流变频调速销轨式无链牵引
	功率/kW	90
	转速/(r/min)	0～1485～3500
	电压/V	660
	频率范围/Hz	3～50～120
	牵引传动比	230.625
	牵引速度/(m/min)	0～10.4～24.58
	牵引力/kN	450～926
泵站电动机	功率/kW	35
	转速/(r/min)	1465
	电压/V	3300
	调高泵额定压力/MPa	20
排量/(mL/r)		32.3
制动器压力/MPa		2
喷雾方式		内、外喷雾
牵引中心距/mm		6998
摇臂回转中心距/mm		8778
摇臂水平时最大长度/mm		14638
主机架长度/mm		9178
滚筒直径/mm		2200
滚筒截深/mm		800

（续）

项　　目	数　　值
最大卧底量/mm	450
整机外形尺寸	16640mm×2983mm×1636mm
整机重量/t	≈94
配套刮板运输机	SGZ960/1050

3. 总体结构

MG650/1605-WD电牵引采煤机主要由摇臂、滚筒、牵引传动箱、外牵引机构、泵站、电气控制箱、调高液压缸、主机架、辅助部件和破碎装置等组成，如图3-1所示。

（1）左、右截割部　左、右截割部是采煤机的工作机构，位于采煤机两端，与主机架悬挂铰接，用销轴连接（台阶销），并以铰接销为回转中心。摇臂的升降由调高液压缸的行程来控制。摇臂分别由两台650kW的交流电动机驱动，经二级直齿减速、双行星减速后驱动滚筒转动来完成截煤和装煤。截割电动机横向布置，在采空侧可以拆装。

（2）左、右牵引部（包括牵引传动箱和外牵引机构）　左、右牵引部是采煤机的行走机构，位于采煤机主机架两端（采空侧）的框架里，牵引传动箱及牵引电动机采用横向布置，与主机架通过销轴、定位块、楔紧装置、螺栓、偏心螺母可靠连接。它分别由两台90kW的交流电动机经三级直齿减速、双行星减速后驱动链轮，链轮的转动驱动采煤机沿着工作面运输机运行。

（3）泵站　泵站位于采煤机主机架（采空侧）的框架里，与左牵引传动箱相邻。泵站及泵站电动机采用横向布置，它是将机械能转变为液压能的装置。泵站电动机通过联轴器驱动齿轮泵（位于采空侧），从单独的油箱经过滤器吸油，为液压系统提供控制油，实现采煤机摇臂和破碎机摇臂的调高，同时控制牵引传动部的制动器，为手动换向阀提供先导控制油。

（4）破碎装置　破碎装置是附在电牵引采煤机上，用来破碎片帮和大块落煤的专门装置，属于可选辅助设备，可左右互换。当片帮和落煤的块度较大时，破碎装置可以保证破碎后的落煤顺利通过主机架与工作面输送机之间的过煤通道。

破碎机安装于采煤机一端，与主机架铰接。由一台90kW的电动机驱动，电动机布置在破碎机摇臂头部，与破碎机滚筒同一轴线，通过传动系统减速后，将动力传递给破碎机滚筒，驱动破碎机滚筒旋转。在破碎机与主机架之间铰接有调高液压缸，可以控制破碎机摇臂的升降，从而调节破碎机滚筒与工作面输送机刮板之间的距离。

（5）电气控制箱　电气控制箱位于采煤机主机架（采空侧）的框架里，与泵站相邻，控制箱采用横向布置。其作用是：

1）完成采煤机的电源引入和分配。供电给左、右截割电动机、泵站电动机、破碎电动机、牵引变压器、控制变压器。牵引变压器提供380V的交流电给控制箱中的变频器，控制变压器提供220V的电源给控制箱中的控制电源单元。

2）完成采煤机的控制和监测。变频器装置为牵引电动机提供频率可变、电压可变的交流电源；监测中心采用工业控制计算机对采煤机进行运行检测、故障诊断、记忆及回放显示；控制中心采用可编程序控制器，可编程序控制器根据各种操作信号输出控制信号，送给执行元件来控制采煤机的各种动作。

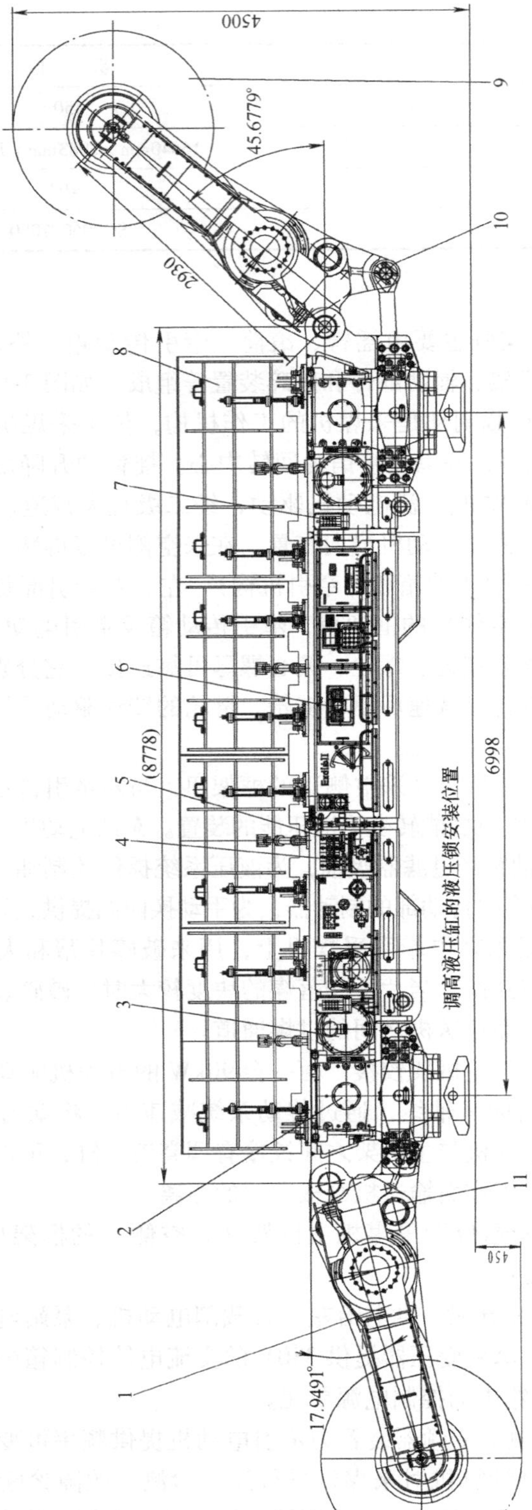

图 3-1　电牵引采煤机结构图

1—摇臂　2—外牵引机构　3—牵引传动箱　4—泵站　5—主机架　6—电气控制箱　7—遥控装置　8—挡矸装置　9—滚筒　10—调高液压缸　11—破碎装置

（6）主机架　主机架用来支承和连接各个部件，同时与工作面输送机配套，实现采煤机的支承和导向。主机架采用分段组合式框架铸焊结构。采煤侧采用平板滑靴，采空侧的外牵引装有导向滑靴。

（7）滚筒　截割滚筒采用刀形齿强力滚筒，其作用是截煤、装煤，刀具为截齿、齿座两件组合式，滚筒的连接方式为方形法兰连接。

二、截割部

截割部由左、右摇臂减速箱和左、右滚筒组成，它是完成采煤工作面的落煤、装煤的工作机构。左、右摇臂完全相同，摇臂内横向安装一台650kW的截割电动机，通过两级直齿轮减速和两级行星齿轮减速传给出轴方法兰驱动滚筒旋转，如图3-2所示。其机械传动系统的结构特点如下所述。

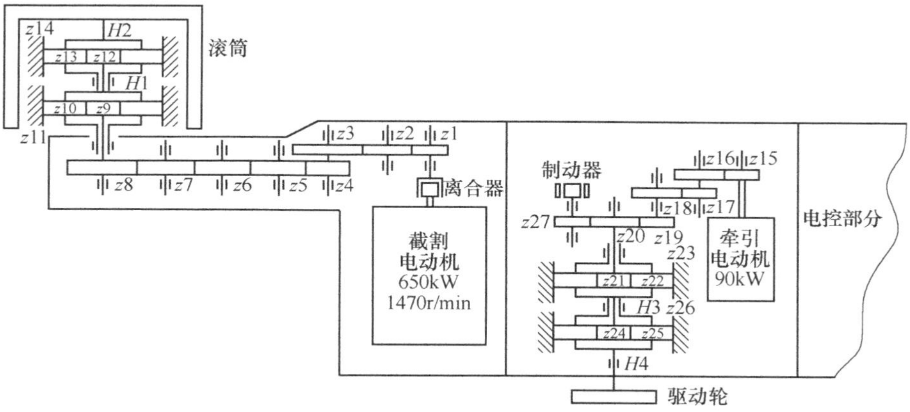

图3-2　电牵引采煤机机械传动系统图

1. 摇臂减速箱

摇臂减速箱主要由电动机、第一传动轴、第二传动轴、第三传动轴、惰轮轴（3套）、双联齿轮、双行星减速装置等组成，如图3-3所示。为适应采煤机采高的要求，摇臂的升降可以使截割滚筒保持在适当的工作位置，摇臂的动作范围与调高液压缸的行程和提升托架的半径有关。

传动路线为：电动机→齿轮 $z1$→齿轮 $z2$→齿轮 $z3$→齿轮 $z4$→齿轮 $z5$（惰轮）→齿轮 $z6$（惰轮）→齿轮 $z7$（惰轮）→齿轮 $z8$→齿轮 $z9$→齿轮 $z10$→系杆H1→齿轮 $z12$→齿轮 $z13$→系杆H2→滚筒。

（1）第一传动轴（图3-4）　截割电动机的输出轴通过渐开线花键与第一传动轴上的内花键连接，在第一传动轴的外花键上装有齿轮 $z1$，第一传动轴由两个圆柱滚子轴承支承。为了防止齿轮腔的油液漏入电动机腔，在传动轴上安装有旋转密封，由于该轴为高速轴，密封和轴接触面容易磨损，所以选用了耐高温、耐磨损的氟橡胶密封。一旦该密封漏油进入电动机腔，可通过电动机腔下部的放油孔排放，故须定期检查该放油塞。

（2）第二传动轴（图3-5）　齿轮 $z2$ 孔内装有两个双列调心滚子轴承，利用第二传动轴台阶定位轴承，第二传动轴上装有O形密封圈，用来防止油液外泄。第二传动轴用挡板、螺钉固定在摇臂壳体上，只传递转矩而不减速。

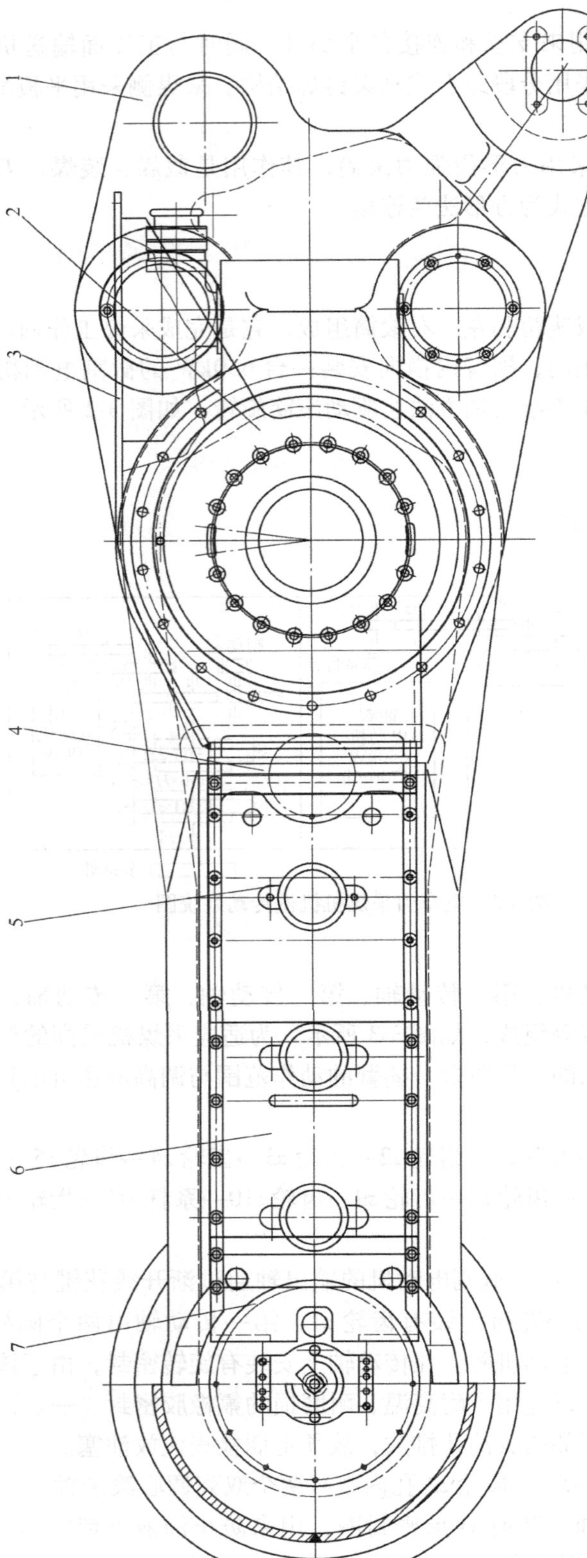
1
2
3
4
5
6
7

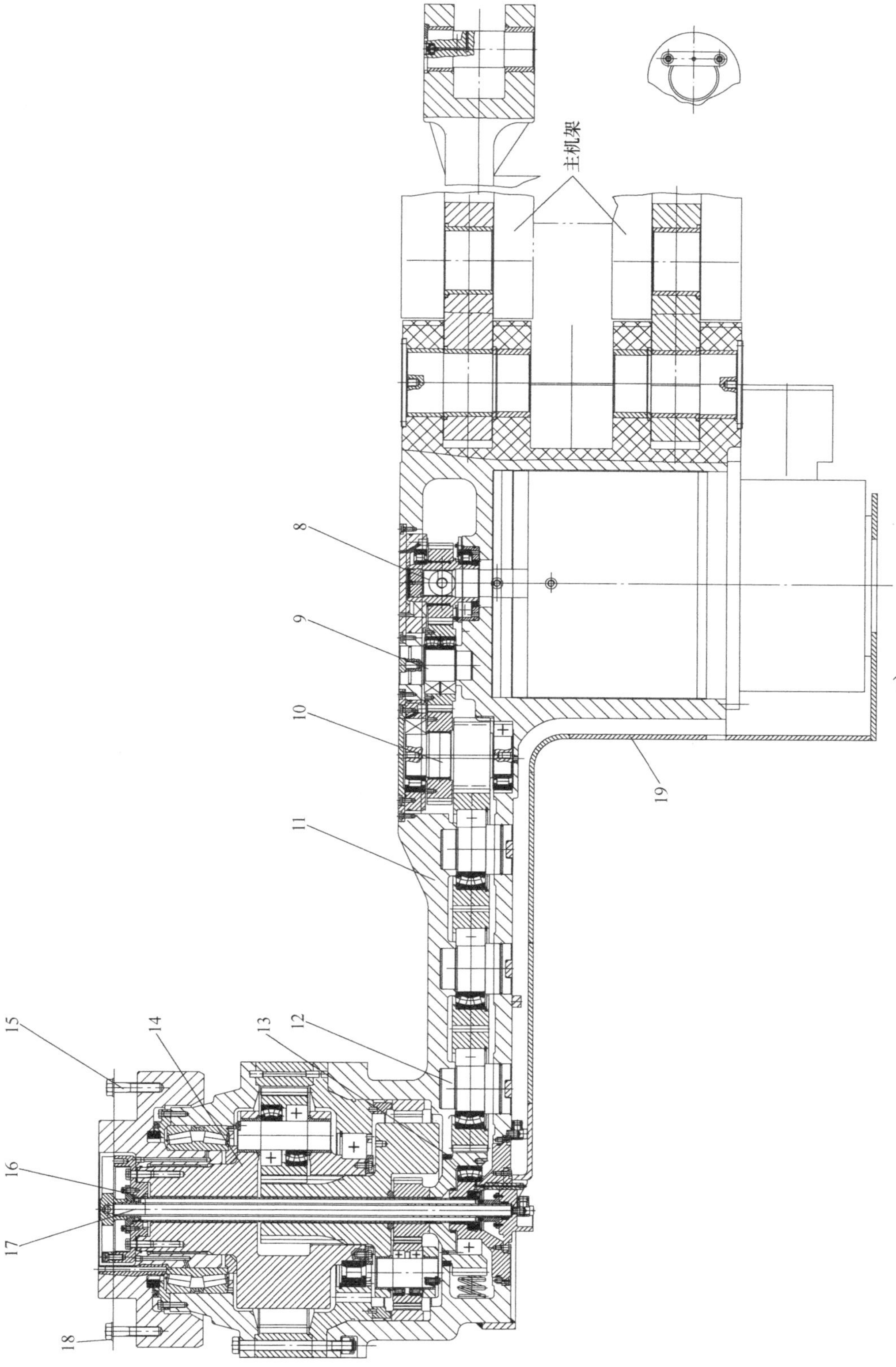

图3-3　摇臂减速箱

a）结构图

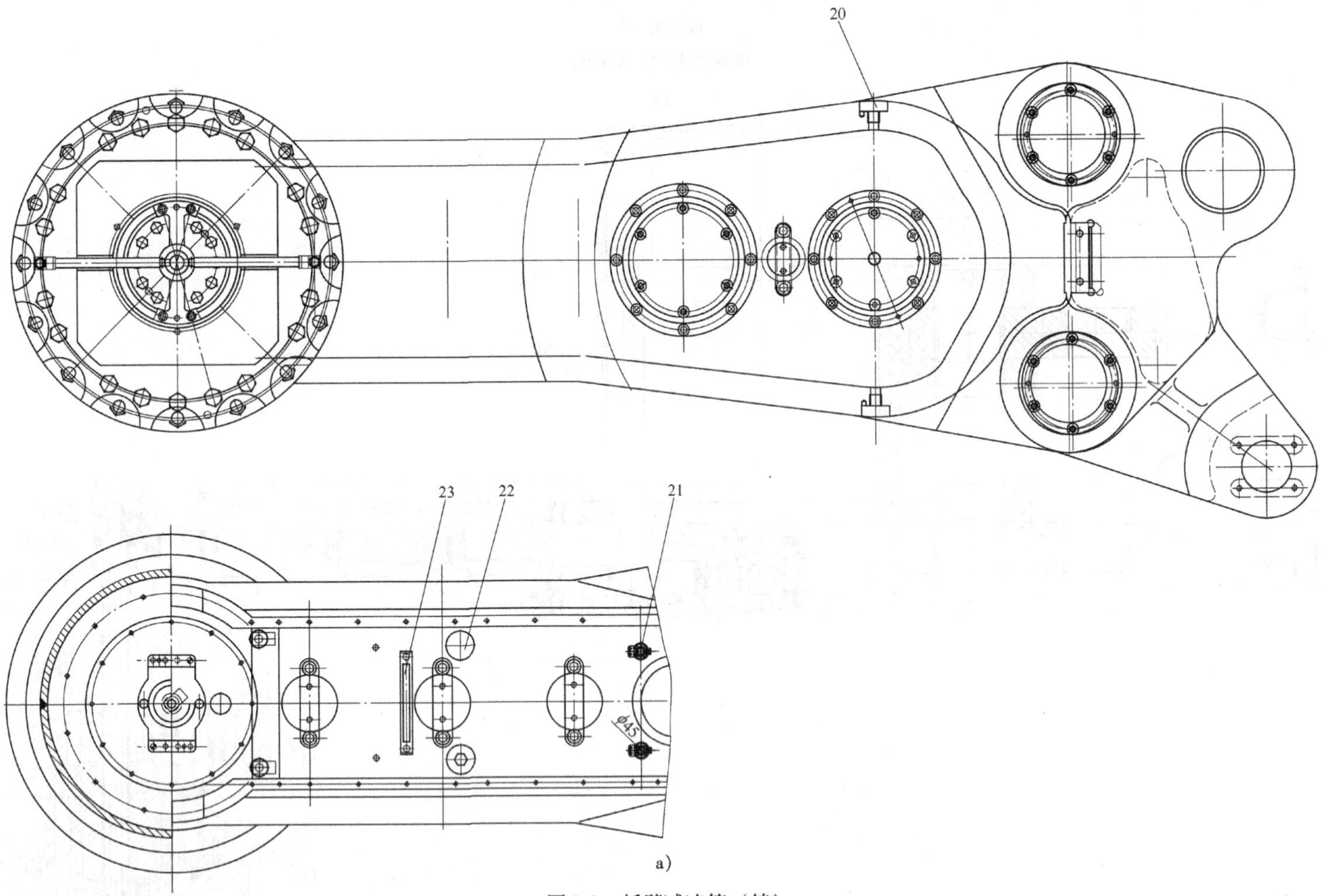

图 3-3　摇臂减速箱（续）

a）结构图

1—提升拖架装配（左）　2—截割电动机　3—电动机护罩装配（左）　4、5、6、7、19—软管护板装配　8—第一传动轴装配　9—第二传动轴装配　10—第三传动轴装配　11—摇臂壳体　12—惰轮轴装配　13—旋转密封　14—双行星减速装置　15—螺栓　16—行星密封装配　17—湿式截割装置　18—防松垫圈　20—排放塞装配　21—冷却器装配　22—透气塞　23—油位计

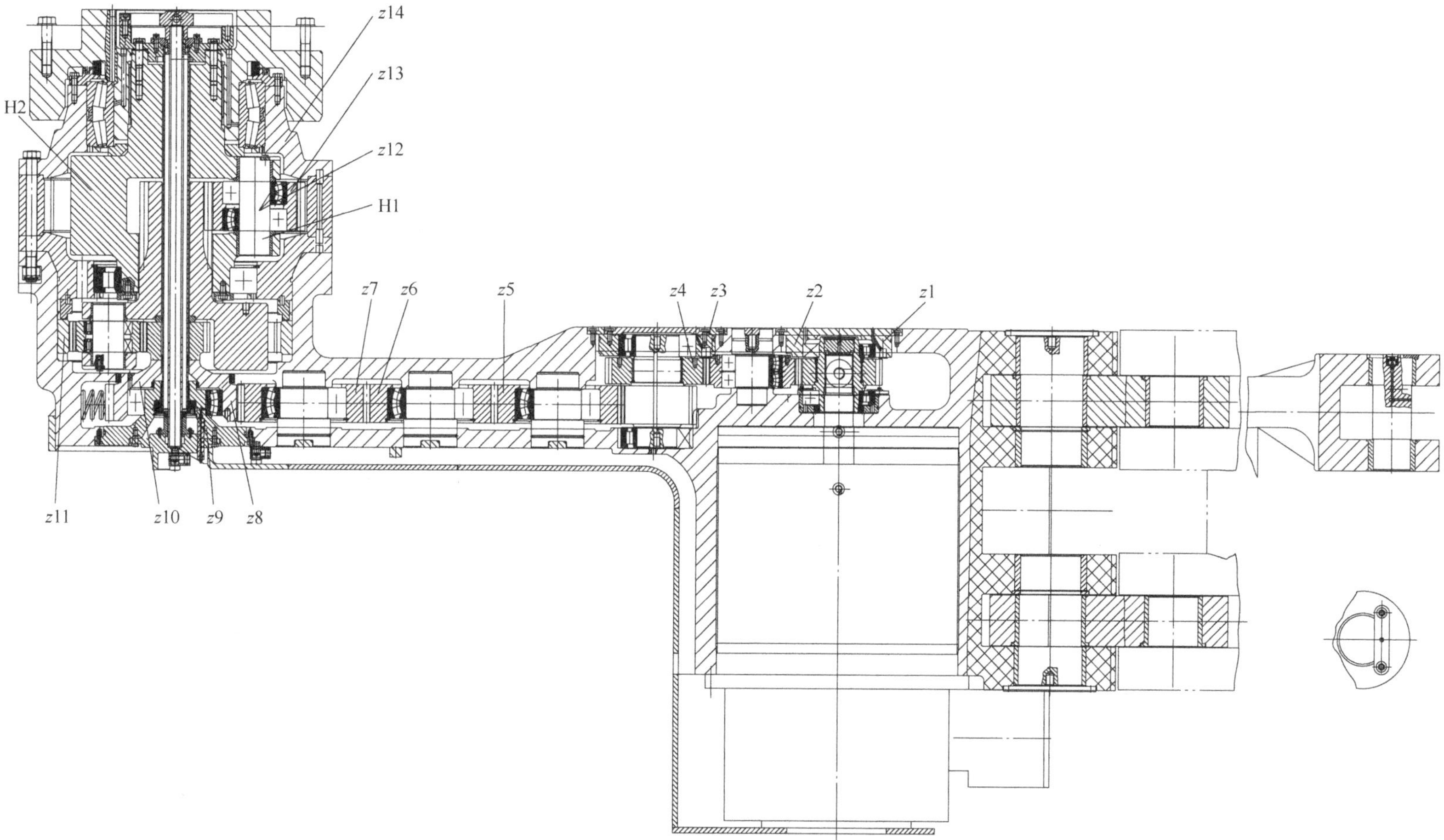

b）

图 3-3　摇臂减速箱（续）

b）传动图

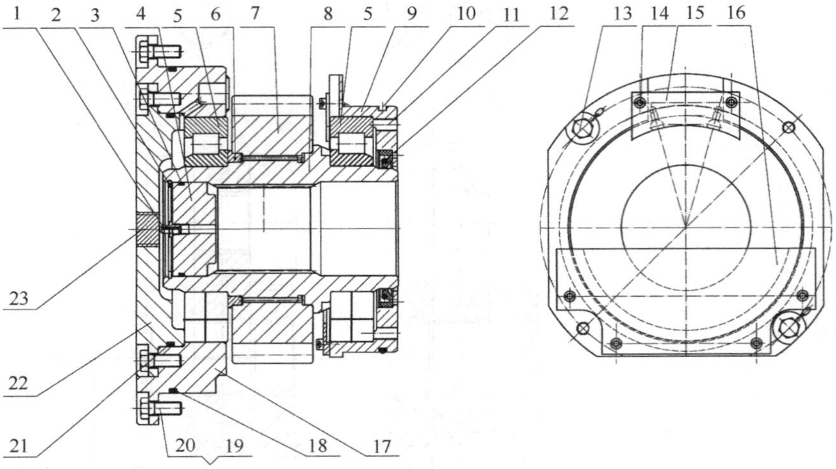

图 3-4　第一传动轴

1—油杯　2—挡圈　3、10、18、21—O 形密封圈　4—堵头　5—轴承　6—支承圈　7—齿轮　8—第一传动轴　9、17—轴承座　11、23—螺塞　12—油封　13、20—螺栓　14—螺钉　15、16—油浴挡片　19—防松垫圈　22—端盖

（3）第三传动轴（图 3-6）　第三传动轴为轴齿轮，轴齿轮上的外花键与齿轮 $z3$ 连接。第三传动轴由两个圆柱滚子轴承支承，靠采空侧的轴承装在摇臂壳体上，靠采煤侧的轴承安装在轴承座上。$z1$ 和 $z3$ 为第一级减速齿轮。

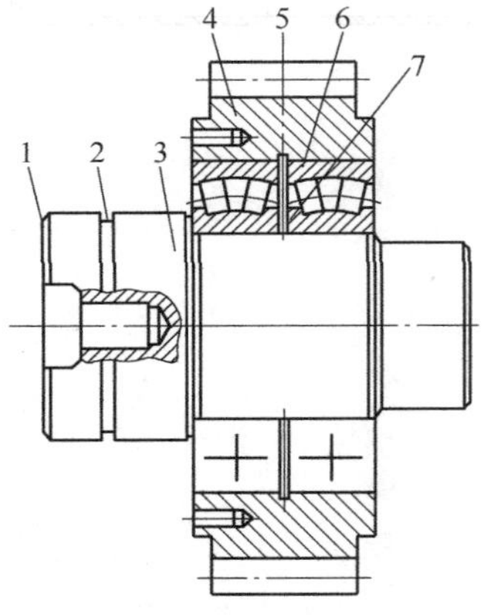

图 3-5　第二传动轴

1—螺栓、防松垫圈、挡板　2—O 形密封圈　3—第二传动轴　4—过轮　5—挡圈　6—轴承座　7—垫片

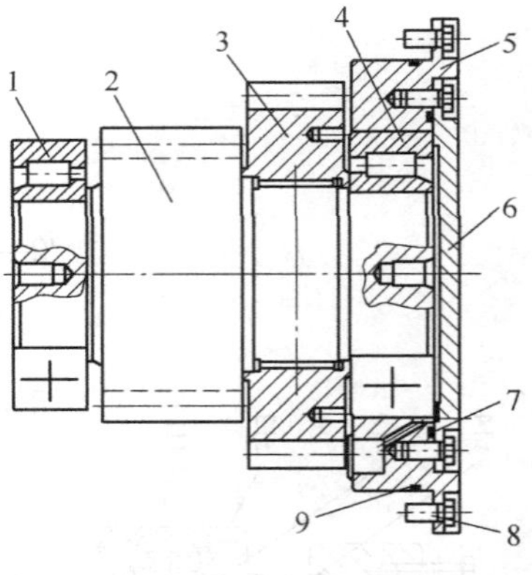

图 3-6　第三传动轴

1、4—轴承　2—齿轮轴　3—齿轮　5—轴承座　6—盖　7、9—O 形密封圈　8—螺栓、防松垫圈

（4）惰轮轴（图 3-7）　每个摇臂内安装有三套惰轮轴，均从采空侧装入，为不通孔轴组。惰轮孔内装有一个双列调心滚子轴承，利用惰轮轴台阶定位轴承。惰轮轴上装有 O 形密封圈，用来防止油液外泄。惰轮轴用挡板、螺钉固定在摇臂壳体上。惰轮轴只传递转矩而不减速。

（5）双行星减速装置（图 3-8）　它是截割部的最后一级齿轮传动。由两个 2K-H 型行星减速装置串接，均由太阳轮、行星轮、内齿轮和行星架组成。

第一级行星齿轮传动的动力由齿轮 $z8$（图 3-2）传递给第一级太阳轮 $z9$，齿轮 $z8$ 与太阳轮 $z9$ 为双联齿轮；太阳轮 $z9$ 与三个行星齿轮 $z10$ 相啮合，行星齿轮 $z10$ 与内齿轮 $z11$ 啮合，内齿轮 $z11$ 由轴承座上的两个平键固定在摇臂壳体上，行星齿轮 $z10$ 安装在第一级行星架 $H1$ 上。由于内齿轮 $z11$ 固定，行星齿轮 $z10$ 带动行星架 $H1$ 转动。第一级行星架 $H1$ 上的齿轮 $z12$ 为第二级行星齿轮传动的太阳轮，同样太阳轮 $z12$ 与三个行星齿轮 $z13$ 相啮合，行星齿轮 $z13$ 安装在第二级行星架 $H2$ 上，因内齿轮 $z14$ 固定，所以行星架 $H2$ 转动，从而将动力通过滚筒座输出给截割滚筒。

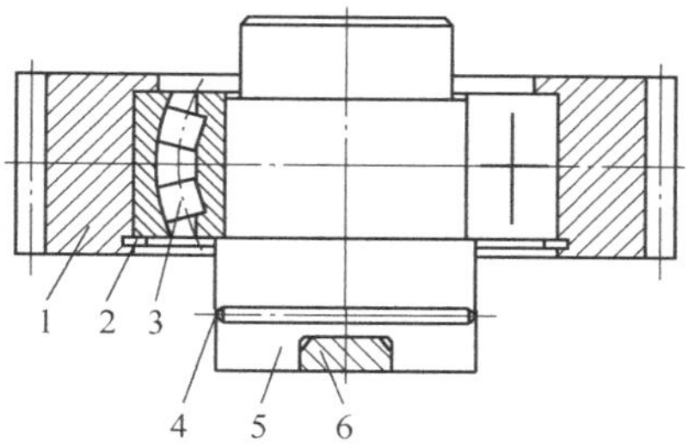

图 3-7　惰轮轴

1—惰轮　2—挡圈　3—轴承　4—O 形密封圈　5—惰轮轴　6—挡板、螺栓、防松垫圈

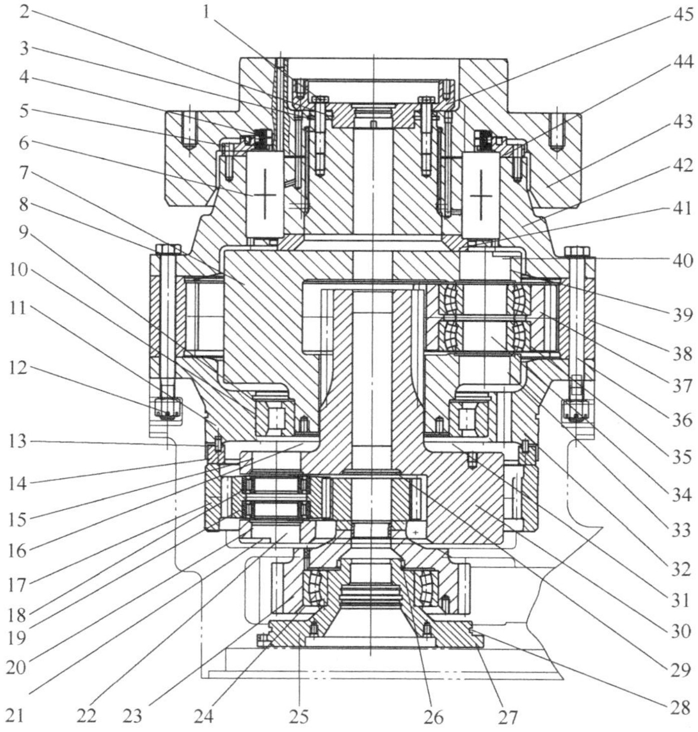

图 3-8　双行星减速装置

1、5、8、16—螺栓　2、27—防松垫圈　3、11、28—O 形密封圈　4—浮动端面密封　6、10、18、24、35—轴承　7、30—行星轮座　9—挡圈　12—螺母、开口销、垫圈　13、36—销　14—楔块　15、33—行星轴衬套　17、38—内齿轮　19、37—行星轮　20、39—行星轮轴衬套　21、40—支持板　22、34—行星轮轴　23—太阳轮　25、32、42—轴承座　26—旋转密封　29—耐磨环　31—轴承盖　41—距离套　43—滚筒座　44—端面密封座　45—滚筒轴座

为了防止煤尘进入行星机构和避免润滑油外泄，在滚筒轴与密封座之间安装有浮动端面密封 4（图 3-8），它由两件对称的密封环配以两只耐高温的橡胶 O 形密封圈组成。一个密封环（静环）通过 O 形密封圈与密封座相连，另一个密封环（动环）与滚筒轴相连。两环

接触端面为滑动密封面，O 形密封圈被压缩后产生的轴向力促使两环相互压紧。

(6) 离合操作装置（图 3-9） 在截割电动机内设置有离合操作装置，在截割电动机采空侧的端部安装有离合操作手柄 1，通过离合操作手柄 1（推、拉）使电动机输出轴的花键与第一传动轴 2 啮合或分离，同时与转子啮合或分离，从而使滚筒转动或停止。离合操作手柄以推入为合，拉出为离。注意：操作离合装置时，必须使电动机处于非运转状态。

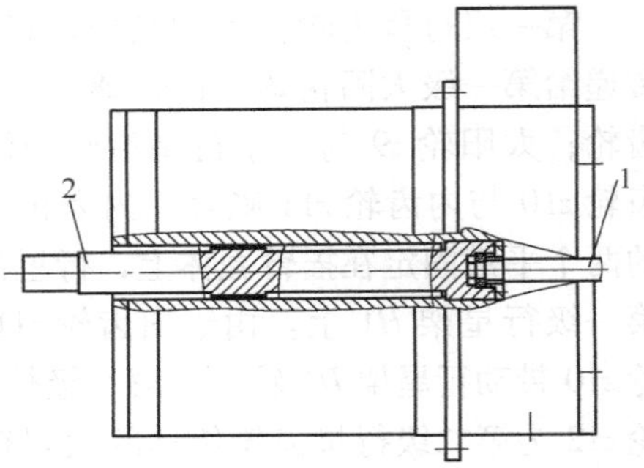

图 3-9 离合操作装置

1—离合操作手柄 2—第一传动轴

2. 截割滚筒

滚筒是采煤机的工作机构，靠安装在滚筒上的截齿将煤从煤壁上截割下来，并通过滚筒上的螺旋叶片将截割下来的煤装入工作面可弯曲刮板输送机。由于采煤机电动机的绝大部分功率消耗在滚筒的落煤和装煤上，因此，滚筒的结构参数（主要是螺旋叶片升角和高度，截齿排列状况和数量，截齿的结构形式及锋利程度等）对功率消耗的影响很大。此外，滚筒对煤的块率、煤尘的生成量及采煤机工作时的稳定性等也有很大的影响。

MG650/1605-WD 电牵引采煤机滚筒采用螺旋滚筒，按叶片的螺旋方向分为左旋和右旋，左、右滚筒转速相同，转向相反。滚筒转向采用反向对滚，即站在采空侧看，左滚筒逆时针转动，右滚筒顺时针转动。

滚筒为焊接结构，端盘、螺旋叶片、筒毂的厚度有所增加，可有效提高滚筒强度；端盘采用碟形结构，可减少滚筒割煤过程中端盘与煤壁的摩擦损耗，从而减小了采煤机前进过程中的牵引阻力；叶片采用多头螺旋叶片，螺旋叶片的排煤面上堆焊了耐磨层，可有效提高其耐磨性和工作可靠性，如图 3-10 所示。

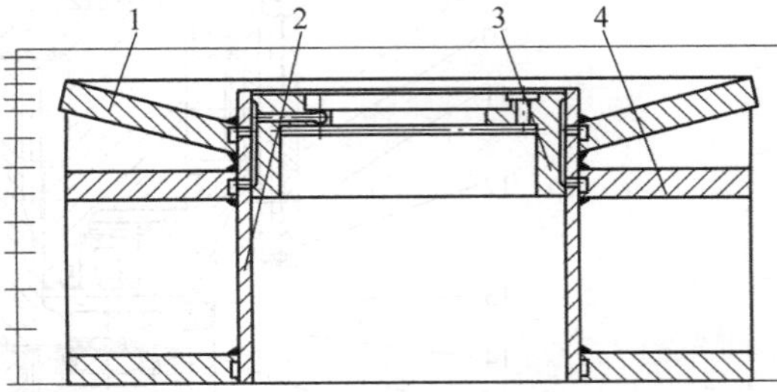

图 3-10 截割滚筒端面图

1—端盘 2—筒毂 3—方法兰 4—螺旋叶片

在滚筒的端盘和螺旋叶片上装有内喷雾用喷嘴，喷嘴布置在截齿与截齿之间，离截齿较近，可在煤尘尚未扩散之前将其扑落，从而大大提高了降尘效果。

三、牵引部

MG650/1605-WD 电牵引采煤机的牵引部由左、右牵引传动箱和左、右外牵引机构组成，它们位于机身的左、右两端，是采煤机的行走机构。左、右牵引传动箱内各有一台 90kW 交流电动机，其动力通过三级直齿轮传动和两级行星齿轮减速传至驱动轮，驱动轮驱动销轨轮，使采煤机沿工作面移动。为适应采煤机牵引速度的需要，牵引电动机由交流变频器控制实现无级调速。其机械传动系统的结构特点如下。

1. 牵引传动箱

(1) 牵引传动箱的结构 采煤机的两个牵引传动箱分别布置在采煤机机身的左右两侧，与主机架组成一体并可完全互换，如图 3-11 所示。与每个牵引传动箱连接的外牵引机构都

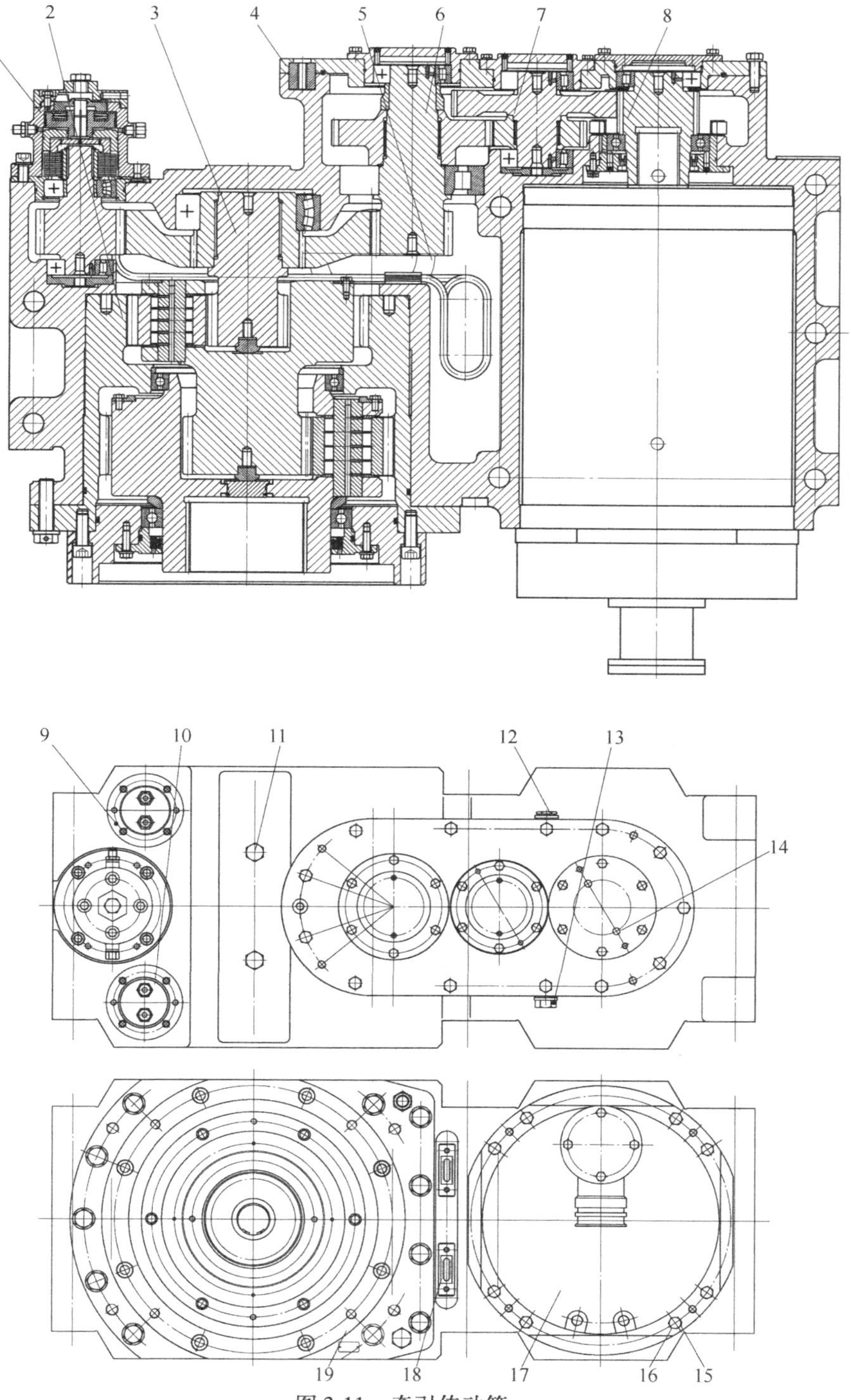

图 3-11 牵引传动箱

1—制动器装置 2—行星机构 3—太阳轮装配 4—侧盖装置 5—观察孔盖装置 6—第三传动轴 7—第二传动轴 8—第一传动轴 9、10—冷却器 11、14—螺塞 12—透气塞 13—垫圈 15—防松垫圈 16—牵引电动机 17—螺栓 18—油标 19—牵引传动箱箱体装有一个 11 齿的销轨轮，销轨轮与工作面输送机上的销排齿轨相啮合，销轨轮的转动就驱动采煤机沿着工作面输送机向左（或向右）运行。

牵引传动箱可以安装在主机架上两端的任何一端，但是，当左、右牵引传动箱需要相互调换安装位置时，必须把牵引传动箱翻过来，并调换注油接头与放油塞的上、下位置。

每个牵引传动箱都装有制动器，当采煤机停止牵引时，制动器可防止采煤机下滑。

（2）机械传动系统　牵引传动箱的传动系统如图 3-12 所示。由图 3-12 可知，牵引传动箱端部的牵引电动机输出轴通过花键与第一传动轴中的连接齿轮 *z*15 连接，连接齿轮 *z*15 与第二传动轴中的轴齿轮 *z*16 啮合；轴齿轮 *z*16 通过花键与齿轮 *z*17 连接，齿轮 *z*17 与第三传动轴中的齿轮 *z*18 啮合；齿轮 *z*18 通过花键与轴齿轮第三传动轴 *z*19 连接，第三传动轴 *z*19 与齿轮 *z*20 啮合；齿轮 *z*20 通过花键与太阳轮 *z*21 连接，并通过太阳轮 *z*21 将动力传递给安装在行星齿轮架 *H*3 上的三个行星齿轮 *z*22，行星齿轮 *z*22 与内齿轮 *z*23 啮合，行星轮架 *H*3 转动；行星轮架 *H*3 另一端的齿轮 *z*24 将动力传递给安装在第二级行星轮架 *H*4 上的 5 个行星齿轮 *z*25，行星齿轮 *z*25 与内齿轮 *z*26 啮合，带动行星轮架 *H*4 转动。

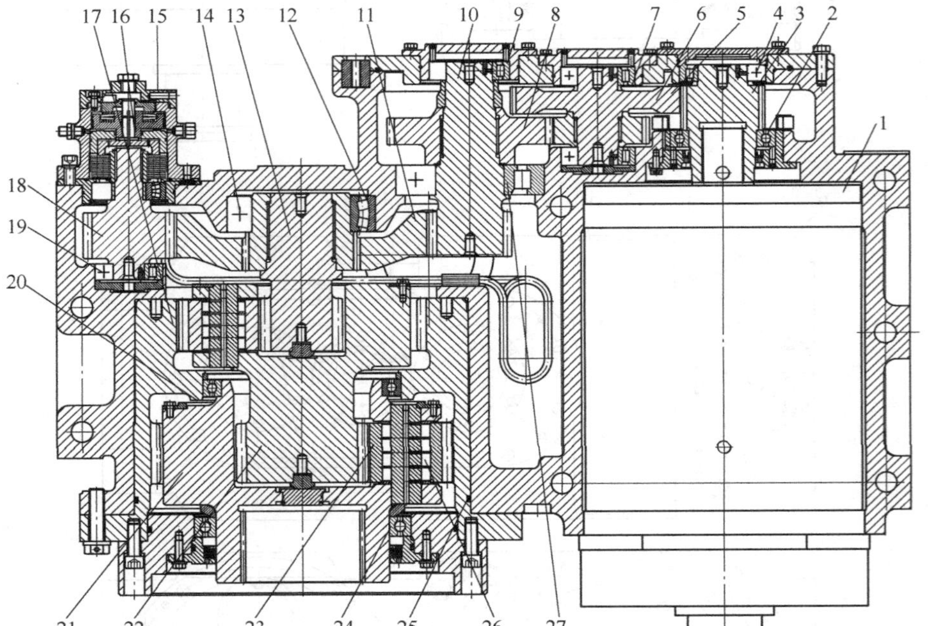

图 3-12　牵引部传动系统图

1—牵引电动机　2、4—第一传动轴装配轴承　3—连接齿轮 *z*15　5—轴齿轮 *z*16　6—齿轮 *z*17　7—第二传动轴轴装配轴承　8—齿轮 *z*18　9、27—第三传动轴装配轴承　10—第三传动轴（轴齿轮 *z*19）　11—齿轮 *z*20　12—太阳轮轴承　13—太阳轮 *z*21　14—行星轮 *z*22　15、20、24、26—行星减速机构轴承　16、19—制动器轴承　17—内齿轮 *z*23　18—齿轮 *z*27　21—行星轮架 *H*4　22—行星齿轮架 *H*3（太阳轮 *z*24）　23—行星齿轮 *z*25　25—内齿轮 *z*26

1）第一传动轴（图 3-13）。第一传动轴上连接齿轮 *z*15 的一端与牵引电动机的输出轴用渐开线花键连接，两端由轴承支承在安装于箱体中的轴承座上。为了防止齿轮油渗漏，轴端用 O 形密封圈和油封密封。

2）第二传动轴（图 3-14）。第二传动轴上的轴齿轮 $z16$ 与第一传动轴上的连接齿轮 $z15$ 相啮合，而小齿轮 $z17$ 则与第三传动轴上的齿轮 $z18$ 相啮合。$z16$、$z17$ 两齿轮之间由花键连接。第二传动轴有两个支承点，一点由安装于箱体轴承座中的轴承支承，另一点由安装于箱体中的轴承支承。

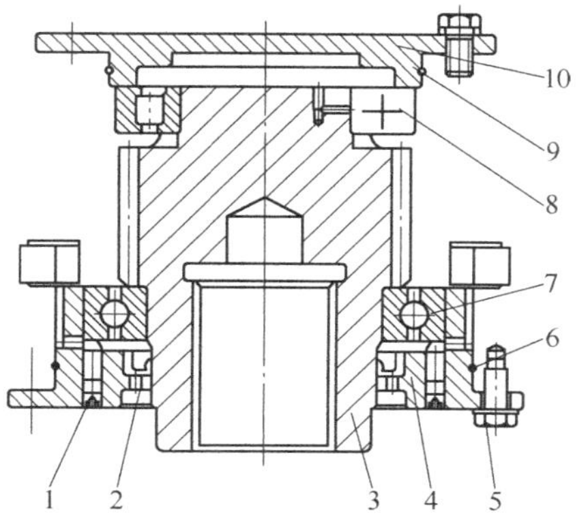

图 3-13　第一传动轴

1—螺塞　2—油封　3—连接齿轮 $z15$
4—密封座　5—螺栓、防松垫圈
6、9—O 形密封圈　7、8—轴承　10—端盖

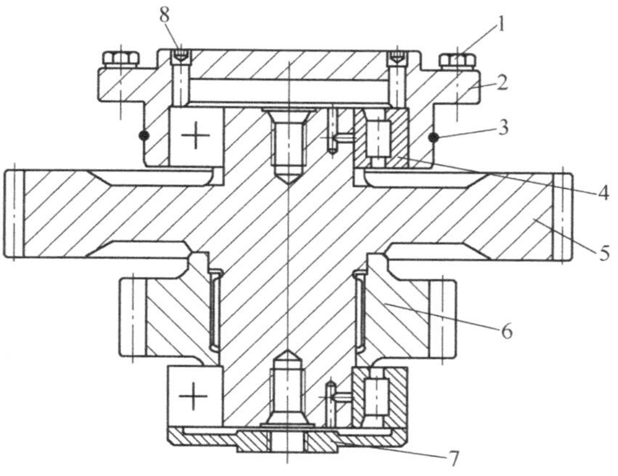

图 3-14　第二传动轴

1—螺栓、防松垫圈　2—轴承座　3—O 形密封圈
4—轴承　5—轴齿轮 $z16$　6—齿轮 $z17$
7—拔盖　8—螺塞

3）第三传动轴（图 3-15）。第三传动轴上的齿轮 $z18$ 与第二传动轴上的齿轮 $z17$ 相啮合，第三传动轴上的轴齿轮 $z19$ 与齿轮 $z20$ 相啮合。$z18$、$z19$ 两齿轮之间由花键连接。第三传动轴有两个支承点，一点由安装于箱体轴承座中的轴承支承，另一点由安装于箱体中的轴承支承。

为了便于安装及维修，在第一传动轴、第二传动轴和第三传动轴的煤壁侧设计有侧盖板，轴承安装在侧盖板中，再将侧盖板用螺栓和定位销固定在箱体上。

在此处的箱体底部，安装有测油温传感器，牵引传动箱中的油液温度可显示于采煤机的显示屏上。

4）第四传动轴（图 3-16）。第四传动轴上的齿轮 $z20$ 与第三传动轴上的齿轮 $z19$ 啮合，齿轮 $z21$（轴齿轮）与行星机构中的行星齿轮 $z22$ 啮合。$z20$、$z21$ 两齿轮之间由花键连接。

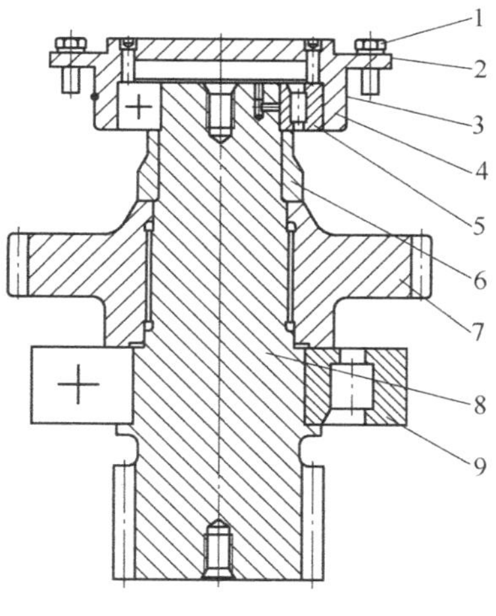

图 3-15　第三传动轴

1—螺栓、防松垫圈　2—螺塞　3—O 形密封圈
4—轴承座　5、9—轴承　6—距离套
7—齿轮 $z18$　8—第三传动轴

5）双行星减速器（图 3-17）。双行星减速器具有较大的承载能力。第一级行星机构由一个太阳轮 $z21$（即图 3-16 中的齿轮 $z21$）、三个行星齿轮 $z22$、双联内齿轮中的一个内齿轮 $z23$、一个行星轮架 $H3$ 等组成。其中，太阳轮 $z21$ 和行星轮架 $H3$ 浮动。第二级行星机构由

一个太阳轮 z24（即行星轮架 H3）、五个行星齿轮 z25、双联内齿轮中的另一个内齿轮 z26、一个行星轮架 H4 等组成。其传动原理与截割部行星减速器相同。

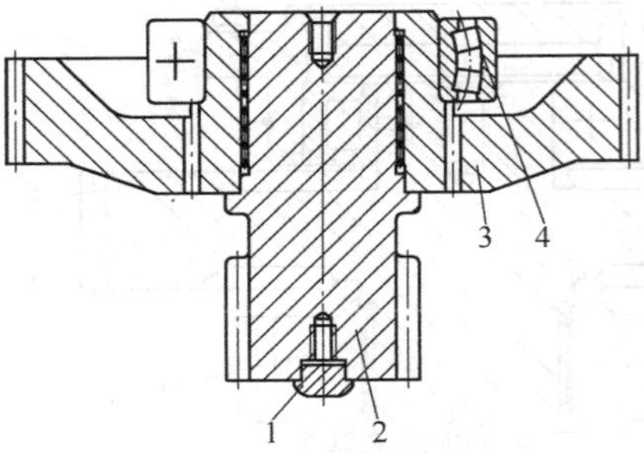

图 3-16　第四传动轴

1—塞子　2—太阳轮 z21　3—齿轮 z20　4—轴承

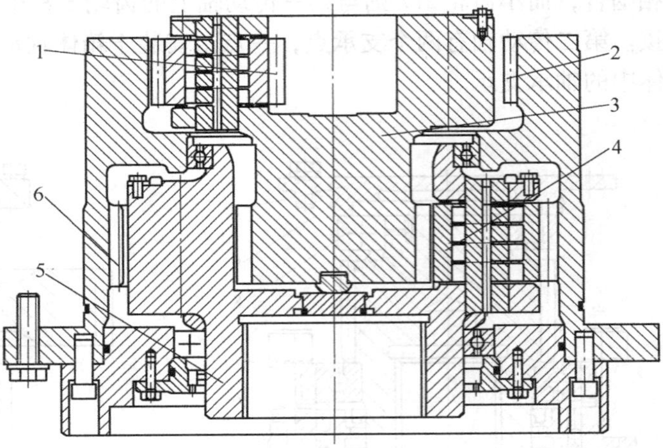

图 3-17　双星减速器

1—行星齿轮 z22　2—内齿轮 z23　3—行星轮架 H3　4—行星齿轮 z25　5—行星轮架 H4　6—内齿轮 z26

（3）制动器装置（图 3-18）　液压制动器是采煤机上的安全防滑装置，是一种弹簧加载

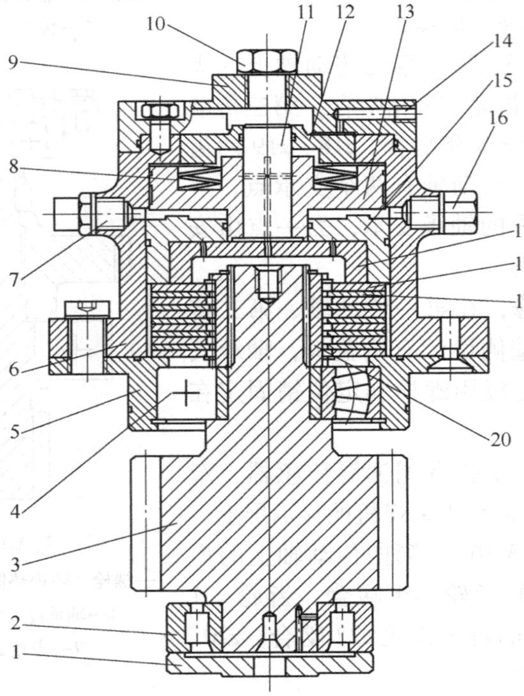

图 3-18　制动器

1—拔盖　2、4—轴承　3—齿轮轴 z27　5—座盖　6—壳体　7—管接头　8—碟形弹簧　9—端盖　10—垫圈、螺塞　11—销轴　12—制动板　13—活塞　14—垫圈、螺塞、毡堵　15—挡板　16—螺塞　17—压力板　18—外摩擦片　19—内摩擦片　20—衬套

液压释放的摩擦式制动器。它安装在牵引传动箱的煤壁侧，位于箱体的传动中心线上，齿轮轴 $z27$ 与第四传动轴上的齿轮 $z20$ 啮合。当采煤机断电停车或阀组停止向其供液压油时，碟形弹簧 8 恢复原状推动活塞 13 移动，通过压力板 17 压紧内摩擦片 19 和外摩擦片 18，内摩擦片 19 通过花键与衬套 20 连接，衬套 20 通过花键与齿轮轴 3 连接，外摩擦片 18 通过花键与壳体连接。内、外摩擦片产生的摩擦力矩阻止齿轮轴 3 转动，销轨轮停止转动，采煤机不牵引，保证了采煤机的安全。采煤机牵引时，需要先松开制动器，当按下“牵电”按钮时，制动电磁阀得电，液压油通过管接头 7 进入制动器腔室内，压缩碟形弹簧 8，松开内、外摩擦片。此时，齿轮轴 3 即可随着太阳轮装置中的齿轮 $z20$ 转动，制动被解除。

2. 外牵引机构

左、右外牵引机构为双排结构，如图 3-19 所示。它主要由外牵引底座 2、销轨 22、齿轮 16、齿轮 32、轴承、导向滑靴 24 等组成，采用开式传动，轴承采用润滑脂润滑。齿轮为大模数渐开线齿轮，链轮为 11 齿齿轮，具有足够的承载能力。外牵引底座与牵引传动箱箱体之间采用止口定位，与主机架采用止口、定位销及楔块定位，并用螺栓紧固在主机架上。通过两端带有花键的空心轴一端与牵引传动箱行星架的内花键连接，另一端与齿轮 16 的内花键连接，齿轮 16 与齿轮 32 啮合，销轨轮 22 通过花键与齿轮 32 相连，销轨轮的转动驱动采煤机在工作面运输机上行走。销轨轮与销轨的正确啮合，是靠外牵引上的导向靴 24 来保证的。

四、辅助液压系统

辅助液压系统是为满足采煤机滚筒的调高和制动需要而设置的。该系统主要由电动机、齿轮泵、调高液压缸、液压控制阀组（主要有先导溢流阀、减压阀、手动换向阀、电磁阀）、蓄能器、压力继电器、冷却器等组成，可以实现摇臂调高、破碎装置调高、挡矸调高和采煤机的制动等。

1. 主要液压元件

（1）泵站　泵站是电牵引采煤机的一个重要部件，其主要作用是将机械能转化为液压能，为采煤机摇臂的调高、破碎装置及挡矸装置的调高提供动力，同时为行走部的制动器提供控制油。

驱动电动机为矿用隔爆型三相异步电动机，适用于有甲烷或爆炸性煤尘的采煤工作面。

1）调高泵。为了确保液压系统的正常工作，采用 PGP330 型德国进口齿轮泵，理论排量为 32.3mL/r，额定工作压力为 25MPa，转速为 1470r/min。其体积小，结构简单，工作可靠，结实耐用。

2）过滤器。在液压系统中，为了保证油液的清洁，保证液压元件的可靠性，系统中设置有吸油、回油过滤器各一个。

吸油过滤器安装在油箱的采空侧，过滤精度为 100μm，过流量 140L/min。油路中设有污染指示器，当滤芯被污物堵塞，压差增至 0.03MPa，真空表显示 220mmHg（1mmHg = 133.32Pa）时，表示需要清洗或更换吸油过滤器滤芯。如现场无人，则旁通阀开启，避免泵吸空损坏。

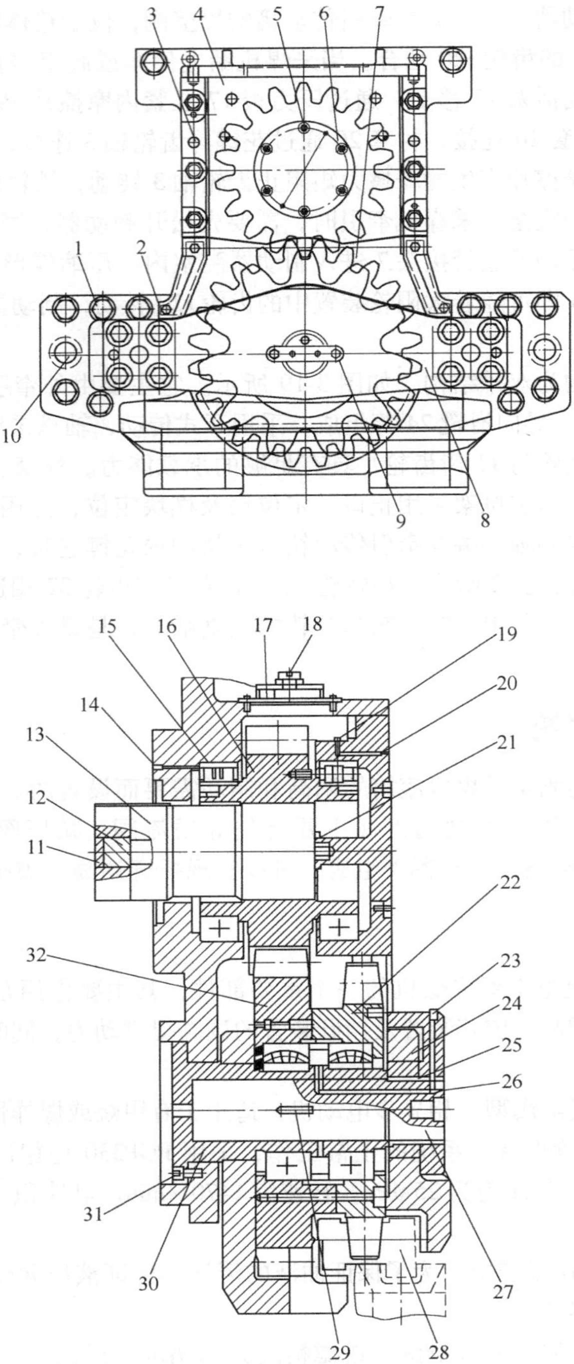

图 3-19 外牵引机构

1—螺栓、偏心螺母、垫圈 2—底座 3—定位销 4—上盖 5—螺栓、防松垫圈 6—盖 7—护板 8—下盖 9—螺栓 10—销 11—垫 12—堵 13—空心轴 14、20、26—螺塞 15—轴承 16、32—齿轮 17—顶盖、垫 18—油塞 19—螺塞 21—耐磨盘 22—销轨轮 23—油杯 24—导向靴 25—衬套 27—心轴 28—销排齿轨 29—键 30—端盖 31—螺钉

RFB-160X20-Y220 回油过滤器安装在油箱的采空侧，过滤精度为 20μm，过流量为 160L/min。该过滤器设有永久性磁铁，可滤除油液中直径在 1μm 以上的铁磁性颗粒；设有单向阀，更换滤芯时，油箱内的油液不会流出；设有旁通阀，在滤芯被污染物堵塞的情况下，旁通阀会自动开启（旁通阀开启压力差为 0.4MPa），以保证系统正常工作；设有目测指示表，当滤芯逐步堵塞后，可在目测指示表上观察滤芯的堵塞情况，以决定是否更换回油过滤器滤芯。

3）先导溢流电磁换向阀。为了防止系统油压过高导致泵及液压元件损坏，在齿轮泵排油口设有先导型溢流电磁换向阀，其调定压力为 20MPa。

4）压力继电器。用于限定液压系统的低压，调定压力为 2MPa。当液压系统中的压力低于调定值时，压力继电器使制动电磁阀动作，制动器油路泄载，采煤机停止牵引。

5）手液动换向阀。必须在先导型溢流电磁换向阀得电的前提下，操作手液动换向阀，否则操作无效。

MG650/1605-WD 电牵引采煤机的液压系统中并联了 4 个手液动三位四通换向阀，换向阀中位为工作位置，摇臂锁定在给定高度。需要升降摇臂时，通过手液动换向阀使液压油进入调高液压缸的不同油腔。该阀的两端各有一控制油口，分别与电磁阀的对应油口连通，因此，可用手动操作，也可用电磁换向阀控制该阀的工作位置。

① 电磁换向阀。电磁换向阀可对手液动换向阀进行先导控制，实现调高液压缸的动作。电磁换向阀的对应油口与手液动换向阀的控制油口相通，当得到机器两端的端头站发出的电信号时，电磁换向阀动作，使控制油进入手液动换向阀的某一控制油腔，另一控制油腔与回油相通，推动手液动换向阀阀芯换向，实现摇臂的上升或下降。

此外，回路中还设置了制动电磁阀。当采煤机起动时，制动电磁阀得电动作，液压油进入制动器克服弹簧力，内、外摩擦片分离，采煤机进入运行状态。当采煤机停止时，制动电磁阀断电复位，液压油回油池，在弹簧力的作用下，制动器的内、外摩擦片压紧，采煤机处于制动状态。

② 减压阀。减压阀的调定压力为 2MPa，可满足系统控制回路和制动回路的压力要求。

③ 蓄能器。NXQA-2.5/20-L 型蓄能器在采煤机割煤行走时，提供打开制动装置所需的液压油；用遥控操作摇臂升降时，提供手动换向阀所需的控制油，确保了泵在长期卸荷状态下，采煤机能正常工作。

（2）调高液压缸　调高液压缸是辅助液压系统的执行元件，它的伸缩可实现摇臂在规定范围内的上、下摆动，以满足采煤机的采高和卧底量的要求。

调高液压缸的液压油是由泵站提供的，液控单向阀可使摇臂停留在需要的位置上，也可保证在供油管破裂的情况下摇臂不降落。

2. 辅助液压系统的工作原理（图 3-20）

（1）调高回路的工作原理　电动机（35kW）驱动调高齿轮泵运转，齿轮泵通过吸油过滤器从油箱中吸油。当无操作要求时，四个手液动换向阀均是中位为工作位置，齿轮泵输出的液压油经先导溢流电磁换向阀、冷却器、回油过滤器流回油箱，齿轮泵卸荷。蓄能器经减压阀、制动电磁阀为制动器供油。调高液压缸在液压锁的作用下，自行封闭液压缸两腔，将摇臂锁定在调定位置。

当需要调高时，四个手液动换向阀左位或右位为工作位置，齿轮泵输出的高压油一路去

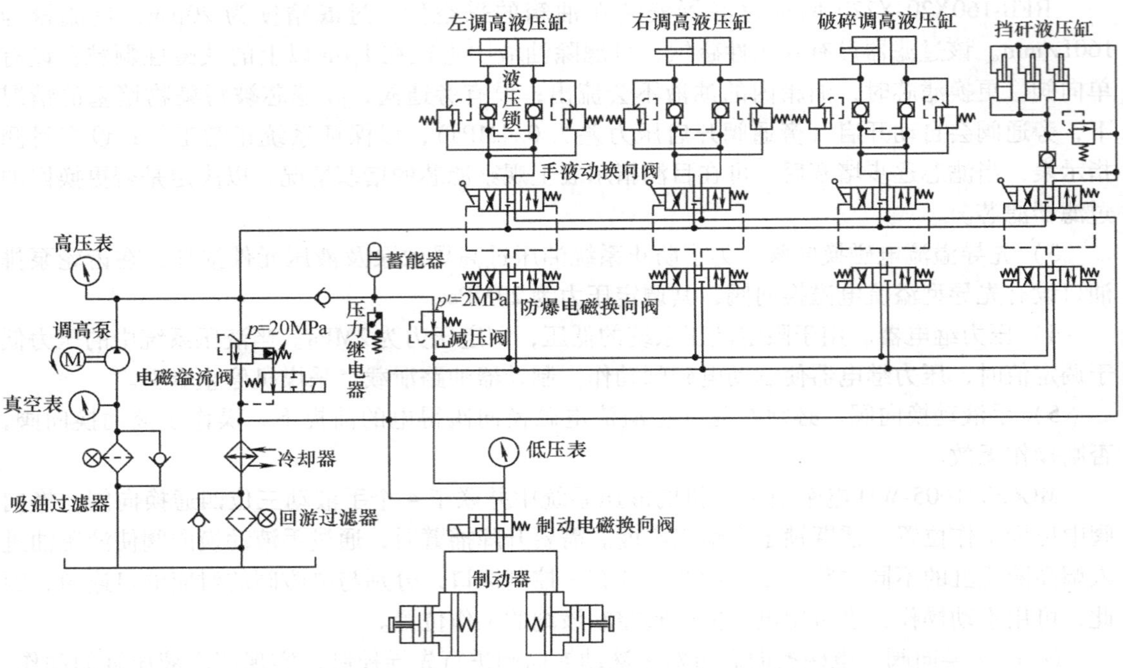

图 3-20　辅助液压系统

蓄能器储存起来；一路去调高液压缸实现左、右摇臂，破碎装置及挡矸挡板的调高；一路经减压阀减压后，经制动电磁阀去制动器解除制动。

下面以左摇臂调高为例分析液压回路。

1）控制左摇臂调高的手液动换向阀处于中位（图 3-20 所示位置）。从调高泵输出的液压油经先导型溢流电磁换向阀、冷却器、回油过滤器流回油箱，左调高液压缸不动作，左摇臂停留在给定的位置。

油液流向为：油箱→吸油过滤器→调高泵→先导型溢流电磁换向阀→冷却器→回油过滤器→油箱。

2）控制左摇臂调高的手液动换向阀处于左位。调高泵输出的液压油经手液动换向阀、液压锁，进入左调高液压缸活塞腔，同时调高液压缸活塞杆腔经液压锁回油。

进油：油箱→吸油过滤器→调高泵→手液动换向阀（左位）→液压锁→左调高液压缸活塞腔。

回油：调高液压缸活塞杆腔→液压锁→手液动换向阀（左位）→冷却器→回油过滤器→油箱，实现左摇臂调高。

此外，还可以操作端头站左摇臂升降按钮，使防爆电磁换向阀动作，控制油作用在手液动换向阀的相应控制阀口，实现手液动换向阀工作位置的变换，进而实现左摇臂调高。

右摇臂调高、破碎装置的调高原理与左摇臂调高原理相似。

（2）制动回路的工作原理　液压制动回路的液压油为低压油，是高压油通过减压阀（调定压力为 2MPa）减压后提供的。液压制动回路由减压阀、二位四通制动电磁阀、液压制动器及管路组成。

二位四通制动电磁阀贴在集成块上，通过管路与安装在左、右牵引传动箱上的液压制动器相连接。当需要采煤机行走时，制动电磁阀得电，克服弹簧力动作，液压油进入液压制动器，使牵引传动箱解锁，采煤机正常牵引；当采煤机停机或出现故障时，制动电磁阀失电，在弹簧力的作用下复位，制动器油腔中的液压油回油箱，通过碟形弹簧压紧内、外摩擦片，使采煤机停止牵引。

五、辅助装置

1. 主机架

主机架采用整体框架焊接结构，采空侧敞开，分为四个腔室，分别安装左、右牵引传动部，泵站，电气控制箱，如图 3-21 所示。供水阀组与泵站安装在同一个腔室内。以上部件、元件均用螺栓固定在主机架内。

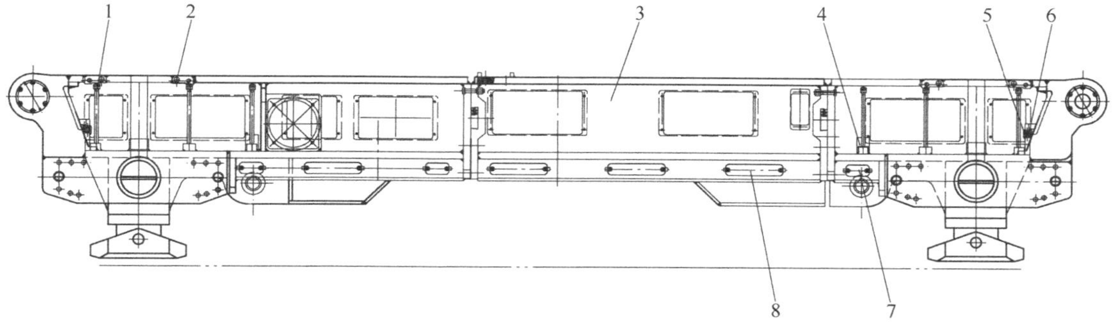

图 3-21 主机架

1、6—螺栓 2—弹性圆柱销 3—主机架 4—定位块 5—楔块 7、8—斜盖板

在主机架采煤侧及顶面开有窗口，以便螺栓连接、紧固，布设电缆、水管、油管，以及各部件的调整、维护等。所有窗口均用盖板盖住，需要时可拆开。

在主机架靠近采煤侧两端有支腿，采空侧两端装有外牵引装置，外牵引与主机架由定位盘定位，通过螺栓连接。支腿处装有平滑靴，外牵引处装有牵引轮及导向滑靴，与工作面输送机配合实现采煤机的支承、限位、导向及牵引。主机架的两端分别与左、右摇臂用销轴铰接，调高液压缸位于主机架下部采煤侧两端。破碎装置根据用户要求装在主机架左（或右）端采空侧，破碎液压缸装在其对应的下部，均用销轴铰接。

2. 喷雾冷却系统

喷雾冷却系统主要由反冲洗过滤器组件、总流量/压力表组件、高压节流阀组件、减压阀组件、低压节流阀组件、排水组件、接头、软管和喷水块等组成，可以为内、外喷雾提供高压水，降低工作面的粉尘含量；可以冷却截割电动机、牵引电动机、泵站电动机、破碎电动机；可以冷却截割传动部、牵引传动部、泵站油箱和电气控制箱。

来自喷雾泵站的水通过反冲洗过滤器进入采煤机，进水压力为 6 ~ 7MPa，流量为 360L/min；进入反冲洗过滤器组件的水经过滤后进入流量/压力表组件，以显示其总进水流量和压力，然后进入高压节流阀组件并分成三路（水量可调节）。一路经过节流阀进入左滚筒和左喷水块，用于左滚筒的内喷雾和左喷水块上的三个强力文丘里喷嘴。一路经过节流阀进入右滚筒和右喷水块，用于右滚筒的内喷雾和右喷水块上的三个强力文丘里喷嘴。另一路经过节流阀、减压阀组件、低压节流阀组件后，分为水量可调节的六路冷却水路：第一路冷却水经左牵引传动冷却器对牵引传动装置、左牵引电动机进行冷却后，通过固定在左摇臂上的喷水块将水喷向滚筒；第二路冷却水经油箱冷却器对油箱、泵站电动机进行冷却后，通过固定在左摇臂上的喷水块将水喷向滚筒；第三路冷却水经左截割传动高速腔冷却器对左截割传动高速腔进行冷却，经左截割传动低速腔冷却器对左截割传动低速腔进行冷却，在对左截割电动机进行冷却后，通过固定在左摇臂上的喷水块将水喷向滚筒；第四路冷却水经电气控制箱冷却器（电气控制箱的两冷却器串接）对电气控制箱、破碎电动机进行冷却后，通过固定在右摇臂上的喷水块将水喷向滚筒；第五路冷却水经右牵引传动冷却器对牵引传动装置、右牵引电动机进行冷却后，通过固定在右摇臂上的喷水块将水喷向滚筒；第六路冷却水经右截割传动高速腔冷却器对右截割传动高速腔进行冷却，经右截割传动低速腔冷却器对右截割传动低速腔进行冷却，在对右截割电动机进行冷却后，通过固定在右摇臂上的喷水块将水喷向滚筒，如图 3-22 所示。

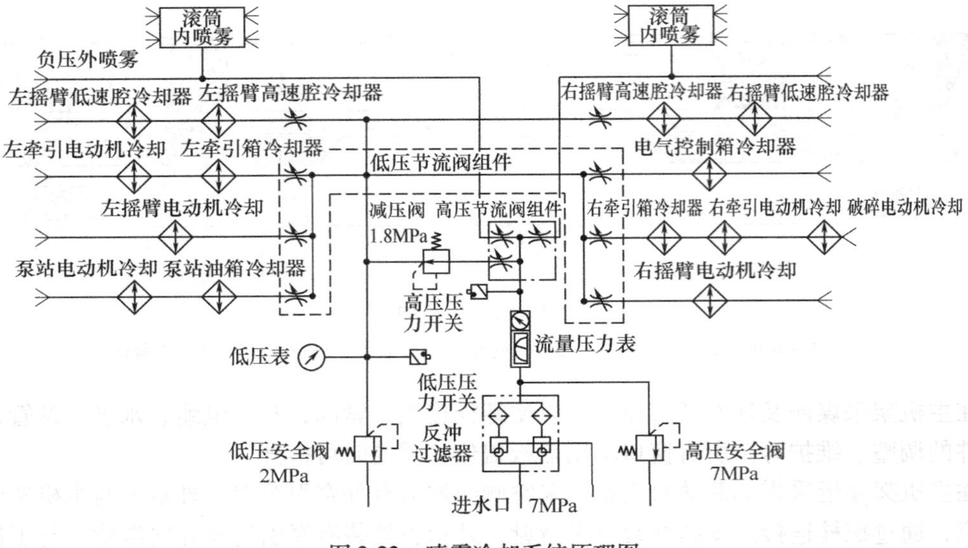

图 3-22　喷雾冷却系统原理图

六、电气系统

MG650/1605-WD 电牵引采煤机采用机载式交流变频调速，一拖一牵引方式，可实现功率平衡；关键的电气部件全部采用进口件，提高了系统的可靠性；低功耗的遥控系统，免充电式无线发射，可离机操作，不但增加了安全性，而且待机时间长；带故障记录的中文人机界面，缩短了故障查询时间；保护装置齐全，延长了系统的使用寿命；双电缆供电，分步起动控制，降低了起动大电流对供电网络的冲击。该部分可实现截割电动机的温度监测及热保护，破碎电动机的温度监测及热保护，液压泵电动机的温度监测，牵引变压器的热保护，截割电动机和牵引电动机恒功率控制的过载保护，电动机的漏电闭锁控制，运输机的闭锁控制等功能。

1. 电气控制箱的结构特征与原理

该采煤机采用 JTZ-450C 型电气控制箱，它位于主机架的中央，可以在采空侧方便地推入和抽出。电气控制箱具有两个接线腔和一个隔爆腔，可完成对采煤机电源的引入和分配，实现整机的控制、监测等。控制箱内设有高压隔离开关、真空接触器、牵引变压器、控制变压器、霍尔电流互感器、控制中心、变频器及一些辅助器件。

从顺槽开关箱送来的3300V高压电源由牵引变压器变为660V电源，通过接触器送给变频器，实现采煤机的牵引调速；由控制变压器变为220V控制电源，通过自动开关送给直流电源装置和本安电源盒，产生24V开关电源和12V本安电源，分别给监控中心和端头控制站供电。整机的控制信号、监测信号由各有关设备进入调速装置，实现采煤机左右牵引、调高等功能。

2. 主要部件的结构及原理

（1）控制中心　控制中心是电牵引采煤机的核心部分，包括主控器和辅控器两部分，通过航空插头、插座将控制信号输入、输出，其面板上的电缆连线如图3-23所示。主控器完成整机的控制和监测，辅控器为主控器提供不同等级的控制电源，并配合主控器完成主回路及电磁阀的控制。

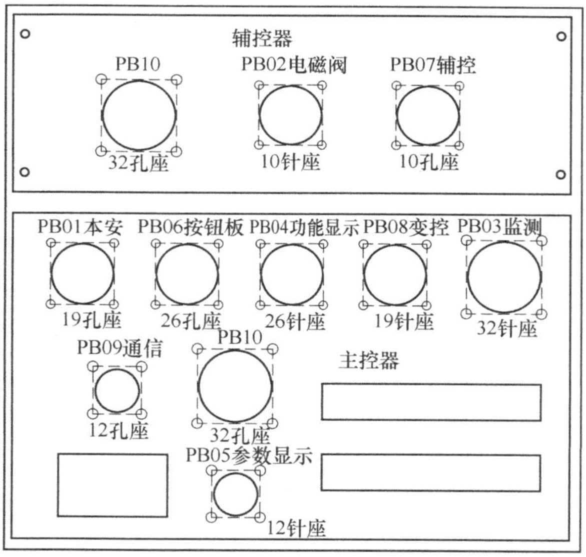

图3-23　控制中心电缆接线图

采煤机的控制中心采用工业可编程序控制器（即工业PLC），实现对整机的控制监测和保护。控制箱体和端头站上的操作按钮，把各种操作信号送到控制中心的主控器，控制中心根据各种逻辑关系输出控制信号，送给执行部件，参加各种控制；电动机、变压器、变频器等各种保护和监视信号，送到控制中心的主控器，主控器把信号和数据处理分类后，一方面送给参数显示器、功能显示器进行状态指示，另一方面根据接收的数据进行过程控制。

主控器将接收到的模拟信号与被设定的值进行比较，当采集的数据大于设定的数据时，主控器将按设定的程序进行控制。例如，主控器采集到截割电动机的电流后，将其与设定值（电动机额定电流）进行比较，当截割电流大于电动机的设定值时，采煤机在设定的过载时间内减速；当在设定的过载时间内仍不能降到截割电动机的保护值以下时，采煤机将断电停机。又如，主控器接收到牵引电流后，将其与设定值进行比较，当电动机电流大于设定值后，将保持此时的最大速度而不能加速；待电动机电流降到设定值以下后，才可以继续加速。

（2）变频器　在控制箱内装有两台变频器，每台变频器驱动一台牵引电动机，两台变频器之间通过光缆进行数据传输，确保两台牵引电动机实现功率平衡。该采煤机采用专为采煤机机载提供的改制变频器，设计的运行频率是1.6～120Hz，起动为零速满转矩起动。1.6～50Hz是恒转矩调速，对应采煤机的牵引速度为0～10.4m/min；50～120Hz是恒功率调速，对应采煤机的牵引速度为10.4～24.58m/min。根据配套变频器的不同，采煤机采用不同的制动方式。普通两象限变频器采用单一的液压制动，四象限变频器既可采用液压制动，变频器自身还能实现回馈制动。

1）变频器设置参数（表3-2）。

表3-2　变频器设置参数

项　　目	数　　值
型号	ACS800-170-7（两象限/四象限）
额定容量/kV·A	170
额定功率/kW	132
输入电压/V	AC660
输出频率/Hz	1.6～120
输出额定电流/A	155
短时过载电流	$1.5I_e$
适配电动机功率/kW	90
最高运行温度/℃	85
过电流跳闸	$2.75I_e$
过电压跳闸	$1.3U_e$
欠电压跳闸	$0.65U_e$
冷却方式	IGBT底板水套冷却

2）变频调速系统。根据煤矿工作面情况的不同，可配置两象限变频器或四象限变频器。两象限变频器适用于近水平工作面或倾角不太大的工作面，四象限变频器适用于大倾角工作面，工作面的倾角通常大于25°。

① 两象限变频器。两象变频器的电源是由牵引变压器提供的660V/50Hz电源，该电源经快速熔断器、牵电接触器送给变频器，变频器经三相半控桥整流成直流，经电容滤波成稳定的直流电压。当主控板接收到控制中心送来的控制信号后，由微机控制的集成IGBT逆变模块输出频率和电压可变的交流电压，作为牵引电动机的驱动电源。

变频器的控制电源来自变频器直流母线，直流母线电压通过变频器的电源板转变成DC 24V，作为变频器主控板的控制电源。两象变频器工作原理框图如图3-24所示。

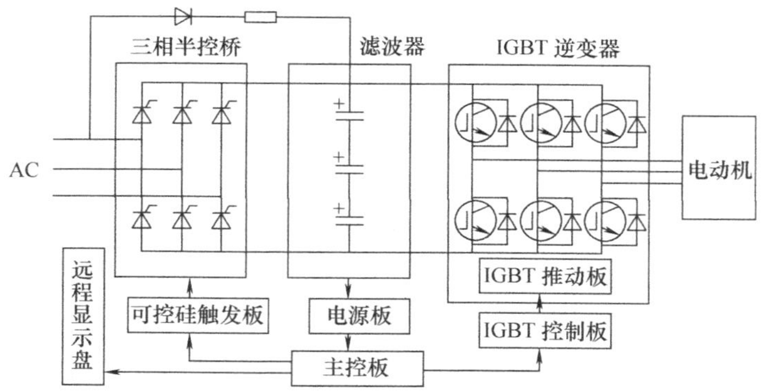

图 3-24 两象限变频器工作原理框图

② 四象限变频器。四象变频器电源是由牵引变压器提供的 660V/50Hz 电源，该电源经 LC 滤波后通过快速熔断器送给变频器，经变频器整流回馈部分变成直流，经电容滤波成稳定的直流电压。当主控板接收到控制中心送来的控制信号后，由微机控制的集成 IGBT 逆变模块输出频率和电压可变的交流电压，作为牵引电动机的驱动电源；当采煤机在大倾角工作面下行时，如果牵引电动机的转速超过给定的转速，电动机处于发电状态，直流母线电压升高，则整流回馈部分开始工作，将多余的能量回馈到电网，使电动机按给定的速度下行。

变频器的逆变部分控制电源来自变频器直流母线，直流母线电压通过变频器的电源板转变成 DC 24V，作为变频器主控板的控制电源；变频器整流回馈单元的控制电源来自内部的 AC660/DC24V 开关电源。四象变频器的工作原理框图如图 3-25 所示。

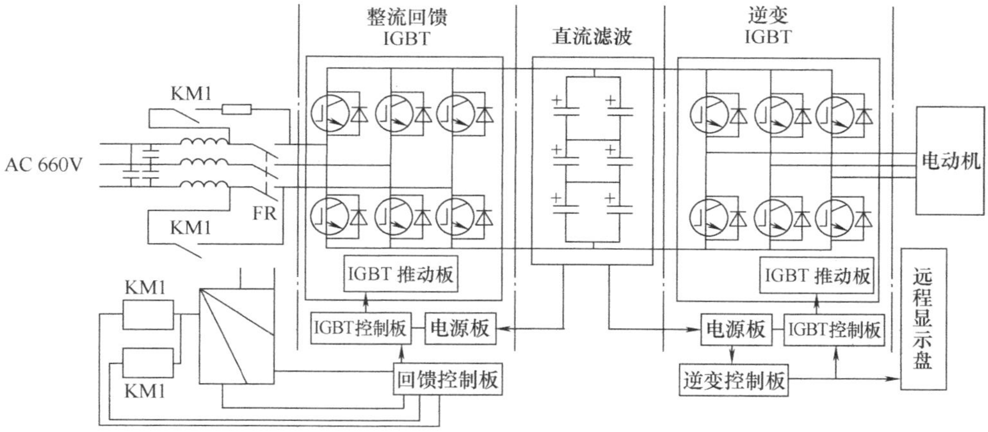

图 3-25 四象限变频器的工作原理框图

（3）显示系统　显示系统由功能显示器、参数液晶显示器和变频显示器三部分组成，用来显示采煤机的各种操作功能，如图 3-26 所示。

功能显示器可以显示采煤机操作信号的输入情况。当有信号输入时，对应的 LED 发光二极管动作，指示灯亮。

参数液晶显示器采用 6in 彩色液晶屏，主要显示采煤机的运行工况和参数，同时对采煤机的故障进行记录、回放，采用全中文的人机界面，在显示器内部设有输入/输出接口状态指示，可以看到系统各个接口的状态信息。

变频显示器是变频器的操作盘，在此盘上可以对变频器进行各种参数的设定和修改，同时查询故障记录，显示运行状态信息和运行参数。

(4) 控制箱按钮板装置　控制箱按钮板装置主要完成采煤机的各种功能操作，由操作按钮、航空插头、端子排组成，如图 3-27 所示。

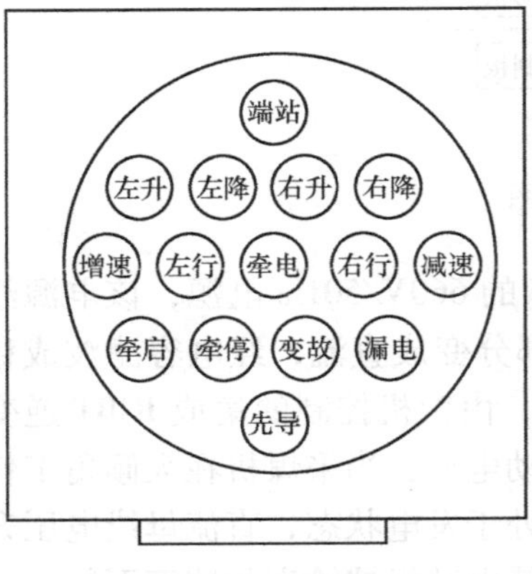

图 3-26　功能显示器

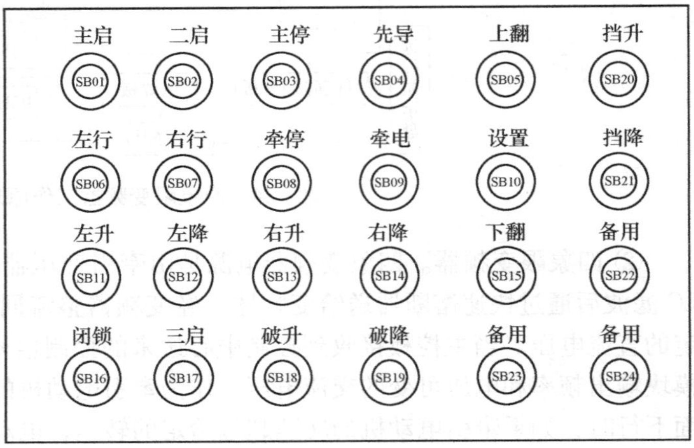

图 3-27　按钮布置和操作功能图

【任务实施】

一、任务实施前的准备

学生必须经过煤矿安全资质鉴定，获得煤矿安全生产上岗资格证；完成入矿安全生产教育，具有安全生产意识，掌握相关煤矿安全生产知识。

二、任务实施的目的

1）通过参观，了解 MG650/1605-WD 电牵引采煤机的结构特点及工作原理。

2）熟悉 MG650/1605-WD 电牵引采煤机的操作控制原理。

三、现场参观、实训教学

1）观察 MG650/1605-WD 电牵引采煤机的结构组成。

2）根据实际情况选择采煤机，分析其结构特点及工作原理。

四、操作要求

1. 操作前的准备工作

(1) 电系统运行操作　采煤机整个系统的操作包括控制面板操作，左、右端头站操作和左、右遥控发射装置操作五个部分。按功能可分为三项操作内容，一是主回路操作，包括主启、二启、主回路停、先导回路试验、运输机闭锁；二是牵引系统操作，包括变频驱动器停止输出、变频驱动器送电、采煤机左行、采煤机右行；三是摇臂升降操作，包括左摇臂上升、左摇臂下降、右摇臂上升、右摇臂下降、破碎上升、破碎下降。

1）主回路操作。

① 主回路启动前的准备工作。

• 先导试验操作：从顺槽开关箱到采煤机的两根电缆中的先导 P、E 控制线，可以通过“先导”按钮进行检测。按下“先导”按钮时，若功能显示屏上的先导指示灯亮，则说明先导回路正常，采煤机可以起动，否则采煤机送不上电。

隔离开关处于分闸位置，同时按下“一启”按钮和“先导”按钮，先松开“先导”3S，再松开“一启”按钮，监控系统工作。观察显示屏上的相应显示是否正确，有否漏电等故障，无故障则按“主停”按钮断电；再合上隔离开关，给采煤机送水，作好主回路启动前的准备工作。

• 左、右截割、破碎电动机起动功能：隔离开关处于合闸位置，同时按下“一启”和“先导”按钮，先松开“先导”3S，再松开“一启”按钮，左截割、泵站电动机得电；按下“二启”按钮，右截割电动机得电；按下“破启”按钮，破碎电动机得电。

• 破碎电动机停止功能：先按“牵停”按钮，再瞬时按一下“破启”按钮，最后松开“牵停”按钮，破碎电动机即刻停止。

• 牵送功能：采煤机“二启”启动后，按下“牵送”按钮使变频器得电，检查变频器显示是否正确。

• 主停功能：起动采煤机后，按下“主停”按钮，采煤机断电。采煤机主停有五处可以操作：控制箱，左、右端头站，左、右遥控器。需要主停时，按以上五个“主停”按钮的其中之一即可。

② 采煤机先导控制及运输机闭锁回路。先导控制回路和运输机闭锁回路如图 3-28 所示。从顺槽开关箱送来的供电电缆中包含的控制芯线 E、P 是采煤机先导控制回路；包含的控制芯线 B1、B2 是运输机在采煤机中的闭锁回路。

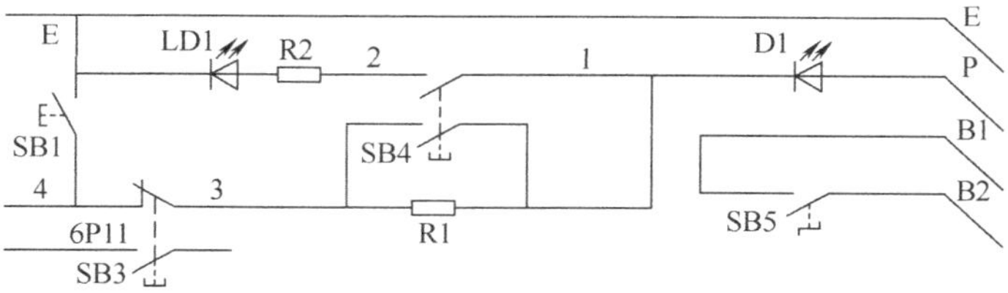

图 3-28　先导控制回路和运输机闭锁回路

SB1 是顺槽开关的启动按钮；SB3 是采煤机主回路供电停止按钮；SB4 是先导按钮，并配合 SB1 产生顺槽开关所需的脉冲下降沿；SB5 是采煤机对运输机闭锁按钮。

③ 运输机停止操作。采煤机控制箱上有一个“运闭”自锁按钮，当检修采煤机或需要停止运输机时，按下“运闭”按钮，运输机就不能再起动运行。若要重新开启运输机，则必须使闭锁按钮拔出复位。

2）牵引系统的操作。主回路启动完毕后，采煤机牵引系统得电。当功能显示器显示牵电时，即可进行牵引操作。

① 牵引操作。可在控制箱或左、右端头站，左、右遥控器五处进行操作，实现采煤机的左行、右行、增速、减速、牵引停止功能。

② 左行操作。当变频器得电后，按住“左行”按钮，变频器开始输出，采煤机开始左行，按住“左行”按钮不放，变频器频率增加，采煤机增速向左运行。当采煤机速度增至所需速度后，放开“左行”按钮，采煤机以此速度向左运行。若要使采煤机减速，可按“右行”按钮；若要使采煤机减速到零，可以直接按“牵停”按钮，也可以按住“右行”按钮（假设采煤机正在运行），直到采煤机减速到零为止。直接按“牵停”按钮可以使牵引立刻停车。

若要改变采煤机的运行方向，必须先按“牵停”按钮，然后按方向按钮（左行或右行）采煤机才能改变方向。“牵停”按钮既是采煤机牵引停止按钮，又是改变牵引方向的前置按钮。本牵引系统没有设置“牵启”、“增速”和“减速”按钮，由“左行”、“右行”按钮代替。

3）摇臂升降的操作。左、右摇臂及破碎升降操作可在五处实现，控制箱上，左、右端头控制站，左、右遥控器的上升、下降按钮。这五处可同时实现对采煤机左摇臂的操作。

（2）操作顺序　使用采煤机前，应首先按操作系统熟悉各操作手柄和按钮的位置，掌握各操作手柄和按钮的功能，然后按下列顺序进行操作：

1）将采煤机急停按钮复位，将左、右截割电动机离合置于脱开位置，将运输机互锁旋钮旋至解锁位置。

2）将采煤机电源隔离开关由“分”拨到“合”的位置，旋动电动机起动旋钮，这时电动机起动，注意牵引调速手柄是否在零位，如有牵引，应将牵引手柄重新调至零位。观察压力表的压力变化情况，以及有无其他异常现象，一切正常后，操作滚筒调高手柄或按钮，使左、右两滚筒处于空载状态，然后旋转停止旋钮，停止电动机。

3）将左、右截割电动机离合器接合。

4）打开总水阀，起动电动机。

5）一切正常后，操作牵引调速手柄，按煤质工况缓慢增大牵引速度，调整前、后滚筒位置，慢慢切入煤壁，观察滚筒的采高和卧底情况。

（3）操作注意事项

1）开机前必须对采煤机、工作面及配套设备进行全面、细致的检查，发现以下问题应及时处理。

① 截齿是否锐利、齐全。

② 螺栓是否坚固。

③ 各部油位是否符合要求，润滑脂是否注满。

④ 电缆、水管、油管是否完好无损。

⑤ 各部操作手柄、旋钮、按钮位置是否正确，动作是否灵活可靠。

⑥ 对运输机销排进行检查：有无异物卡入，连接销轴是否退出，连接螺栓是否松动。

2）非意外情况，严禁使用“紧急停车”按钮。

3）采煤机工作时，冷却水不能中断。

4）采煤机工作时，要密切注意运转声音和油温的变化，发现异常现象立即停车，查明原因及时处理。

2. 采煤机操作

1）电牵引采煤机的操作。

2）电牵引采煤机常见故障的分析与处理。

五、采煤机故障处理

采煤机的故障主要有三大类型：一是液压传动部分的故障，二是机械传动部分的故障，三是电气控制部分的故障。在分析判断故障时，首先要对采煤机的结构、原理、性能及系统原理作全面的了解，只有这样才能对故障作出正确的判断。

1. 判断故障的方法

为了准确及时地判断故障，查找到故障点，必须了解故障的现象和发生过程。其判断的方法是：先外部，后内部；先电气，后机械；先机械，后液压；先部件，后元件。

（1）划清部位　首先判断是哪类故障，对应于采煤机的哪个部位，弄清故障部位与其他部位之间的关系。

（2）从部件到元件　确定部件后，再根据故障的现象和前述的程序查找到具体元件，即故障点。

2. 采煤机故障处理的一般步骤

1）了解故障的现象及发生过程，尤其要注意了解故障的细微现象。

2）分析引起故障的可能原因。

3）做好排除故障的准备工作。

3. 处理故障的一般原则

处理故障的一般原则是：先简单后复杂，先外部后内部，先机械后液压。

4. 处理采煤机故障时应注意的事项

在井下工作面处理采煤机的故障是一项十分复杂的工作，既要准确地处理好故障，又要时刻注意安全。在处理故障时应注意以下事项：

1）排除故障时，必须先检查、处理好顶板、煤壁的支护状态；断开电动机的电源，打开隔离开关和离合器，闭锁刮板输送机；接通采煤机机身外的照明，使防滑、制动装置处于工作状态；将机器周围清理干净，机器上挂好篷布，防止碎石掉入油池中或冒顶片帮伤人。

2）判断故障要准确、彻底。

3）更换元部件要合格。

4）元件及管路的连接要严密、牢固，无松动，不渗透。

5）元件内部要清洁，无杂质及细棉纱等物。

6）拆装的部位顺序要正确。

5. 电牵引采煤机辅助液压系统的常见故障分析与处理（表 3-3）

表 3-3　辅助液压系统的常见故障分析与处理

故障现象	故障原因	处理方法
采煤机不牵引（低压不降）	制动电磁阀电控失灵或阀芯蹩卡	修理或更换制动电磁阀
采煤机不牵引（低压下降）	1. 调高泵损坏，如发生两侧密封面严重拉毛 2. 高、低压油路严重漏损 3. 低压溢流阀故障，如低压溢流阀的阀芯卡住，以及调节弹簧损坏或调节弹簧座松动	1. 修理或更换泵 2. 检查油路泄漏处并处理 3. 修理或更换低压溢流阀

（续）

故障现象	故障原因	处理方法
采煤机不牵引（系统无压）	1. 油位过低，吸不上油 2. 吸油管路堵塞 3. 油液粘度过高 4. 调高泵损坏，如发生键侧压溃、断轴 5. 调高泵转向相反 6. 通气塞孔堵塞	1. 将油加至正常位置，并检查泄漏处 2. 排除堵塞物 3. 排空油箱，更换低粘度油 4. 修理或更换泵 5. 改正电动机接线 6. 清洗或更换通气塞
调高泵的噪声过大	1. 吸油处管路部分堵塞 2. 空气由管路泄漏处进入系统 3. 空气在管路中密闭 4. 通气塞堵塞 5. 液压元件磨损或损坏 6. 调高泵的连接法兰松动 7. 泵的运行速度过高 8. 油液粘度过大	1. 排除堵塞物 2. 检查接头是否泄漏，如需要则紧固并进一步检查软管 3. 如需要给系统排气 4. 清洗或更换 5. 更换元件 6. 检查更换密封垫，适当紧固 7. 检查电动机整定速度，检查电压是否过高 8. 换用粘度适当的油
泵外泄漏	转轴磨损	更换O形密封圈
系统元件磨损较快	1. 油液内有研磨物 2. 油液粘度低 3. 持续高压，超过泵的最大值 4. 系统中有空气 5. 通气塞阻塞	1. 清洗过滤器，更换油液 2. 检查油液粘度是否合适 3. 检查安全阀的整定压力，如需要重新调整 4. 检查泄漏部位进行修理 5. 排除阻塞物，清洗通气塞
泵内元件损坏频繁	1. 油压过高 2. 泵由于缺油滞塞 3. 外界异物进入泵内 4. 软管损坏	1. 检查和调整安全阀的压力为20MPa 2. 检查油位、过滤器及供油管道，修理或更换 3. 拆开泵排除异物 4. 检查软管，如需要请更换
系统压力过高	1. 先导换向阀压力整定不当或阀失效 2. 回油不畅 3. 油液粘度过高 4. 调高泵安装过紧	1. 检查调整压力，更换失效的阀 2. 检查回油环节是否有阻塞或憋卡，如需要应更换 3. 检查油液粘度是否合适 4. 拆开并重新安装
调高系统不能动作	1. 调高泵损坏，泄漏量太大 2. 高压胶管损坏或接头松脱 3. 先导阀失灵，压力调不到所需的压力值或调得过低 4. 调高液压缸内活塞密封圈损坏或缸体焊接脱焊，相互窜油 5. 调高液压缸液压锁密封不严，互相窜油 6. 粗过滤器严重堵塞	1. 更换密封或调高泵 2. 更换高压胶管或紧固接头 3. 维修或更换阀 4. 更换密封或修复开焊处 5. 更换液压锁 6. 清洗或更换粗过滤器滤芯
摇臂蠕动	1. 调高液压缸、液压锁内部泄漏或调高液压缸活塞杆腔外部泄漏 2. 调高电磁阀、手动换向阀未返回零位	1. 更换液压缸密封；如缸壁划伤，更换液压缸；更换液压锁 2. 修理或更换调高电磁阀、手动换向阀
摇臂抖动	调高液压缸节流塞与系统不匹配	调节液控阀

（续）

故障现象	故障原因	处理方法
阀和调高液压缸过度磨损	1. 油液中有研磨性物质 2. 调高液压缸安装不当 3. 系统压力过高 4. 油液粘度过低或过高 5. 系统内进入空气 6. 零件安装不当	1. 更换油液过滤元件 2. 检查并重新安装 3. 检查安全阀并重新调整 4. 更换粘度合适的油液 5. 排出空气，检查泄漏 6. 重新安装，合理装配

电牵引采煤机电气系统常见故障的分析与处理（表 3-4）。

表 3-4　电气系统常见故障的分析与处理

故障现象	可能原因	检查方法	处理方法
通电后电源灯无显示	直流电源未接通或电源电压太低	用电表测量输入电源端子电压	排除供电故障
	开关电源熔丝烧断	检查熔丝	更换同规格熔丝
	开关电源故障	测量端子，正确值应为 24V	更换开关电源
正反向起动时，LED 显示屏上的指示光块不亮	没有牵送，抱闸电动机不运行	观察故障 LED 是否亮	给定牵送

六、评分标准（表 3-5）

表 3-5　电牵引采煤机的使用与维护评分标准

考核内容	考核项目	分值	检测标准	得分
素质考评	出勤、态度、纪律、认真程度	10	教师掌握	
电牵引采煤机的结构组成及其作用	电牵引采煤机各组成部件及其作用	20	每项 2 分	
电牵引采煤机的故障处理方法与原则	1. 采煤机液压系统常见故障的处理 2. 采煤机电气系统常见故障的处理	30	描述不准确，每项扣 2 ~ 15 分	
操作注意事项	1. 准备工作要做到细、紧、净 2. 操作要做到勤、准、匀、快 3. 割煤要做到严、直、够	30	操作不正确，每项扣 2 ~ 10 分	
安全文明操作	1. 遵守安全规程 2. 清理现场卫生	10	1. 不遵守安全规程扣 5 分 2. 不清理现场卫生扣 5 分	
总计				

课题二　刨　煤　机

【任务描述】

刨煤机是一种用来开采 0.8 ~ 2m 薄煤层的综合机械化采煤设备，集“采、装、运”功能于一身，配备自动化控制系统，可实现无人工作面全自动化采煤。通过本课题的实施，学生应对刨煤机有全面的认识，掌握刨煤机的结构特点和工作原理。

【知识学习】

一、概述

刨煤机是以刨头为工作机构，采用刨削方式破煤的采煤机械，如图 3-29 所示。与滚筒式采煤机相比，刨煤机的截深较浅（30～120mm），可以充分利用煤层的压张效应，刨削力及单位能耗小；牵引速度大（20～40m/min，快速刨煤机可达 150m/min）；刨煤块度大（平均切屑断面积为 70～80cm^2），煤尘少；结构简单、可靠，刨头高度低（约 300mm），可实现薄煤层、极薄煤层的机械化采煤；工人不必跟机操作，可在顺槽内进行控制。

图 3-29　刨煤机外形图

刨煤机的缺点为：对地质条件的适应性不如滚筒式采煤机，调高不易实现，开采硬煤层比较困难，刨头与输送机和底板的摩擦阻力大，电动机功率利用率低。

刨煤机与工作面刮板输送机组成一体，成为能够落煤、装煤和运煤的机组，刨煤机组沿工作面全长布置。刨煤机的类型较多，按刨头工作原理不同可分为动力刨煤机和静力刨煤机两大类。动力刨煤机的刨头除受刨链牵引力外，还带有破煤原动力，如刨头带有高压水破煤功能的刨煤机、刨头带有动力冲击破煤功能的刨煤机等。动力刨煤机刨头本身带有破煤原动力，结构复杂；静力刨煤机的刨头本身不带有破煤原动力，是单纯凭刨链牵引力工作的刨煤机，其结构比较简单。目前，煤矿井下使用的刨煤机基本上都是静力刨煤机，因此，通常所说的刨煤机多指静力刨煤机。

二、刨煤机的工作原理

静力刨煤机由输送机两端的刨头驱动装置（电动机、液力偶合器和减速器组成），使固定在刨头上的刨链运行，拖动刨头在工作面往返移动；刨头利用刨刀从煤壁落煤，同时利用犁面把刨落的煤装进输送机；推移液压缸向煤壁推移输送机和刨头，如图 3-30 所示。输送机两端设有防滑梁，输送机机头和机尾槽底面上的弧形铁支在防滑梁上侧，用支柱把防滑梁锚固，防止刨煤机下滑。工作面推进一段距离后，把机头和机尾槽用支柱锚固就可以推移防滑梁。

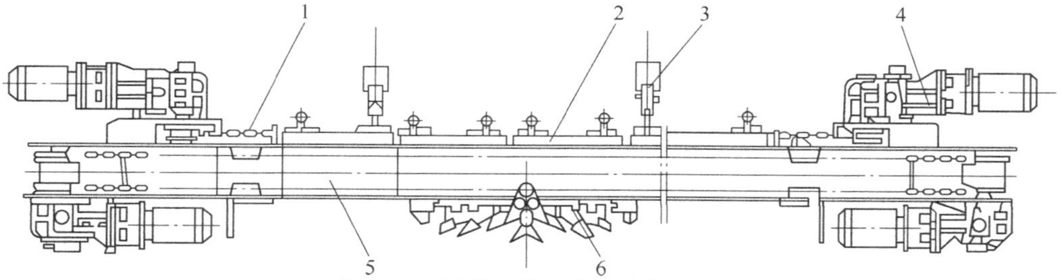

图 3-30　刨煤机的组成和工作原理

1—刨链　2—导链架　3—推移液压缸　4—刨头驱动装置　5—输送机　6—刨头

刨煤机主要由刨煤部、输送部、液压推进系统、喷雾降尘系统、电气系统和辅助装置等组成。

1. 刨煤部

刨煤部是刨削煤壁进行破煤和装煤的部件，由刨头驱动装置、刨头、刨链和附属装置组成。

（1）刨头驱动装置　刨头驱动装置由电动机、液力偶合器、减速器等组成。电动机有单速和双速之分，双速电动机适用于刨头高速运行，需要慢速起动和停止的刨煤机。液力偶合器安装在电动机和减速器之间，用以改善起动性能，吸收冲击和振动，起到过载保护作用。减速器有展开式和行星式两种，展开式减速器常用于平行布置方式，行星式减速器则用于垂直布置方式。

（2）刨头　刨头有单刨头和双刨头之分，刨头通过接链座与刨链相连，形成封闭工作链。

（3）刨链　刨链由圆环链、接链环和转链环组成，用来牵引刨头。根据刨煤功率不同，圆环链采用不同的直径规格；接链环是两段圆环链之间的连接件，要求便于装拆；转链环安装在刨头的两端，用来防止圆环链出现“拧麻花”。

（4）辅助装置　辅助装置有导链架（或滑架）、过载保护装置和缓冲器等。导链架（或滑架）用于刨链的导向，使形成闭环的上链和下链分别位于导链架（或滑架）的上、下链槽内，以免其外露伤人和互相干涉。拖钩刨煤机和滑行拖钩刨煤机使用置于采空侧的导链架，滑行刨煤机使用置于煤壁侧的滑架，滑架还供刨头导向滑行。过载保护装置设在刨煤部传动系统内，能在过载时自动使外载荷释放或保持在限定的水平，以免元部件遭受损坏，过载保护装置有剪切销、多摩擦片、差动行星电液系统等结构形式。缓冲器装在刨煤机的两端，是刨头越程时吸收冲击能量的装置，有气液缓冲式、弹簧缓冲式等结构形式。

2. 输送部

输送部将刨头破落下来的煤运出工作面，由两套驱动装置（机头和机尾各一套）、机架、过渡槽、中部槽、连接槽和刮板链等组成。机架的一侧安装刨头驱动装置，另一侧安装输送部驱动装置，组成刨煤机的机头和机尾。刨头驱动装置安装在机架上，有固定式和滑槽式两种：滑槽式是在机架侧有滑槽，刨头驱动装置可在机架上滑移并利用液压缸将刨链拉紧；固定式则无此功能。

3. 液压推进系统

液压推进系统用于普采工作面。当刨头通过后逐段推进刨煤机，使刨头在下一个行程获得新的刨削深度，同时承受煤壁对刨头的反力。液压推进系统主要包括乳化液泵站、推进缸、阀组、管路和撑柱等。综采工作面由液压支架的推移系统实现刨煤机的推进，不再需要单独的液压推进系统。推进的控制方式有定距和定压控制两种。拖钩刨煤机一般采用定距控制，即推进缸以恒定的步距将刨煤机推向煤壁；滑行刨煤机和滑行拖钩刨煤机一般采用定压控制，即推进缸以恒定的压力将刨煤机推向煤壁，近年来也有采用定距控制的趋势。

4. 喷雾降尘系统

喷雾降尘系统沿工作面安装，能适时喷出水雾进行降尘，主要包括喷雾泵、控制阀组、喷嘴等元部件。其控制方式有沿工作面定点人工控制和根据刨头在工作面的位置由电磁阀自动控制两种方式。

5. 电气系统

电气系统主要包括集中控制箱、真空双回路磁力启动器、可逆真空磁力启动器等。刨煤机电气系统一般具有以下功能：刨煤部电动机双机或单机运行控制，输送部电动机双机或单机运行控制，乳化液泵站运行控制，喷雾泵运行控制，工作面随时停机控制，缓冲器动作断电保护，刨头终端限位停机，司机与工作面主要工作点通话，刨头在工作面的位置显示，刨煤部电动机和输送部电动机相电流显示。

6. 辅助装置

辅助装置包括防滑装置、刨头调向装置和紧链装置。

（1）防滑装置　防滑装置是刨煤机用于倾斜煤层时，为防止在刨头上行刨煤时出现整机下滑现象而设置的，有防滑梁防滑装置、机尾吊挂式防滑装置等结构形式。

（2）刨头调向装置　刨头调向装置是在刨煤机刨煤过程中出现上飘或下扎现象时，为调整刨头向煤壁前倾或后仰而设置的。早期刨煤机一般通过改变推进缸作用力点的位置来实现刨头调向，现在用于综采工作面的刨煤机通常设置调向液压缸，依靠活塞杆的伸出和收缩，通过转换机构，达到刨头调向的目的。

（3）紧链装置　紧链装置用于刨煤机的紧链。刨煤部的刨链和输送部的刮板链都需要有一定的预紧力才能保证正常工作，可以分别通过操作紧链器来实现。刨煤机的紧链装置有抱闸式、闸盘式、液力控制等结构形式。

三、刨头的结构

刨头是用来破煤和装煤的刨煤机工作机构。刨头由刨链曳引，以输送部的中部槽（拖钩刨煤机和滑行拖钩刨煤机）或滑架（滑行刨煤机）为导轨沿煤壁往返运动，并由安装在刨头上的刨刀刨削煤壁。刨落下来的煤经刨体上的犁形斜面装入刨煤机输送部。刨头的工作状态对刨煤机运行有重要影响，故应具有良好的性能，包括刨刀排列合理，更换方便；底刀能够调节，刨深可调；刨头高度能方便地进行调整；装煤阻力小，效果好；工作稳定性好等。

静力刨煤机按刨头的导向方式，可分为拖钩刨煤机、滑行刨煤机和滑行拖钩刨煤机。

（1）拖钩刨煤机　刨头以输送部中部槽为导轨，刨链通过在工作面底板上滑行的拖板拖动刨头工作，如图3-31所示。拖钩刨煤机的结构比较简单，刨头运行的稳定性好，刨链位于采空侧导链架的链槽内（后牵引方式），便于维修。拖板是位于中部槽下连接刨刀和刨链的板状构件，刨头的结构高度较低，适用于较薄煤层的开采。但这种刨煤机运行时的摩擦阻力较大，刨深不易控制，对软及破碎工作面底板的适应能力差。

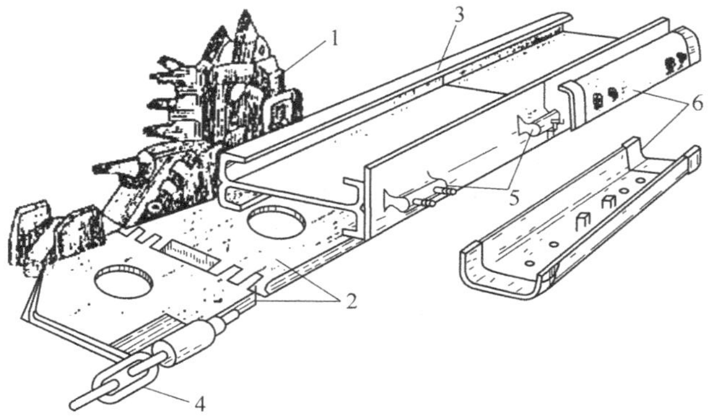

图 3-31　拖钩刨煤机

1—刨头　2—拖板　3—输送机溜槽　4—牵引链　5—导链架　6—护罩

（2）滑行刨煤机　刨头以滑架为导轨，刨链在滑架内拖动刨头工作，如图 3-32 所示。与拖钩刨煤机相比，滑行刨煤机运行时的摩擦阻力小，刨深易于控制，对软及破碎底板的适应能力较强。但刨链位于煤壁侧滑架的链槽内（前牵引方式），维修不方便；结构上增加了安装在输送部煤壁侧的滑架，使控顶距离和刨头的最低高度有所增加。当刨头高度较高时，应安装支撑门架以增加刨煤机运行时的稳定性。滑行刨煤机是目前使用最多的一种刨煤机。

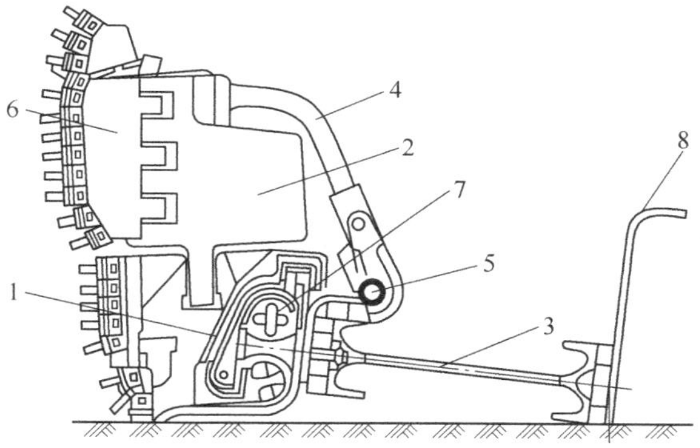

图 3-32　滑行刨煤机

1—滑行架　2—加高块　3—输送机　4—平衡架　5—导轨　6—顶刀座　7—刨链　8—挡煤板

（3）滑行拖钩刨煤机　刨头以输送部中部槽为导轨，刨链通过在底滑板上滑行的拖板拖动刨头工作，如图 3-33 所示。滑行拖钩刨煤机是在拖钩刨煤机和滑行刨煤机的基础上发展起来的，它兼有两者的优点，但由于增加了底滑板结构，其自重增大；在仰斜开采时，煤粉易进入输送部的中部槽和底滑板之间，导致刨头运行阻力增大。

刨头按数量分为单刨头和双刨头两种。单刨头结构左右对称，刨煤时，刨头的一次推进量即为刨刀的刨削深度；刨刀受力较大，但刨头长度短，结构紧凑，功率消耗比较小。双刨头由两个单刨头组成，彼此用连接件相连，每个刨头左右不完全对称，刨煤时，刨头的一次推进量以两个较小的刨削深度分配给两个刨头，使每把刨刀的受力减小。双刨头运行的稳定性较好，一般在大功率刨煤机上采用，用来刨削硬度较大的煤层。

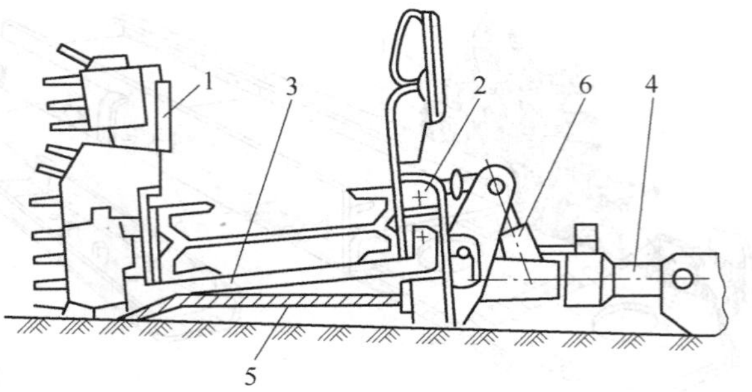

图 3-33　滑行拖钩刨煤机

1—刨头　2—牵引链　3—拖板　4—推移液压缸　5—底滑板　6—调高千斤顶

四、刨煤机参数

1. 生产率

（1）刨头生产率 Q_B（t/h）

$$Q_B = 3600Hhv_B\rho$$

式中　H——截割高度（m）；

h——截割深度（m）；

v_B——刨头运行速度（m/s）；

ρ——煤的实体密度（t/m^3）。

（2）配套输送机的生产率　刨头上、下行刨煤时，相对输送机刮板链的速度不同。上行时，相对速度大，溜槽中煤的装载截面积小；下行时，相对速度小，溜槽中煤的装载截面积大。在选择输送机时，应考虑刨头下行时输送机不致超载，上行时不致欠载太多。

2. 刨速和链速

刨速和链速是决定刨煤机生产率及装载量的重要参数，实际采用的刨速在 0.4～2.0m/s 的范围内。按刨削速度与刮板链速度之间的关系，刨煤方法分为普通刨煤法、超速刨煤法和双速刨煤法三种。

（1）普通刨煤法　刨速小于链速（$v_B < v_s$）的刨煤法称为普通刨煤法。其特点是输送机上某一点在刨头往返运行中只能装载一次。为使刨头下行刨煤时输送机不致超载太多，上行时不致欠载太多，一般取比值 $v_s/v_B \approx 2$。

普通刨煤法的缺点是下行时输送机超载，上行时欠载。为解决这个问题，目前可以采用两种方法：

1）上、下行刨煤时，底刀长度选得相同，使上、下行时的截深相同。而上行时，刨刀应选得长些，以增大落煤量来平衡输送机装载量。

2）上、下行刨煤时，刨头上的刨刀是相同的，但刨头靠近输送机机头侧的底刀要比靠近机尾侧的底刀长，故下行后刨头的推进量比上行后大，使上行落煤量增大。

（2）超速刨煤法　刨速大于链速（$v_B > v_s$）的刨煤法称为超速刨煤法。这种方法可实现重复装煤，即输送机上某一点在刨头往返运行中可以装载 2～3 次。若合理选择截深和速度比，就可以使输送机实现均匀满载，提高产量。

超速刨煤法分双向刨煤和单向刨煤两种。超速双向刨煤法刨头上、下行都能刨煤；超速单向刨煤法上行时刨煤，下行时刨头高速空回。当回到机头时，输送机正好把煤卸完，然后开始下一工作行程。采用超速刨煤法时，刨速为链速的两倍，即 $v_B = 2v_s$。

（3）双速刨煤法　这种刨煤方法介于普通刨煤法和超速刨煤法之间，其刨头有两种速度：上行时，$v_B > v_s$（超速刨煤法）；下行时，$v_B < v_s$（普通刨煤法）。当刨速和链速选择合适时，可以使输送机载荷比较均匀。由于刨头上、下行速度不相等，必须解决变速问题，因此目前较少采用这种方法。

3. 刨头高度

为了适应不同截高，刨头上设有加高块。刨头高度应小于最小煤层厚度，最好留有250～400mm 的余量，以便保证刨头顺利工作。

4. 定量推进和定压推进

定量推进和定压推进是对液压装置整体而言的，其选择依据主要是煤层的硬度。定量推进是根据煤的硬度确定一次推进度，可以自动推进也可由人工控制。人工控制易保持工作面平直，利于刨煤机运行，但效率低。定压推进是根据煤层条件计算出刨头所需的推进力，再根据推进力计算推进系统液压泵站的压力和千斤顶的推力。定压推进不需人工操作，有利于提高刨煤机的产量，可为工作面自动化创造条件；但当遇到煤层局部硬度与地质构造变化、夹矸等情况时，仍用相同的压力推进，易造成工作面不直，不利于刨煤机的运行。

在实际工作中，国内普遍采用定量推进方式。定量推进原理是借助于一个液压缸分配定量的液流，缸体内是一个自由移动的活塞，当活塞在进入液流的压力作用下移动时，输送机被定量推进。定量缸有两种，一种是将液流分配到工作面各千斤顶，用以推进工作面输送机；另一种是推进工作面两端机头、机尾的锚固站千斤顶来控制工作面整个刨煤机的推进度。

5. 刨链尺寸和刨头功率

刨链牵引力包括刨削阻力、装煤力和摩擦阻力等，精确计算刨链尺寸和刨头功率比较困难，可凭经验选取。用于薄煤层的拖钩刨，刨链采用 ϕ22mm×86mm 或 ϕ26mm×92mm 矿用圆环链，功率为 80～200kW；用于薄煤层的滑行刨，刨链采用 ϕ26mm×92mm 或 ϕ30mm×108mm 的矿用圆环链，功率为 200～320kW；用于中厚煤层的滑行刨，刨链采用 ϕ30mm×108mm 或 ϕ34mm×126mm 的矿用圆环链，功率为 260～800kW。

【思考与练习】

1. 简述 MG650/1605-WD 电牵引采煤机的组成和工作原理。
2. 简述 MG650/1605-WD 电牵引采煤机机械传动装置的工作原理。
3. 简述 MG650/1605-WD 电牵引采煤机辅助液压系统的结构组成。
4. MG650/1605-WD 电牵引采煤机如何实现速度的调节？
5. MG650/1605-WD 电牵引采煤机电气控制箱具有哪些功能？
6. MG650/1605-WD 电牵引采煤机喷雾冷却系统是如何工作的？
7. 简述拖钩刨煤机和滑行刨煤机的主要区别。
8. 刨煤机的基本参数有哪些？
9. 刨煤机和采煤机相比有何优缺点？
10. 简述静力刨煤机的组成和工作原理。

第四单元

液压支架的工作原理和结构

【学习目标】

本单元由液压支架的工作原理及类型和液压支架的结构两个课题组成。通过本单元的学习，学生应明确液压支架在煤矿生产中的作用与重要性；掌握液压支架的工作原理、类型和各组成部件的位置及作用；掌握支架操作要领和操作方法，并能进行液压支架基本动作的操作；掌握液压支架承载结构件和辅助装置的种类、结构、特点及维护与检修等知识。

课题一　液压支架的工作原理及类型

【任务描述】

本课题主要对液压支架作总体介绍，通过本课题的实施，学生应掌握液压支架的工作原理和类型，对液压支架有全面的认识，提高学习兴趣，并掌握液压支架的基本操作方法。

【知识学习】

液压支架是煤矿开采过程中，有效支承和控制工作面顶板，隔离采空区，防止矸石窜入工作面，保证作业空间的支护设备。液压支架以高压乳化液为动力，由若干液压元件（液压缸和阀件）与一些金属结构件按一定的连接方式组合而成。它能实现升架（支撑顶板）、降架（脱离顶板）、移架、推动刮板输送机前移及顶板管理一整套工序，从而满足了工作面高产、高效和安全生产的要求。液压支架通常是几十架或上百架组合使用，它的总质量和初期投资费用占工作面整套综采设备的60%～70%，因此，液压支架是现代采煤技术中的关键设备。图4-1所示为综采工作面配套设备的

图4-1　综采工作面配套设备的使用情况

使用情况。

一、液压支架的工作原理

1. 液压支架的组成

液压支架一般由承载结构件、执行元件、控制元件和辅助装置组成，如图4-2所示。承载结构件是用来承受并传递顶板载荷作用的结构件，包括顶梁、掩护梁、底座、连杆等；执行元件是实现各种动作的液压缸，包括立柱、各类千斤顶；控制元件是用来操纵、控制支架各个液压缸动作及保证所需工作特性的液压（电气）元部件，包括操纵阀、单向阀、安全阀及管路、液压（电控）元件等；辅助装置不直接承受顶板载荷，但它是实现支架某些动作或功能所必需的装置，包括推移装置、护帮装置、活动侧护板、防倒和防滑装置。

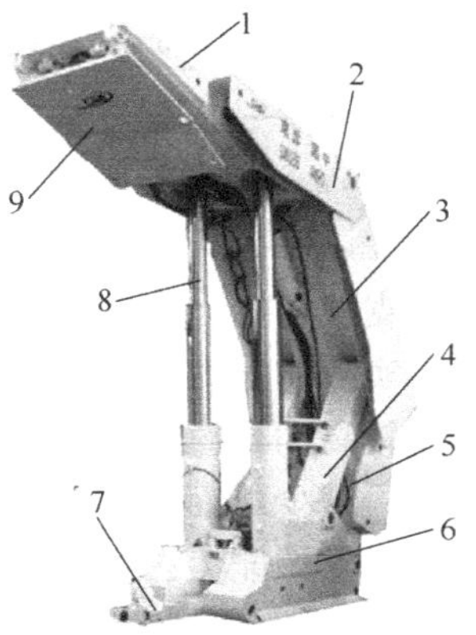

图4-2　液压支架外形图
1—顶梁　2—侧护板　3—掩护梁　4、5—前、后连杆　6—底座　7—推移装置　8—立柱　9—护帮板

2. 液压支架的工作原理

液压支架的顶梁、掩护梁、底座由数根立柱支承，在顶板、底板和采空区之间构成一个可靠、安全的作业空间。液压支架利用乳化液泵站供给的高压乳化液体，通过立柱和推移千斤顶实现升架、降架、推溜和移架四个基本动作，从而实现支撑顶板和随回采工作面的推进前移。图4-3所示为液压支架的工作原理图。

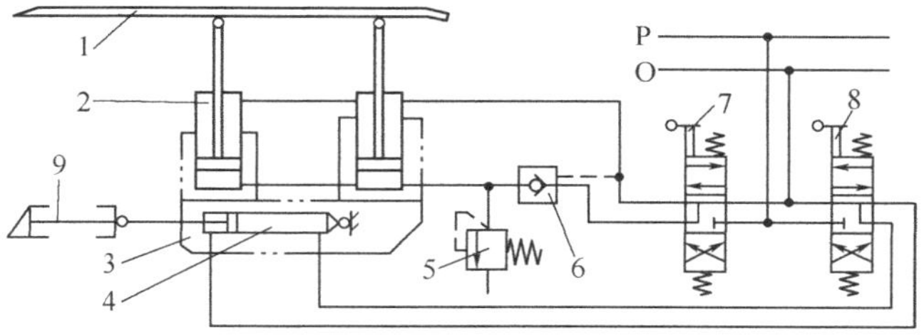

图4-3　液压支架的工作原理图
1—顶梁　2—立柱　3—底座　4—推移千斤顶　5—安全阀　6—液控单向阀　7—立柱操纵阀　8—推移千斤顶操纵阀　9—可弯曲刮板式输送机　P—主进液管　O—主回液管

（1）支架升降　液压支架的升降靠立柱实现。支架升降是指从液压支架升起支撑顶板到下降脱离顶板的整个工作过程，其动作由控制阀（液控单向阀和安全阀）与操纵阀控制，包括初撑、承载和降架三个阶段。

1）初撑阶段。将主柱操纵阀7的手柄置于升架位置（即立柱操纵阀7上位），由乳化液泵站来的高压液体流经主进液管P和主柱操纵阀7，打开液控单向阀6，进入立柱下腔；立柱上腔的乳化液经立柱操纵阀7流回主回液管O。在高压液体的作用下，立柱伸出带动顶梁升起。顶梁接触顶板后，立柱下腔液体的压力逐渐增高，当达到泵站供液压力（泵站额定压力）时，泵站自动卸载，停止供液，液控单向阀自动关闭，立柱下腔的液体被封闭，这一过程称为液压支架的初撑阶段。此时，立柱或支架对顶板产生的支撑力称为初撑力。

立柱的初撑力 $$P_{zc}=\frac{\pi D^2}{4}p_b\times10^{-3}$$

支架的初撑力 $$P_c=\frac{\pi D^2}{4}p_b n\times10^{-3}$$

式中 P_{zc}——立柱的初撑力（kN）；

P_c——支架的初撑力（kN）；

D——支架立柱的缸径（mm）；

n——支架立柱的数量；

p_b——泵站的额定压力（MPa）。

支架初撑力取决于泵站额定压力、立柱缸径和立柱数量。由于压力损失、操作情况等原因，实际初撑力低于理论值。

较高的初撑力具有以下优点：可减少顶板离层，增强顶板强度和稳定性；加强对机道的支撑，减少端面破碎度和煤壁片帮；压实顶梁上及底座下浮矸，提高支撑系统刚度；充分利用额定支撑能力，减少顶板下沉量。合理的初撑力为额定工作阻力的60% ~85%，1、2类顶板的初撑力为额定阻力的75% ~85%，2、3类顶板的初撑力为额定工作阻力的60% ~75%。

2）承载阶段。支架达到初撑力后，顶板随时间的推移缓慢下沉，封闭在立柱下腔的液体压力逐渐升高，支架的支撑力增大，呈现为增阻状态，一直到立柱下腔压力达到安全阀动作压力为止，这一过程称为增阻阶段。

当顶板载荷达到支架预先调定的支撑力时，安全阀动作，立柱下腔的少量液体经安全阀溢出，使立柱降缩。当立柱下腔的压力小于安全阀关闭压力时，安全阀重新关闭，停止溢流，立柱下腔液体又被封闭。这样，支架始终以近似恒定的支撑力来支撑顶板，随着顶板下沉的持续作用，上面的过程将重复下去，此过程称为恒阻阶段。这就是支架具有的既能恒阻承载，又有安全可缩的“让压”特性，它保证了支架不会被顶板压坏。这时，支架对顶板的最大支撑力称为工作阻力。

立柱的工作阻力 $$P_z=\frac{\pi D^2}{4}p_a\times10^{-3}$$

支架的工作阻力 $$P=\frac{\pi D^2}{4}p_a n\times10^{-3}$$

式中 P_z——立柱的工作阻力（kN）；

P——支架的工作阻力（kN）；

D——支架立柱的缸径（mm）；

n——支架立柱的数量；

p_a——安全阀的调定压力（MPa）。

3）降架阶段。在采煤机截煤后，需要将支架移到新的位置。把立柱操纵阀7的手柄置于降架位置（即立柱操纵阀7下位），由泵站输出的高压液体经主进液管P、立柱操纵阀7进入立柱上腔；同时，高压液体分流进入液控单向阀6的控制腔，将液控单向阀打开，使立柱下腔与主回液管O连通，立柱下腔液体经液控单向阀6、立柱操纵阀7向主回液管O回液。此时立柱下降，支架卸载，直至顶梁脱离顶板为止。

综上所述，液压支架的支撑力是随时间变化的，其变化过程可用液压支架的工作特性曲线表示，如图4-4所示。该曲线表示液压支架的支撑力随时间变化的过程，可分为三个阶段。

① 初撑阶段 t_0。支架升起，顶梁开始接触顶板至液控单向阀关闭时的这一阶段。初撑阶段的斜率取决于液压支架的性能，即线越陡，支架的支撑力增大到初撑力 P_c 的速度越快。

② 增阻阶段 t_1。随着顶板下沉，支架的支撑力由初撑力增大到工作阻力 P。增阻阶段线的斜率取决于顶板下沉的性质，线的长短决定顶板下沉量的大小。即线越短，顶板的下沉量越小。在一定的顶板条件下，提高初撑力可缩短该线的长度，有利于减小顶板下沉。

③ 恒阻阶段 t_2。支架达到工作阻力后，安全阀便开始动作。由于安全阀的开启压力稍高于它的额定工作压力，而关闭压力则稍低于额定工作压力，所以正常工作时，恒阻线是一条近似平行于横坐标的波纹线。

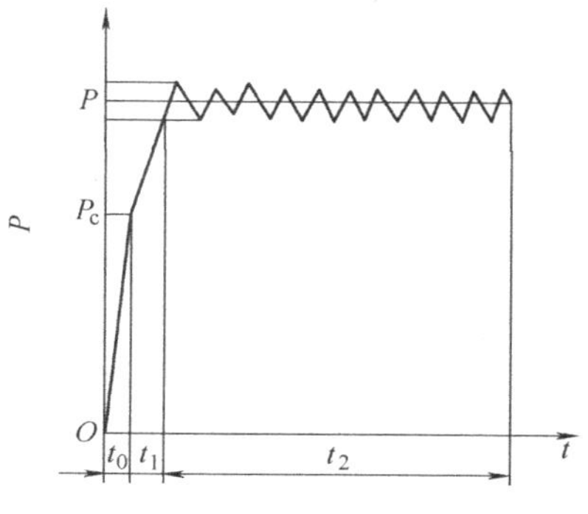

图4-4　液压支架的工作特性曲线
t_0—初撑阶段　t_1—增阻阶段
t_2—恒阻阶段

（2）支架推移　液压支架的推移动作包括移架和推移刮板输送机。支架的推移动作是通过推移千斤顶的推、拉来完成的。图4-3所示为支架与刮板输送机互为支点的推移方式，其移架和推移刮板输送机共用一个推移千斤顶4。该千斤顶的两端分别与支架底座和输送机连接。

1）移架。支架降架后，将推移千斤顶操纵阀8的手柄置于移架位置（即推移千斤顶操纵阀8下位），从泵站来的高压液体经主进液管P和推移千斤顶操纵阀8进入推移千斤顶4的左腔，其右腔的液体经推移千斤顶操纵阀8流入到主回液管O。此时，千斤顶的活塞杆受输送机的制约而不能运动，所以，支架以输送机为支点前移。当支架移到预定位置后，将操纵阀手柄放回零位。

2）推溜。到达新位置的支架重新支承顶板后，将推移千斤顶操纵阀8置于推移刮板输送机位置（即推移千斤顶操纵阀8上位），推移千斤顶右腔进压力液，左腔回液，活塞杆在液压力的作用下伸出，推动输送机向煤壁移动（称为推溜）。在输送机移到预定位置后，将操纵阀手柄放回零位。

液压支架依照降架→移架→升架→推溜的顺序动作，称为及时支护方式，这有利于对新裸露的顶板及时进行支护；其缺点是支架有较长的顶梁，以支撑较大面积的顶板，承受顶板压力大。液压支架依照推溜→降架→移架→升架的顺序动作，称为滞后支护方式，它不能及时支护新裸露的顶板，但顶梁长度可减小，承受顶板压力也相应减小。为了保留对新裸露顶板及时支护的优点，以及承受较小的顶板压力，减小顶梁的长度，可采用前伸梁临时支护的方式（也称超前支护或复合支护），其动作顺序为：在采煤机采煤后，前伸梁立即伸出，支护新裸露的顶板，然后依次推溜→降架→移架（同时缩回前伸梁）→升架。为了防止破碎顶板漏顶，有的支架可以采用擦顶带压的移架方式，即支架顶梁并不脱离顶板，在移架过程中，支架仍保持5t左右的支撑力。

二、液压支架的类型

1. 按支架结构及其与围岩的相互关系分类

（1）支撑式液压支架　支撑式液压支架是利用几根在底座上放置的立柱支撑顶梁，通过顶梁支撑和控制顶板。它是最早出现的一种液压支架，分为垛式和节式两种。典型的支撑式液压支架如图 4-5 所示。这类支架的支护性能是：具有较大的支撑能力和良好的切顶性能；支架的顶梁长，通风断面大，对顶板重复支撑的次数多，易把本来完整的顶板压碎；立柱垂直布置，支架承受水平力的能力差，容易失去稳定性；相邻支架顶梁之间有空隙，易造成漏矸。支撑式液压支架适用于顶板坚硬、完整，基本顶周期压力明显或强烈，底板较坚硬的煤层，目前已基本被淘汰。

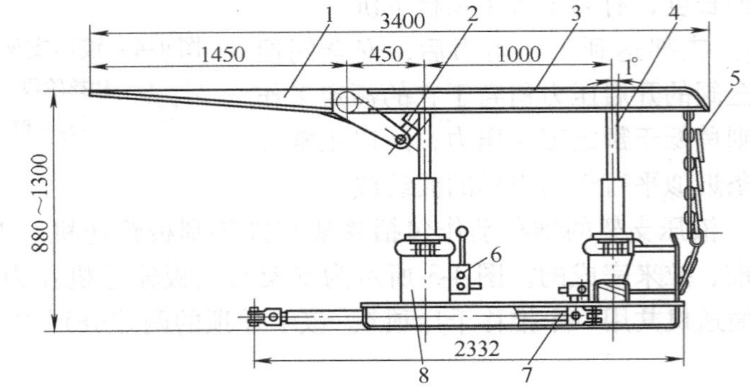

图 4-5　垛式支架结构图

1—前梁　2—前梁短柱　3—顶梁　4—立柱　5—挡矸帘　6—操纵阀　7—推移千斤顶　8—底座箱

（2）掩护式液压支架　掩护式液压支架利用立柱、顶梁与掩护梁来支护顶板和防止岩石落入工作面，如图 4-6 和图 4-7 所示。这类支架的支护性能是：立柱少，支撑力较小，但顶梁短，支架支护强度较大；底座，前、后连杆和掩护梁形成四连杆机构，能承受较大的水平推力，且梁端距变化小；架间密封，掩护性能好；立柱倾斜布置，调高范围大；作业空间和通风断面小。掩护式液压支架适用于支护不稳定的或中等稳定的松散破碎顶板。掩护式液

图 4-6　掩护式液压支架外形图

压支架又分为支掩掩护式支架和支顶掩护式支架：支掩掩护式支架分为插底式和不插底式两类，如图 4-8 所示；支顶掩护式支架分为支架平衡千斤顶设在顶梁与掩护梁之间，以及平衡千斤顶设在掩护梁与底座之间，如图 4-9 所示。

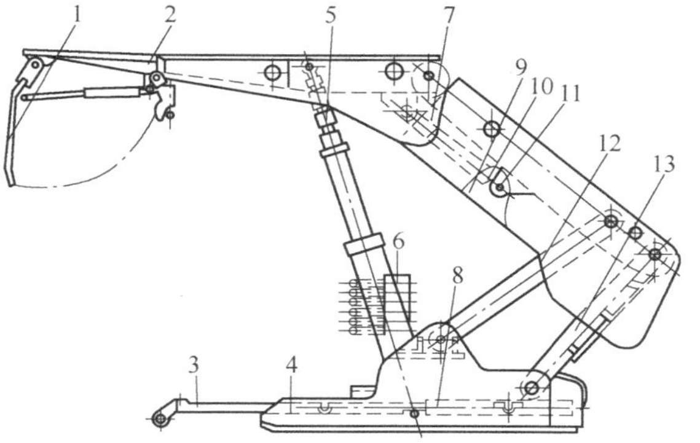

图 4-7　掩护式液压支架结构图

1—护帮板　2—顶梁　3—推杆　4—底座　5—立柱　6—操纵装置　7—顶梁侧护板　8—推移千斤顶
9—掩护梁侧护板　10—平衡千斤顶　11—掩护梁　12—前连杆　13—后连杆

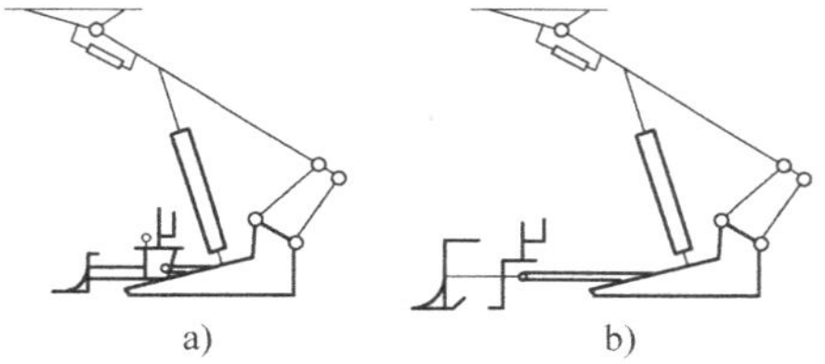

图 4-8　支掩掩护式支架的类型

a）插底式　b）不插底式

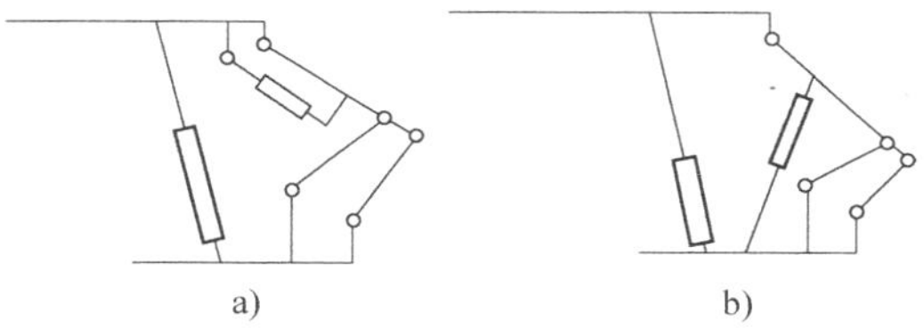

图 4-9　支顶掩护式支架的类型

a）平衡千斤顶设在顶梁与掩护梁之间

b）平衡千斤顶设在掩护梁与底座之间

（3）支撑掩护式液压支架　支撑掩护式液压支架是在支撑式和掩护式架型基础上发展而成的，它兼有这两种架型的主要技术特征，以支撑为主，同时具有掩护的作用，如图 4-10、图 4-11 所示。这种支架具有支撑力大，切顶性能好，工作空间大，掩护性能好和

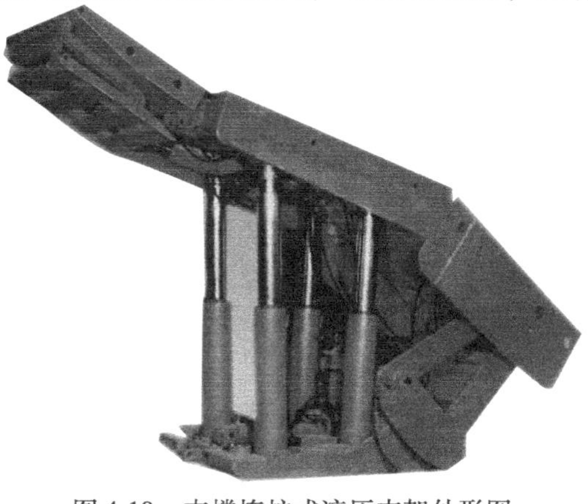

图 4-10　支撑掩护式液压支架外形图

结构稳定等优点，适合直接顶稳定和坚硬，周期压力强烈，底板软硬均可，煤层倾角不大于25°，煤层厚度为1～4.5m，瓦斯涌出量较大的采煤工作面。

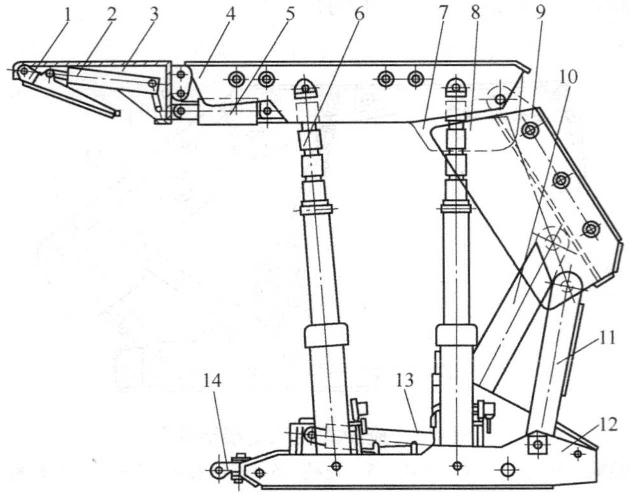

图4-11　支撑掩护式液压支架结构图

1—护帮板　2—护帮千斤顶　3—前梁　4—顶梁　5—前梁千斤顶　6—立柱　7—顶梁侧护板　8—掩护梁侧护板　9—掩护梁　10、11—前、后连杆　12—底座　13—推移千斤顶　14—推杆

支撑掩护式液压支架分为四种类型，如图4-12所示。

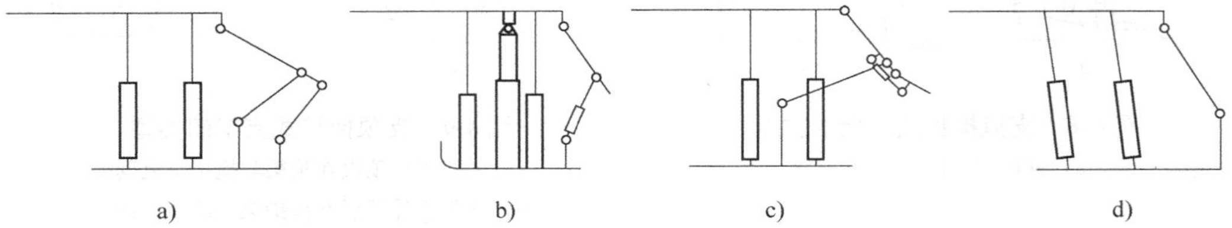

图4-12　支撑掩护式支架的类型

a）支撑掩护式支架　b）伸缩杆式支架　c）单摆杆式支架　d）单铰点式支架

1）四连杆支撑掩护式支架。有四连杆稳定机构，四根立柱支撑在顶梁上，一般称为支撑掩护式支架，如图4-12a所示。

2）伸缩杆式（直线型）支架。顶梁和底座间设有伸缩杆式稳定机构，立柱在顶梁和底座柱窝上铰接，顶梁前端点的运动轨迹为直线，如图4-12b所示。

3）单摆杆式支架。顶梁和底座间设有单摆杆式稳定机构，立柱在顶梁和底座柱窝上铰接，顶梁前端点的运动轨迹为圆弧线，如图4-12c所示。

4）单铰点式支架。顶梁和底座间设有单铰点式稳定机构，立柱在顶梁和底座柱窝上铰接，顶梁前端点的运动轨迹为圆弧线，如图4-12d所示。

2. 按在工作面的位置分类

液压支架按其在工作面的位置不同，可分为基本支架、过渡支架、端头支架和超前支架。

（1）基本支架　用于工作面中部，支护工作面顶板，与刮板输送机普通中部槽配套的支架，前述均为基本支架。

（2）过渡支架　用于工作面两端刮板输送机驱动部，与工作面刮板输送机过渡段配套的特殊支架。

（3）端头支架　用于工作面端头，支护巷道与工作面交叉出口处顶板的支架。由于在工作面与下顺槽接合处不仅要维护好顶板，而且要保证有足够的空间用于安装工作面输送机机头和转载机机尾，同时又是人员的出入口，所以要求端头支架有较高的支撑能力，并使支架自身能够沿巷道前移，还要推移转载机。因此，端头支架在结构上具有其特殊性。

（4）超前支架　用于工作面出口巷道超前支护的支架或支架组。

3. 按控制方式分类

（1）液压手动控制支架　有液压直动控制和液压先导控制，本架控制（操纵阀设在本架内）和邻架控制（操纵阀设在相邻支架内）之分。

（2）电液控制支架　即采用电液控制系统的支架。

4. 按适用采煤方法分类

（1）一次采全高液压支架　一次采全高液压支架是适应厚煤层开采的大采高液压支架，它能配合大直径双滚筒采煤机对较厚煤层完成一次回采，而不需分层或用放顶煤的方法进行开采。

（2）放顶煤液压支架　用于放顶煤开采工作面，并具有放煤机构的支架，可实现特厚煤层一次采全高。放顶煤支架具有支撑顶板，维护工作空间的作用，同时具有采煤能力，解决了厚煤层一次采全高液压支架结构复杂的难题，又使采煤工作面的产量得到了大幅度提高。目前，使用放顶煤支架一次可采煤厚度近十几米，大大减少了掘进量并提高了回采率。

（3）铺网液压支架　用于分层开采工作面，并具有铺网机构的支架。它除了具有普通液压支架所具有的支撑和管理采煤工作面顶板，隔离采空区，自动移架和推进刮板输送机等功能外，还可实现机械化铺网及联网，改变了传统的人工铺联网状况，节省了人力，减轻了工人的劳动强度，提高了产量和效益。

（4）水砂充填式液压支架　水砂充填式液压支架要求采空区全部用水砂填满、填实，用于地质条件较好的特厚层及建筑物下，水体下和铁路下煤层的开采。

三、液压支架型号编制

1. 支架型号的组成和排列方法

GB/T 24506—2009 规定：液压支架型号主要由产品类型代号、第一特征代号、第二特征代号和主参数组成。当这样表示仍难以区分时，再增加补充特征代号以至设计修改序号。

液压支架型号的组成和排列方式如下：

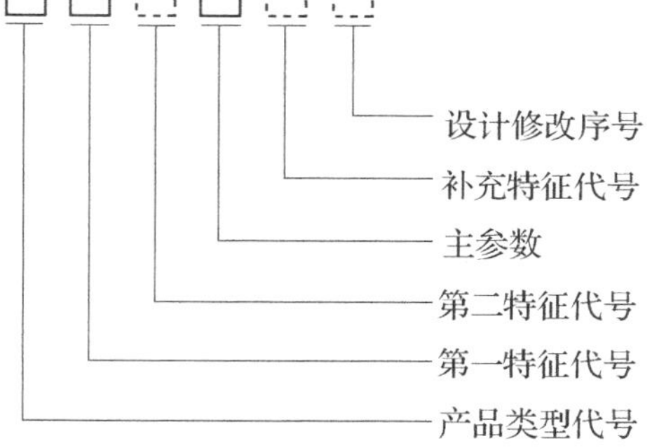

2. 液压支架型号的编制方法

（1）产品类型代号　产品类型代号表明产品类别，用汉语拼音大写字母“Z”表示。

（2）第一特征代号　用于一般工作面支架时，第一特征代号表明支架的架型结构；用于特殊用途支架时，第一特征代号表明支架的特殊用途。第一特征代号的使用方法见表4-1。

表4-1　支架第一特征代号

用　　途	产品类型代号	第一特征代号	产品名称
一般工作面支架	Z	Y	掩护式支架
		Z	支撑掩护式支架
		D	支撑式支架
特殊用途支架	Z	F	放顶煤支架
		P	铺网支架
		C	充填支架
		T	端头支架
		Q	（巷道）超前支架

（3）第二特征代号　第二特征代号用于一般工作面支架，表明支架的主要结构特点；用于特殊用途支架时，第二特征代号表明支架的结构特点或用途。其使用方法见表4-2。

表4-2　支架第二特征代号

用　途	产品类型代号	第一特征代号	第二特征代号	注　　解
一般工作面支架	Z	Y	Y	两柱支掩掩护式支架
			省略	两柱支顶掩护式支架，平衡千斤顶设在顶梁与掩护梁之间
			V	两柱支顶掩护式支架，平衡千斤顶设在底座与掩护梁之间
			G	两柱掩护式过渡支架
		Z	省略	四柱支顶支撑掩护式支架
			X	立柱“X”形布置的支柱掩护式支架
			G	四柱支撑掩护式过渡支架
		D	D	垛式支架
			B	稳定机构为摆杆的支撑式支架
			L	伸缩杆式（直线型）支架
			G	支撑式过渡支架
特殊用途支架	Z	F	D	单输送机高位放顶煤支架
			Z	中位放顶煤支架
			省略	四柱正四连杆式低位放顶煤支架
			H	反四连杆式大插板低位放顶煤支架
			Y	两柱掩护式低位放顶煤支架
			B	摆杆式低位放顶煤支架
			L	伸缩杆式（直线型）放顶煤支架
			G	放顶煤过渡支架（反四连杆式，其他形式加补充特征）
		P	Z	支撑掩护式铺网支架
			Y	掩护式铺网支架
			G	铺网过渡支架
		C	省略	四连杆式充填支架
			B	摆杆式充填支架
			G	充填过渡支架

（续）

用　途	产品类型代号	第一特征代号	第二特征代号	注　　解
特殊用途支架	Z	T	P	偏置式端头支架
			Z	两列中置式端头支架
			S	三列中置式端头支架
			Q	前后中置式端头支架的前架
			H	前后中置式端头支架的后架或后置式端头支架
		Q	L	两列式超前支架
			S	四列式超前支架

（4）主参数　支架型号中的主参数依次用支架工作阻力（立柱工作阻力总值）、支架的最小高度和最大高度三个参数，均用阿拉伯数字表示，参数与参数之间应用“/”符号隔开。参数量纲分别为 kN 和 dm。高度值出现小数时，最大高度舍去小数，最小高度四舍五入。

（5）补充特征代号　如果用产品类型代号、第一特征代号、第二特征代号和主参数仍难以区别或需要强调某些特征时，则用补充特征代号。

补充特征代号根据需要可用一个或两个，但力求简明，以能区别为限。补充特征代号主要表明支架的特殊适用条件、控制方式或结构特点，其使用方法见表 4-3。

表 4-3　支架补充特征代号

补充特征代号	说　　明
Q	表示支架适应于大倾角煤层条件
R	用于支掩掩护式支架表示插底式
D	表示电液控制支架
Z	用于放顶煤过渡支架表示正四连杆架型
B	用于放顶煤过渡支架表示摆杆式架型
L	用于放顶煤过渡支架表示伸缩杆式架型
F	用于端头支架表示放顶煤端头支架
W	用于超前支架表示材料巷（机尾）超前支架

（6）设计修改序号　产品型号中的设计修改序号应使用加括号的大写汉语拼音字母（A）、（B）……依次表示。

（7）字体　产品型号中的数字、字母和产品名称的汉字字体的大小要相仿，不得用角标和脚注。

3. 支架产品型号编制示例

（1）ZZ5600/17/35 四柱支撑掩护式支架

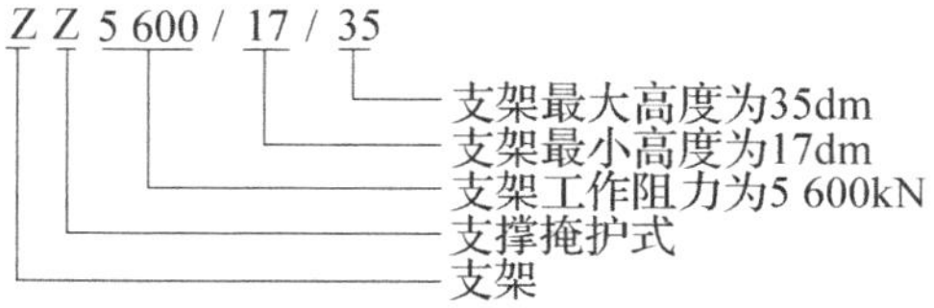

（2）ZY5600/20/35D（B）两柱掩护式电液控制支架

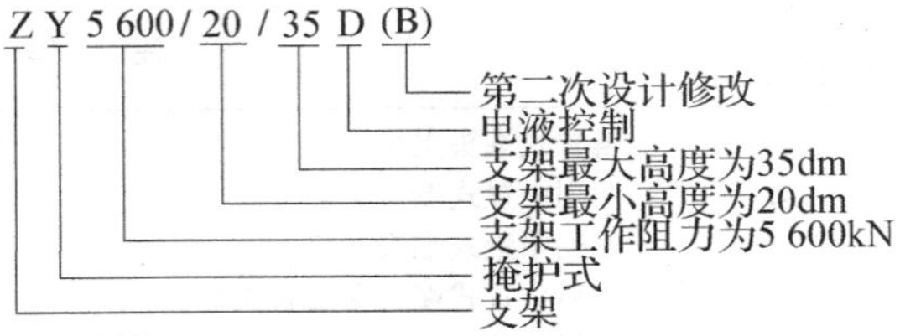

（3）ZF6200/18/35Q 大倾角四柱正四连杆式低位放顶煤支架

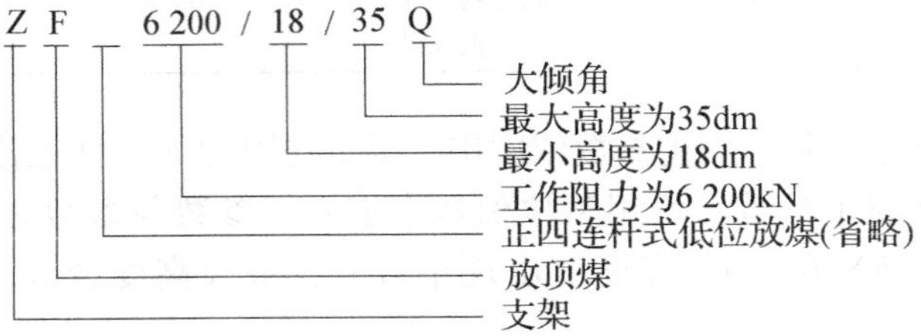

【任务实施】

一、任务实施前的准备

学生必须经过煤矿安全资质鉴定，获得煤矿安全生产上岗资格证；完成入矿安全生产教育，具有安全生产意识，掌握相关煤矿安全生产知识。

二、任务实施的目的

熟悉支架的工作原理、类型，熟悉支架各组成部件的名称、位置及作用，能进行液压支架基本动作的操作。

三、现场参观、实训教学

（1）认识液压支架的组成

（2）分组操作训练　液压支架的升降；液压支架的推移；液压支架固定侧护板的固定，活动侧护板的伸出和缩回；液压支架护帮装置的伸出和缩回，前梁的升降。

四、液压支架的操作

1）液压支架工要与采煤机司机密切合作，移架时如与采煤机距离超过作业规程的规定，应要求停止采煤机牵引，待拉架赶上时，再开机割煤。在移架过程中，支架工必须戴好防尘口罩，移架时应打开支架喷雾降尘，移架结束关闭喷雾。放煤时打开支架后喷雾，停止放煤时关闭喷雾。

2）掌握好支架的合理高度，支架最大支撑高度应比支架最大结构高度小 0.1m 以上，最小支承高度应比支架最小结构高度小 0.2m 以上。当工作面实际采高不符合上述规定时，应停止割煤并采取措施进行处理，处理好后再移架。

3）操作支架前，应检查支架有无歪斜、倒架、咬架，架间距离是否符合规定，顶梁与顶板接触是否严密，支架是否成一直线或甩头、摆尾等，若存在问题应及时处理，未处理好之前严禁拉架。

4）操作前应观察顶板的变化情况，架前及架间是否有冒顶、片帮的危险。若支架前端有冒顶可能或片帮严重，割煤前必须先拉超前架维护顶板及煤壁。

5）支架工操作时要掌握八项操作要领，做到快、匀、够、正、直、稳、严、净：

① 各种操作要快。

② 移架速度要均匀。

③ 移架步距要符合作业规程的规定。

④ 支架位置要正，不咬架。

⑤ 各组支架要排成一直线。

⑥ 支架、刮板输送机要平稳牢靠。

⑦ 顶梁与顶板接触要严密，不留间隙。

⑧ 煤、矸石、煤尘要清扫干净。

6）当支架发生歪架、倒架、咬架而影响顶板管理时，应准备好调架千斤顶或单体支柱，在下一次移架时调整支架，保证支架不歪、不倒、不咬架。

7）移架前必须清理架前及两侧的障碍物，将管、线、通信设施等吊挂、捆扎整齐。

8）正常移架操作顺序为：

① 收回伸缩梁、护帮板、侧护板。

② 操作前梁回转千斤顶，使前梁降低，躲开前面的障碍物。

③ 降立柱使主顶梁略离开顶板。

④ 当支架可移动时停止降柱，使支架移至规定步距。

⑤ 调架，使推移千斤顶与刮板输送机保持垂直，支架不歪斜，中心线符合规定，全工作面支架排成直线。

⑥ 升柱的同时调整平衡千斤顶，主顶梁与顶板严密接触后继续供液 3 ~5s，以保证达到初撑力。

⑦ 伸出伸缩梁，使护帮板顶住煤壁，伸出侧护板使其紧靠相邻下方支架。

⑧ 将各操作手柄扳到“零”位。

9）移架操作的注意事项如下：

① 每次移架前应先检查本架管线，不得刮卡，清除架前、架间杂物，以防挤压各种管线或电缆。

② 移架时要随时调整支架，不得出现前倾、后仰或咬架、倒架现象。移架的同时打开支架喷雾。放顶煤，打开放煤口时，打开喷雾。

③ 对于带有伸缩前梁的支架，割煤后应立即伸出伸缩梁支护顶板。

④ 在采煤机前滚筒到达前先收回护帮板。

⑤ 当降柱幅度低于邻架侧护板时，升架前应先收回邻架侧护板，待升柱后再伸出邻架侧护板。

⑥ 若移架受阻达不到规定步距，要将操作手柄置于断液位置，查出原因并处理后再继续操作。

⑦ 邻架操作时，应站在上一部支架内操作下一部支架；本架操作时，必须站在安全地点，面向煤壁操作，严禁身体探到刮板输送机挡板内或脚蹬液压支架底座前端进行操作。

⑧ 移架时，被移支架的上 5m、下 10m 的范围内，除操作人员外不得有闲杂人员停留，看护好防滑装置，严防崩链伤人。移动端头支架时，除移架工外，其余人员一律撤到安全地点。

⑨ 移架时，上、下邻架要接顶有力，并擦顶带压移架，做到少降快移。

⑩ 移架前，被移支架的前方应至少有 5 架推移手柄置于推溜位置。

⑪ 移架时，相邻两部支架严禁同时降架前移。

⑫ 工作面支架要拉成一条直线，其前后偏差不超过 ±50mm；支架中心距为 1.5m，其偏差不超过 ±100mm，拉架步距严格控制为 600mm。

⑬ 支架顶梁与顶板接触密实，其最大仰俯角要小于 7°，端面距应不大于 340mm。

⑭ 操作支架前要认真检查高压管路、销轴、阀组和各千斤顶，确认完好后方可操作，以防止高压液和各物件破损伤人。

⑮ 支架拉到位后，开始升立柱，立柱升到位时，支架工观察立柱压力表的数值，确定其初撑力达到规定值后，方可将操纵手柄置于零位。

⑯ 相邻支架间不能有明显的错差，即错差不超过支架顶梁侧护板高度的 2/3。

10）每部支架的前立柱应安装支撑压力表，通过压力表对支撑力进行监测，一旦发现立柱窜液、失效时，应及时整改，当支架上所设的压力表损坏时，应及时更换。

11）推移工作面刮板输送机时应注意：

① 工作面推溜应滞后拉架 5 架以外进行，推溜时，一般 5 节以上同时操作，要保证溜子弯曲段的长度不小于 18m，溜子要推平直。

② 推溜要按顺序进行，可自上而下、自下而上或从中间向两头推移刮板输送机，严禁由两头向中间推溜，以防挤死溜子。

③ 除刮板输送机机头、机尾可停机推溜外，工作面内溜槽要在刮板输送机运行中推移，不准停机推溜。

④ 推移千斤顶必须与刮板输送机联合使用，以防顶坏溜槽侧的管线。

⑤ 推溜时，溜子与煤壁之间，推拉杆上、下严禁闲杂人员停留，以防挤伤人员。

⑥ 推溜时，要保证溜头、尾进度相同（600mm），以免进度不均，造成溜子窜动。

⑦ 推溜时，若溜子发生闷车，严禁推溜，应查明原因并立即处理。

⑧ 推溜时，应注意防滑装置，当防滑装置紧起来时，推溜前，附近工作人员必须躲在防滑链崩链包围区域以外的安全地点。

⑨ 移动机头、机尾时，要有专人（班长）指挥，专人操作。

⑩ 刮板输送机推移到位后，随即将各操作手柄扳到停止位置。

⑪ 移刮板输送机后，要保持刮板输送机、支架和煤壁成直线。

⑫ 移刮板输送机应达到“二平”、“二直”、“一稳”、“二齐全”、“一不漏”、“两不”的要求。

“二平”：刮板输送机槽与转载机的搭接要平，电动机和减速器底座要平。

“二直”：机头刮板输送机槽和机尾要直，电动机和减速器的轴中心要直。

“一稳”：整台刮板输送机要安设平稳，开动时不摇摆。

“二齐全”：刮板要齐全、链环螺钉要齐全。

“一不漏”：刮板输送机与转载机搭接严密，不漏煤。

“两不”：运转时溜子不跑偏、不漂链。

五、评分标准（表4-4）

表4-4　液压支架操作评分标准

考核内容	考核项目	分值	检测标准	得分
素质考评	出勤、态度、纪律、认真程度	10	教师掌握	
支架部件	识别支架各组成部件	20	每项2分	
操作前的准备工作	检查设备连接，动作部位是否牢靠，有无障碍	15	检查不全扣5分，不检查不得分	
液压支架的操作	1. 推出、收回侧护板 2. 推出、收回护帮板 3. 升柱，降柱 4. 升前梁，降前梁 5. 移架 6. 推移输送机	30	操作不正确，每项扣2～5分	
操作注意事项	1. 注意前、后柱高低差 2. 清除浮煤、碎矸 3. 不能同时移动相邻两架	15	操作不正确，每项扣2～5分	
安全文明操作	1. 遵守安全规程 2. 清理现场卫生	10	1. 不遵守安全规程扣5分 2. 不清理现场卫生扣5分	
总计				

课题二　液压支架的结构

【任务描述】

液压支架的架体一般由承载结构件、执行元件、控制元件和辅助装置组成。本课题要求学生掌握目前普遍应用的掩护式和支撑掩护式支架的承载结构件和辅助装置的结构、类型、特点及其维护和检修方法。

【知识学习】

一、承载结构件

承载结构件包括顶梁、掩护梁、连杆、底座和侧护板等金属构件。

1. 顶梁

顶梁是直接与顶板接触并承受顶板载荷的部件。顶梁是支架的主要承载部件之一，支架通过顶梁支撑、管理顶板。顶梁宽度一般考虑支架的运输、安装和调架要求，当支架中心距为1.5m时，顶梁宽度通常为1400～1600mm；当支架中心距为1.75m时，顶梁宽度通常为1650～1880mm。顶梁长度则受支架形式、配套采煤机截深（滚筒宽度）、刮板输送机尺寸、配套关系及立柱缸径、通道要求、底座长度、支护方式等因素的制约。

（1）用途

1）承受顶板的载荷，支撑和维护控顶区的顶板。

2）反复支撑顶板，可对比较坚硬的顶板起破碎作用。

3）将顶板载荷通过立柱、掩护梁、前后连杆经底座传到底板。

4）为回采工作面提供足够的安全空间。

（2）结构形式及特点　顶梁的结构形式多种多样，主要有整体刚性顶梁和前后铰接式顶梁两种，前后铰接式顶梁的前梁分为带伸缩梁和不带伸缩梁两种结构形式。

1）整体刚性顶梁。整体刚性顶梁的结构简单、可靠性好；顶梁对顶板载荷的平衡能力较强；前端支撑力较大；可设置全长侧护板，有利于提高顶板覆盖率，改善支护效果，减少架间漏矸。但是，其对顶板不平整的适应性差，接顶不理想，多用于顶板比较平整、稳定，很少出现片帮现象的工作面。整体刚性顶梁通常为宽面板式箱形结构件，顶梁的长度长、面积大，要求上板面平整。有的刚性顶梁前端上翘 2°，目的是改善顶梁前部的接顶效果和补偿焊接变形。整体刚性顶梁如图 4-13 所示。

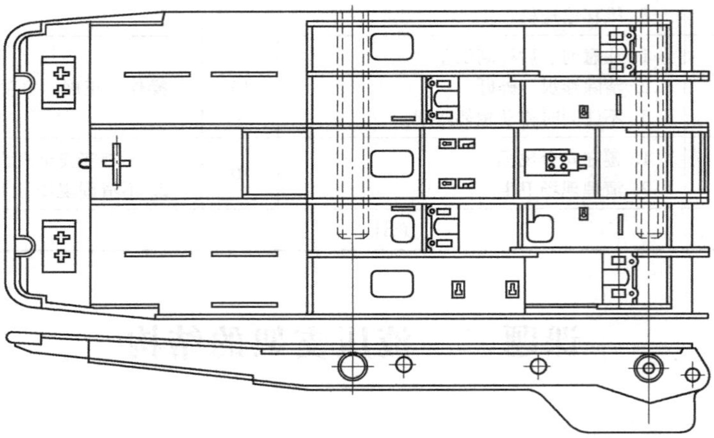

图 4-13　整体刚性顶梁

2）前后铰接式顶梁。前后铰接式顶梁由前梁和顶梁两部分铰接而成，如图 4-14 所示。

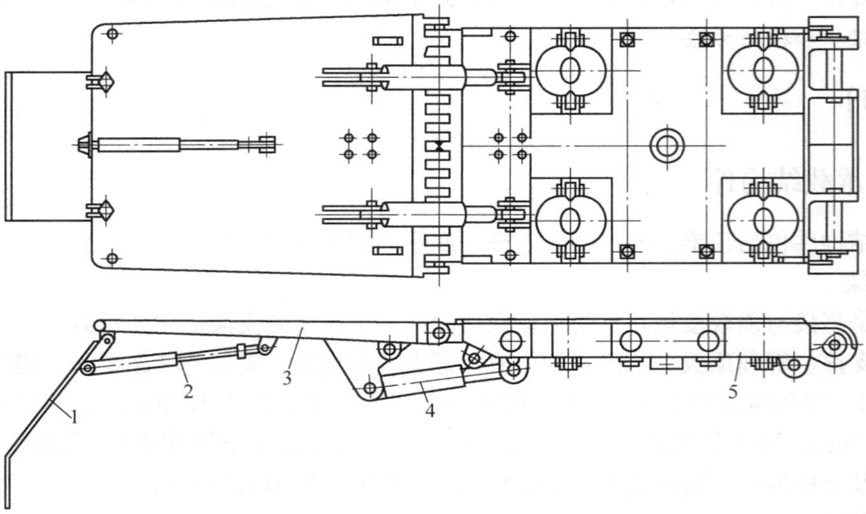

图 4-14　前后铰接式顶梁

1—护帮板　2—护帮千斤顶　3—铰接前梁　4—前梁千斤顶　5—铰接顶梁

前梁由前梁千斤顶支撑，对顶板的适应性较好。铰接前梁端部的支撑力取决于前梁千斤顶的支撑力矩。一般梁的支撑力，未伸出前为 200～400kN，伸出后为 100～200kN。

图 4-15、图 4-16 所示为某支撑掩护式液压支架的铰接前梁和铰接顶梁的结构外形图。

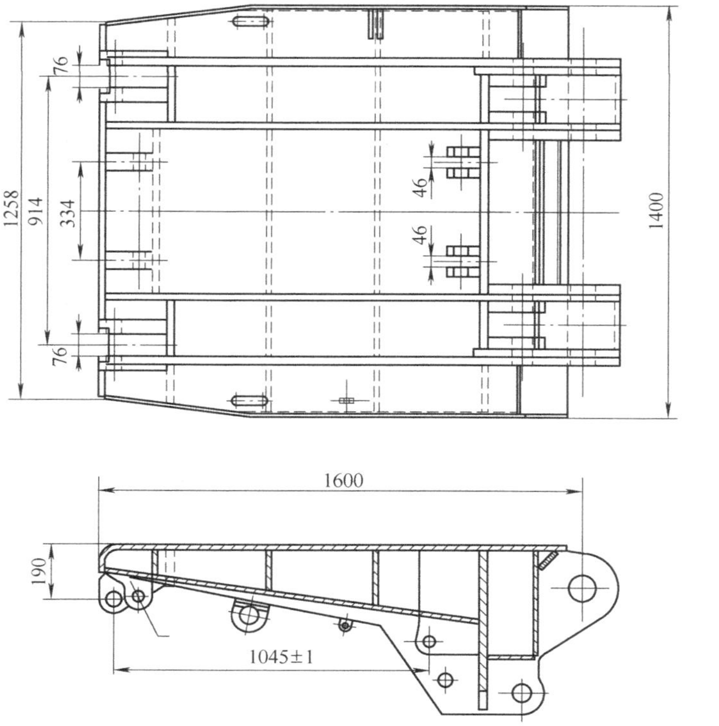

图 4-15　支撑掩护式支架铰接前梁结构图

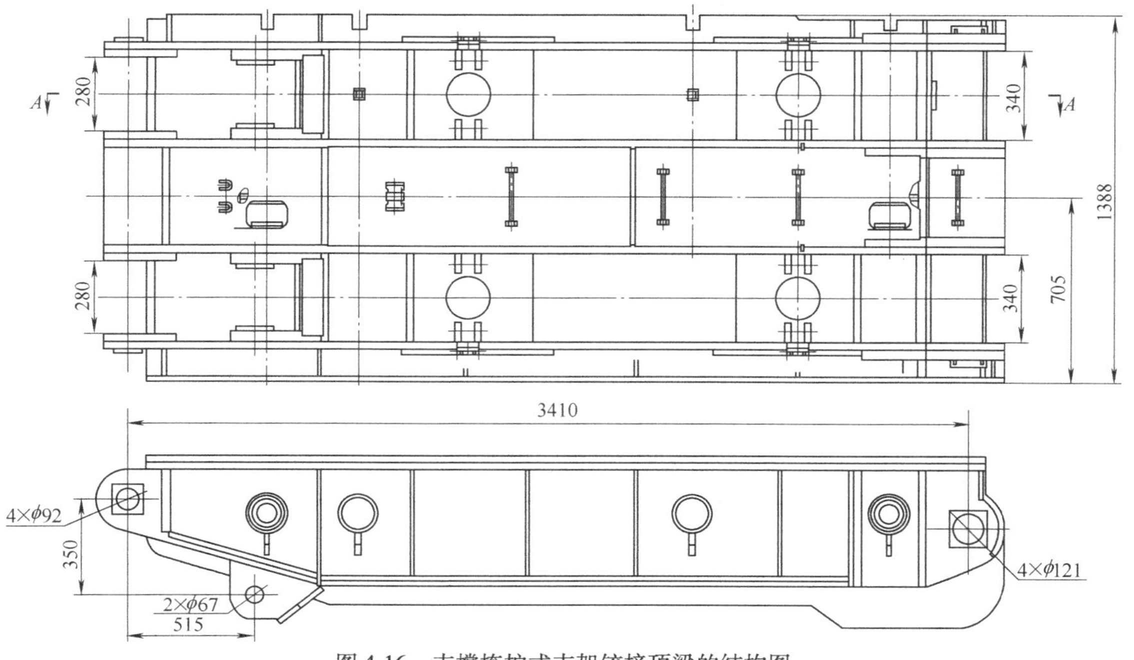

图 4-16　支撑掩护式支架铰接顶梁的结构图

对易片帮煤壁端面的顶板进行辅助支护时，可采用外伸式或内伸式的伸缩梁。伸缩梁一般是为实现超前支护而设置的，伸缩值根据使用要求确定，一般为600～800mm。内伸式伸缩梁的结构可靠性好，接顶效果较差，使用较少，如图4-17所示；外伸式伸缩梁的接顶效果好，采用较多，但其结构可靠性较差，易变形，如图4-18所示。

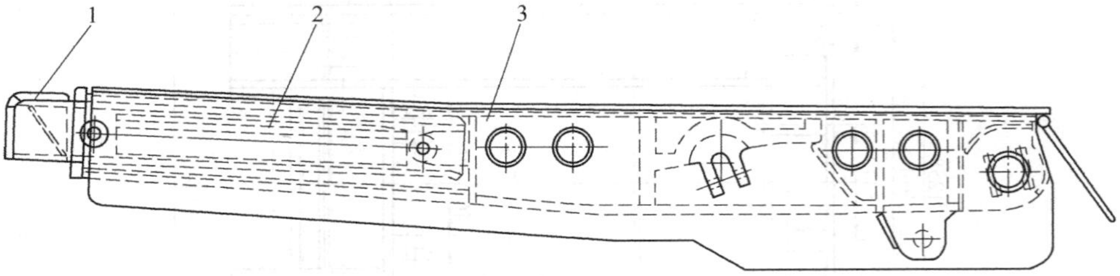

图4-17　内伸式伸缩梁

1—伸缩梁　2—伸缩千斤顶　3—顶梁

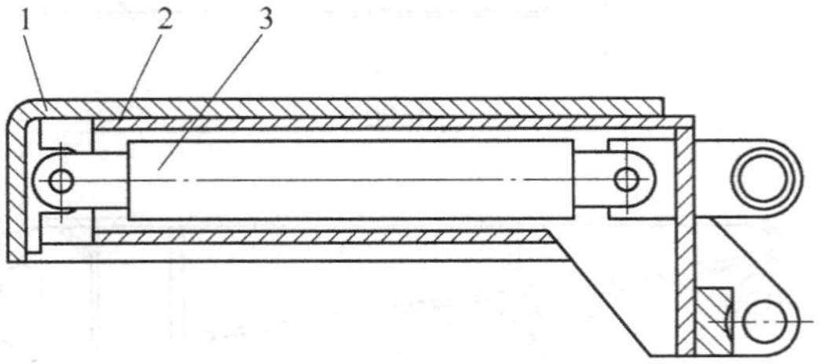

图4-18　外伸式伸缩梁

1—伸缩梁　2—前梁　3—伸缩千斤顶

2. 掩护梁

掩护梁是掩护式和支撑掩护式支架的重要承载结构件，其作用是阻挡采空区冒落的矸石窜入工作面，并承受采空区冒落矸石的载荷和顶板通过顶梁传递的水平推力。由于掩护梁承受的弯矩和扭矩较大，工作状况恶劣，所以掩护梁必须具有足够的强度和刚度。

（1）用途

1）与前、后连杆和底座一起组成四连杆机构。

2）承受顶梁部分载荷和掩护梁背部载荷，并通过前、后连杆传递给底座。

3）承受顶板对支架的水平分力和偏载扭矩。

4）和顶梁、活动侧护板及前、后连杆一起构成了支架完善的支撑和掩护体，阻挡后部冒落矸石或落煤前窜，维护工作空间。

（2）结构形式及特点　掩护梁是钢板焊接的宽面板式箱形结构。掩护梁上端与顶梁或主梁连接，下端焊有与前、后连杆铰接的耳座，通过前、后连杆与底座连接，形成四连杆机构。梁内均焊有固定侧护千斤顶及弹簧的套筒。图4-19所示为某液压支架的掩护梁结构图。

3. 前、后连杆

前、后连杆与掩护梁、底座铰接，组成四连杆机构，是重要的运动和承载部件。

（1）用途

1）使支架在调高范围内，顶梁前端与煤壁距离（梁端距）的变化在50～100mm范围之内。

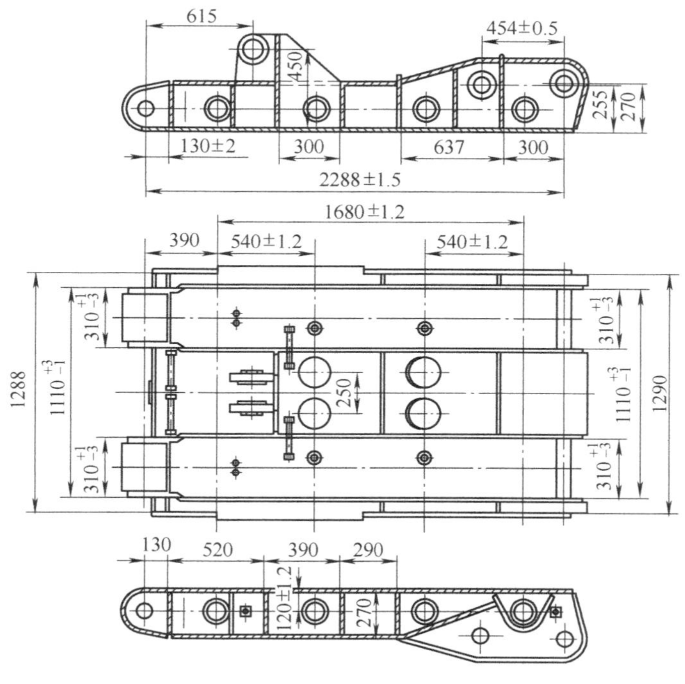

图 4-19　掩护梁的结构

2）承受顶板的水平分力和侧向力，使立柱不受侧向力。

（2）结构形式和特点　前、后连杆的结构形式有分体式单连杆和整体式连杆两类。单连杆可以做成直连杆和弯连杆，如图 4-20 所示。

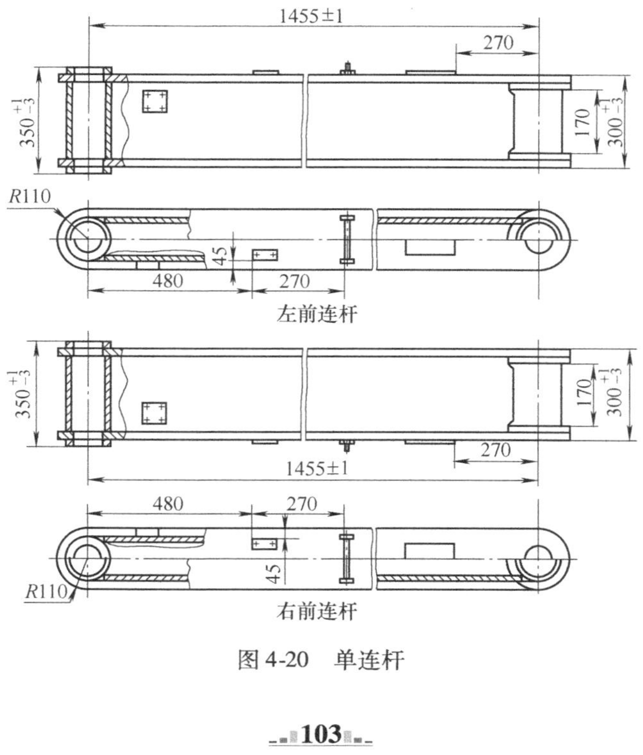

图 4-20　单连杆

整体连杆由两根单连杆组焊而成，一般用作后连杆，以增强支架的稳定性。为了加强支架后部的挡矸和防转性能，在后连杆上也可以设置侧护板，如图 4-21 所示。

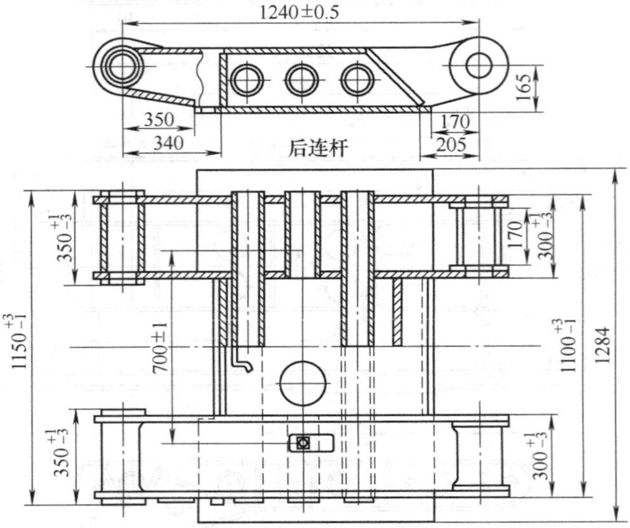

图 4-21　整体式后连杆

4. 底座

底座是将顶板压力传递到底板并稳定支架的承载部件。底座除了要具有一定的刚度和强度外，还应对底板的起伏不平有较强的适应性，对底板的接触比压小，以防止底座插底；要有一定的质量，以保证支架的稳定性等。支架通过底座与推移装置相连，以实现自身前移和推移输送机前移。

（1）用途

1）为立柱、推移装置及其他辅助装置给以合理安装位置。

2）与前、后连杆和掩护梁一起组成四连杆机构。

3）将立柱和前、后连杆传递的顶板压力传递给底板。

4）便于人员的操作和行走。

5）具有一定的排矸、挡矸作用。

6）保证支架的稳定性。

（2）结构形式和特点　底座的结构形式可分为整体式和分体式。图 4-22 所示为分体式底座，它由左、右两部分组成，推移装置处的浮煤、碎矸可随支架移架从后端排到采空区，不需人工清理，排矸性能好，对底板起伏不平的适应性强，但与底板的接触面积小。图 4-23 所示为整体式底座，它是用钢板焊接成的箱式结构，中挡前部有高度为 50～100mm 的小箱形结构，中挡后部上方为箱形结构，推移千斤顶安装在箱形体下。立柱柱窝前设计过桥，提高了底座的整体刚性和抗扭能力，其整体性强，稳定性好，强度高，不易变形，与底板的接触面积大，比压小，但底座中部的排矸性能较差。

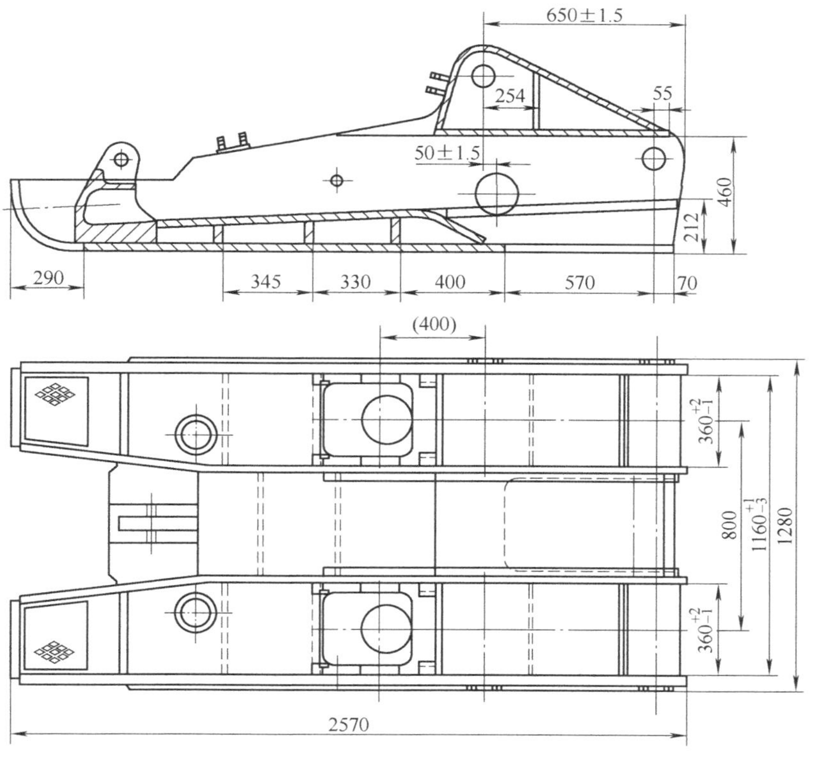

图 4-22　分体式底座

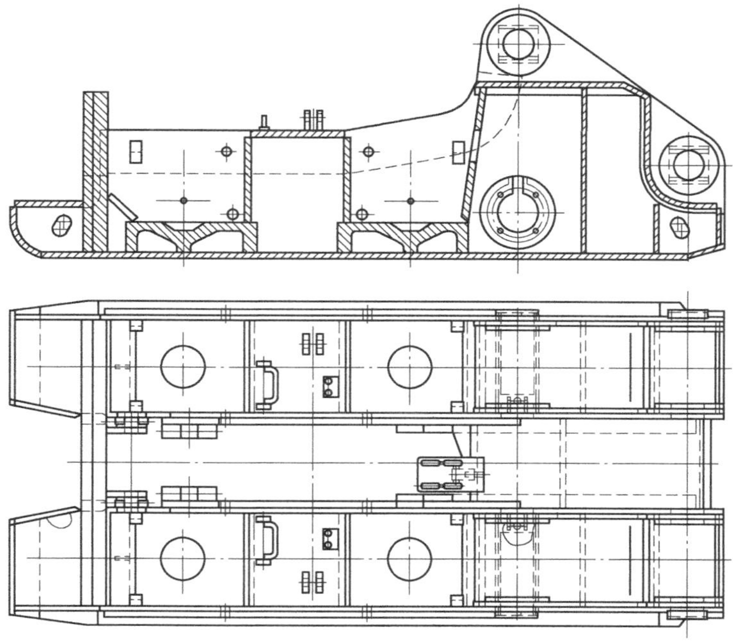

图 4-23　整体式底座

5. 侧护板

侧护板是为了提高支架掩护和防矸性能而设置的，一般情况下，支架顶梁和掩护梁都设有侧护板。目前生产的支架不仅掩护梁两侧有侧护板，而且主梁或整体顶梁从前排立柱到顶梁后端的两侧和后连杆也有侧护板。顶梁侧护板的高度一般为 250～500mm，掩护梁侧护板和后连杆侧护板的高度在支架最大高度时，侧护板水平尺寸为移架步距加 100～200mm 的搭接量。图 4-24 所示为 ZY4800/13/32 型液压支架的顶梁侧护板。

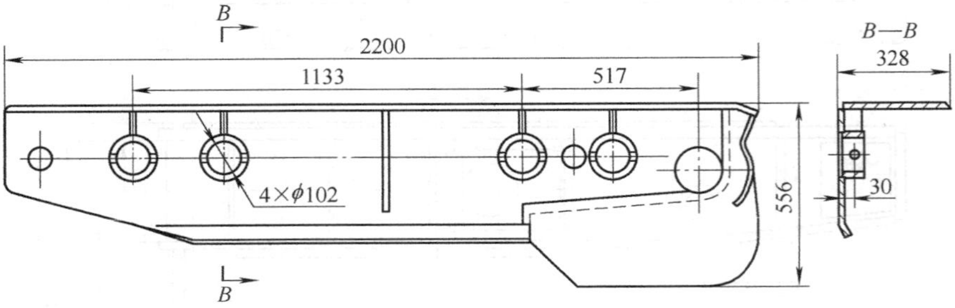

图 4-24 顶梁侧护板

（1）用途

1）消除相邻支架掩护梁和顶梁之间的架间间隙，防止冒落矸石进入支护空间。

2）作为支架移架过程中的导向板。

3）防止支架降落后倾倒。

4）调整支架的间距。

（2）结构形式和特点　支架侧护板装置一般由侧护板、弹簧套筒、侧推千斤顶、导向杆和连接销轴等组成。支架工作时，通常支架上方一侧的侧护板固定，下方一侧的侧护板是活动的，安装时，可按需要将一侧侧护板用螺栓或销固定在顶梁或掩护梁上。

支架活动侧护板有单侧活动侧护板和双侧活动侧护板两种形式。单侧活动侧护板一侧为固定式，一侧为活动式，固定侧护板是梁的边筋板，可增加梁体强度，减小支架质量，挡矸密封性和导向性好，适用于倾角小于 15°的缓倾斜煤层或水平煤层；双侧活动侧护板根据工作面倾角方向，调整为一侧固定，另一侧活动，其适应性强，可用于各种支架。

活动侧护板可分为上伏式、嵌入式、抽出式和折页式四种，如图 4-25 所示。侧护板的行程一般为 170～200mm。

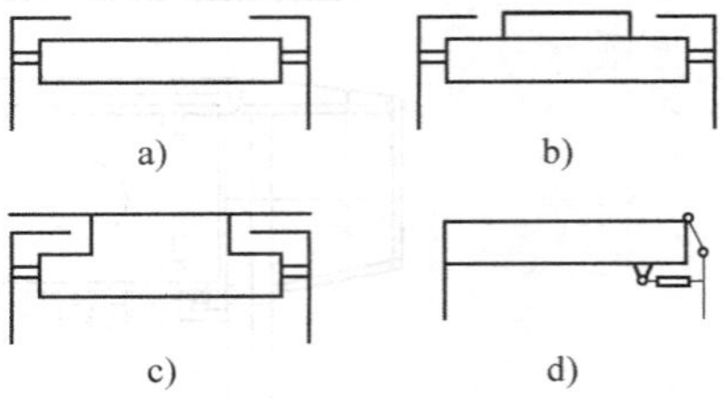

图 4-25 顶梁活动侧护板的类型
a）上伏式 b）嵌入式
c）抽出式 d）折页式

上伏式活动侧护板的结构简单，使用范围最广，但容易被大块岩石压住或卡住，掩护梁多采用；嵌入式侧护板比顶梁或掩护梁的承载面低，改善了受力状况和调节性，顶梁多采用；抽出式侧护板兼顾了上伏式和嵌入式的结构特点，应用也较多；折页式侧护板设在顶梁侧面，其本身不承受顶板载荷，不易损坏，但密封性差，主要用于坚硬顶板、重型支架顶梁，应用较少。

活动侧护板的控制方式有弹簧式、液压式和混合式三种。液压式是用侧推千斤顶控制活动侧护板的伸出和缩回。目前使用较多的是混合式的控制方式，如图 4-26 所示的双侧可调活动侧护板装置。平时，活动侧护板在弹簧的作用下贴紧邻架，需要时可换作侧推千斤顶进行防倒或调架。

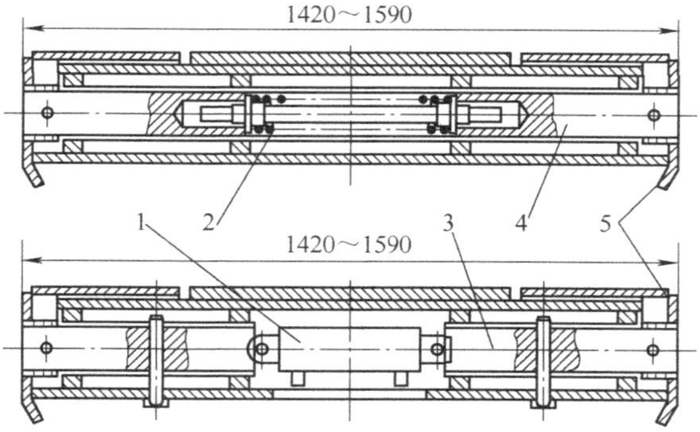

图 4-26　双侧可调活动侧护板装置

1—侧推千斤顶　2—弹簧筒　3—导向杆　4—顶杆　5—侧护板

二、辅助装置

辅助装置包括推移装置、抬底装置、护帮装置、侧护装置、防滑防倒装置、复位装置、挡矸装置等。

1. 推移装置

推移装置完成推移输送机和拉移支架两个基本动作，由推移千斤顶及其附属装置组成。

（1）对推移装置的要求

1）以较小的力推移输送机（80～200kN），以较大的力拉移支架（150～500kN）。

2）为适应支架和输送机可能出现的相对位置变化，推移装置前部在推移过程中，在水平和垂直方向应有一定的摆动范围。

3）工作中推移千斤顶不承受侧向力，而是让推移杆或框架承受。因此，它们必须有足够的强度，以保证工作的可靠性。

4）在移架过程中，推移装置和支架底座之间应有较好的导向性能，使支架能移正。

（2）结构形式和特点　支架推移装置分为正装推移千斤顶加短推杆推移装置和反装推移千斤顶加长推杆推移装置两种。

1）正装推移千斤顶加短推杆推移装置。对于正装推移千斤顶加短推杆推移装置，为了满足移架力大于推溜力的要求，可以采用以下方法：

① 采用差动供液方式，即在推移千斤顶液路上装一交替单向阀，如图 4-27 所示。推溜时，压力液经交替单向阀同时进入推移千斤顶两腔，实现差动推溜，推力小，推溜速度快；拉架时，压力液经交替单向阀进入活塞杆腔，活塞腔回液，拉架前移，拉架力大。

② 采用浮动活塞结构，即推移千斤顶的活塞在活塞杆上浮动安装，推移输送机时，活塞腔进液，浮动活塞迅速移至缸口，压力液推动活塞杆前移，推力小；拉架时，活塞杆腔进液，压力液作用在环形面积上的作用力进行拉架，拉架力大。这种装置的结构比较简单，推杆短，一般做成箱形结构，强度可靠。

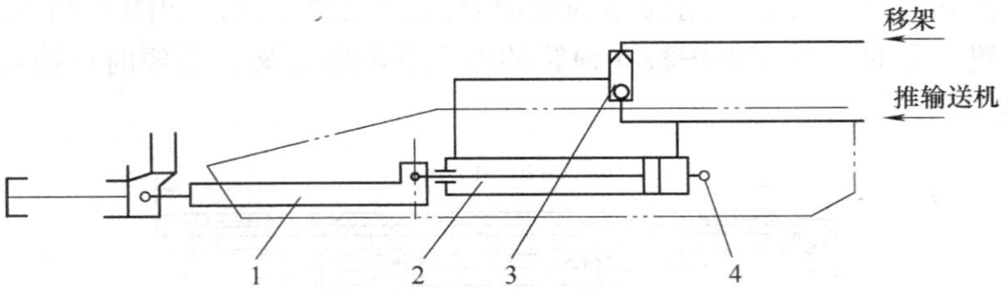

图 4-27　差动供液方式

1—推移杆　2—推移千斤顶　3—交替单向阀　4—推移千斤顶与底座连接轴

2）反装推移千斤顶加长推杆推移装置。反装推移千斤顶加长推杆推移装置将推移千斤顶伸出的推力作为移架力，缩回时的拉力作为推溜力，即可保证拉架力大于推溜力。这需要将千斤顶活塞杆（或缸体）连接在支架底座的前端，而千斤顶的缸体（或活塞杆）通过一间接连接机构（推移杆）与刮板输送机相连接。

反装推移千斤顶加长推杆推移装置由连接头、长推移杆、推移千斤顶等组成，如图 4-28

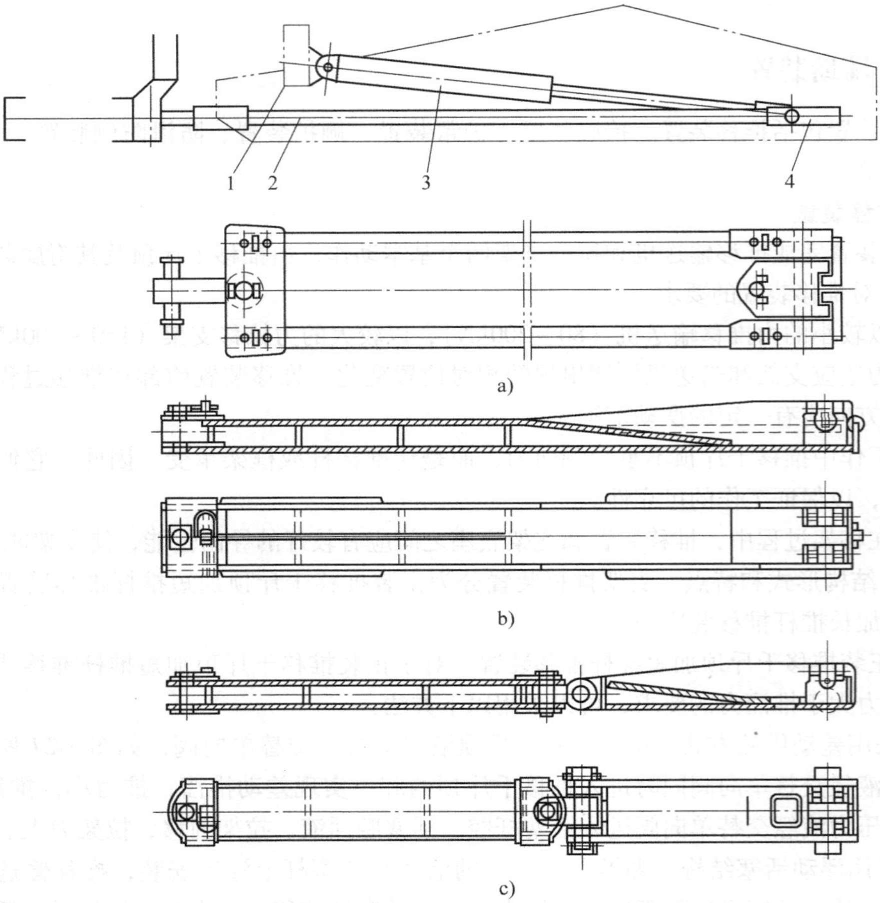

图 4-28　反装推移千斤顶加长推杆推移装置

1—底座过桥　2—推移杆　3—推移千斤顶　4—导向轴

a）框架式　b）整体箱式　c）铰接式

所示。推移千斤顶一端铰接在支架底座前端的过桥上，另一端通过框架、连接头与刮板输送机相连，形成用千斤顶的拉力推移输送机，用千斤顶的推力拉架，推力大，拉力小。长推移杆可分为框架式、整体箱式和铰接式三种形式。框架式在框架后部有导向轴，并在底座的导向槽内前后滑动，使框架能平稳地前后移动。这种形式的优点是：当推移千斤顶与底座的连接位置高于框架时，推移千斤顶能给移动的底座以向上的分力；其缺点是推移框架较复杂，长度长，容易损坏。整体箱式一般是由钢板组焊而成的整体箱式结构件，其结构简单、可靠性好、防止支架和输送机下滑的性能好；但在工作面难以更换，因此必须保证有足够大的安全系数。铰接式由推移杆和导向块通过十字连接头铰接而成，可以上下、左右摆动，解决了整体箱式长推杆不易更换的问题，兼有短推移杆和长推移杆的特点。导向块与输送机溜槽连接，导向块可为推移千斤顶导向并能阻挡输送机下滑。

2. 抬底装置

抬底装置的作用是：如果支架底座前端出现扎底，移架时可利用抬底千斤顶顶住推移杆的上平面，将底座的前端抬起来，从而减小移架阻力。抬底装置由抬底千斤顶及销轴等组成，设置在支架底座过桥上，抬底千斤顶的伸与缩由单独的操纵阀控制。

3. 护帮装置

当煤层较厚或煤质松软时，工作面煤帮（壁）容易在矿山的压力下崩落，这种现象称为片帮。工作面片帮使支架顶梁前端的顶板悬露面积增大，引起架前冒顶。《煤矿安全规程》规定，当采高超过3m或片帮严重时，液压支架必须有护帮板，其目的是防止煤壁片帮或在片帮时护帮板起到遮蔽作用，避免砸伤工作人员或损坏设备。护帮装置安设在支架顶梁前端，由护帮板和护帮千斤顶等组成。

（1）用途　护帮装置一般用于采高大于2.5m的支架，一是用来防止煤壁片帮和煤壁向人行道一侧片落，以保护人员安全；二是在支架能及时支护的情况下，采煤机过后挑起挑梁实现超前支护，在支架滞后支护的情况下，利用挑梁实现及时支护。

（2）结构形式和特点

1）直接护帮装置。直接护帮装置的护帮板与顶梁前端铰接，护帮千斤顶直接作用于护帮板，用来顶住煤壁以防片帮。当煤壁较深，护帮板不能贴紧煤壁时，主要防止煤壁向人行道方向片落，以保证人员安全，如图4-29所示。

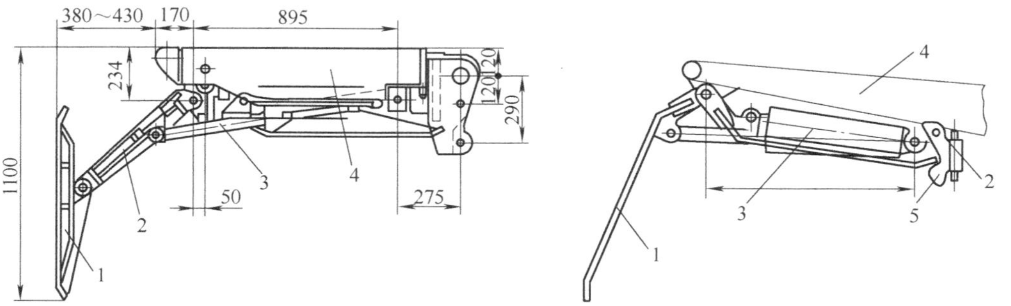

图4-29　直接护帮装置

1—护帮板　2—连杆　3—护帮千斤顶　4—前梁　5—锁块

2）回转式护帮装置。回转式护帮装置既可防止片帮，又可对片帮后暴露出的端面顶板进行临时支护。回转式护帮板又称挑梁。

① 直接回转式护帮装置。直接回转式护帮装置如图 4-30 所示。该装置的护帮板与顶梁前端铰接，千斤顶直接作用于护帮板。护帮板可回转 180°，可对前方顶板进行临时支护。但其支撑力较小，一般为 3 ~4kN。

② 四连杆回转式护帮装置。四连杆回转式护帮装置如图 4-31 所示。该装置由长杆、短杆、护帮板和顶梁组成四连杆机构，能使护帮板回转近 180°，支护顶板时的支撑力能达到 10 ~20kN，其缺点是结构比较复杂。

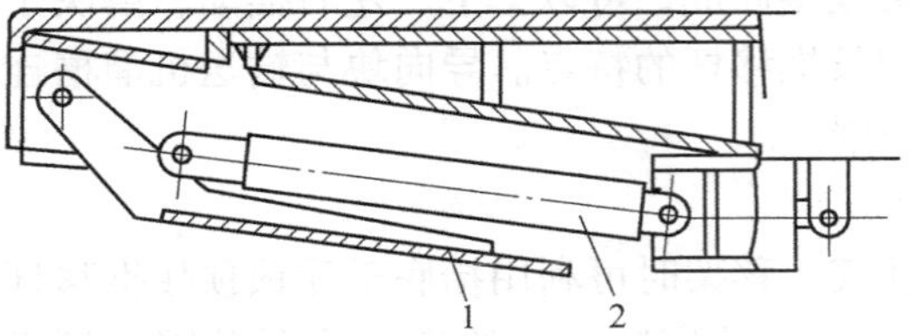

图 4-30　直接回转式护帮装置

1—护帮板　2—护帮千斤顶

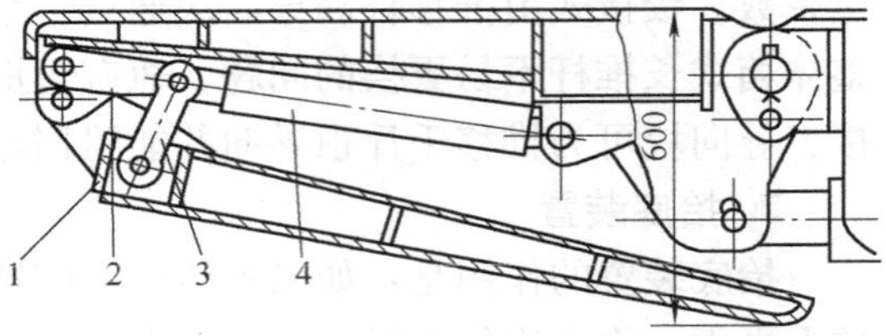

图 4-31　四连杆回转式护帮装置

1—护帮板　2—长杆　3—短杆　4—千斤顶

4. 防倒、防滑装置

《煤矿安全规程》规定：当煤层倾角大于 15°时，液压支架必须采取防倒、防滑措施，以免支架降落或前移时倾倒或下降。防倒装置一般安设在两相邻支架的顶梁侧面，防滑装置一般安设在两相邻支架的底座侧面。

（1）防倒装置　掩护式或支撑掩护式支架在顶梁、掩护梁以至后连杆上都设有活动侧护板，一般情况可进行支架的防倒和调架。所以，专用防倒装置主要用于下排头支架，有平拉式和斜拉式两种。

1）平拉式防倒装置。平拉式防倒装置将防倒千斤顶 2 安设在相邻两支架的顶梁之间，如图 4-32 所示。为防止防倒千斤顶 2 在降、移架过程中损坏，防倒千斤顶的连接座须在顶梁的下板面留有一定距离，导致占用高度较大，故这种装置主要用于中厚煤层以上的支架。

2）斜拉式防倒装置。斜拉式防倒装置是将防倒千斤顶 2，用圆环链和连接卡连接于排头第一部支架顶梁和第二部支架底座之间，如图 4-33 所示。该装置的优点是适应性较强，不易损坏；缺点是安设的位置在人行道附近，对行人有一定影响。

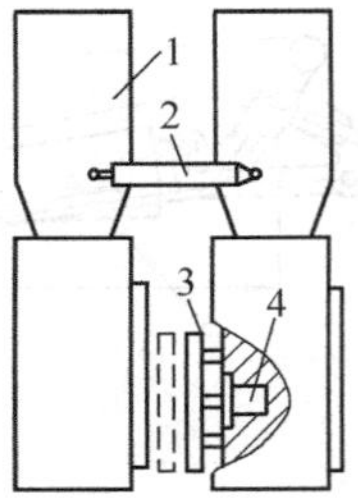

图 4-32　平拉式防倒装置

1—顶梁　2—防倒千斤顶　3—撬板　4—底调千斤顶

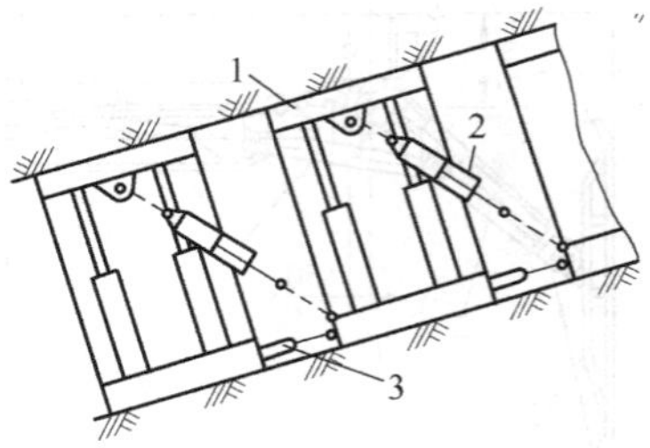

图 4-33　斜拉式防倒装置

1—顶梁　2—防倒千斤顶　3—底调千斤顶

当工作面倾角较大时，为增强防倒能力，也可酌情在工作面中部支架间隔一定步距安设斜拉式防倒装置。

（2）防滑装置

1）液压支架的防滑装置。工作面支架防滑的关键在下排头支架。工作面下排头支架的防滑装置是主要防滑装置，中部支架的防滑装置是辅助防滑装置。

防滑装置包括前调千斤顶4、后调千斤顶7和圆环链等，如图4-34所示。前调千斤顶4安设于第一部和第二部、第一部和第三部支架底座的前部，利用千斤顶的拉力或推力调架，防止底座前部下滑。后调千斤顶7一般安设在第一部支架底座的下侧，连接千斤顶活塞杆的圆环链通过转向90°的导链筒引至第三部支架底座后部连接座。收缩后调千斤顶（第一架卸载时），便可将第一架支架向倾斜上方调整。

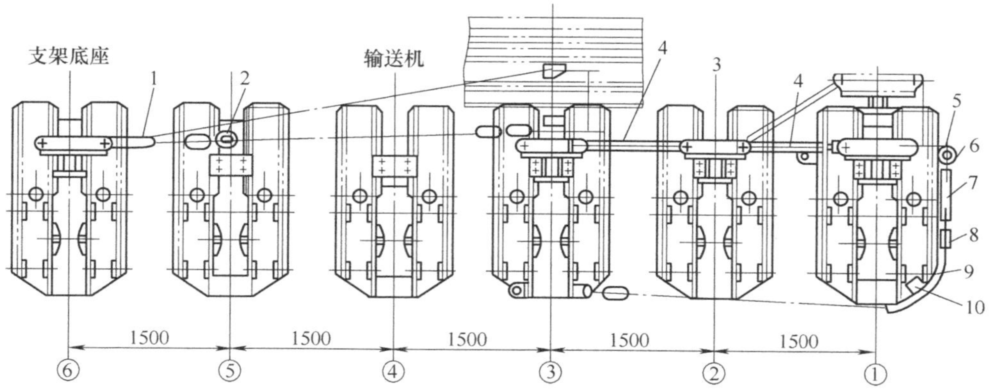

图4-34　防滑装置

1—输送机防滑千斤顶　2—上圆环链　3—调架座　4—前调千斤顶　5—双耳座　6—连接卡　7—后调千斤顶　8—下圆环链　9—防滑链导向筒　10—弯座

2）刮板输送机的防滑装置。常用刮板输送机防滑装置是多组连接于支架底座和输送机挡煤板之间的输送机防滑千斤顶1（牵引式），如图4-34所示。千斤顶缸体通过十字头与底座前部的连接座相连。千斤顶活塞杆通过圆环链与倾斜下方第二或第三架前面的输送机挡煤板相连。千斤顶的活塞杆腔设有安全阀和液控单向阀，在支架移架升柱后，收紧防滑千斤顶，千斤顶则以额定张力牵引输送机，防止其下滑。

【任务实施】

一、任务实施前的准备

现场准备好液压支架结构件及其图样、安全帽及防护手套、检修工具等。

二、任务实施的目的

熟悉液压支架主要承载结构件的结构及特点，能对主要结构件的结构进行分析，能进行液压支架主要结构件升井后的维护及检修。

三、现场参观、实训教学

1. 液压支架主要承载结构件的结构分析

认识液压支架的顶梁、底座、掩护梁、侧护板及连杆，并对照图样对其进行结构分析。

2. 分组进行支架主要承载结构件的维护及检修训练

现场进行液压支架主要结构件升井后的检修与维护，并作好检修过程的记录。

四、液压支架结构件升井后的维护、检修要求

1）支架升井后应使用专用的工具进行解体，解体后必须进行认真的清洗。

2）平面结构件的检修质量标准：

① 较大平面结构件上的最大变形不得超过10‰。

② 凹坑面积不得超过100cm^2，深度不得超过20mm。

③ 凸起面积不得超过100cm^2，高度不得超过10mm。

④ 凸、凹点每平方米内不得超过两处。

3）侧护板结构件的检修质量标准：

① 侧护板侧面与水平面的垂直度误差不得超过3%，侧护板变形不得超过10mm。

② 复位弹簧塑性变形不得大于5%，损坏及断裂的应更换新件。

4）推移框架杆（或推拉架）的直线度误差不得超过5%。

5）各结构件连接销孔座、支柱窝孔座、平衡千斤顶座应无开焊、裂纹及变形。

6）各连接销不得弯曲、断裂、变形，不符合要求的应更换。

7）连接销孔如有变形、孔过大应及时处理。

8）组装各结构件时，连接销应安装于指定位置，并插入防退销。

9）支架结构件检修后，支架在水平位置时，其高度与顶梁前柱窝中央的垂直线距底座中心线的偏离尺寸不得超过28：1。

10）凡承载结构件经修复或更新后的支架，还应用大小为额定工作阻力的110%的载荷进行压力试验，各部位应无变形，长度变化不得大于全长的3%。

11）检修后的结构件要涂好油漆，以防腐蚀。

五、评分标准（表4-5）

表4-5 液压支架结构件的维护与检修评分标准

考核内容	考核项目	分值	检测标准	得分
素质考评	出勤、态度、纪律、认真程度	10	教师掌握	
承载结构件结构分析	能正确认识、分析支架主要承载结构件	30	每项6分	
辅助装置结构分析	能正确认识、分析支架辅助装置	20	每项5分	
结构件的检查	按检修质量标准检查，并作好记录	15	检查不全扣2分，不检查不得分	
连接部位的检查	按检修质量标准检查，并作好记录	15	检查不全扣2分，不检查不得分	
安全文明操作	1. 遵守安全规程 2. 清理现场卫生	10	1. 不遵守安全规程扣5分 2. 不清理现场卫生扣5分	
总计				

【思考与练习】

1. 什么是液压支架？其作用是什么？
2. 液压支架在工作过程中有几个基本动作？
3. 液压支架由哪些主要部件组成？各部件的作用是什么？
4. 说明液压支架产品型号的意义。
5. 什么是液压支架的初撑力、工作阻力？如何计算？
6. 什么是及时支护？什么是滞后支护？
7. 支撑式液压支架、掩护式液压支架、支撑掩护式液压支架有哪些特点？
8. 正常移架的操作步骤有哪些？
9. 叙述液压支架各承载结构件的用途。
10. 液压支架的顶梁有哪几种形式？它们各有什么特点？
11. 掩护梁有哪几种结构形式？它们各有什么特点？
12. 液压支架连杆的作用是什么？其结构如何？
13. 底座有哪几种结构形式？它们各有什么特点？
14. 护帮装置结构如何？有什么特点？
15. 活动侧护板结构如何？
16. 液压支架附属装置有哪些？其作用是什么？
17. 常用推移装置有哪几种？其工作原理如何？

第五单元

液压支架的液压元件

【学习目标】

本单元由液压支架的执行元件和液压支架的控制元件两个课题组成。液压支架中的立柱、千斤顶、安全阀、液控单向阀、双液控单向阀和操纵阀是液压支架的主要液压元件。由于立柱与千斤顶的结构类似，液控单向阀和双液控单向阀相似，所以人们习惯称其为“一柱三阀”。通过本单元的学习，学生应掌握“一柱三阀”的组成及结构，熟悉其工作性能，了解其维护方法。

课题一　液压支架的执行元件

【任务描述】

液压支架的执行元件包括立柱和各种千斤顶。液压支架的各种动作都是由支架中的立柱和各种千斤顶完成的，它们是承载的主要元件。因此，掌握它们的组成、结构及维护方法，对使用、维护液压支架非常重要。本课题的目的是使学生掌握液压支架中立柱和千斤顶的类型、结构、性能、完好质量标准及其拆卸、检查、组装和维护方法。

【知识学习】

一、立柱

立柱用于承受顶板载荷，调节支架高度，它直接影响支架的工作性能。立柱两端采用球面结构与顶梁和底座铰接，以便更好地承受顶板压力。立柱分为单伸缩立柱和双伸缩立柱两种。

1. 单伸缩立柱

单伸缩立柱有不带机械加长杆和带机械加长杆两种形式，如图 5-1 所示。当支架调高范围较大时，可选用带机械加长杆的单伸缩立柱，加长杆的调节长度为 750mm，分 5 挡，每挡 150mm；也可选用双伸缩立柱。单伸缩立柱的结构简单，成本低，但不如双伸缩立柱使用方便。

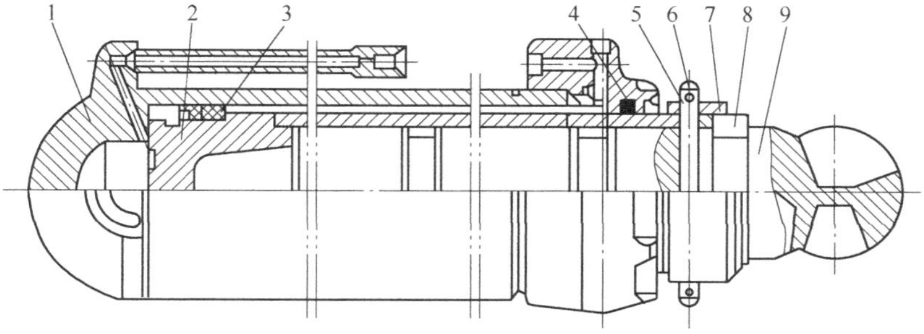

图 5-1 单伸缩立柱

1—缸体 2—活塞 3—密封圈 4—防尘圈 5—销轴 6—开口销 7—卡套 8—卡环 9—加长杆

（1）拉出加长杆的方法

1）根据高度要求，首先确定加长杆所需伸出的长度，然后升柱，伸出长度应稍大于所需长度。

2）用单体液压支柱或木支柱撑住项梁。

3）按顺序拆卸开口销、销轴、卡套和卡环。

4）使立柱下降，加长杆即可从活柱中伸出，直到达到所需要的高度为止。

5）按顺序装上卡环、挡套、销轴和开口销。

（2）缩短加长杆的方法

1）确定缩短加长杆的长度后，使立柱下降，下降高度稍大于所需长度。

2）用单体液压支柱或木支柱撑住顶梁。

3）按顺序拆除开口销、销轴、卡套和卡环。

4）伸出活柱，使加长杆缩进活柱套筒内，直至达到所需长度。

2. 双伸缩立柱

双伸缩立柱的结构如图 5-2 所示，柱体表面通常为先镀锡青铜（或乳白铬）再镀硬铬的

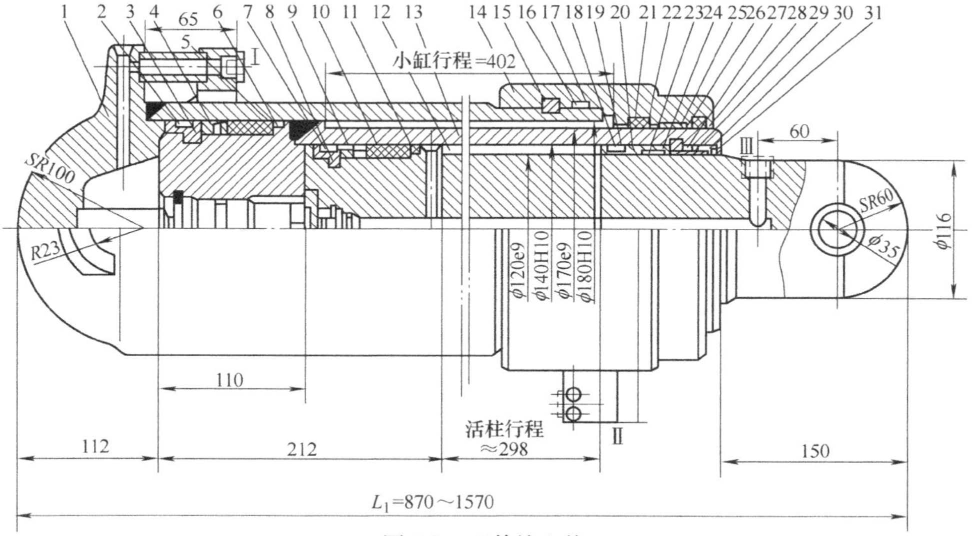

图 5-2 双伸缩立柱

1—缸体（一级缸） 2、7—卡键 3、8—卡箍 4、9—支撑环 5、10—鼓形密封圈 6、11、25—导向环 12—内活柱 13—外活柱（二级缸） 14、20—导向套 15—方钢丝挡圈 16、18、27—O 形密封圈 17、19、22、24—挡圈 21、23—蕾形密封圈 26—卡环 28、30—防尘圈 29—缸盖 31—弹性挡圈

双层重合镀层，以防止磨损和锈蚀。活塞上装有鼓形密封圈，以实现活塞和活塞杆两腔的双向密封。为保护密封圈，在其两侧装有聚甲醛导向环，以减少活塞与缸壁的磨损，提高滑动性能。

外活柱 13 与缸体 1 构成一级缸，又与内活柱 12 构成二级缸。油口Ⅰ进压力液时，油口Ⅱ排液，外活柱伸出，一级缸行程结束；一级缸活塞腔压力升高，打开底阀，压力液进入二级缸活塞腔，油口Ⅲ排液，内活柱伸出。降柱时，油口Ⅱ、Ⅲ进压力液，油口Ⅰ排液，一级缸下降，顶杆碰到凸台，底阀打开，二级缸排液下降。

二、千斤顶

液压支架中除立柱以外的液压缸均称为千斤顶，千斤顶的种类很多且大多为单伸缩双作用式，个别为单伸缩单作用千斤顶。按进、回液方式分为外进液和内进液千斤顶，常用的是外进液千斤顶。按活塞固定方式分固定活塞式和浮动活塞式千斤顶，固定活塞式千斤顶占绝大多数，只有一些推移千斤顶中采用浮动活塞式千斤顶。按在液压支架上的功能分推移千斤顶、侧推千斤顶、前梁千斤顶、护帮千斤顶、伸缩梁千斤顶、平衡千斤顶、防倒千斤顶、防滑千斤顶、调架千斤顶、底调千斤顶和抬底座千斤顶等。用于放顶煤支架的还有尾梁千斤顶、插板千斤顶和拉后输送机千斤顶等。

前梁千斤顶也承受前梁传递的部分顶板载荷，在结构上与立柱基本相同，只是行程较短，也称为短柱。平衡千斤顶只是掩护式支架才有，其两端分别与掩护梁和顶梁铰接，主要作用是使支架成为稳定结构并改善顶梁的接顶状况，以调节顶梁的载荷分布。

常用活塞式千斤顶的组成及结构如图 5-3、图 5-4 和图 5-5 所示。

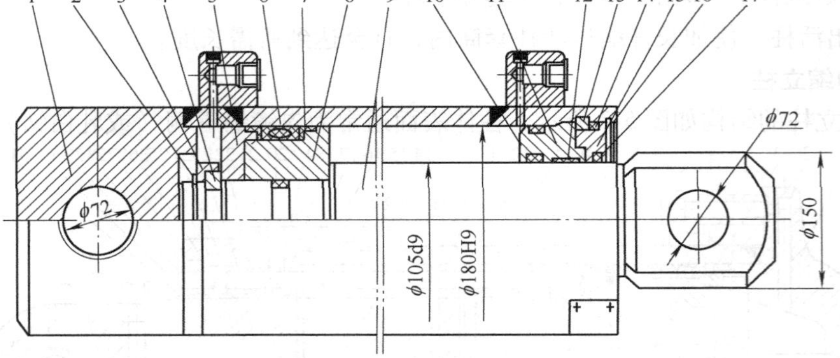

图 5-3　外供液式千斤顶

1—缸底　2—弹簧挡圈　3—压盘　4—外卡键（两半环）5—支承环　6—鼓形密封圈　7—LW 型导向环　8—活塞　9—活塞杆　10—蕾形密封圈　11—导向套　12—导向环　13—内卡键（三半环）　14—蕾形密封圈和挡圈　15—弹簧挡圈　16—压盖　17—防尘圈

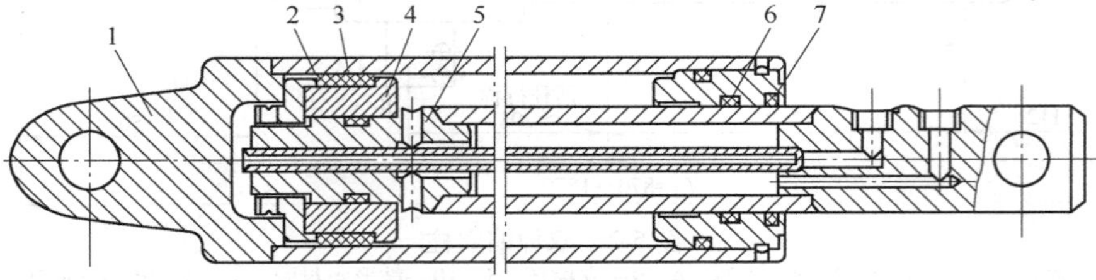

图 5-4　内供液式千斤顶

1—缸体　2—LW 型导向环　3—鼓形密封圈　4—活塞　5—活塞杆　6—蕾形密封圈　7—防尘圈

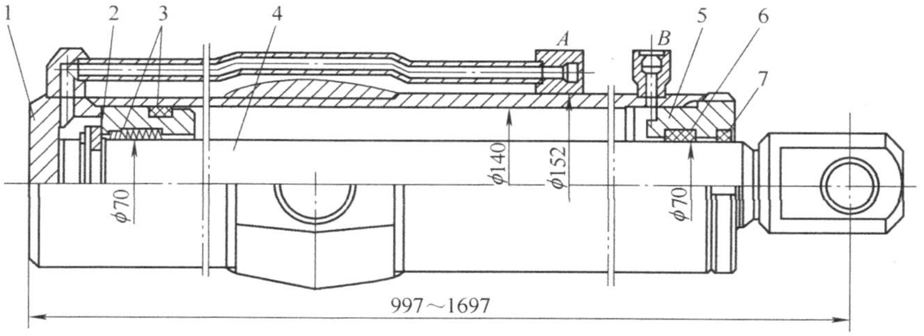

图 5-5 浮动活塞式千斤顶

1—缸体 2—浮动活塞 3、6—密封圈 4—活塞杆 5—导向套（缸盖） 7—防尘圈

三、立柱和千斤顶的结构特点

1. 缸体

（1）缸筒

1）材料强度高，能承受高压，一般要求屈服强度 $\sigma_s \geqslant 800$MPa。

2）材料的屈服点延伸率高，一般 $A \geqslant 12\%$，以保证缸筒在高压作用下不致发生脆裂，进而防止井下发生伤人等事故。

3）材料的焊接性好。国内常用 27SiMn、25CrMo 等材料的无缝钢管制作缸筒。

4）缸筒内表面是活塞的密封表面，所以要求具有较高的加工精度与较小的表面粗糙度值。我国一般要求配合精度为 H9 ~ H10，表面粗糙度为 $Ra0.4\mu m$。

5）缸筒内表面与乳化液接触，要求耐腐蚀。

（2）缸底

1）为减少立柱受偏载作用，以及掩护式与支撑掩护式支架中适应立柱倾角位置的变化，大部分立柱缸底采用球头形式；个别厚煤层支架用立柱缸底，则采用反球头形式。

2）要求材料的强度高，焊接性好，一般锻压加工而成。

2. 活柱

（1）活柱筒

1）对材料强度、屈服点延伸率及焊接性等的要求与缸筒的要求相同。

2）大部分是由合金无缝钢管与柱头、活塞等焊接加工而成，个别小直径立柱的活柱采用圆钢加工而成。

3）活柱外表面必须耐磨、耐蚀，其与导向套的配合精度一般为 H9/f10，表面粗糙度为 $Ra0.4\mu m$。

4）表面要有防腐耐磨镀层。常用的为双层镀铬，如先镀乳白铬，后镀硬铬；也可用铜打底，镀硬铬或铜等。

（2）活塞组件

1）活塞。

① 要求活塞组件具有良好的密封性能、耐磨损性能及抗冲击和振动等性能。

② 大部分立柱的活塞直接焊在活柱上，零件少，密封环节少，可靠性高。

③ 采用小断面密封件的双伸缩立柱活塞直接在活柱筒上加工而成，没有专门的活塞。

④ 个别立柱采用组装活塞式结构（图 5-3），其零件多，增加了密封环节。此结构大部分用于各类千斤顶，目前应用较少。

2）密封圈。

① 鼓形密封圈。这是一种在两个夹布橡胶圈中间夹一块橡胶压制而成的整体实心密封圈，如图 5-6 所示。这种密封圈的优点是耐压力高，可适应工作压力范围为 2～60MPa；可以双向密封，装拆方便，活塞结构简单，应用较多。其主要缺点是断面较大，影响立柱的行程，用于双伸缩立柱时不太合理，且制造比较复杂。

② 山形密封圈。这是一种山字形小断面橡胶密封圈，如图 5-7 所示。其主要优点是除了能满足鼓形密封圈的各种性能之外，外形尺寸与断面较小，因此，可保证立柱结构更合理、紧凑，多用于双伸缩立柱的活塞密封，适应工作压力范围为 0～70MPa。

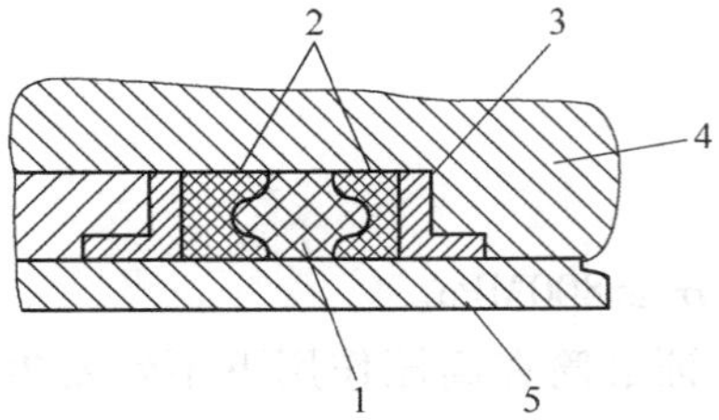

图 5-6 鼓形密封圈与导向环

1—橡胶 2—夹布橡胶圈 3—导向环 4—活塞 5—缸体

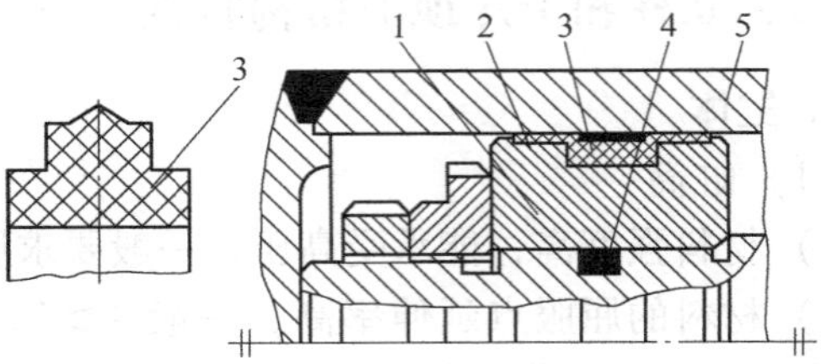

图 5-7 山形密封圈与活塞导向环

1—活塞 2—活塞导向环 3—山形密封圈 4—活塞杆 5—缸体

3）导向环。

① 与鼓形密封圈相配合的为 LW 型活塞导向环，双向都有。LW 型活塞导向环一般由聚甲醛制成，其功能是防挤、导向及减磨。

② 与山形密封圈相配合的为双向聚四氟乙烯挡圈与聚四氟乙烯楔形支承环。

4）限位方式。限位结构的功能是增加活柱与缸体重合段的长度，保证立柱在最大行程高度时的稳定性与可靠性。常用的有钢丝环限位、距离套限位等方式；如果结构允许，可直接用活柱台阶或活塞限位，这种限位方式比较可靠，应用较广。

5）连接固定。

① 卡键连接固定。连接卡键为剖分式结构，便于装拆。用于在轴向将密封、导向组件等进行固定，以保证其在压力作用下不窜动，不脱落，保证可靠的密封与导向（图 5-3 中的件 4）。

② 螺钉压帽固定。多用于组装活塞结构，一般用螺母压紧固定，用螺钉与防松堵防松。

3. 缸口导向组件

（1）导向套　导向套在活柱升降时起导向作用。它与活塞杆表面既要紧密接触又要动作灵活，同时要承受由外部载荷对活塞杆造成的横向压力、弯曲及振动等影响。目前，多采用将聚甲醛导向环压装到导向套内起减磨、导向作用（图 5-3 中的件 12）的形式。导向环与活柱之间无间隙，而导向套内孔与活柱之间则留有间隙。导向套也可采用铜合金等材料制作。

（2）密封圈

1）蕾形密封圈是由一个夹布 U 形橡胶圈与唇内夹橡胶压制而成的单向实心密封圈，如图 5-8 所示；或者由聚氨酯材料整体压制而成。蕾形密封圈密封可靠，适用于工作压力小于 60MPa 的场合；其装配方便，但密封圈本身的加工较复杂。

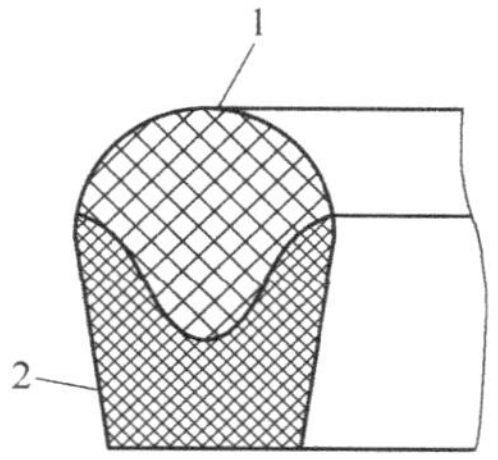

图 5-8　蕾形密封圈
1—橡胶　2—夹布橡胶圈

2）某些情况下，双伸缩立柱也采用小断面密封件，以使结构紧凑。

3）固定密封一般采用 O 形密封圈加挡圈的形式。

（3）防尘圈　防尘圈用来防止将活柱上的粉尘等脏物带入液压缸，以保证可靠密封，减少零件磨损。一般有 JF 型橡胶防尘圈与 GF 型骨架式防尘圈可供选用，后者不易翻出，可靠性好，但成本较高。

（4）缸口连接

1）螺纹连接（图 5-9）的结构简单，连接可靠，但加工困难，而且在井下使用久了容易生锈，拆卸不方便。

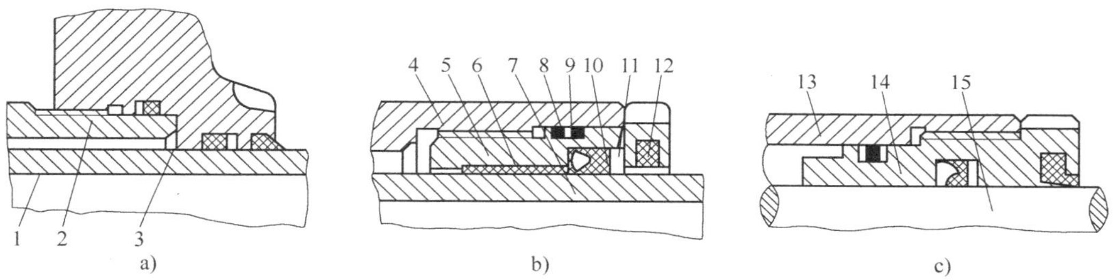

图 5-9　螺纹连接的缸口结构
a）外螺纹连接　b）、c）内螺纹连接
1、7、15—活柱　2、4、13—缸口　3—压紧螺帽　5、14—导向套　6—导向环
8、9—O 形密封圈和挡圈　10、11—蕾形密封圈和挡圈　12—防尘圈

2）钢丝连接（图 5-2 中的件 15）的结构简单，但装拆较麻烦，耐压不高。

3）卡环连接（图 5-3 中的件 13）的结构较复杂，其主要传力件是卡环。为了安装方便，采用剖分结构，缸口尚需固定。这种结构耐压高，装拆容易。

4. 底阀

底阀用于在双伸缩立柱中控制二级缸与活柱的伸缩顺序，并保证两级缸获得相同的恒定工作阻力。底阀实际为机械（顶杆）控制的一种单向阀，其开启压力可以调整，以便保证升柱时首先动作二级缸，如图 5-10 所示。

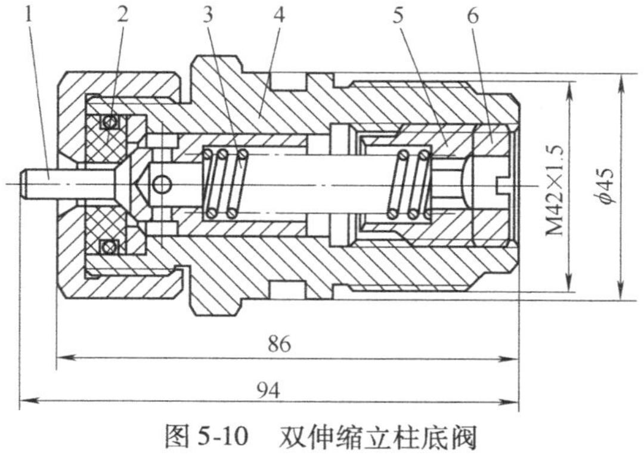

图 5-10　双伸缩立柱底阀
1—阀芯　2—阀座　3—弹簧　4—阀体
5—调节螺钉　6—紧固螺母

【任务实施】

液压支架的液压部件发生故障后，不允许在井下拆卸修理，而是应更换新的部件，将故障部件运到井上，在液压车间进行修理。

一、任务实施的目的

熟悉液压支架立柱的结构，掌握立柱的拆装步骤和方法，了解液压缸检修工艺过程，初步具备读懂装配图并能编制拆装液压元件工艺过程的能力。

二、任务实施前的准备

1）立柱 6 ~ 8 个，起吊设备一台，专用的装缸机一台，配套图样 6 ~ 8 张。

2）锤子、专用旋具、活扳手、安全帽及防护手套等。

3）密封元件若干，并备好清洗油和润滑脂等。

三、任务实施内容及步骤

1. 立柱的拆卸

现以如图 5-2 所示的双伸缩立柱为例，说明液压缸的拆卸步骤：

1）用扁铲将方钢丝挡圈 15 打出一段，然后用专用拆卸工具（随支架附带）拆下挡圈。

2）取下导向套 14。

3）从导向套 14 上依次取出 O 形密封圈 16、挡圈 17、蕾形密封圈 21、挡圈 22、导向环 25、防尘圈 28。取出过程中应注意不要损伤密封元件表面。

4）拆去一级缸 1，将立柱一端（一级缸）与地面固定，另一端（活柱端）用天车吊起，起吊过程中应注意避免发生卡蹩现象。

5）从二级缸 13 上取下卡箍 3，再取下卡键 2，然后依次取出支撑环 4、鼓形密封圈 5 及导向环 6。

6）取下弹性挡圈 31。

7）取出缸盖 29，并从缸盖上取下防尘圈 30。

8）取出 O 形密封圈 27 和卡环 26。

9）从二级缸内拉出内活柱 12。

10）从活柱上取下导向套 20，并从导向套上取下 O 形密封圈 18 及挡圈 19、蕾形密封圈 23 及挡圈 24。

11）从活柱上取下卡箍 8，再取下卡键 7，然后依次取出支撑环 9、鼓形密封圈 10 及导向环 11。

12）从二级缸底部拆下底阀。

拆卸时应注意下列事项：

1）拆卸之前，必须清除表面的煤粉、石渣，排出液压缸内的液体。

2）拆卸过程中，要防止因拆卸不当引起零部件及密封元件损坏。

3）拆卸下来的零件应打标记按顺序放置在合适位置，以便组装和检修。

2. 立柱的检修

液压缸拆卸后，应对下列零件进行检查和修理。

（1）缸体

1）外观状况，有无变形，焊缝的完好程度。

2）与导向套的配合和密封段的表面尺寸、变形状况，表面粗糙度值不得大于0.8μm。

3）钢丝挡圈槽或卡环槽、止口的变形情况，对于螺纹连接的缸口，主要检查螺纹的变形及磨损状况。

4）缸体内表面的磨损量及相应的圆度、圆柱度误差不得大于公称尺寸的2‰；表面粗糙度值不得大于0.4μm；直线度误差应小于公称尺寸的0.5‰；轴向划痕深度应小于0.2mm，长度小于50mm；径向划痕深度应小于0.3mm，长度小于圆周的1/3；轻微擦伤面积应小于$50mm^2$，同一圆周划痕和擦伤不得多于2处；镀层出现轻微的锈斑，每处面积应小于$25mm^2$，整件上不得多于3处，在用油石修整到要求的表面粗糙度值后方可使用，否则应重镀。

5）缸体非配合表面应无毛刺，划伤深度不得大于1mm，磨损、撞伤面积不得大于$2cm^2$。

（2）活柱或活塞杆

1）外观及焊缝情况。

2）活塞密封段表面、止口、卡键槽的尺寸、变形状况，表面粗糙度值不大于0.8μm。

3）外表面的表面粗糙度值不大于*Ra*0.8μm；活柱的直线度误差应小于公称尺寸的1‰；千斤顶活塞杆的直线度误差应小于公称尺寸的2‰，其余要求与缸体内表面相同。

4）销孔的变形状况。

（3）导向套

1）外观情况。当焊有管接头时，检查管接头有无损坏，焊缝有无开裂。

2）钢丝挡圈槽的变形状况或螺纹的变形和磨损情况。

3）与缸体和活塞杆（或活柱）的配合表面。若配合表面磨损过多，使配合表面的间隙增大，将使弯曲力矩增大，从而影响运动平稳性。此时应更换导向套。

（4）各种密封圈　注意检查各种密封圈，如鼓形密封圈、蕾形密封圈、Y形或U形密封圈及O形密封圈，发现有轻微伤痕、磨损及老化时应及时更换。

（5）活塞　当活塞磨损的深度达到0.2～0.3mm时，应进行更换。因为活塞表面受伤，容易擦伤缸体内表面。

（6）其他零件　检查其他零件的尺寸、变形情况。对于存在轻微缺陷的零件可进行修理，而对于有较严重缺陷的零件和老化或接近老化期间的橡胶和塑料件，则应及时更换。

3. 立柱的组装

现以如图5-2所示的双伸缩立柱为例，说明液压缸的组装步骤：

1）按所在位置依次将导向环11、鼓形密封圈10、支撑环9及卡键7装到内活柱12的活塞上。

2）将卡箍8放入卡键7的槽口内。

3）将内活柱12装入二级缸13内。

4）按所在位置依次将蕾形密封圈23、挡圈24、O形密封圈18、挡圈19装在导向套

20上。

5）将导向套20装入二级缸。

6）将卡环26装入二级缸槽内，将导向套20固定。

7）将O形密封圈27和防尘圈30装在缸盖29上。

8）将缸盖装入二级缸内。

9）装上弹簧挡圈31，将缸盖固定。

10）按所在位置依次将导向环6、鼓形密封圈5、支撑环4及卡键2装在二级缸活塞上。

11）将卡箍3放入卡键2的槽口内。

12）将二级缸装入一级缸内。

13）按所在位置依次将蕾形密封圈21、挡圈22、导向环25、防尘圈28、挡圈17、O形密封圈16装入导向套14内。

14）将导向套14装在一级缸上。

15）穿入方钢丝挡圈15，将导向套14固定。

总之，组装步骤可按拆卸步骤反向进行。

组装液压缸时应注意下列事项：

1）组装前要用清洗剂（如煤油）清洗所有零件，使之达到清洁度要求，然后涂以适当的油脂。

2）清除毛刺和锐角，特别是缸体供液口上的毛刺和锐角，防止组装时损伤密封件。

3）注意密封圈的安装方向，O形密封圈无方向，但其与挡圈配合使用时，应注意挡圈的安装方向。

4）组装过程中应注意不使密封件损坏。

5）对于方钢丝式缸口结构来说，组装时方钢丝挡圈一般换用新件。

四、评分标准（表5-1）

表5-1 支柱拆装与维修评分标准

考核内容	考核项目	分值	检测标准	得分
素质考评	出勤、态度、纪律、认真程度	10	教师掌握	
立柱的拆卸	立柱内各零件的拆卸	30	每一项操作不正确扣3分	
立柱的检修	检查零件损坏情况并进行处理	30	教师掌握	
立柱的组装	立柱各零件的组装	20	根据实际组装情况酌情扣分	
安全文明操作	1. 遵守安全规程 2. 清理现场卫生	10	1. 不遵守安全规程扣5分 2. 不清理现场卫生扣5分	
总计				

课题二　液压支架的控制元件

【任务描述】

液压支架使用的控制元件包括压力控制阀和方向控制阀两类。压力控制阀主要为安全阀，方向控制阀有液控单向阀、手动操纵阀和电液控制阀等。

本课题主要介绍控制元件的详细结构，使学生全面了解、掌握控制元件的结构和维护、检修、故障处理方面的知识。

【知识学习】

一、安全阀

安全阀的作用是保证液压支架具有可缩性和恒阻性。立柱和千斤顶用的安全阀可按照立柱和千斤顶的额定工作阻力来调整开启压力。当立柱和千斤顶工作腔内的液体压力在外载荷的作用下超过额定工作阻力，即超过安全阀的调定压力时，工作腔内的压力液可通过安全阀释放，达到卸压的目的。卸载以后，当工作腔内的压力低于调定压力时，安全阀自动关闭。在此过程中，可使立柱和千斤顶保持恒定的工作阻力，避免立柱和千斤顶过载损坏。

安全阀的种类很多，根据弹性元件的不同，有弹簧式和充气式两类；根据密封副结构形式的不同，有阀座式和滑阀式两类。按溢流能力不同，又可分为：小流量安全阀，溢流量一般小于16L/min，适用于顶板来压不强烈的工作面支架立柱；中流量安全阀，溢流量一般为16～100L/min，适用于顶板来压强烈的工作面支架立柱及某些千斤顶，如前梁千斤顶、平衡千斤顶等；大流量安全阀，溢流量一般大于100L/min，主要起过载保护作用，适用于顶板来压极强烈的工作面支架立柱。

液压支架常用的安全阀型号有：弹簧式，如YF_{2B}、YF_{5A}、$ZHYF_2$、WAF、FAZ、FAD型；充气式（压缩氮气），如$WBYF_2$、$HBYF_2$型等。

对安全阀的基本要求是：

1）结构简单，动作灵敏，在过载时能及时起到溢流卸载的作用。

2）卸载时，要求压力波动小，保证立柱工作阻力稳定。

3）工作压力高，采用乳化液作为工作介质，为保证密封可靠，一般采用软硬密封副。

4）储存或长期不工作后，开启压力不得有变化。

5）抗污染性好。

1. 弹簧式安全阀

弹簧式安全阀按密封副的形式，可分为平面密封式、锥面密封式和圆柱面密封式。这三种阀的工作原理相同，结构也类似。

图5-11所示为平面密封式安全阀。该安全阀的密封元件是阀垫4，将其装入阀垫座5

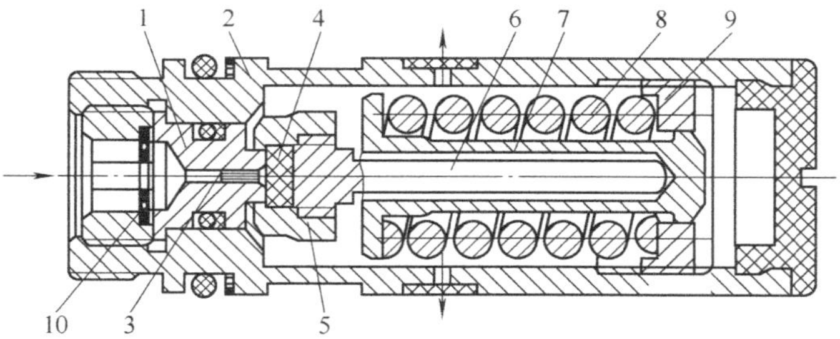

图5-11　平面密封式安全阀

1—阀座　2—阀体　3—阀针　4—阀垫　5—阀垫座　6—导杆　7—弹簧座　8—弹簧　9—调压螺塞　10—过滤网

内，并由导杆6拧入阀垫座内压紧。通过弹簧8的作用使阀垫压在阀座1的凸台上，形成硬接触软密封。软密封（橡胶制成的阀垫的弹性）补偿了密封副平面接触的不精确度，从而保证了关闭时密封的可靠性。硬接触（阀垫座与阀座的接触）可以限制橡胶阀垫的最大变形量，延长其使用寿命。为了防止橡胶阀垫在弹簧的作用下嵌入阀座的中心孔内而过早损坏，阀座中心孔内装有带平头的阀针3将其托住。当液口的压力超过弹簧的调定压力时，液压力克服弹簧力把阀垫连同阀垫座顶开，高压液经阀垫与阀座之间的间隙，再经过泄液孔溢出阀外。该阀的最高工作压力可达60MPa。

图5-12所示为WAF型滑阀式安全阀。其密封副的结构与用普通矿物油作为工作介质的滑阀不同，不是靠阀芯柱塞2与其阀孔内壁的配合间隙密封，而是靠柱塞2与特制O形密封圈3的紧密接触来实现密封。因此，它适合在低粘度乳化液中工作，并可保证完全满足密封要求。柱塞中心有轴向不通孔与其头部的径向孔相通，特制O形密封圈用节流片压住，密封圈上部有特制挡圈。当进口压力液体对柱塞2的作用力小于弹簧7的作用力时，弹簧通过弹簧座6把柱塞压入阀体，使柱塞径向孔位于特制O形密封圈的左侧，安全阀处于关闭状态。若进口产生的液压力大于弹簧力，则柱塞右移，使其径向孔越过特制O形密封圈，安全阀开启溢流卸压。

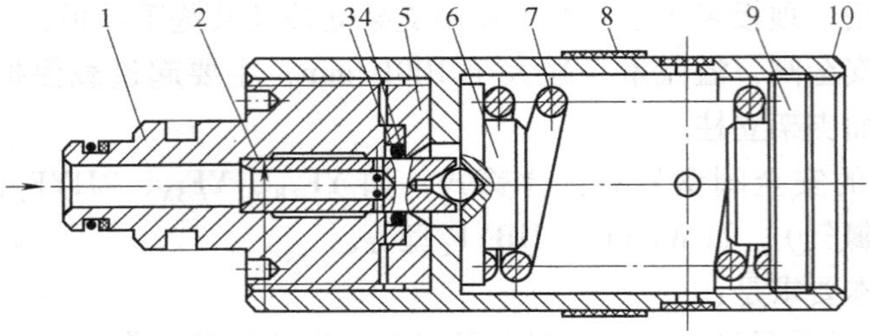

图5-12　WAF型滑阀式安全阀

1—阀嘴　2—柱塞　3—特制O形密封圈　4—特制挡圈　5—节流片　6—弹簧座
7—弹簧　8—厂标牌　9—调节帽　10—阀壳

图5-13所示为FAZ型滑阀式安全阀。

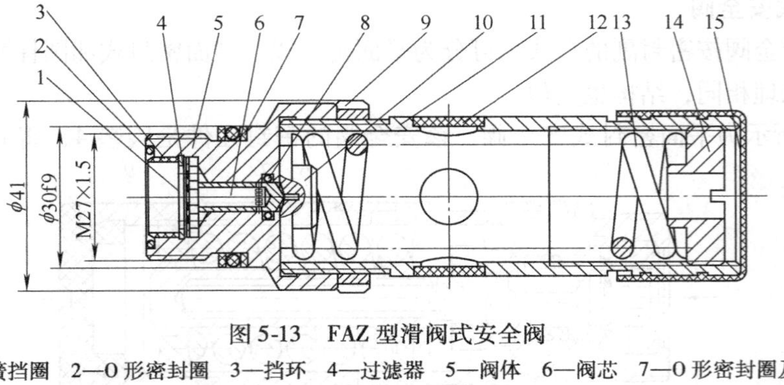

图5-13　FAZ型滑阀式安全阀

1—弹簧挡圈　2—O形密封圈　3—挡环　4—过滤器　5—阀体　6—阀芯　7—O形密封圈及挡圈
8—特制O形密封圈　9—防松螺母　10—弹簧座　11—阀壳　12—胶套
13—弹簧　14—调压螺钉　15—防尘帽

2. 充气式安全阀

液压支架上的安全阀大多为金属弹簧式直动安全阀，由于弹簧的刚度较大，因此，安全阀在溢流时的稳定性较差。另外，当弹簧疲劳破坏时阀就失灵。充气式安全阀可以克服以上缺点。

图 5-14 所示为滑阀式充气安全阀，向充气室 12 充入压缩氮气代替弹簧。当进口从立柱下腔引来的液体压力超过气室的调定压力时，阀芯 4 即右移，高压液体溢出。

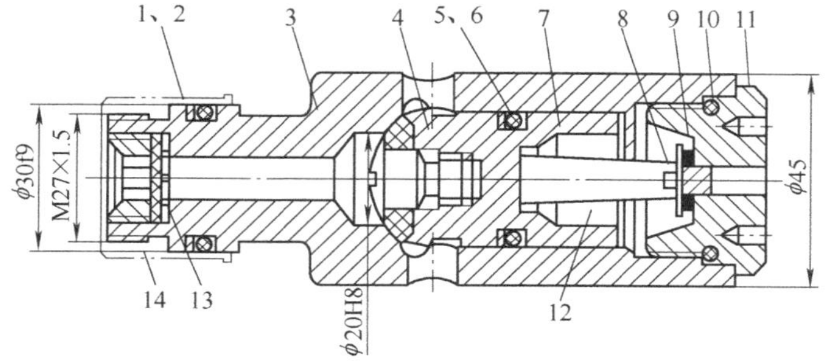

图 5-14　滑阀式充气安全阀

1、2，5、6—O 形密封圈、挡圈　3—阀壳　4—阀芯　7—弹簧　8—阀盘　9—密封垫　10—O 形密封圈　11—螺堵　12—充气室（氮气）　13—过滤网　14—固定圈

充气式安全阀的缺点是气室气体容易泄漏，导致开启压力下降，从而使被控缸的承载能力下降。为此，应定期补入压缩氮气，并调到规定压力值。

3. 大流量安全阀

大流量安全阀是一种溢流量大于 100L/min，甚至可达到 10000L/min 的安全阀。它的作用是在工作面顶板来压极强烈时，使立柱活塞腔急速储存的能量迅速释放出来，避免立柱及支架部件的损坏。

大流量安全阀与一般安全阀配合使用，在正常周期来压时，一般安全阀动作，保证支架的恒阻性；当顶板来压极强时，大流量安全阀动作。因此，大流量安全阀的整定压力高于一般安全阀的整定压力。大流量安全阀一般直接安装在立柱的顶部，如图 5-15 所示。

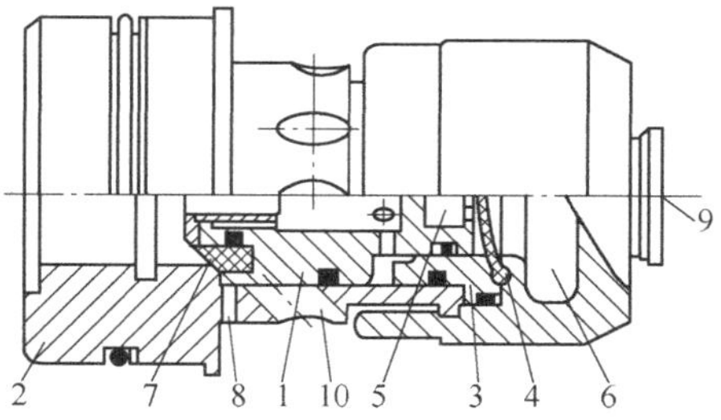

图 5-15　大流量安全阀

1—阀芯　2—阀座　3—导向套　4—隔膜　5—油室　6—气室　7—密封圈　8—阻尼孔　9—充气阀　10—卸载孔

阀的后部气室 6 内充高压氮气，代替刚度较大的弹簧。气室压力通过隔膜 4 和油室 5 间接作用在阀芯 1 上，阀芯采用差动式结构，用气体和液压力平衡阀芯很高的开启压力，这样可降低充气压力，克服高压气体难以密封的缺点，缩小气室容积。阀体上开有阻尼孔 8，以减小阀芯在开启过程中的振动。阀的额定工作压力可达 46 ~ 50MPa。

二、液控单向阀

液控单向阀是支架的重要液压元件，它的作用是闭锁立柱或千斤顶的某一腔中的液体，使之承受外载产生的增加阻力，以使立柱或千斤顶获得额定工作阻力。液控单向阀通常与安全阀组合在一起，组成控制阀。液控单向阀按动作方式，可分为单液控单向阀和双液控单向阀两种；按卸载方式，可分为单级卸载式单向阀和分级卸载式单向阀两种；按密封副形式，有平面密封式、锥面密封式、球面密封式和圆柱面密封式。

对掖控单向阀的要求如下：

1）密封可靠，特别是锁紧立柱下腔液路的液控单向阀，需长时间保持绝对密封。

2）动作灵敏，尤其要求启闭及时，保证刚刚锁紧的液压缸中的压力等于泵站的供液压力。

3）流动阻力小。

4）工作寿命长，能保证工作面推进 800～1000m 而不需要更换。

5）结构简单。

1. 单液控单向阀

单液控单向阀分一级卸载和两级卸载两种结构形式，常用单液控单向阀的型号有 KDF_{1B}、KDF_2、$WKDF_2$、ZDF_{1B}、DSF、YD-PK、FDD、FDY、YDFC（两级卸载）和 KDF_{5A}（两级卸载）等。

KDF_2 型单液控单向阀如图 5-16 所示。此单向阀为球面密封式，密封面为钢球 8 与阀座 7 的接触面；减振阀 10 的作用是减小阀球在高压下启闭时的振动和噪声。

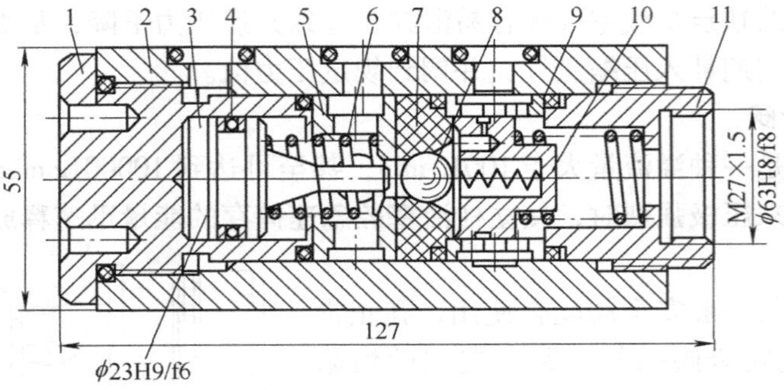

图 5-16　KDF_2 型单液控单向阀

1—螺套　2—阀体　3—顶杆　4—O 形密封圈　5—套　6—弹簧　7—阀座　8—钢球　9—压套　10—减振阀　11—端盖

2. 双液控单向阀

双液控单向阀也称液压锁，用于两个工作腔都要起闭锁作用的千斤顶，如平衡千斤顶、护帮千斤顶等。常用双液控单向阀的型号有 SSF、SYD－PK、SKS_1、FDSB、XSS 等。

SKS_1 型双液控单向阀如图 5-17 所示，它由两个 KDF_2 单液控单向阀组合而成，分别设置在阀体 1 中心孔的两端，由双头顶杆 8 分别控制。当 A 口供压力液时，打开左侧钢球阀芯，压力液从 C 口进入千斤顶的一腔；同时通过顶杆将右侧钢球顶开，使千斤顶另一腔通过 D 口，从 B 口回液；当 B 口供压力液时，打开右侧钢球阀芯，压力液从 D 口进入千斤顶的一腔，同时通过顶杆将左侧钢球顶开，使千斤顶另一腔通过 C 口从 A 口回液。当 A、B 口均不供液时，两钢球阀芯在弹簧的作用下分别压紧在阀座上，与液口 C、D 连接的千斤顶两腔被闭锁。

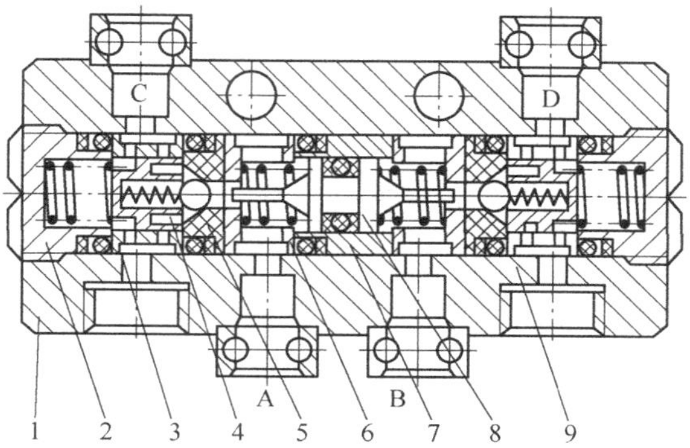

图 5-17　SKS_1 型双液控单向阀

1—阀体　2—端堵　3—压套　4—减振阀　5—阀座　6—套　7—中间套　8—双头顶杆　9—钢球

三、操纵阀

操纵阀是液压支架的液流分配机构，用于控制各液压缸的动作。对液压支架用操作阀的基本要求是：操纵方便，操作力小，但又不会因行人挂卡、煤矸砸落等而造成误动作；动作准确可靠，不会在操作时造成误动作；密封可靠，液流无漏损或漏损尽量少。

按照阀芯结构形式的不同，液压支架常用的操纵阀可分为平面转阀式、组合单向阀式及滑阀式等，目前使用较多的是组合单向阀式操纵阀；按照密封副的形式，分为球阀式、锥阀式及平面阀式等；按控制方式不同，分为手控式、液控式及电液控式等。操纵阀由多个手动三位四通片阀组成，一个片阀中包含两个结构完全相同的二位三通阀，两个二位三通阀合在一起，相当于一个 Y 型机能的三位四通阀，控制一个液压缸的伸、缩两个动作。其操纵比较灵活，可以实现复合功作，有利于提高工作效率。目前，操纵阀在国产支架中使用最为普遍。操纵阀的组成主要包括密封副、操作传力机构及选择定位机构等。

液压支架常用的操纵阀型号有 ZC、BCF_4、WZCF、ZF、CF-PZ125/320、ZCFD、KCF320 和 DHC 等。

1. 球阀式操纵阀

图 5-18 所示为 ZC 型操纵阀。它由首片阀、中片阀和尾片阀组合而成。首片阀上装有总进、回液管接头，尾片阀具有端板的作用，中片阀可根据动作的多少而增减。该阀的进液阀为球形阀，回液阀为平面阀。回液通道为顶杆中心孔，进、回液口布置在阀侧面。

ZC 型操纵阀有两种，即 ZC（A）型和 ZC（B）型。ZC（A）型为长手柄；ZC（B）型为短手柄，操作时用加长柄。

ZC（A）型组合阀的动作过程如下：由泵站供来的高压液经首片上的进液管接头进入阀体内的高压腔 P。在操纵手柄未动作时，钢球 5 在弹簧 1 的作用下与阀座 7 接触，高压液体不能进入支架各管路，而支架各管路则经工作液管接头 A 和 B、空心阀柱径向孔、中心孔、阀杆 13 与阀柱之间的间隙最后与回液腔 O 相通。当操纵手柄动作，使压块 15 推动阀杆 13 时，阀柱 11 左移，顶开钢球 5，同时关闭回液通道（阀杆 13 上的阀垫 12 将阀柱 11 的中心孔堵塞），于是高压腔的高压液体经工作液管接头 A 进入立柱（或千斤顶）的工作腔，使其产生相应的动作。供液完毕，手柄回零位后，阀杆 13 复位，使阀柱 11 与阀垫 12 脱开而泄压，同时弹簧1使钢球5复位封住压力液。

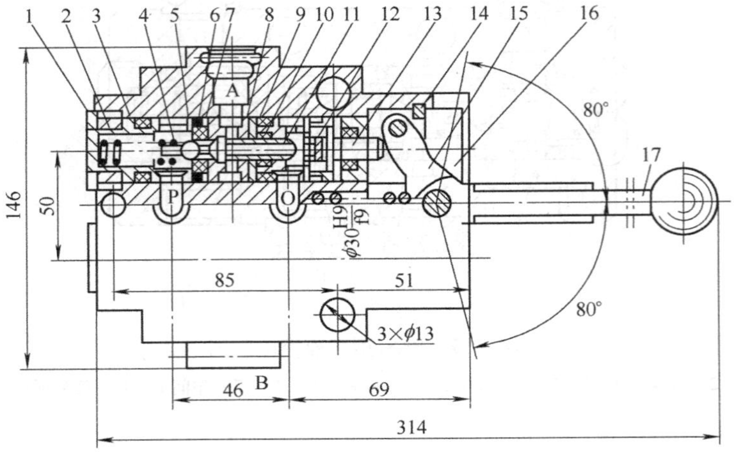

图5-18　ZC型操纵阀

1—弹簧　2—压紧螺钉　3—端套　4—弹簧座　5—钢球　6—O形密封圈　7—阀座　8—中阀套　9—垫圈　10—上阀套　11—阀柱　12—阀垫　13—阀杆　14—半环　15—压块　16—阀体　17—手柄

这种操纵阀由于只有一个阀芯元件，故可有效地避免操作过程中高、低压腔的串通现象；同时，其操作省力，适用于工作压力较高的系统。

2. 锥阀式操纵阀

图5-19所示为WZCF型锥阀式操纵阀，该阀的进、回液阀都是锥阀，由阀杆中心孔回液，回液口都布置在阀端面。

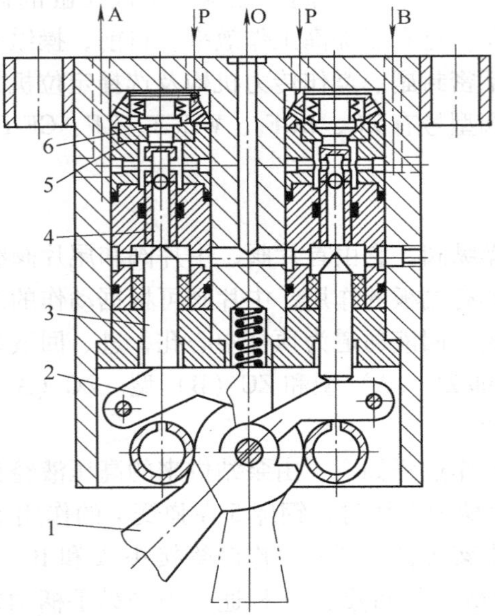

图5-19　WZCF型操纵阀

1—手柄　2—压块　3—顶杆　4—密封套　5—阀座　6—阀锥

四、其他液压阀

1. 截止阀

截止阀的作用是：当工作面上某一支架的液压系统发生故障需要检修时，它能够使该支架的液压系统与主管路断开，而不影响其他支架的正常工作。截止阀按密封副的形式，可分为平面密封式和球面密封式。

图 5-20 所示为 PJF 型平面密封式截止阀。阀体上的 A 孔和 B 孔通过快速接头与邻架支架的主管路连接；C、D 孔可任选一端接操纵阀的高压软管，另一端则可用堵头堵住。截止阀的正常工作状态是常开的，由泵站来的压力液从 A 孔或 B 孔的一端进入后，一方面流向另一端，为下一架支架供液；另一方面经截止阀由 C（或 D）孔供给操纵阀。当支架的液压系统出现故障需要检修而停止向操纵阀供液时，转动旋钮使阀杆向里拧紧，直到阀杆 5 的阀垫 2 压紧在阀体 1 的内孔平面上，使 C、D 孔和 A、B 孔断开，阀处于关闭状态，压力液无法进入操纵阀，但不影响主管路的供液。检修完后，反方向旋转阀杆，使阀杆向外松开，截止阀重新恢复正常工作状态。

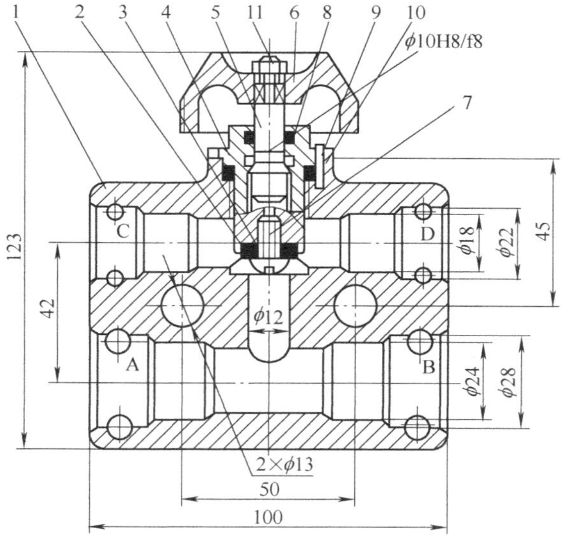

图 5-20　PJF 型平面密封式截止阀

1—阀体　2—阀垫　3—距离垫　4—螺套　5—阀杆　6—旋钮　7—螺钉　8、9—O 形密封圈　10—柱销　11—螺母

图 5-21 所示为 QJ 型球面密封式截止阀。该阀是一个二位二通阀，在接往支架操纵阀时，需要在主进液管上连接一个三通。正常工作时，阀处于常开状态（图示位置）。在球阀芯的中心有一通孔，手柄 10 可带动球阀转动，当手柄转动到与阀体中液体流动的方向平行时，球阀上的孔正好可以使液体通过。当支架的液压系统出现故障需要检修时，只需将手柄旋转 90°，即可使压力液无法通过。该阀压力液的进、出口方向不能接反，使用中要注意阀的流向。

2. 回液断路阀

回液断路阀为一种单向阀，安装在操作阀的回液管路上。其作用是防止主回液管的工作

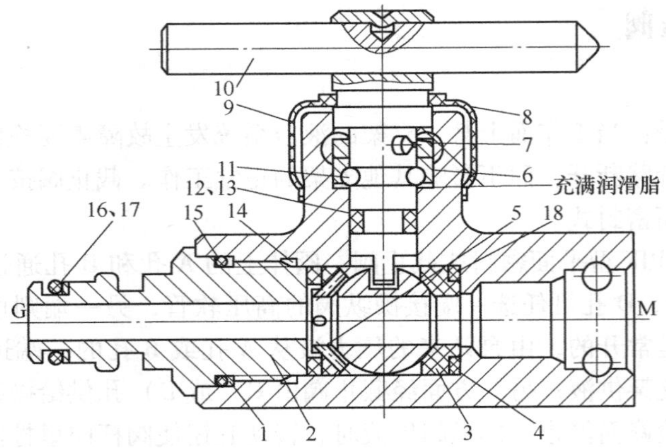

图 5-21 QJ 型球面密封式截止阀

1—阀壳 2—接头 3—阀座 4—阀体 5—阀托 6—轴挡 7—限位销 8—防尘罩 9—卡子 10—手柄 11—钢球 12、17—挡圈 13、15、16、18—O 形密封圈 14—弹性垫圈

液进入支架液压系统；当支架液压系统需要检修时，将该阀与支架回液管断开，不影响工作面回液管的液体流回油箱。常用回液断路阀的型号有 HDF 和 FDH 型。

图 5-22 所示为 HDF 型回液断路阀。使用时，应将 ϕ25mm 孔接支架回液管，将另一端接工作面主回液管。

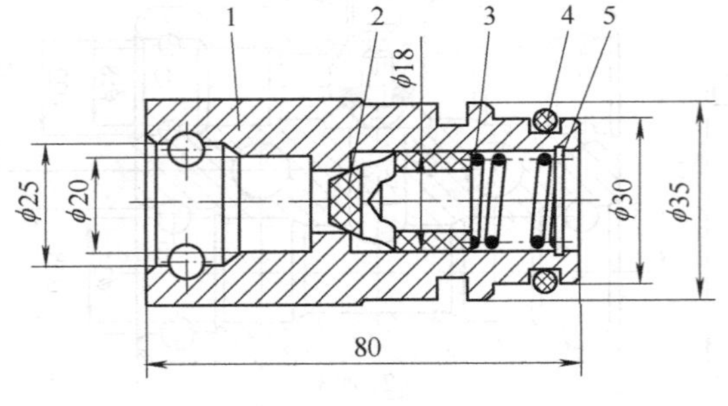

图 5-22 HDF 型回液断路阀

1—阀壳 2—阀芯 3—弹簧 4—O 形密封圈 5—垫圈

【任务实施】

一、任务实施的目的

熟悉液压支架主要液压阀的结构和工作原理，掌握其拆装步骤和方法，初步具备读懂常用液压阀装配图的能力，并能够编制拆装液压阀的工艺过程。

二、任务实施前的准备

1）操纵阀、安全阀、液控单向阀、双液控单向阀各 6 ~ 10 件（包含各阀相应的组件及密封件），配套图样 6 ~ 10 套。

2）锤子、专用旋具、活扳手、尼龙棒、专用扳手、游标卡尺、内外卡钳、千分尺、细牙锉刀、乳化油及润滑油等。

3）各阀相应的组件及密封件若干。

三、任务实施内容

1. 安全阀的拆装与维修（图 5-13）

（1）安全阀的拆卸

1）取下 O 形密封圈及挡圈 7 和安全阀端头的 O 形密封圈 2。

2）取下挡环 2、弹簧挡圈 1 和过滤器 4。

3）取出阀芯 6。

4）将防松螺母 9 拧松，然后依次从阀壳 11 上拧下阀体 5 和防松螺母 9。

5）从阀壳 11 内取出弹簧座 10 和弹簧 13。

6）从阀体 5 上取出特制 O 形密封圈 8。

7）将防尘帽 15 从阀壳 11 上拧下。

8）从阀壳 11 中拧出调压螺钉 14。

（2）零部件的检验　安全阀拆卸后，检查每一个零件并进行修理或更换。

1）检查阀芯 6，观察径向小孔有无堵塞现象，表面有无锈蚀。

2）检查特制 O 形密封圈有无变形和伤痕。

3）检查弹簧座端面有无不均匀磨损和锈蚀斑点。

4）检查弹簧有无锈蚀斑点和裂纹，塑性变形是否越过 5%。

5）检查过滤器是否有油污、脏物堵塞。

6）检查密封件沟槽的变形状况和表面粗糙度。

7）检查螺纹的变形和磨损情况。

8）检查其他零件有无裂纹、锈蚀等。

（3）安全阀的组装　组装前应将所有零件清洗干净，注意沟槽和螺纹处，对清洗剂的要求如前所述。

1）将特制 O 形密封圈装入阀体 5，注意该特制 O 形密封圈装后不准扭曲。

2）将防松螺母 9 和调压螺钉 14 拧在阀壳 11 上。

3）将弹簧 13、弹簧座 10 依次装入阀壳 11 内。

4）将阀体 5 拧入阀壳 11 上，并用防松螺母 9 紧固。

5）依次将阀芯 6、过滤器 4 装入阀体 5 内，并用弹簧挡圈 1 固定，然后装入挡环 3。

6）装上 O 形密封圈及挡圈 7 和端面 O 形密封圈 2。

7）装上防尘帽 15。

2. 液控单向阀的拆装与维修（图 5-16）

（1）液控单向阀的拆卸

1）将安全阀接头 11 从阀体 2 中拧出。

2）取下弹簧、密封圈及挡圈。

3）将减振阀 10、弹簧 6、压套 9、钢球 8 依次从阀体中取出。

4）将螺套 1 从阀体中拧出。

5）取下螺套 1 上的 O 形密封圈及挡圈。

6）取出顶杆 3，然后从顶杆 3 上取下 O 形密封圈 4。

7）从阀体 2 中取出弹簧 6。

8）将套 5 和阀座 7 从阀体 2 中取出（如不好取，可用尼龙棒轻轻敲出）。

9）取下阀体外供液口上的 O 形密封圈。

（2）零部件的检验　液控单向阀拆卸后，主要检修下列各零件，可用尼龙棒轻轻敲出。

1）钢球 8 与阀座 7。钢球与阀座是否有冲击水纹、侵蚀斑点和径向伤痕，尤其是钢球与阀座间的密封状况。

2）顶杆。顶杆有无弯曲，端部是否变形。

3）弹簧。弹簧有无锈斑或裂纹，塑性变形是否超过 5%。

4）各密封圈。各密封圈是否老化或变形，阀座有无不均匀磨损。

（3）液控单向阀的组装　组装前，应将所有零件清洗干净（注意沟槽及螺纹处），组装应按下列顺序进行：

1）将套 5 按图装入阀体 2 内。

2）将螺套 1 端部的 O 形密封圈与挡圈装入阀体 2 内，其对清洗剂的要求同前所述。

3）将 O 形密封圈 4 及挡圈装在顶杆 3 上，然后将顶杆 3 装入螺套 1 内。

4）将 O 形密封圈装在螺套 1 上，将弹簧 6 装入阀体 2 内，然后将螺套 1 拧入阀体 2 内。

5）将阀座 7 装入阀体，然后将 O 形密封圈装入阀座沟槽内。

6）将钢球 8 装到阀座 7 上。

7）依次将弹簧 6、减振阀 10、压套 9 装入阀体。

8）将 O 形密封圈及挡圈装到端盖 11 上。

9）依次将弹簧 6 和端盖 11 装入阀体。

10）将 O 形密封圈按图装在阀体供液口上。

3. 操纵阀的拆装与维修（图 5-18）

（1）操纵阀的拆卸

1）使用专用扳手拧出空心压紧螺钉 2。

2）取出端套 3。

3）取出弹簧 1、弹簧座 4 和钢球 5。

4）取出手柄穿销（可拧入一个螺钉，拔动螺钉时连同销一齐拔出）。

5）取下手柄 17。

6）压下压块 15，取出半环 14。

7）将压块 15 向外拉出时，可将定位套、阀杆 13 和阀垫 12 等一起取出。

8）使用端面光滑的尼龙棒轻轻敲击，可将阀体 16 内剩余的零件从左或从右一起拆出。拆卸过程中，应注意保护紧靠阀体的 O 形密封圈，尤其是当 O 形密封圈过孔时更容易被棱角挤伤；注意保护阀座与钢球的密封面和阀垫与阀柱 11 的密封面。

（2）零部件的检验

1）各零件的外观状况及表面粗糙度。

2）放置密封件沟槽的变形状况及表面粗糙度。

3）各密封件的变形状况，完好程度及是否老化。

4）弹簧的变形状况，完好程度。

5）压块压下时，阀垫 12 与阀柱 11 间的密封状况。

6）压块未压下时，钢球 5 与阀座 7 间的密封状况。

（3）操纵阀的组装 组装前，应用清洗剂清洗所有零件，使之达到清洁度要求，然后涂以适当的油脂。采用乳化液作为清洗剂时，乳化液的配比为 95∶5，并加热至 80～100℃。具体组装步骤如下：

1）将 O 形密封圈及挡圈装在端套 3 上。

2）将端套 3 装入阀体 16 孔内（从图示位置右端装入）。

3）将压紧螺钉 2 拧入阀体（不要完全拧入）。

4）将弹簧 1、弹簧座 4、钢球 5 依次装入阀体孔内。

5）将 O 形密封圈 6 放入阀体孔内，然后装入阀座 7（注意：不要将 O 形密封圈装入阀座后再一起装入阀体孔内，以免 O 形密封圈过孔时被挤坏）。

6）将中阀套 8、阀柱 11、垫圈 9 依次装入阀体孔内。

7）将上阀套 10 上的内、外 O 形密封圈与挡圈先放入阀体孔内（内 O 形密封圈和挡圈套在阀柱 11 上），然后装入上阀套 10。

8）将阀垫 12 装入阀杆 13。

9）将 O 形密封圈及挡圈装在上端套上，然后将上端套套装在阀杆 13 上。

10）将阀杆组件和垫圈一起装入阀体内孔。

11）将中心弹簧装入阀体内。

12）将压块 15 用圆柱销固定在定位套上，然后一起装入阀体内。

13）将压块 15 向阀体内敲打，然后将半环 14 装入，卡住定位套。

14）通过手柄穿销将手柄 17 固定在阀体上。

15）拧紧压紧螺钉 2。

当各片阀装好后，将首片阀、中片阀和尾片阀依次用螺接连接起来。

四、评分标准（表 5-2）

表 5-2 液压阀的拆装与维修评分标准

考核内容	考核项目	分值	检测标准	得分
素质考评	出勤、态度、纪律、认真程度	10	教师掌握	
安全阀的拆卸、检验与组装	安全阀各零件的拆卸、检验与组装	30	根据实际情况酌情扣分	
单向阀的拆卸、检验与组装	单向阀各零件的拆卸、检验与组装	20	根据实际情况酌情扣分	
操纵阀的拆卸、检验与组装	操纵阀各零件的拆卸、检验与组装	30	根据实际情况酌情扣分	
安全文明操作	1. 遵守安全规程 2. 清理现场卫生	10	1. 不遵守安全规程扣 5 分 2. 不清理现场卫生扣 5 分	
总计				

【思考与练习】

1. 液压支架中主要的液压元件有哪些？各自的作用是什么？
2. 简述单伸缩立柱的结构组成及特点。
3. 简述双伸缩立柱的结构组成及特点。
4. 液压支架中的千斤顶有哪些类型？各自的作用是什么？
5. 立柱和千斤顶中的密封件有哪些？各自的特点是什么？
6. 试述安全阀的作用和主要结构。
7. 安全阀有哪几种结构形式？各自的特点是什么？
8. 试述液控单向阀的作用和主要结构。
9. 简述液控单向阀的工作原理。
10. 简述操纵阀的工作原理。
11. 试述操纵阀的作用和主要结构。
12. 试述液压支架中立柱的拆卸、检验和组装方法。
13. 试述液压支架中安全阀、单向阀和操纵阀的拆卸、检验和组装过程。

第六单元

典型液压支架

【学习目标】

本单元由ZY4800/13/32掩护式液压支架、其他类型液压支架简介和单体液压支柱三个课题组成，主要介绍我国煤矿目前常用的各种类型的液压支架及单体液压支柱的主要组成、结构特点及支护性能等内容。通过本单元的学习，学生应熟悉不同类型支护设备的主要结构、特点及支护性能；掌握煤矿常用支护设备的维护、检修和故障处理等方面的知识。

课题一　ZY4800/13/32型掩护式液压支架

【任务描述】

本课题主要介绍ZY4800/13/32型掩护式液压支架的详细结构，使学生全面了解液压支架的结构，掌握其维护、检修和故障处理等方面的知识。

【知识学习】

一、ZY4800/13/32型掩护式液压支架的适用条件

ZY4800/13/32型掩护式液压支架执行标准MT/T 556—1996《液压支架设计规范》和MT 312—2000《液压支架通用技术条件》，能在井下安全使用，图6-1所示为其结构图。

ZY4800/13/32型掩护式液压支架适用于单一煤层开采工作面，工作面采高范围为1.3～3.2m；作用于每架支架上的顶板压力不能超过4800kN；适应煤层倾角不大于40°；配套刮板输送机为SGZ-730/400，配套采煤机为MG300/730-WD。

二、ZY4800/13/32型掩护式液压支架的特点及主要技术特征

1. 支架的特点

1）采用单排立柱支撑，加之平衡千斤顶的作用，支撑合力作用点距离煤壁较近，可较为有效地防止端面顶板的早期离层和破坏。

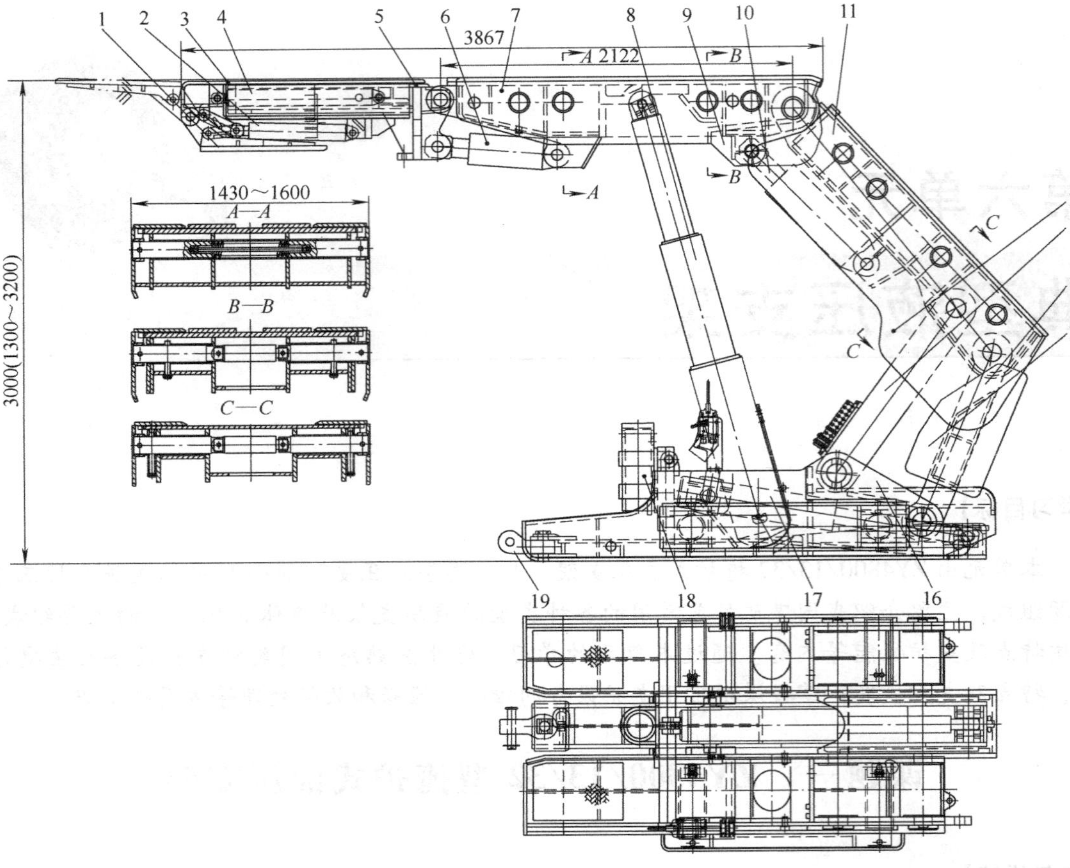

图 6-1　ZY4800/13/32 型掩护式液压支架结构图

1—护帮装置　2—护帮千斤顶　3—伸缩梁　4—伸缩千斤顶　5—前梁　6—前梁千斤顶　7—顶梁　8—立柱　9—顶梁侧护板　10—平衡千斤顶　11—掩护梁　12—掩护梁侧护板　13—前连杆　14—后连杆　15—后连杆侧护板　16—底座　17—推移千斤顶　18—抬底千斤顶　19—推移杆

2）平衡千斤顶可调节合力作用点的位置，增强了支架对难控顶板的适应性。

3）控顶距小，对顶板的反复支撑次数少，减少了对直接顶板的破坏。

4）伸缩比较大，适应煤层厚度的变化能力强。

5）底座较短，稳定性较好，便于运输、安装和拆卸。

6）质量较支撑掩护式小，投资少。

7）适用于破碎顶板及部分中等稳定顶板，且对煤层变化较大的工作面的适应性强。

2. 支架的主要技术特征（表 6-1）

表 6-1　ZY4800/13/32 型掩护式液压支架的主要技术特征

项　目	数　值
型式	掩护式液压支架
高度（最低/最高）/mm	1300/3200
宽度（最小/最大）/mm	1430/1600

（续）

项　　目	数　　值
中心距/mm	1500
初撑力（p=31.5MPa）/kN	3877
工作阻力（p=42.78MPa）/kN	4800
底板平均比压/MPa	0.99～2.07
支护强度/MPa	0.65～0.78
泵站压力/MPa	31.5
操作方式	手动邻架

三、主要结构件

ZY4800/13/32型掩护式液压支架主要由金属结构件、液压元件两大部分组成，金属结构件包括伸缩梁、前梁、护帮板、顶梁、顶梁侧护板、掩护梁、掩护梁侧护板、前后连杆、底座及推移杆等；液压元件主要有立柱、各种千斤顶、液压控制元件（操纵阀、单向阀、安全阀等）及液压辅助元件（胶管、弯头、三通）等。

1. 前梁

图6-2所示为ZY4800/13/32型掩护式液压支架的前梁机构，其直接与顶板接触，用来支撑顶板，是支架的主要承载部件之一。前梁机构由护帮装置、外伸式伸缩梁（图6-3）、前梁（图6-4）等部件组成。外伸式伸缩梁由两根伸缩千斤顶控制伸缩梁的伸出和缩回；前梁由两根前梁千斤顶控制，采用四连杆式护帮装置防止煤壁片帮。

2. 顶梁

顶梁机构直接与顶板接触，用来支撑顶板，是支架的主要承载部件之一，如图6-5所示。ZY4800/13/32型掩护式液压支架的顶梁为铰接结构，是由钢板拼焊的箱形结构。其中部通过柱窝和立柱相连，后端和掩护梁铰接；左、右侧设有和掩护梁重叠的侧护板以封闭架间空间。

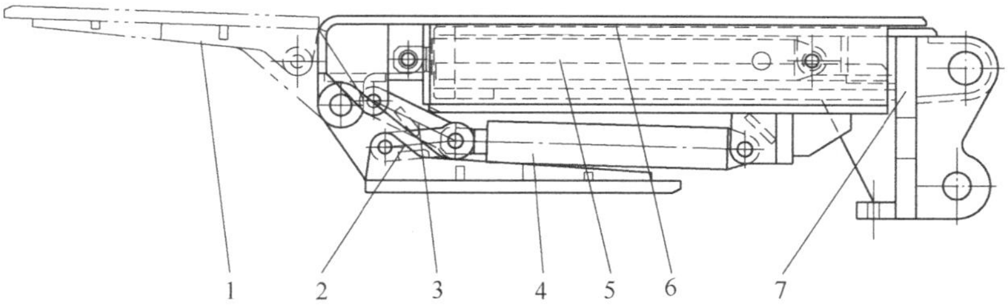

图6-2　前梁机构

1—护帮板　2—短杆　3—长杆　4—护帮千斤顶　5—伸缩千斤顶　6—外伸缩梁　7—前梁

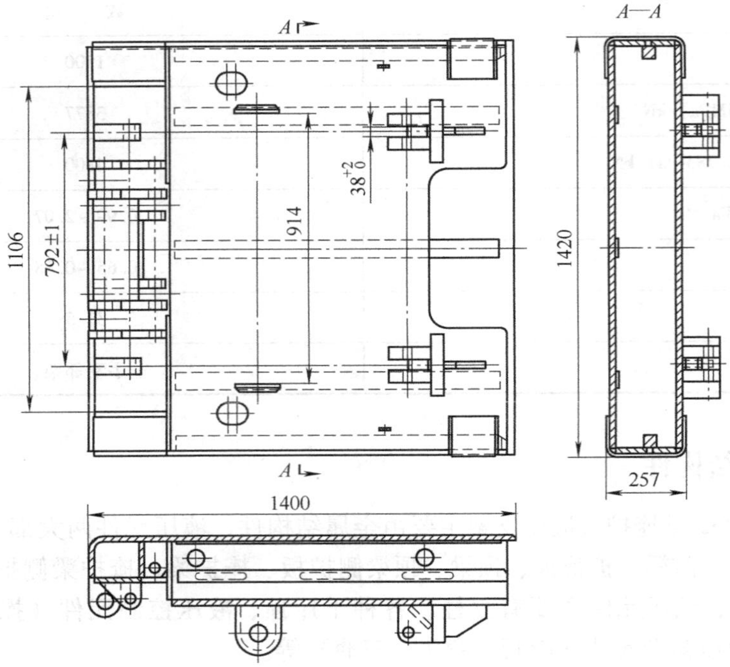

图 6-3　外伸式伸缩梁结构图

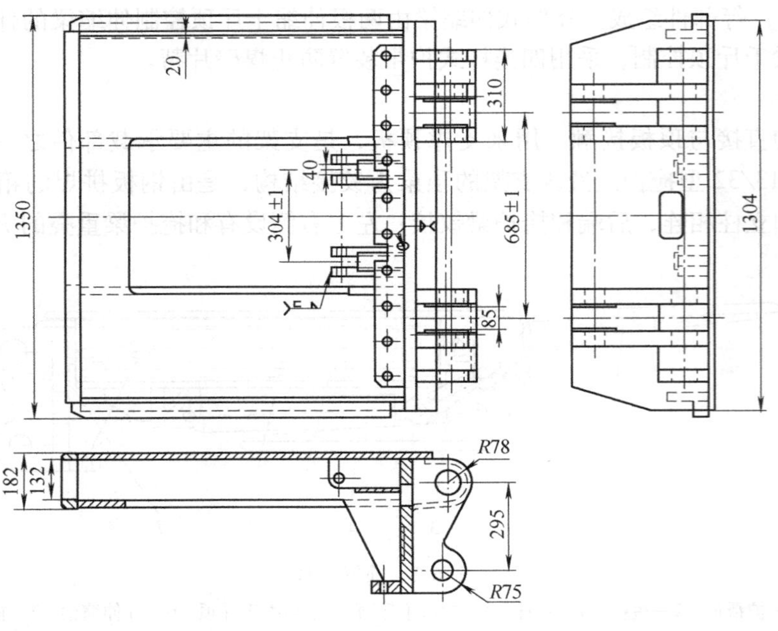

图 6-4　前梁结构图

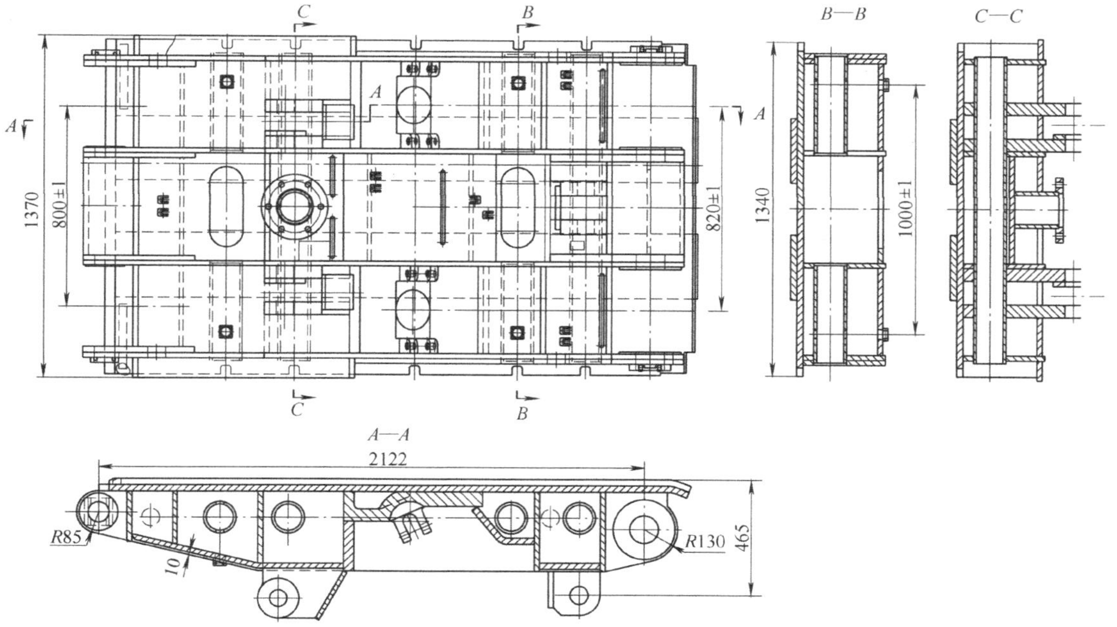

图 6-5　顶梁

3. 掩护梁

掩护梁前部与顶梁铰接，后下部与前、后连杆相连，经前、后连杆与底座连为一个整体，是支架的主要连接和掩护部件，如图 6-6 所示。另外，由于掩护梁承受的弯矩和扭矩较

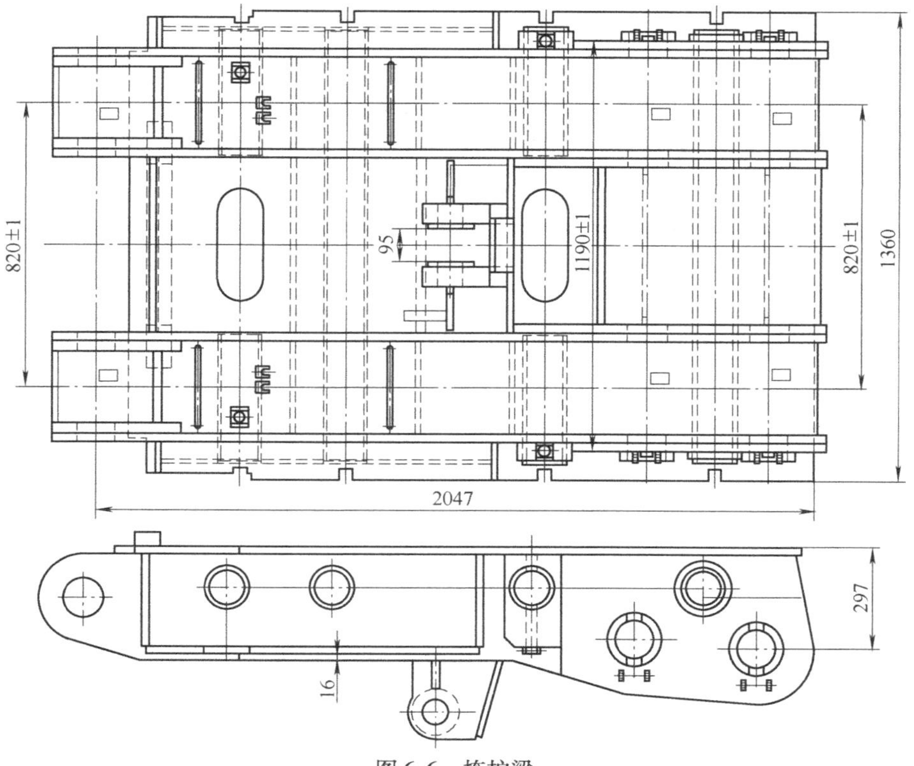

图 6-6　掩护梁

大，工作状况恶劣，所以掩护梁必须具有足够的强度和刚度。

支架的掩护梁为整体箱形，用钢板拼焊而成。为保证掩护梁有足够的强度，在它与顶梁，前、后连杆连接部位都焊有加强板，在相应的危险断面和危险焊缝处也都有加强板。

图 6-7 所示为掩护梁侧护板结构图。

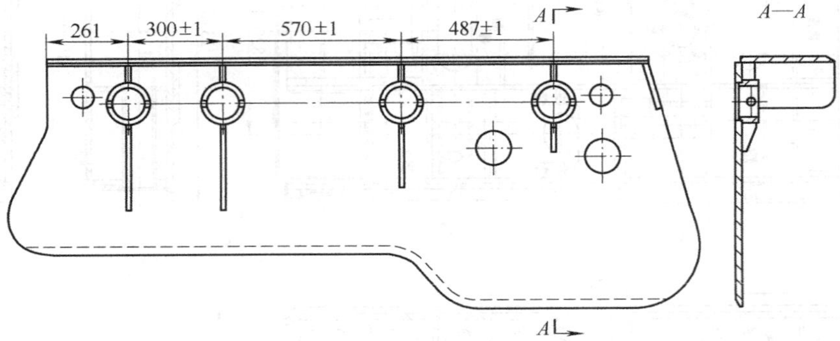

图 6-7　掩护梁侧护板

4. 底座

底座是将顶板压力传递到底板并稳定支架的部件，除了要具有一定的刚度和强度外，还要求对起伏不平的底板具有较强的适应性，对底板的接触比压要小。

底座为中间开档式半刚性结构，如图 6-8 所示。中部通过柱窝与立柱的缸底球头相连，后部与前、后连杆通过销轴连接，以承受从掩护梁传来的力；底座中间设有推移装置，并通

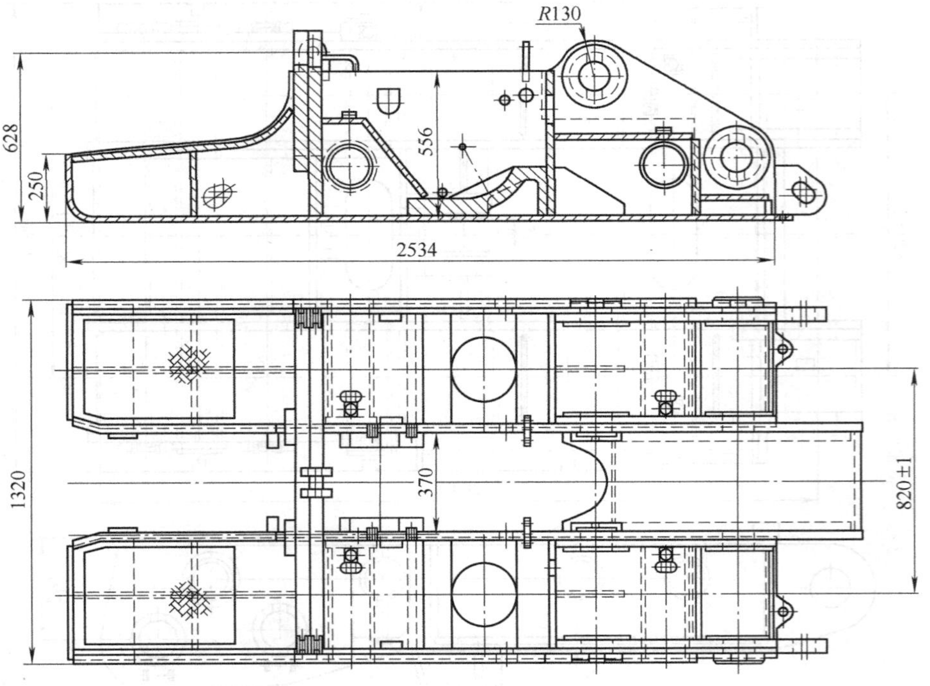

图 6-8　底座

过连接头和运输机连接。底座中间的过煤空间较大，移架时能将运输机与支架间的浮煤排向采空区。

5. 前、后连杆

前、后连杆上、下分别与掩护梁和底座铰接，共同形成四连杆机构，如图 6-9 和图 6-10 所示。支架前连杆为双连杆，后连杆为整体式连杆，为钢板焊接的箱式结构，这种结构不但有很强的抗拉、抗压性能，而且有很强的抗扭性能。

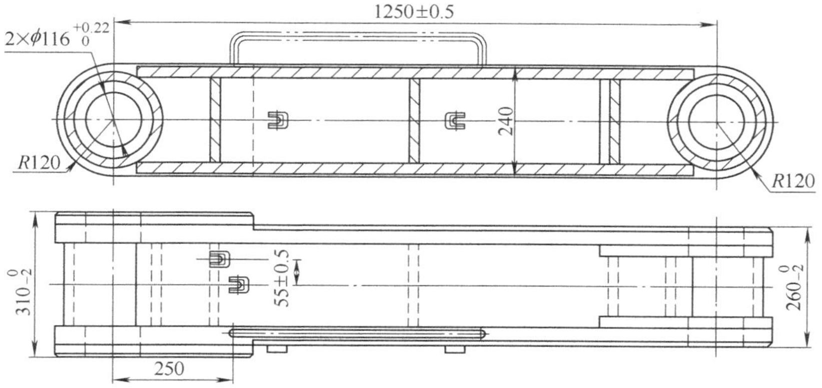

图 6-9　前连杆

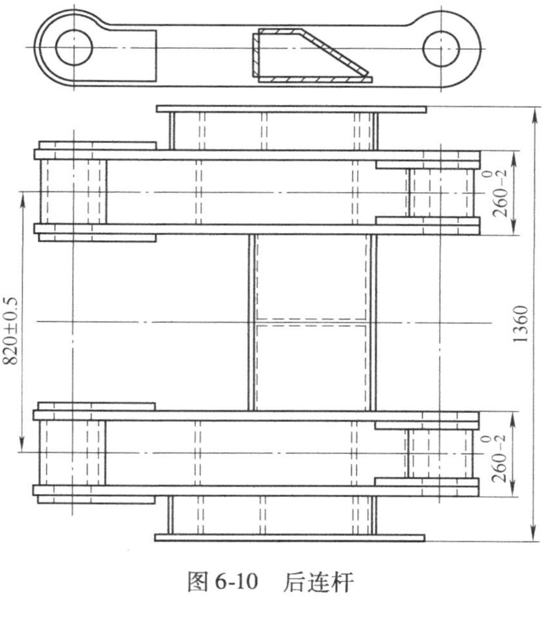

图 6-10　后连杆

6. 推移机构

支架的推移机构包括推移杆、连接头、推移千斤顶和销轴等，其主要作用是推移运输机和拉架。

支架推移机构采用普通活塞千斤顶加长推杆结构，其推移杆（图 6-11）为整体箱式结构，采用 Q550 高强度钢板焊接而成。

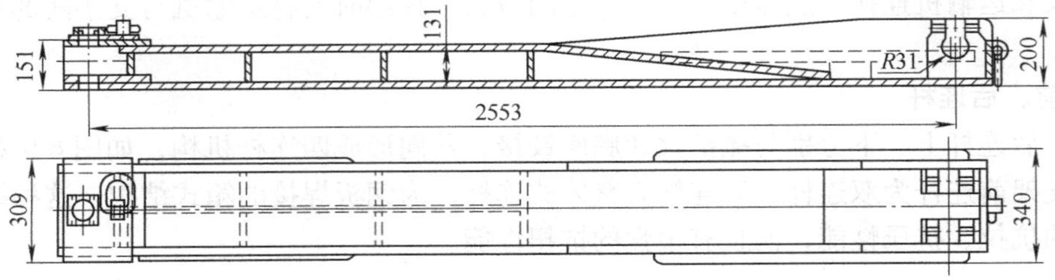

图 6-11　推移杆

四、支架的立柱和千斤顶

1. 立柱（2 根，如图 6-12 所示）

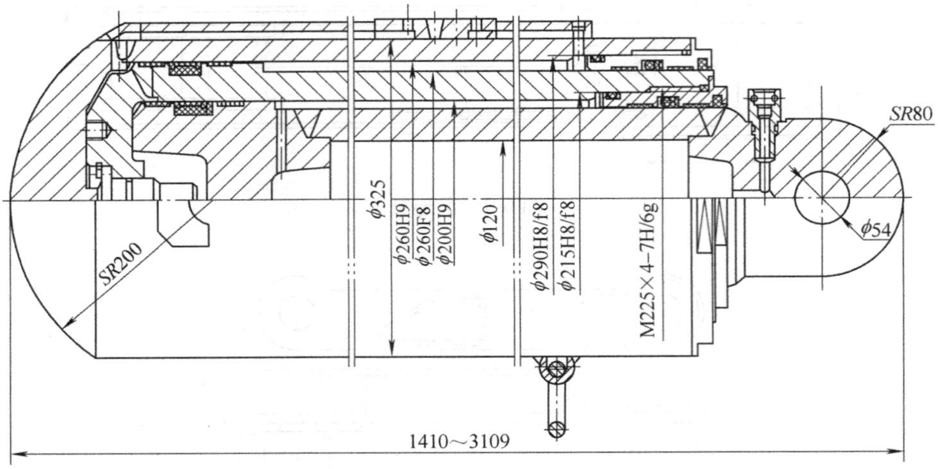

图 6-12　立柱

立柱形式：双伸缩式；缸径（大/小）：φ280mm/φ200mm；初撑力（$p=31.5$MPa）：1933kN；工作阻力（$p=42.78$MPa）：2400kN；行程：1699mm。

2. 千斤顶

（1）护帮千斤顶（2 根，如图 6-13 所示）　缸径：φ80mm；杆径：φ60mm；推力（$p=$

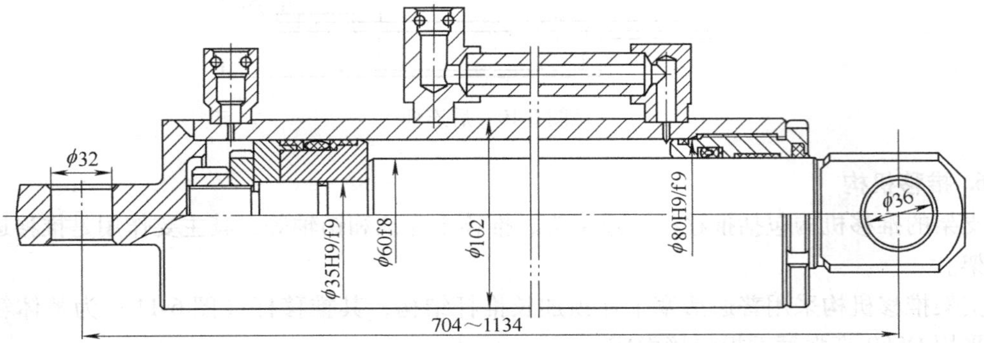

图 6-13　护帮千斤顶

31.5MPa/35MPa)：158kN；拉力（$p=31.5MPa$）：69kN；行程：430mm。

（2）前梁千斤顶（2根，如图6-14所示）　缸径：$\phi160mm$；杆径：$\phi120mm$；推力($p=31.5MPa$)：633kN；拉力（$p=31.5MPa$）：276kN；行程：190mm。

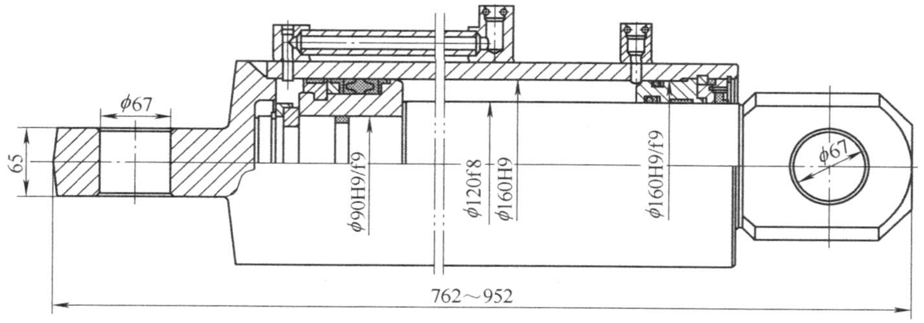

图6-14　前梁千斤顶

（3）伸缩千斤顶（2根，如图6-15所示）　缸径：$\phi80mm$；杆径：$\phi60mm$；推力（$p=31.5MPa$）：158kN；拉力（$p=31.5MPa$）：69kN；行程：700mm。

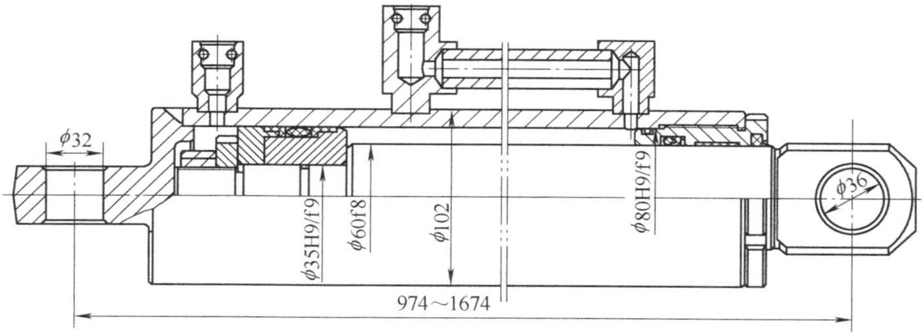

图6-15　伸缩千斤顶

（4）平衡千斤顶（1根，如图6-16所示）　缸径：$\phi200mm$；杆径：$\phi105mm$；推力($p=31.5MPa$)：990kN；拉力（$p=31.5MPa$）：717kN；行程：395mm。

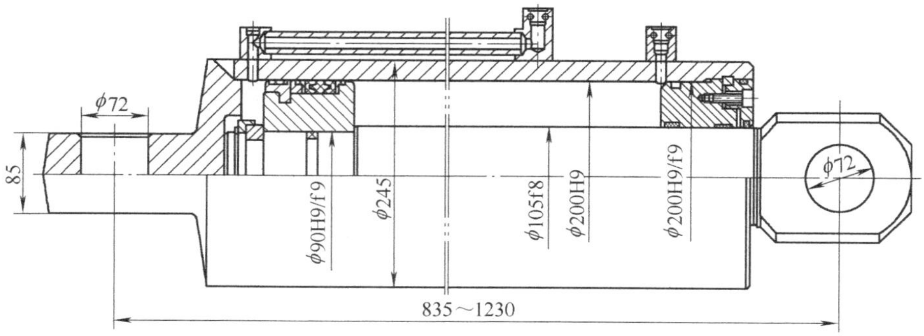

图6-16　平衡千斤顶

（5）侧推千斤顶（5根，如图6-17所示） 缸径：ϕ80mm；杆径：ϕ60mm；推力（p=31.5MPa）：157.8kN；拉力（p=31.5MPa）：69.1kN；行程：170mm。

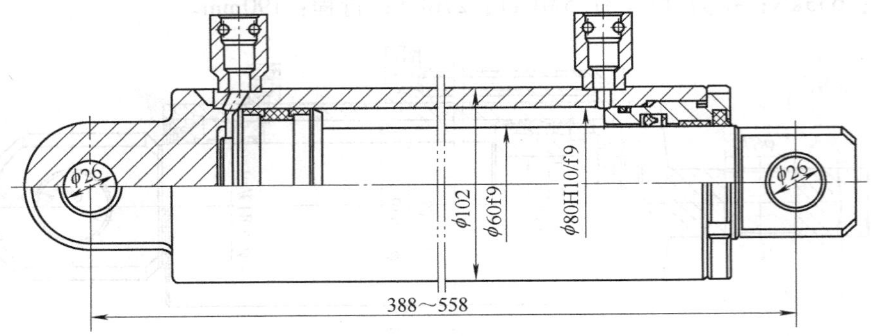

图6-17 侧推千斤顶

（6）推移千斤顶（1根，如图6-18所示） 形式：普通双作用（倒装）式；缸径：ϕ160mm；杆径：ϕ120mm；推溜力/拉架力（p=31.5MPa）：277kN/633kN；行程：700mm。

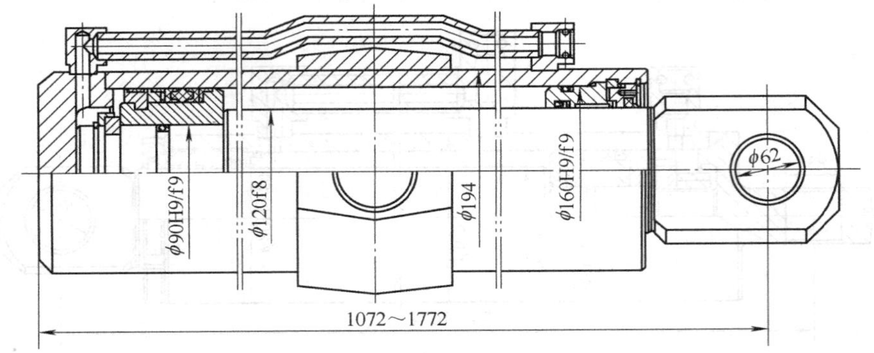

图6-18 推移千斤顶

（7）抬底千斤顶（1根，如图6-19所示） 缸径：ϕ125mm；杆径：ϕ85mm；推力（p=31.5MPa）：385kN；拉力（p=31.5MPa）：207kN；行程：200mm。

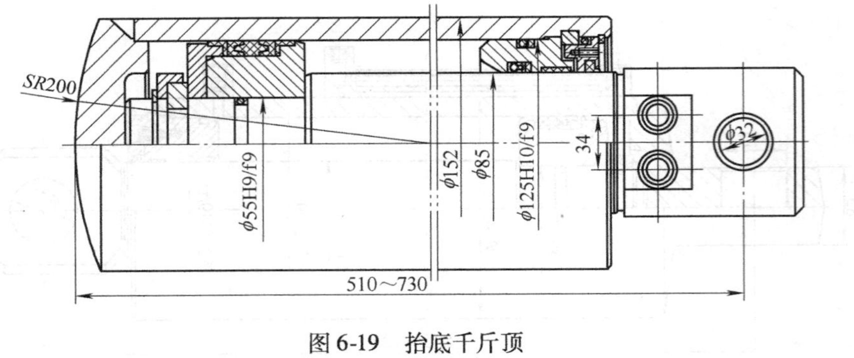

图6-19 抬底千斤顶

（8）底调千斤顶（1根，如图6-20所示） 缸径：ϕ110mm；杆径：ϕ85mm；推力（p=

31.5MPa)：299kN；拉力（$p=31.5$MPa)：121kN；行程：230mm。

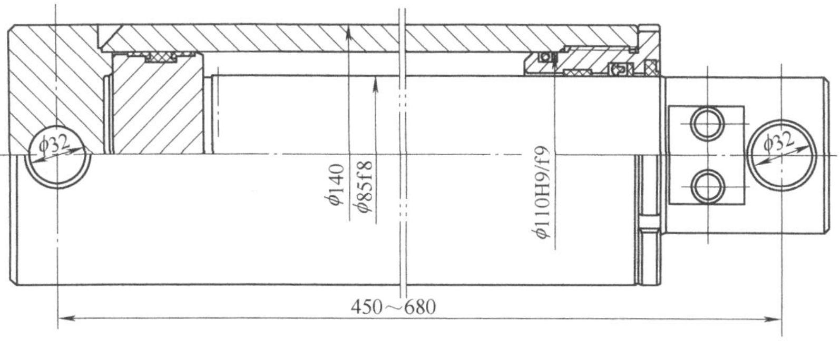

图 6-20　底调千斤顶

五、支架用阀

1. 操纵阀

ZY4800/13/32 型掩护式液压支架采用 BZF 型操纵阀，如图 6-21 所示。

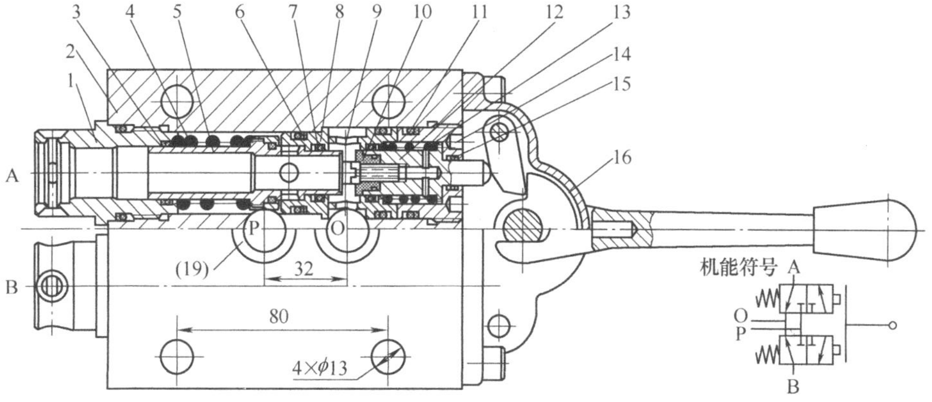

图 6-21　BZF 型操纵阀

1—接头　2—阀体　3、6、7、11、15—O 形密封圈及挡圈　4—弹簧　5—阀杆组件　8—阀套　9—导套　10—阀垫　12—压杆组件　13—弹簧　14—压紧螺套　16—操纵机构

2. 安全阀

ZY4800/13/32 型掩护式液压支架采用 ZHYF 型安全阀，如图 6-22 所示。

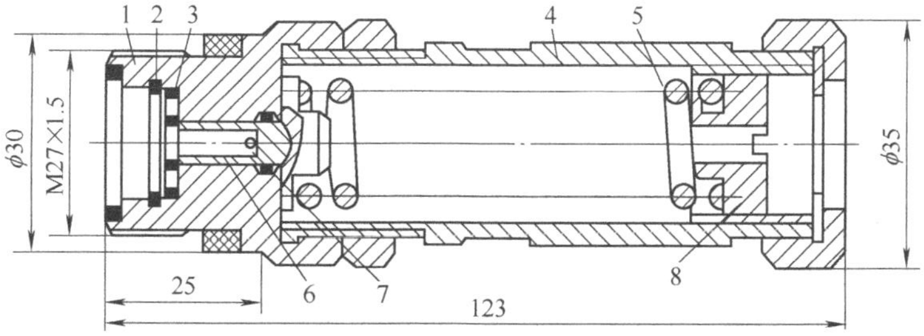

图 6-22　ZHYF 型安全阀

1—阀体　2—挡圈　3—过滤网　4—阀壳　5—弹簧　6—阀芯　7—特制 O 形密封圈及挡圈　8—调压螺塞

3. 液控单向阀

ZY4800/13/32 型掩护式液压支架采用 YDF42/200 型液控单向阀，如图 6-23 所示。

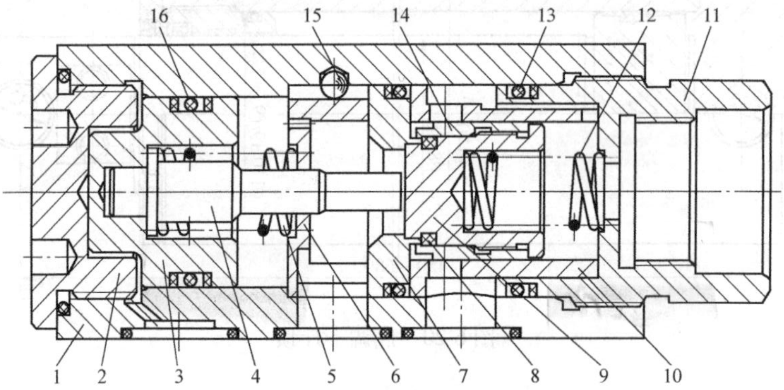

图 6-23　YDF42/200 型液控单向阀

1—阀体　2—螺堵　3—活塞　4—顶杆　5—弹簧　6—隔离套　7—阀座　8—阀垫　9—阀芯　10—阀套　11—螺套　12—弹簧　13、16—O 形密封圈及挡圈　14—紧固套　15—钢球

4. 双液控单向阀

ZY4800/13/32 型掩护式液压支架采用 SSF4 型双液控单向阀，如图 6-24 所示。

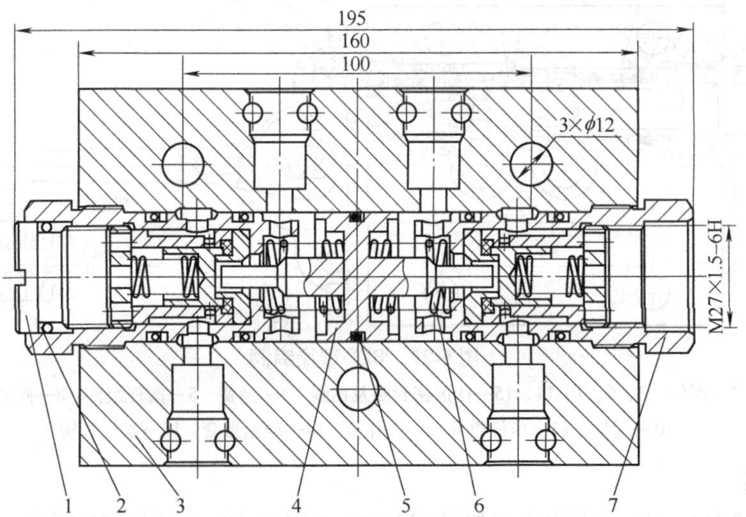

图 6-24　SSF4 型双液控单向阀

1—螺堵　2、5—O 形密封圈及挡圈　3—阀体　4—顶杆　6—弹簧　7—DF1B 单向阀

六、液压系统

ZY4800/13/32 型掩护式液压支架的液压系统如图 6-25 所示。它由乳化液泵站、主进液管、主回液管、各种液压元件、立柱及各种千斤顶组成，操纵方式采用邻架操作；采用快速接头和 U 形卡及 O 形密封圈连接，拆装方便，性能可靠。

在主进、回液管三通与操纵阀之间，装有截止阀、过滤器等，可根据需要接通或关闭某架液路，可以维修某一架胶管及液压元件；过滤器能过滤主进液管来的高压液，防止脏物、杂质进入架内管路系统。操纵阀各阀片的功能及各液压缸的动作原理见表6-2。

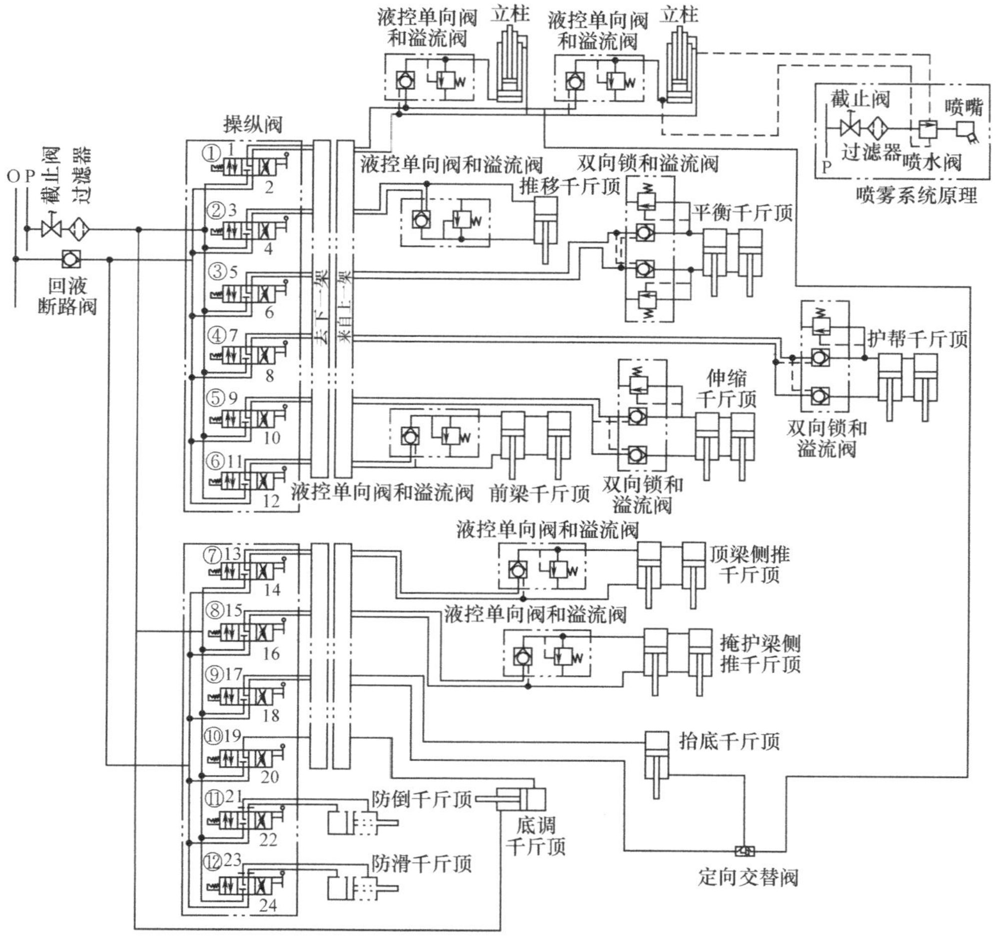

图6-25 ZY4800/13/32型掩护式液压支架的液压系统

表6-2 操纵阀各阀片的功能及各液压缸的动作原理

阀片号	阀位号	液压缸名称	液压缸动作
①	1—0—2	立柱	升—回液—降
②	3—0—4	推移千斤顶	移架—回液—推溜
③	5—0—6	平衡千斤顶	伸—回液—缩
④	7—0—8	护帮千斤顶	伸—回液—缩
⑤	9—0—10	伸缩千斤顶	伸—回液—缩
⑥	11—0—12	前梁千斤顶	升—回液—降
⑦	13—0—14	顶梁侧推千斤顶	伸—回液—缩
⑧	15—0—16	掩护梁侧推千斤顶	伸—回液—缩
⑨	17—0—18	抬底千斤顶	抬—回液—落
⑩	19—0—20	底调千斤顶	伸—回液—缩
⑪	21—0—22	防倒千斤顶	紧—回液—松
⑫	23—0—24	防滑千斤顶	紧—回液—松

课题二　其他类型液压支架简介

【任务描述】

本课题对支撑掩护式液压支架、放顶煤液压支架、端头液压支架和充填液压支架作简单介绍，使学生对不同类型的液压支架的结构、特点、适用范围、支护性能等有全面的了解，以帮助学生更好地从事支护设备的使用、维护等方面的工作。

【知识学习】

一、支撑掩护式液压支架

1. 支撑掩护式液压支架的结构特点

1）顶梁较长，一般为前后分段式宽面铰接结构。

2）采用四连杆机构。

3）前、后两排立柱支撑，支撑合力作用点离煤壁较远，支架的支撑力大，切顶能力强。

4）底板比压分布均匀，对底板比压小。

5）在顶梁、掩护梁，甚至后连杆都设有活动侧护板，对顶板和采空区的挡矸性能好。

6）支架的通风断面较大。

7）支架的纵向长度长，造价比掩护式支架高。

2. 支撑掩护式液压支架的适用条件

1）支顶梁式支撑掩护式支架适用于Ⅱ～Ⅳ级老顶、2～4类直接顶的工作面；支顶支掩式支撑掩护式支架适用于Ⅱ～Ⅲ级老顶、2～3类直接顶的工作面。

2）倾角为0°～15°，如加防倒、防滑装置，可用于倾角在30°以下的工作面。

3）高瓦斯工作面。

3. ZZ4000/17/35型支撑掩护式液压支架

ZZ4000/17/35型支撑掩护式液压支架是一种较典型的四柱直立支顶梁支撑掩护式支架，其结构如图6-26所示，主要由承载结构件、辅助装置、各类液压缸和液压控制元件等组成。它适用于采高为2000～3200mm，煤层倾角小于25°，顶板中等稳定且较平整的煤层。要求移架后顶板能自动冒落，地质构造简单，煤层赋存稳定，无影响支架通过的断层。

该支架除具有支撑掩护式支架共有的特点外，还具有以下特点：

1）立柱几乎直立支撑，向前稍有倾斜，以改善四连杆机构的受力状况。

2）支撑效率高，近似等于1。

3）支架有2条人行道，便于行人。

ZZ4000/17/35型液压支架的液压系统如图6-27所示。该液压系统的特点是控制方式为手动全流量本架控制；各立柱和千斤顶由片式组合操纵阀构成简单换向回路；立柱和前梁千斤顶采用单向锁紧限压回路，推移千斤顶采用单向锁紧回路，护帮千斤顶采用双向锁紧单侧限压回路。此液压系统可完成立柱升降、前梁升降、推溜、移架、侧护板推出和收回、护帮板推出和收回等动作。操纵阀各阀片的功能及各液压缸的动作原理见表6-3。

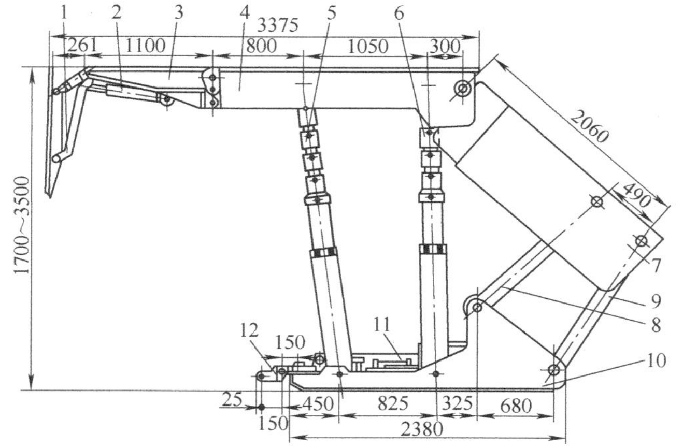

图 6-26　ZZ4000/17/35 型支撑掩护式液压支架

1—护帮机构　2—护帮千斤顶　3—前梁　4—顶梁　5—前立柱　6—后立柱　7—掩护梁　8—前连杆　9—后连杆　10—底座　11—推移千斤顶　12—推移框架

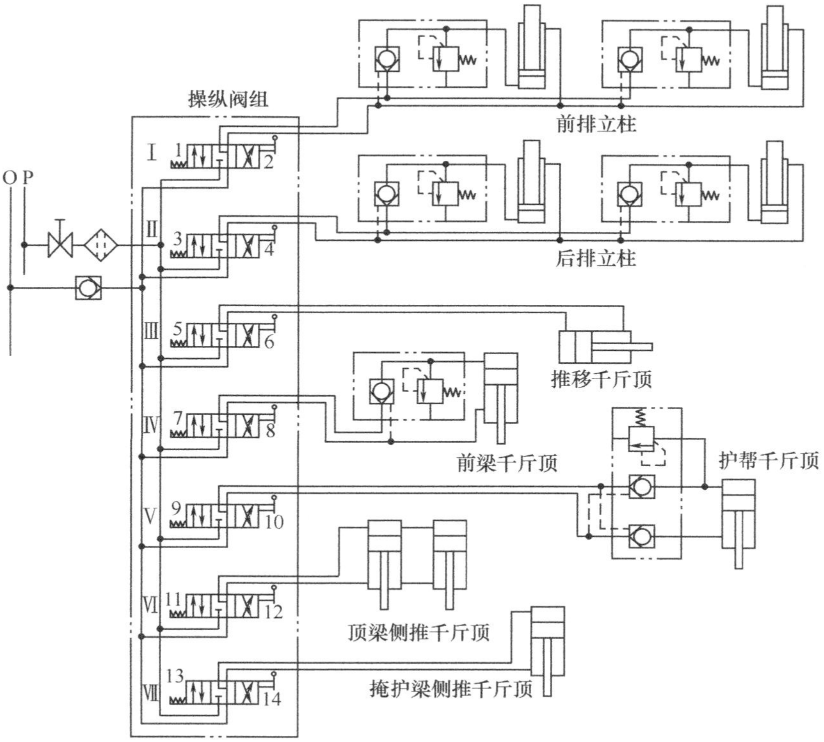

图 6-27　ZZ4000/17/35 型液压支架的液压系统

Ⅰ—前排立柱操纵阀　Ⅱ—后排立柱操纵阀　Ⅲ—推移千斤顶操纵阀　Ⅳ—前梁千斤顶操纵阀　Ⅴ—护帮千斤顶操纵阀　Ⅵ—顶梁侧推千斤顶操纵阀　Ⅶ—掩护梁侧推千斤顶操纵阀

表 6-3　操纵阀各阀片的功能及各液压缸的动作原理

阀　片　号	阀　位　号	液压缸名称	液压缸动作
Ⅰ	1—0—2	前排立柱	升—回液—降
Ⅱ	3—0—4	前排立柱	升—回液—降

（续）

阀 片 号	阀 位 号	液压缸名称	液压缸动作
Ⅲ	5—0—6	推移千斤顶	推溜—回液—移架
Ⅳ	7—0—8	前梁千斤顶	升—回液—降
Ⅴ	9—0—10	护帮千斤顶	伸—回液—缩
Ⅵ	11—0—12	顶梁侧推千斤顶	伸—回液—缩
Ⅶ	13—0—14	掩护梁侧推千斤顶	伸—回液—缩

4. ZZ4400/13/32 型液压支架

ZZ4400/13/32 型液压支架为支顶支掩式支撑掩护式支架，如图 6-28 所示。该支架除具有支撑掩护式支架的共同特点外，还具有以下特点：

1）两根前柱支撑在顶梁上，两根后柱支撑在掩护梁上，因此，支撑合力作用点的位置离顶梁后端较近；掩护梁支撑在顶梁后端，提高了顶梁后部的刚度、对顶板的比压和切顶能力。

2）为了增加支架对顶板的适应性，便于调整支架支撑合力作用点的位置，在后柱上腔也装有控制阀，需要时后柱可承受拉力，使支架支撑合力作用点的位置前移。

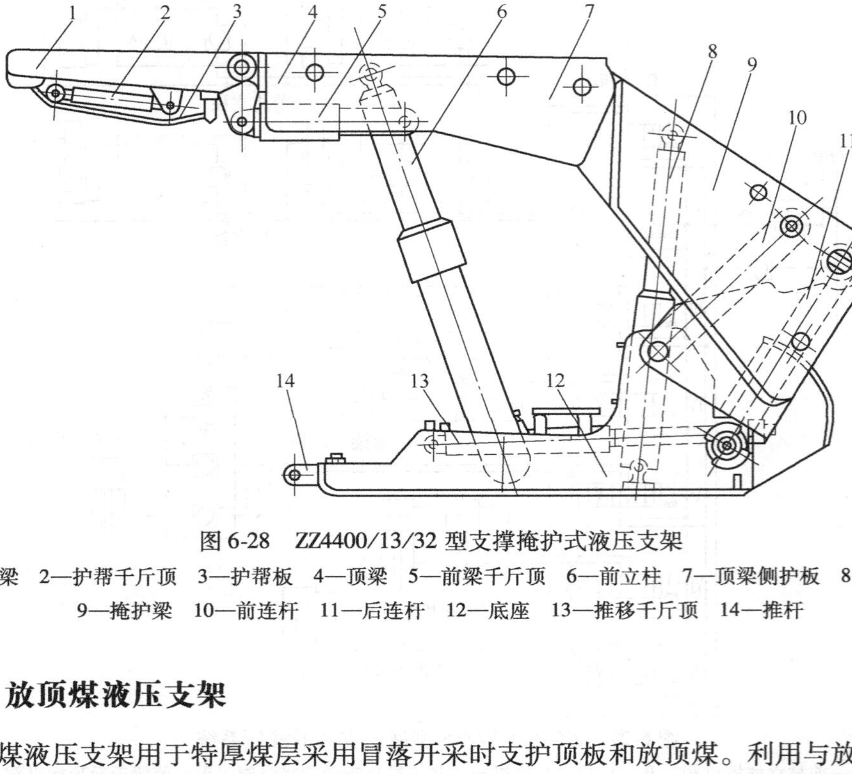

图 6-28 ZZ4400/13/32 型支撑掩护式液压支架

1—前梁 2—护帮千斤顶 3—护帮板 4—顶梁 5—前梁千斤顶 6—前立柱 7—顶梁侧护板 8—后立柱 9—掩护梁 10—前连杆 11—后连杆 12—底座 13—推移千斤顶 14—推杆

二、放顶煤液压支架

放顶煤液压支架用于特厚煤层采用冒落开采时支护顶板和放顶煤。利用与放顶煤支架配套的采煤机和工作面输送机开采底部煤，上部煤在矿山压力的作用下被压碎而冒落，冒落的煤通过放顶煤支架的溜煤口流入工作面输送机。放顶煤液压支架按放煤口位置不同，分为开天窗式和插板式两种。开天窗式是在掩护梁上开有可控制的放煤窗口，放煤口位置较高的一般称为高位放顶煤支架，放煤口位置处于中间位置的称为中位放顶煤支架。开天窗式放煤口为间断式放煤口，在窗口之间存在放煤脊背损失。插板式是在尾梁下部放煤，尾梁下部设有由千斤顶控制的可伸缩插板，用来控制顶煤排放速度和破碎煤块。由于放煤口低，所以称为低位放顶煤支架。插板式放煤口为连续放煤口，无放煤脊背损失。

放顶煤支架的适用条件为：

1）煤层厚度一般为6～12m，或者厚度变化较大，不便分层开采的煤层。

2）周期来压不强的中等稳定或不稳定顶板。

3）煤质松软或节理发育，在矿压作用下易冒落和破碎的煤层。

4）对于顶板压力不大，厚度为5～8m，松软易破碎的煤层，可选用掩护式开天窗支架。

5）对于煤层厚度较大，顶板压力较大，煤质较硬（节理发育能碎裂）的煤层，可选用支撑掩护插板式或支撑掩护天窗插板式支架。

6）工作面倾角一般应小于20°（走向开采）。

7）煤的自然发火期一般应大于半年。

ZF2800/14/28型大插板双输送机放顶煤液压支架如图6-29所示。该支架除具有支撑掩护式支架的一些特征外，还具有以下特点：

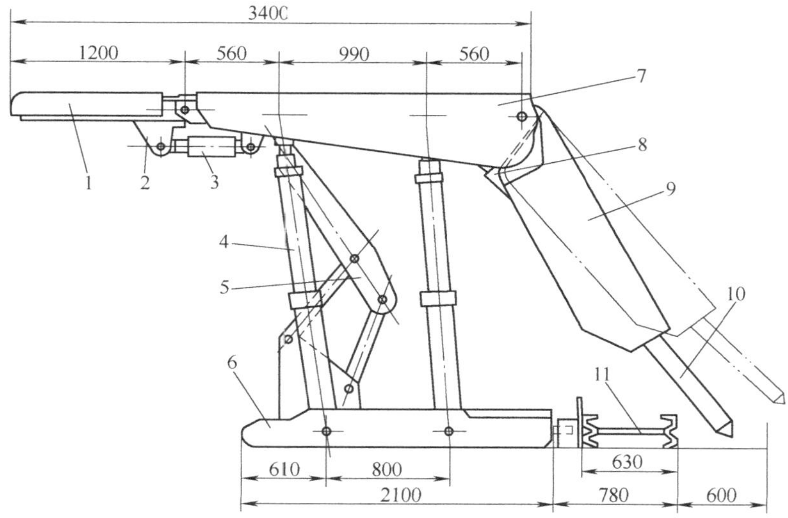

图6-29　ZF2800/14/28型大插板双输送机放顶煤液压支架

1—伸缩梁　2—前梁　3—前梁千斤顶　4—立柱　5—四连杆机构　6—底座　7—顶梁及侧护板　8—尾梁千斤顶　9—尾梁及侧护板　10—插板　11—后部输送机

1）尾梁与顶梁后端铰接，由固定于顶梁后部的尾梁千斤顶控制，可上下摆动30°来松动煤块。尾梁用来承受冒落的顶煤、岩石等物体的部分载荷，掩护工作面后部的作业空间，防止煤块或岩石窜入后部输送机的工作空间，以保证作业人员和后部输送机的正常工作。尾梁由主筋、横筋及上、下盖板组焊成箱体，上端与顶梁后端铰接，中部与尾梁千斤顶铰接，中下部套装有放煤插板和放煤板千斤顶；在它的两侧，以与顶梁相近的形式，通过侧推装置分别装有与顶梁相同的固定和活动侧护板。

2）尾梁内部有用放煤千斤顶控制的伸缩式放煤插板（低位放煤口），放煤插板既用来放煤，也起到掩护后部输送机空间，以保证后溜正常工作的作用。插板通过放煤千斤顶控制其伸缩量，最大伸缩量为：工作面支架800mm，过渡支架1000mm，以控制顶煤排放和破碎煤块。

3）顶梁上有尺寸为100mm×120mm向后倾斜65°的孔口，平时封闭，需人工放顶时可用于打眼，需防火时可用于注水。

4）采用整体刚性底座，用专用千斤顶拉移后部输送机。

5）顶梁下部设有喷水装置，用于降尘。

6）四连杆机构设置于支架的前部。

三、端头液压支架

端头液压支架用于支护工作面与上、下顺槽连接处的顶板，隔离采空区，阻挡矸石进入工作区，并能自身前移和推进转载机及输送机的机头。该处顶板悬露面积大，矿山压力大，机械设备较多，又是人员安全进、出口和向工作面运送材料的通道。因此，要求端头液压支架能有效地支撑工作面端部的顶板，承受一定的超前压力，保证工作面上、下出口的畅通和有足够的通风断面，保证行人和设备运送的安全；锚固工作面刮板输送机，有效地防止刮板输送机和工作面支架下滑，保证工作面刮板输送机与顺槽转载机的正常搭接关系，推移转载机前移。为能迈步移动，端头液压支架一般都由两个单架组合而成，组合的方式有中置式和偏置式两种。

ZT7840/17/35型中置式端头液压支架如图6-30所示。其左、右两架对称，转载机位于两架底座之间。它适用于顺槽运输设备与顺槽中心重合的布置方式，既可与端卸式输送机配套，也可与侧卸式输送机配套。这种方式适用于宽度较大的顺槽。

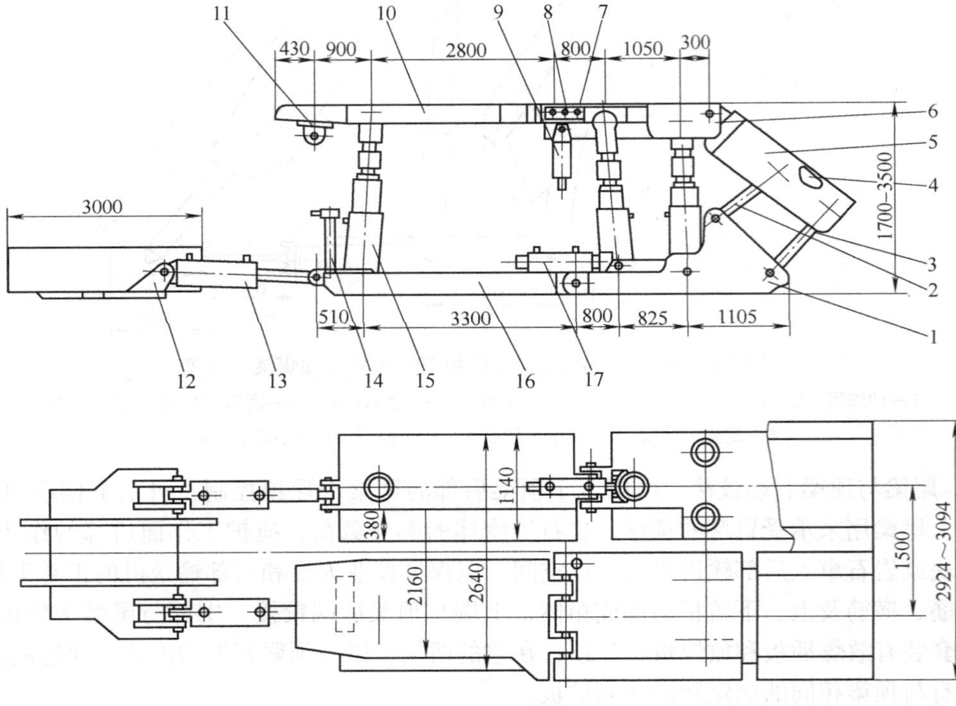

图6-30　ZT7840/17/35型中置式端头液压支架

1—底座　2—前连杆　3—后连杆　4—掩护梁　5—掩护梁侧护板　6—顶梁侧护板　7—顶梁　8—侧推千斤顶　9—锚固千斤顶　10—前梁　11—调架千斤顶　12—前拖座　13—推拉千斤顶　14—操纵阀　15—立柱　16—滑移座　17—推机头千斤顶

1. 结构特点

1）由左、右对称的两架组成。每架有 4 根立柱，前部一根，后部 3 根，使支架具有足够的稳定性。

2）顶梁为前后铰接式，后梁与掩护梁两侧设有活动侧护板。

3）底座由前部的滑动座和后底座组成。滑移座一边为凹槽，两个滑移座左右对称，形成安放转载机机尾的滑槽，在转载机移动时起导向作用。

4）转载机用螺钉和销钉固定于前拖座，机尾置于滑移座的滑槽内。

5）滑移座前部有推拉千斤顶与前拖座连接。

6）后梁下面设有转载机机尾锚固千斤顶。

7）设有专门的推输送机机头千斤顶。

2. 动作顺序

1）推移转载机前，应缩回转载机机尾锚固千斤顶，操作 2 个推拉千斤顶使之同时伸出，使前拖座和转载机前移一个步距。

2）操作推机头千斤顶推移输送机机头，需要时，排头支架的推移千斤顶可同时推输送机机头和过渡槽。

3）移架时，两架支架交替迈步前移。

4）操作转载机机尾锚固千斤顶，将转载机机尾锚固。

四、充填液压支架

充填液压支架用于水沙或矸石充填综采工作面，它对采空区进行充填，解决了煤矿“三下”（建筑物下、铁路下、水体下）压煤状况，减少了对环境的破坏和对资源的浪费，有利于维护人类生存的生态环境，是煤炭工业实现现代化及可持续发展的有效途径。

充填液压支架一般为四柱式，采用四连杆机构。顶梁后部设有由千斤顶控制的后梁和尾梁，以形成支架后部充填作业空间；后梁下部设有悬挂充填运输机或充填管路和挡帘的吊环和耳座等。

ZZC7000/20/40 型充填液压支架如图 6-31 所示，该支架用于维护采煤工作面顶板，并填充采空区，为采煤机、输送机和工作人员提供安全的工作空间。

ZZC7000/20/40 型充填液压支架的特点如下：

1）支架前顶梁采用铰接前梁带伸缩梁及护帮板结构，在前梁千斤顶的作用下，前梁可以上下摆动，能更好地适应不平整顶板条件，顶梁和尾梁采用双侧活动侧护板。

2）为了实现填充的功能，在顶梁尾端增设了后顶梁，后顶梁为整体结构，其对顶板载荷的平衡能力较强。后顶梁采用带滑槽的高强度箱体焊接结构，通过后顶梁上的滑槽可悬挂托板，托板用来悬挂填充运输机，填充运输机运输填充物落到需要填充的相应采空区，从而能实现填充功能。

3）为了便于观察充填情况，脚踏板的高度可以调整，调整方式为机械式。

4）支架预留有防倒防滑装置的安装位置。

5）为了捣实填充在采空区的填充物，ZZC7000/20/40 型充填液压支架设有夯矸机构。夯矸机构的摆梁铰接在底座上，在摆梁千斤顶的作用下调节摆梁仰角，摆梁内套有伸缩梁，伸缩梁在压实千斤顶的作用下夯实填充在采空区的填充物，达到夯实填充物的目的。

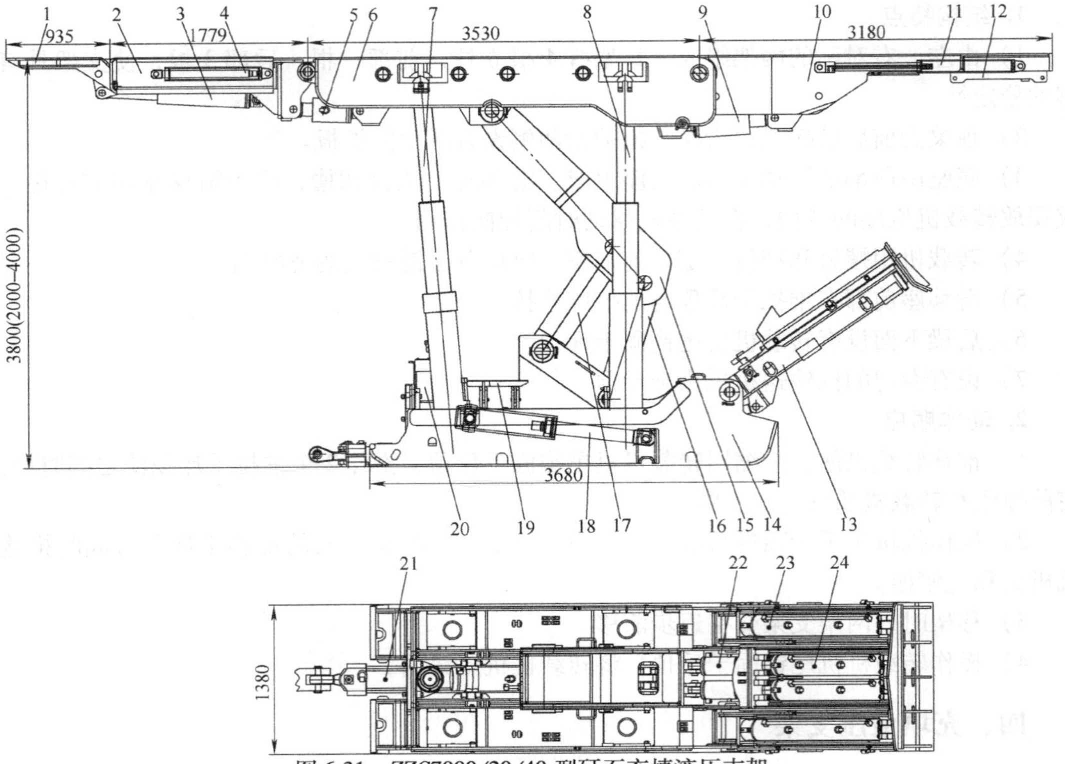

图 6-31　ZZC7000/20/40 型矸石充填液压支架

1—护帮板　2—前梁（伸缩梁）　3—护帮千斤顶　4—伸缩千斤顶　5—前梁千斤顶　6—顶梁　7—前立柱　8—后立柱　9—尾梁千斤顶　10—后顶梁　11—后刮板运输机伸缩千斤顶　12—托板　13—夯矸机构 14—底座　15—上连杆　16—后连杆　17—前连杆　18—推移千斤顶　19—脚踏板　20—抬底千斤顶　21—推移框架　22—摆梁千斤顶　23—一级压实千斤顶　24—二级压实千斤顶

【任务实施】

综采设备投资较大，特别是液压支架的投资，约占整个综采工作面全套设备投资的一半。为了延长其使用寿命，保证支架能可靠地工作，减少非生产停机时间，充分发挥设备效能，除了要严格遵守操作规程外，还必须加强液压支架的维护保养和及时对其进行检查维修，使支架经常处于完好状态。

一、任务实施的目的

1）了解液压支架的完好标准。

2）了解液压支架检查、维护的内容。

3）掌握液压支架经常出现的故障及其排除方法。

二、液压支架的完好标准

1. 架体

1）零部件齐全，安装正确，柱靴及柱帽的销轴、管接头的 U 形销、螺栓和穿销等齐全。

2）各结构件、平衡千斤顶座无开焊或裂纹。

3）侧护板变形不超过10mm，推拉杆弯曲不超过20mm/m。

2. 立柱千斤顶

1）立柱和各种千斤顶的活柱、活塞杆与缸体动作可靠，无损坏，无严重变形，密封良好。

2）活柱不得炮崩或砸伤，镀层无脱落，局部轻微锈斑面积不大于500mm^2；划痕深度不大于0.5mm，长度不大于500mm，单件上不多于3处。

3）活柱和活塞杆无严重变形，用500mm钢直尺靠严，其间隙不大于1mm。

4）伸缩时不漏液，内腔不窜油。

5）双伸缩立柱的活柱动作正确。

6）推拉千斤顶与挡煤板，防倒千斤顶与底座连接可靠。

3. 阀

1）密封性能良好，不窜液，不漏油，动作灵活、可靠。

2）截止阀、过滤器齐全，性能良好。

3）定期抽查试验安全阀，开启压力不小于$0.9p_H$（p_H为额定工作压力），不大于$1.1p_H$；关闭压力不小于$0.85p_H$。

4. 胶管

1）排列整齐，不漏液，连接正确，不受挤压。

2）接头可靠，U形销完整无损，不得用金属丝代替U形销。

5. 记录资料

支架有编号，有检查、检修记录，填写及时，数据准确。

6. 设备环境

架内无杂物，浮矸不埋压管路和液压件。

三、液压支架的检修

1. 一般规定

1）检修人员必须具备一定的钳工基本操作技能及液压基础知识，经过技术培训且考试合格后方可上岗。

2）检修人员必须熟知液压支架的结构、性能及完好标准。

3）综采工作面所有支架要编号管理，并分架建立检修档案。

4）检修大的零部件时，要制订专项检修计划和安全技术措施并贯彻落实到人，保证检修时间，准备好备件和物料。

5）当检修地点20m内风流中的瓦斯浓度达到1.5%时，不得进行检修，应切断电源。

2. 检修前的准备

1）检修人员入井前，要向有关人员了解支架运转情况。

2）准备好足够的备件、材料及检修工具，凡需专用工具拆装的部件必须使用专用工具。

3）检修负责人应向检修人员讲清检修内容、人员分工及安全注意事项。

4）检修支架顶部的部件时，应搭好牢固的工作台。

3. 检修操作

1）检修时，各工种要密切配合；必要时，采煤机和刮板输送机应停电、闭锁、挂停电牌，以防发生意外。

2）支架液压系统的各种阀、液压缸不准在井下拆卸和调整，不允许随意更换液压系统的管路连接件。当阀或液压缸出现故障时，应由专人负责，用质量合格的同型号阀或液压缸进行整体更换。

3）在拆卸或更换安全阀、测压阀及高压软管时，应在各有关液压缸卸载后进行。

4）在更换管、阀、缸体、销轴等，需要支架承载件卸载时，必须对该部件采取防降落、冒顶、片帮的安全措施。

5）向工作地点运送的各种软管、阀、液压缸等液压部件的管路连接部分，必须用专用堵头堵塞，只允许在使用地点打开。

6）装配液压件前，必须用乳化液冲洗干净，并注意有关零部件相互配合的密封面，防止因碰伤或损坏而影响其使用。

7）处理单架故障时，要关闭本架的断路阀；处理总管路故障时，要停开泵站，不允许带压作业。

8）组装密封件时，应注意检查密封圈唇口是否完好，加工件上有无锐角或毛刺，并注意密封圈与挡圈的安装方向是否正确。

9）管路快速接头使用的U形卡的规格、质量必须合格，严禁单孔使用或用其他物件代替。

4. 收尾工作

1）检修工作完毕后，必须将液压支架认真动作几次，确认无问题后方可使用。

2）检修时卸载的立柱、千斤顶要重新承载。

3）检修完工后，各液压操作手柄要置于零位。

4）认真清点工具及剩余的材料、备件，并作好检修记录。

四、液压支架的维护检查

液压支架的维护检查是保证液压支架生产连续进行的关键措施，包括三项内容，即日检、旬检和月检。

1. 日检

1）检查各连接销、轴是否齐全，有无损坏，发现严重变形或丢失时应及时更换或补齐。

2）检查液压系统有无漏液、窜液现象，有漏液的地方应进行处理或更换部件。

3）检查各运动部分是否灵活，有无卡阻现象，有问题应及时处理。

4）检查所有软管有无卡阻、堵塞、压埋和损坏，有问题要及时处理或更换。

5）检查立柱和前梁有无下降现象，如有应寻找原因并及时处理。

6）检查立柱和千斤顶，如有弯曲变形和严重擦伤应及时处理，影响伸缩时要更换。

7）当支架动作缓慢时，应检查其原因，并及时更换堵塞的过滤器。

8）认真、如实填写检修记录。

2. 旬检

1）包括日检的全部内容。

2）检查顶梁与前梁的连接销轴及耳座，如发现有裂纹或损坏应及时更换。

3）检查顶梁与掩护梁，掩护梁与前、后连杆的焊缝是否有裂纹，如有应及时更换。

4）检查各受力构件是否有严重的塑性变形及局部损坏，如发现要及时更换。

5）检查阀件的连接螺钉，如松动应及时拧紧。

6）检查立柱复位橡胶盒的紧固螺栓，如松动应及时拧紧。

7）认真、如实填写检修记录。

3. 月检

1）包括日检、旬检的全部内容。

2）按照支架的完好标准逐架进行检修。

3）对安全阀要轮流进行性能试验。

4）更换被损坏和变形严重的护帮板、伸缩外梁及侧护板。

5）更换由于窜、漏液而达不到初撑力的立柱、推移千斤顶和碰伤严重变形、镀铬层脱落的支柱、推移千斤顶。

6）更换变形、开焊、损坏的推拉杆。

7）认真、如实填写检修记录。

4. 维护和检修注意事项

1）支架在工作面进行部件拆装和更换时，应注意顶板冒落，做好人身和设备的防护工作。更换立柱、前梁千斤顶、各种控制阀等元件时，应用临时支柱撑住顶梁后再进行。

2）支架上的液压部件及管路系统在有压力的情况下，不得进行修理与更换，必须在关闭断路阀或停止高压泵，使管路压力卸载后方可进行修理与更换。拆卸时严防污物进入。

3）拔出后的高压管接头应朝向地面，不得指向人员。

4）在支架的拆装和检修过程中，必须使用合适的工具，禁止乱打乱敲，尤其是各种液压缸的活塞杆表面、导向套、各种阀件的阀芯与密封面、管接头及连接螺纹等，应防止其损伤，避免增加检修困难。对拆下的液压元件和零部件要标上记号及量取必要的尺寸，并分别放在适当的地方；拆下的小零件，如垫圈、开口销及密封件等，应装入工具袋内，防止丢失。

5）支架上使用的各种液压缸和阀等液压元件，一般不允许在井下拆装，当发现问题不能继续使用时，必须整件更换，送井上进行修理。各种液压缸在井下搬运的过程中，应先收缩至最低位置，并将缸体内的液体放出，以免损伤活塞杆表面。

6）备换的各种软管、立柱、千斤顶与各种阀件的进、出液口，必须用合适的堵头进行保护，并在存放与搬运过程中注意避免堵头脱落。

7）支架检修后应作好检修记录，包括检修内容、材料和备件消耗、所需工时、质量检查情况和参加人员等，以便积累资料，分析情况，为以后的维修创造条件。检修后的支架还应进行整架动作性能试验。

8）支架的存放与配件的储存要有计划，设专人负责保管，加强防尘、缓蚀和防冻措施，支架和配件应尽量存放在库房内；对于存放在地面露天的待检修或暂不下井的支架，应集中在固定的位置保管；并将支架各液压缸、阀件内的乳化液全部放掉，必要时注入防冻液，以防冬季将液压元件冻裂。

9）软管在储存时应盘卷或平直捆扎，盘卷弯曲半径不得小于200～500mm，橡胶件和尼纶件应避免阳光直射、雨雪浸淋，存放温度应保持为－15～40℃，存放相对湿度应在50%～80%之间，严禁与酸碱油类及有机溶剂等物质接触，并远离发热装置1m以外。

五、液压支架的常见故障及处理

液压支架在使用过程中，经常会发生的各种故障，其产生原因及处理方法见表6-4。

表 6-4　液压支架的常见故障及其处理方法

部位	故障现象	原　因	处理方法
管路系统	管路无液压，操作无动作	1. 断路阀未打开 2. 软管被堵死，液路不通，或软管被砸挤破裂泄液 3. 软管接头脱落或扣压不紧，接头密封件损坏，漏液 4. 进液侧过滤器被堵死，液路不通 5. 操纵阀内密封环损坏，高、低压腔窜液	1. 打开断路阀 2. 排除堵塞物，更换损坏部分 3. 更换，检修 4. 更换，清洗 5. 更换，检修
立柱或前梁千斤顶	供液后不伸不降，或伸出太慢	1. 供液软管或回液管打折、堵死 2. 管路中压力过低或泵的流量较小 3. 缸体变形，上、下腔窜液 4. 活塞密封圈损坏、卡死 5. 活塞杆弯曲变形、卡死 6. 操纵阀漏液 7. 液控单向阀顶杆密封损坏，泄漏	1. 排除障碍，畅通液路 2. 检修乳化液泵 3. 检修缸体 4. 更换密封圈 5. 更换活塞杆 6. 检修操纵阀 7. 更换，检修
	供液时活塞杆伸出，停止供液后自动收缩	1. 操纵阀关闭太早，初撑力不够，低压渗漏 2. 活塞密封件损坏，高、低压腔窜液，失去密封性能 3. 缸体焊缝漏液或有划伤 4. 液控单向阀密封不严，阀座上有脏物卡住，或密封件损坏 5. 安全阀未调整好或密封件损坏 6. 高压软管或高压软管接头密封件损坏，漏液	1. 按操作规程操作 2. 更换密封件 3. 检修焊缝或缸体 4. 用操纵阀动作冲洗，无效时更换或检修 5. 重新调整或更换、检修 6. 检修该部分管道
	不能卸载或卸载后不收缩及收缩困难	1. 活塞杆或缸体弯曲变形、蹩死或划伤 2. 柱内密封圈反转损坏，或相对滑动表面间被咬死 3. 液控单向阀顶杆折断，弯曲变形，或顶端缩粗，使阀门打不开 4. 液控单向阀顶杆密封损坏，泄漏 5. 高压液路工作压力低或阻力大，使单向阀打不开 6. 回液路截止阀未打开，或回液路堵塞 7. 回液管截止阀、顶杆或密封圈损坏 8. 立柱内导向套损坏	1. 更换，检修 2. 更换，检修 3. 更换，检修 4. 更换密封件 5. 检查泵站及液压系统，查出原因，进行处理 6. 打开截止阀或找出堵塞处，进行处理 7. 更换损坏件 8. 更换导向套
	缸体变形	1. 安全阀堵塞 2. 外界碰撞	1. 检修安全阀 2. 更换缸体
	导向套漏液	密封件损坏	更换，检修
推移千斤顶	供液后无动作或动作缓慢	1. 活塞的密封件损坏，高、低压窜液 2. 活塞杆弯曲变形，或焊接处断裂 3. 控制阀、交替单向阀或液控单向阀密封不严，有脏物卡住或密封件损坏 4. 进液管路压力低，阻力大，或回液管堵塞 5. 采煤机割出台阶，或支架、输送机靠煤壁侧有矸石、大块煤卡住 6. 千斤顶与支架连接销或连接块折断	1. 在一时难以确定故障原因出自阀还是缸的情况下，可将有疑问的千斤顶上的软管拆下，与邻架正常的阀组对调操作，然后进行判断 2. 确定故障原因后，拆换损坏件，并进行检查，由外部原因引起时则清除杂物

（续）

部位	故障现象	原　因	处理方法
推移千斤顶	导向套漏液	密封圈损坏	更换，检修
	邻架移架时，本架不供液的推移千斤顶随之动作	推溜回路的液控单向阀密封不严	更换密封零件或密封圈
操纵阀	手柄处于停止位置时，阀内能听到“咝咝”的声响，或液压缸有缓慢动作	1. 阀座等零件密封不好 2. 密封圈或密封弹簧损坏 3. 阀内有脏物卡住	1. 更换密封零件 2. 更换密封圈或弹簧 3. 在动作冲洗几次无效时，进行更换
	手柄置于任一动作位置时，阀内声音较大，但液压缸动作缓慢或无动作	操纵阀高、低压腔窜液	更换密封零件或密封圈
	操纵阀手柄周围漏液	阀盖螺钉松动，密封不严或密封件损坏	更换，检修
	手柄转动费力	1. 滚珠轴承损坏 2. 转子尾部变形 3. 卸压孔堵塞	1. 更换，检修 2. 更换，检修 3. 清洗或疏通
安全阀	不到额定压力即开启	1. 未按额定压力调定，或弹簧疲劳 2. 阀垫损坏或有脏物卡住，密封不严	1. 重新调定，更换弹簧 2. 更换，检修
	降到关闭压力，不能及时关闭，立柱继续降缩	1. 内部有蹩卡现象或密封面粘住 2. 弹簧损坏	1. 检修 2. 更换弹簧
液控单向阀	阀门打不开，使立柱不能收缩	阀内顶杆折断、弯曲变形或顶端粗缩	更换，检修
	渗液引起立柱自动下降	弹簧疲劳，或顶杆歪斜损坏阀座	更换，检修
测压阀	测压阀滚花螺母打开时，漏液严重，立柱随之下缩	1. 钢球和阀座密封件间的密封面损坏 2. 阀座上有脏物卡住	1. 更换，检修 2. 检修

六、评分标准（表 6-5）

表 6-5　液压支架的维护与检修评分标准

考核内容	考核项目	分值	检测标准	得分
素质考评	出勤、态度、纪律、认真程度	10	教师掌握	
液压支架的完好标准	液压支架各项完好标准	20	可采用笔试	
液压支架的维护	液压支架日检、旬检、月检的相关内容	20	可采用笔试	

（续）

考核内容	考核项目	分值	检测标准	得分
液压支架的故障处理	液压支架常见故障的处理方法	40	根据处理故障的实际情况酌情扣分	
安全文明操作	1. 遵守安全规程 2. 清理现场卫生	10	1. 不遵守安全规程扣5分 2. 不清理现场卫生扣5分	
总计				

课题三　单体液压支柱

【任务描述】

单体液压支柱是煤矿井下中厚煤层以下普通采煤工作面使用的主要支护设备。它与小功率采煤机、可弯曲刮板输送机等采煤机械设备一起，可组成高档普采工作面。

本课题主要分析我国目前常用的外注式单体液压支柱的总体结构，使学生全面了解、掌握外注式单体液压支柱的结构、原理和使用维护及检修方面的知识。

【知识学习】

1948年，单体液压支柱在英国问世，之后，许多国家相继使用，我国从1977年开始使用单体液压支柱。它与重型HDJA或中型HDJC金属铰接顶梁配套使用，供煤矿一般机械化工作面支护，也可供综采工作面端头支护或临时支护使用。

一、单体液压支柱的类型与结构

1. 单体液压支柱的类型

单体液压支柱有外注式和内注式两种，按支柱工作行程不同，可分为单伸缩和双伸缩支柱；按支柱使用材料不同，可分为钢质和轻合金支柱。

矿用液压单体支柱的型号说明如下。

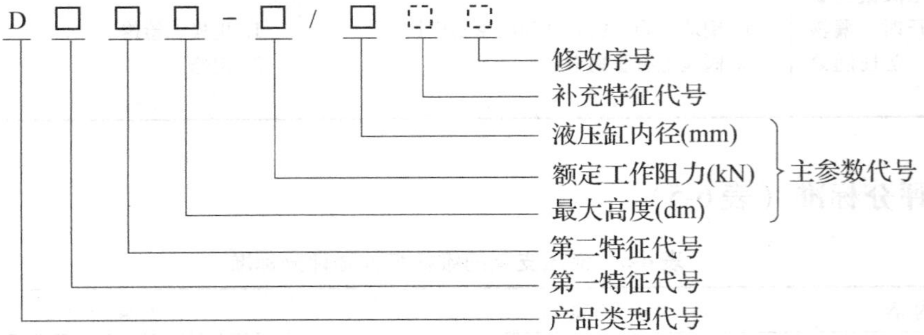

1）产品类型代号。D表示支柱。

2）第一特征代号。支柱按供液方式和工作液不同的分类，N表示内注式支柱，W表示外注式支柱。

3）第二特征代号。支柱按行程不同的分类，S表示双伸缩支柱，无字母表示单伸缩支柱。

4）主要参数代号。依次用支柱的最大高度、额定工作阻力和液压缸内径三个参数表明，三个参数均用阿拉伯数字表示，参数之间分别用“-”和“/”符号隔开，最大高度的单位为 dm，额定工作阻力的单位为 kN，液压缸内径的单位为 mm。

5）补充特征代号。用于区分材质、结构等不同的产品，用汉语拼音大写字母表示，如 Q 表示轻合金。

6）修改序号。产品结构有重大修改时作识别之用，用带括号的大写英文字母（A）、（B）、（C）……依次表示。

例如，DW20-300/100 型支柱，表示最大高度为 2m，额定工作阻力为 300kN，液压缸内径为 100mm 的外注式单体液压支柱。

2. 外注式单体液压支柱的结构

外注式单体液压支柱的结构比较简单，零件少，为一个单作用液压缸。DW 型外注式单体液压支柱由顶盖、三用阀、活柱体、缸体、活塞、复位弹簧、限位装置、底座和注液枪等零部件组成，其结构如图 6-32 所示。

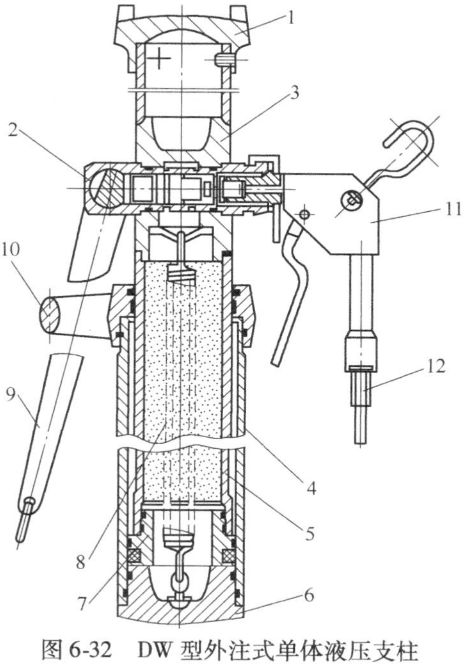

图 6-32　DW 型外注式单体液压支柱

1—顶盖　2—三用阀　3—活柱体　4—缸体　5—接长柱筒　6—底座　7—活塞
8—复位弹簧　9—卸载手柄　10—手柄体　11—注液枪　12—供液管

（1）手柄体　手柄体用于单体液压支柱的搬运，通过连接钢丝装在缸体上，它又是单体液压支柱的缸盖兼导向装置。手柄体内装有防尘圈，用以防止污物进入支柱内部。

（2）限位装置　限位装置是限制活柱伸出的最大高度，保证液压缸与活柱具有一定的重合长度，防止活柱拔出和损坏的装置。限位装置有限位套、限位环、钢丝挡圈和限位台阶等多种形式。2m 以上的外注式单体液压支柱采用限位台阶限位，1.8m 以下的外注式单体液压支柱采用钢丝挡圈限位。限位装置必须具有一定的强度，使其在承受初撑力时不至于损坏。

（3）复位弹簧　支柱卸载时，依靠活柱等的重量不能满足支柱的降柱速度要求，因而采用复位弹簧加快支柱的下降速度。复位弹簧一头挂在柱头上，另一头挂在底座上，并使它具有一定预紧力。

（4）三用阀　三用阀是外注式单体液压支柱的核心部件，其性能直接影响整个支柱的性能，三用阀的结构如图6-33所示。它由注液单向阀、安全阀和卸载阀组成。单向阀由注液阀体2、钢球阀芯3、小弹簧和尼龙阀座等组成，供单体液压支柱注液用；安全阀为平面密封式，由安全阀针8、安全阀垫9、阀座16、导向套10和安全阀弹簧11等组成，保证单体液压支柱具有恒阻特性；卸载阀由连接螺杆6、卸载阀垫4和卸载弹簧5等组成，供单体液压支柱卸载回柱用。为使整个支柱结构紧凑，各阀体拆装维修方便，将三用阀组合成一体结构。三用阀通常安装在活柱体的活柱头上。

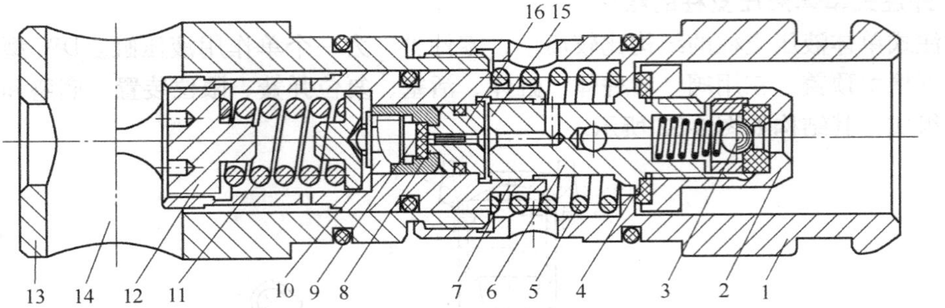

图6-33　三用阀

1—右阀体　2—注液阀体　3—钢球阀芯　4—卸载阀垫　5—卸载弹簧　6—连接螺杆　7—安全阀套　8—安全阀针　9—安全阀垫　10—导向套　11—安全阀弹簧　12—调压螺钉　13—左阀体　14—卸载手柄安装孔　15—过滤网　16—阀座

（5）注液枪　将高压乳化液注入外注式单体液压支柱，使支柱上升的工具称为注液枪。注液枪由注液管、锁紧套、手柄、阀体组、顶杆、隔离套、压紧螺钉、弹簧及钢球单向阀座等组成，如图6-34所示。

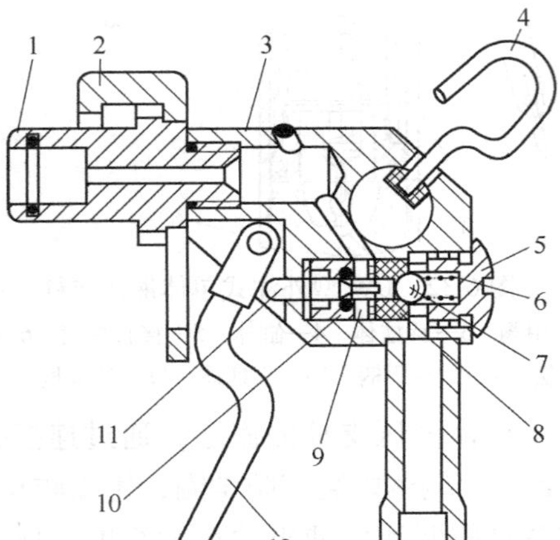

图6-34　注液枪

1—注液管　2—锁紧套　3—枪体　4—挂钩　5—压紧螺钉　6—单向阀复位弹簧　7—阀芯　8—阀座　9—密封圈和防挤圈　10—隔离套　11—顶杆　12—手柄

注液升柱时，将注液管1插入三用阀阀体中，将锁紧套2卡在三用阀的环形槽中。扳动手柄12，顶杆11右移打开单向阀，工作液体进入支柱。注液结束后，松开手柄，单向阀关闭，顶杆复位，残存在单向阀和注液管的高压工作液体经顶杆11与密封圈和防挤圈9之间的间隙溢出，注液枪才能取下。

注液枪不使用时，用挂钩挂在支柱把手上或不从支柱三用阀拔下来，不能放在底板上，以免煤粉堵塞进液通道或损坏密封而漏液。

二、外注式单体液压支柱的工作原理

外注式单体液压支柱的工作过程为升柱、初撑→承载溢流→降柱。

1. 升柱、初撑

支柱升柱时，将管路系统中的注液枪套在三用阀注液阀上，挂好锁紧套。操作注液枪，使泵站来的高压液经注液枪顶开单向阀的钢球进入支柱，迫使活柱升高，如图6-35a所示。当支柱的顶盖接触金属顶梁，并使顶梁紧贴工作面顶板时，活柱不再升高；松开注液枪手柄，切断泵站来的高压液。这时，支柱内腔压力和泵站压力相同，支柱给顶板一定的初撑力。

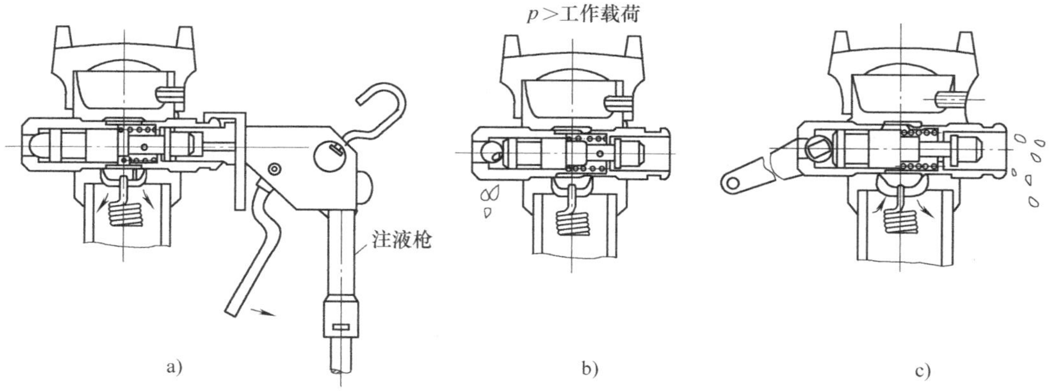

图6-35　外注式单体液压支柱工作过程与原理图

a）升柱、初撑　b）承载溢流　c）降柱

2. 承载溢流

支柱支设以后便处于承载状态，随着支护时间的延长，工作面顶板压力作用在支柱上的载荷逐渐增加。当支柱承载超过额定工作阻力时，支柱内腔的高压液体把三用阀中的安全阀打开，支柱内腔液体外溢，活柱下缩（图6-35b），使顶板压力重新得到平衡。当支柱承受的载荷小于额定工作阻力时，安全阀关闭，柱内液体停止外溢，支柱载荷不再降低。支柱在支护过程中，上述现象反复出现，以保持支柱对顶板的支撑力基本恒定。

3. 降柱

回柱时，将卸载手柄插入三用阀左阀筒的卸载孔内，转动手柄，迫使阀套、连接螺杆等轴向移动，压缩卸载阀弹簧；卸载阀垫离开右阀筒密封垫，柱内液体经右阀筒喷出，活柱在自重和复位弹簧的作用下降柱，完成回柱工作，如图6-35c所示。

三、金属铰接顶梁

单体液压支柱必须配备金属铰接顶梁才能用于顶板支护。金属铰接顶梁的规格及型号较多，常用的为HDJA型铰接顶梁，按其长度规格有HDJA800、HDJA900、HDJA1000及HD-JA1200等型号。

图6-36所示为金属铰接顶梁，它由梁体1、楔子2、销子3、接头4、定位块5和耳子6组成，梁体1的断面为箱式结构，由扁钢组焊而成。

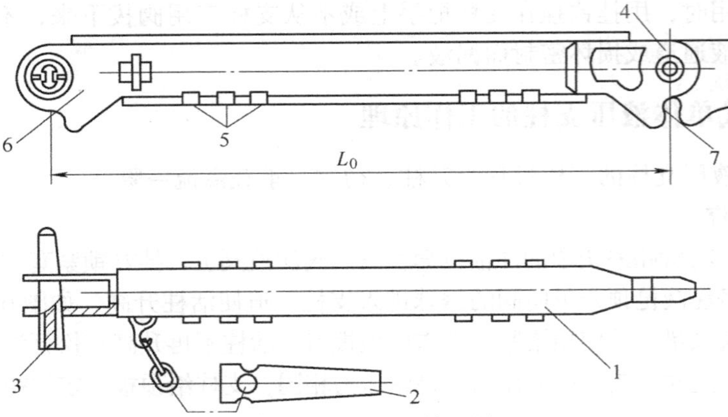

图6-36　金属铰接顶梁

1—梁体　2—楔子　3—销子　4—接头　5—定位块　6—耳子　7—夹口

架设顶梁时，先将顶梁右端的接头4插入已架设好的顶梁一端的耳子中，然后用销子3穿上并固紧，使两根顶梁铰接。最后将楔子2打入夹口7中，使顶梁悬臂支撑顶板。新支设的顶梁被支柱支撑时，及时将楔子拔出，以免因顶板下沉而将楔子咬死。

【任务实施】

单体液压支柱使用与维护的正确与否，直接关系到安全生产和采煤机效率的发挥。因此，要严格遵守操作规程，加强维护，充分发挥单体液压支柱的使用效果。

一、任务实施的目的

1）掌握单体液压支柱的正确操作方法。

2）掌握单体液压支柱的完好标准。

3）掌握单体液压支柱的维护及故障处理方法。

二、单体液压支柱的使用注意事项

1）为了防止支柱内腔的工作液体流失，支柱应直立存放，卸载手柄在不工作时应处于关闭位置。

2）搬运支柱时，应将支柱缩到最小高度，严禁随意抛扔支柱。

3）支设前，必须检查支柱上的零件是否齐全，柱体有无弯曲、凹陷，不允许使用不合格的支柱。

4）当工作面倾斜角大于25°时，要采取防止倒柱的有效安全措施，按规定的排距和柱距支设支柱，不准用金属物敲打支柱。

5）支柱支设要牢固，顶盖与顶梁接触要严实、平整。

6）活柱最小伸出量不应小于顶板最大下沉量加50mm的回撤量。

7）不准在工作面放炮，不得已时应采取防护措施，并报矿总工程师批准。

8）发现死柱时，要先打临时柱，然后用掏底或刨顶的方法回收，严禁采用放炮崩或机械强行回撤的做法。

9）支柱支护后出现缓慢下缩时，应先行卸载再重新支设，如无效则应升井检修。

10）对于长时间没有使用的支柱或新的支柱，在使用前应排出柱腔内的空气。

11）支设支柱时，支柱必须对号入座，两人配合作业，将柱子支在实底或柱靴上，并要有一定的迎山角。注液前要用注液枪冲刷注液嘴，然后插入注液枪注液。

12）支设支柱时，应将三用阀中的单向阀朝向采空区侧或工作面下方，将内注式单柱的卸载手柄朝向煤壁侧。

13）用手抓支柱手柄体时应掌心向上，以防止升柱过程中从顶板掉落的小块矸石砸伤手背。

14）支柱在运输和使用过程中不允许摔砸。

15）在同一采煤工作面中，不能使用不同类型和不同性能的支柱。

16）《煤矿安全规程》规定：单体液压支柱的初撑力，柱径为100mm的不小于90kN，柱径为80mm的不小于60kN。对于软岩条件下初撑力确实达不到要求的，在满足安全生产的条件下，必须经企业技术负责人审批。

三、单体液压支柱的管理

1）工作面每班应设专职管理人员，负责本班工作面支柱及顶梁的管理工作。

2）工作面的支柱及顶梁应实行“对号入座”牌板管理。

3）每日（班）要对支柱进行一次数量、编号、完好状态和有无渗液的检查，及时更换失效或损坏的支柱，换下的支柱要尽快升井检修。

4）除支柱顶盖外，不准在井下修理支柱。

5）支柱的检修周期应按检修规程执行。在采煤工作面回采结束后或使用时间超过8个月后，必须进行检修。检修好的支柱必须进行压力试验，合格后方可使用。

6）在附近的安全、干燥地点，必须存放足够数量的备用支柱。注液枪拖拉胶管的长度必须大于主供液管路中，相邻两处注液枪距离的1/2。

四、单体液压支柱的完好标准

1. 柱体

1）零件齐全完整，手柄体无开裂。

2）缸体无严重机械伤痕，划痕不大于1mm，且不影响活柱升降。

3）所有焊缝无裂纹。

4）支柱顶盖不缺爪，无严重变形。

5）回撤的支柱应竖放，不能倒放在底板上。

2. 活柱

1）镀层表面缺陷应符合下列规定：

① 锈蚀斑点面积不超过总面积的5%。

② 每50cm^2内镀层脱落点不超过5个，总面积不超过1cm^2，最大的点不超过0.5cm^2。

③ 伤痕面积不超过20mm^2，深度不超过0.5mm。

2）活柱伸缩灵活，无漏液现象，降柱速度不小于25mm/s。

3. 三用阀

1）单向阀、卸载阀性能良好，实验时保证2min不渗漏。

2）定期抽查试验安全阀，开启压力不小于0.9p_H（p_H额定工作压力），不大于1.1p_H；关闭力不小于0.85p_H。

3）注液嘴无硬伤。

4）支柱卸载要使用专用工具。

4. 记载资料

支柱有编号，检修有记录。

五、单体液压支柱的维护

定期维护单体液压支柱是保证其良好性能和安全生产，延长其使用寿命的重要措施。

1. 日检

1）检查、更换损坏的单柱顶盖。

2）更换漏液的三用阀。

3）检查单柱液压缸有无凹陷。

4）更换、补齐损坏和丢失的零件。

2. 大修

1）清洗所有零件。

2）更换安全阀垫、单向阀、卸载阀垫、Y形密封圈、防尘圈、导向环、皮碗防挤圈及所有O形密封圈。

3）更换所有磨损和损坏的零件。使用单体液压支柱的工作面在回采结束后，如需将支柱转到其他工作面继续使用，应按《单体液压支柱维修规程》中的维修质量标准抽试2%的支柱，合格率在90%以上时方可使用。否则应加倍抽试，若合格率达不到90%以上，应全部升井检查或大修。

4）支柱大修周期：

① 内注式单体柱不超过1.5~2年。

② 外注式单体柱：支柱不超过2年，三用阀不超过1年，注液枪不超过1年。

六、外注式单体液压支柱的常见故障及其处理方法

DW型外注式单体液压支柱的常见故障及其处理方法见表6-6。

表6-6　DW型外注式单体液压支柱的常见故障及其处理方法

序号	故障现象	产生原因	处理方法
1	注液时，活柱不从液压缸中伸出或伸出缓慢	1. 泵站无压力或压力低 2. 截止阀关闭 3. 注液阀体进液孔被脏物堵塞 4. 密封失效 5. 管路滤网堵塞 6. 注液枪失灵	1. 检查泵站 2. 打开截止阀 3. 清洗注液嘴 4. 更换密封件 5. 清洗过滤阀 6. 检查密封圈

（续）

序号	故障现象	产生原因	处理方法
2	活柱降柱速度慢或不降柱	1. 复位弹簧松脱 2. 缸体有局部凹坑 3. 活柱表面损坏 4. 防尘圈、Y形圈损坏 5. 导向环、防挤圈膨胀过大	1. 重新挂复位弹簧 2. 更换缸体 3. 更换活柱 4. 更换防尘圈、Y形圈 5. 更换导向环、防挤圈
3	工作阻力低	1. 安全阀调压螺钉松动 2. 安全阀开启压力低或关闭压力低 3. 密封件失效	1. 拧紧调压螺钉 2. 检查安全阀 3. 更换失效的密封件
4	工作阻力高	1. 安全阀开启压力高 2. 安全阀垫挤入溢流间隙	1. 重新调定 2. 更换阀垫
5	乳化液从手柄体中溢出	1. 活塞和活柱间密封圈损坏 2. Y形密封圈损坏 3. 缸体变形或镀层脱落	1. 更换损坏的密封圈 2. 更换Y形密封圈 3. 更换或重新镀铬
6	乳化液从底座溢出	底座与液压缸间的O形密封圈损坏	更换O形密封圈
7	乳化液从柱头孔溢出	1. O形密封圈损坏 2. 柱头密封面损坏	1. O形密封圈 2. 更换或修理
8	乳化液从单向阀、卸载阀溢出	单向阀、卸载阀密封面损坏或污染	清洗或更换损坏的零件
9	缸体弯曲	1. 推输送机时被损坏 2. 被采煤机损坏 3. 缸体因硬度低而被损坏 4. 支柱压死时绞车拉坏缸体	1. 更换缸体 2. 改进操作方法 3. 更换缸体 4. 应先挑顶或卧底，再用绞车回柱
10	活柱弯曲	1. 活柱硬度不够被压坏 2. 突然来压时安全阀来不及打开 3. 推输送机顶弯曲	1. 更换活柱 2. 根据顶板压力加大支柱密度 3. 改进操作方法
11	手柄断裂	1. 推输送机时顶坏 2. 处理压死支柱时用绞车硬拉而拉坏	1. 改进操作方法 2. 更换手柄
12	顶盖损坏	支设不当	更换顶盖
13	活柱从液缸中拔出	未装限位装置	装设限位装置
14	左阀筒卸载孔变形或溢流阀套端面变形	未用专用工具，回柱被损坏	1. 使用专用注液枪手柄 2. 更换变形零件
15	注液枪漏油	1. 注液枪管螺纹松动 2. 密封圈损坏 3. 密封面损坏	1. 拧紧螺纹 2. 更换密封圈 3. 更换注液枪

七、评分标准（表6-7）

表6-7　单体液压支柱的维护与检修评分标准

考核内容	考核项目	分值	检测标准	得分
素质考评	出勤、态度、纪律、认真程度	10	教师掌握	
单体柱的操作	1. 单体柱的升柱与回柱操作 2. 操作注意事项	20	每项10分	

（续）

考核内容	考核项目	分值	检测标准	得分
单体柱的维护	日检和大修	20	每一项操作不正确扣10分	
单体柱的故障处理	1. 升柱、降柱速度慢 2. 工作阻力高或低 3. 漏液 4. 结构件损坏	40	根据处理故障的实际情况酌情扣分	
安全文明操作	1. 遵守安全规程 2. 清理现场卫生	10	1. 不遵守安全规程扣5分 2. 不清理现场卫生扣5分	
总计				

【思考与练习】

1. ZY4800/13/32 型掩护式液压支架由哪些结构件组成？
2. 试述 ZY4800/13/32 型掩护式液压支架的特点。
3. 说明 ZY4800/13/32 型掩护式液压支架液压系统的工作原理。
4. 试述液压支架的完好标准。
5. 液压支架日检、旬检和月检分别有哪些内容？
6. 支撑掩护式液压支架共同的结构特点是什么？
7. 试述 ZZ4000/17/35 型支撑掩护式支架液压系统的工作原理。
8. 放顶煤支架有哪些特点？
9. 试述端头支架的作用和特点。
10. 外注式单体液压支柱由哪几部分组成？叙述外注式单体液压支柱的工作过程。
11. 三用阀包括哪些阀？说明其工作原理。
12. 单体液压支柱的完好标准有哪些？

第七单元

乳化液泵站

【学习目标】

本单元由乳化液泵站基础知识和智能型乳化液泵站两个课题组成。乳化液泵站是用来向综采工作面液压支架或普采工作面单体液压支柱输送乳化液的设备。乳化液泵站由两台乳化液泵（一台工作，一台备用）、一台乳化液箱和其他附属设备组成，并具有完善的控制和过滤系统。乳化液泵是支架液压系统的动力源，乳化液箱是储存、回收、过滤和沉淀乳化液的设备。图 7-1 所示为乳化液泵站外形图。

本单元对乳化液泵站及智能型乳化液泵站的组成、结构、作用及工作原理作了详细的介绍。通过本单元的学习，学生应熟悉乳化液泵站及智能型乳化液泵站的组成、结构及工作原理；掌握乳化液泵站的日常维护知识及常见故障的分析与处理方法。

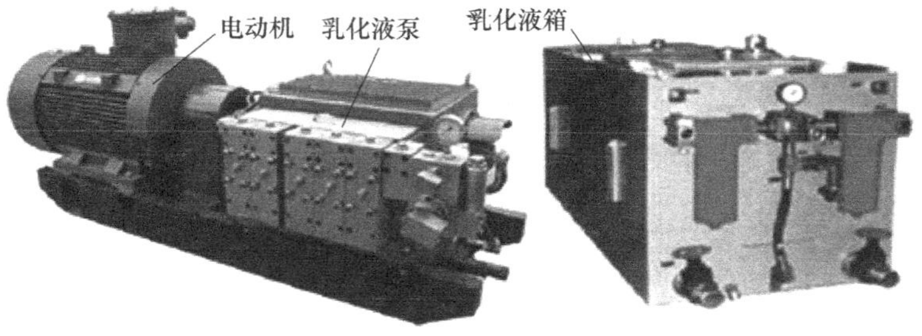

图 7-1　乳化液泵站外形图

课题一　乳化液泵站基础知识

【任务描述】

本课题对乳化液泵站的结构、作用、工作原理和乳化液箱的结构及其附属装置作了全面介绍。要求学生掌握乳化液泵、乳化液箱及液压系统的组成和原理；了解乳化液的组成与配制方法；掌握乳化液泵站的日常维护知识及常见故障的分析与处理方法。

【知识学习】

一、乳化液泵站的分类及型号

乳化液泵按其压力等级分为三类：压力≤12.5MPa 为低压乳化液泵，压力为 12.5～25MPa 为中压乳化液泵，压力＞25MPa 为高压乳化液泵。

1. 乳化液泵的型号

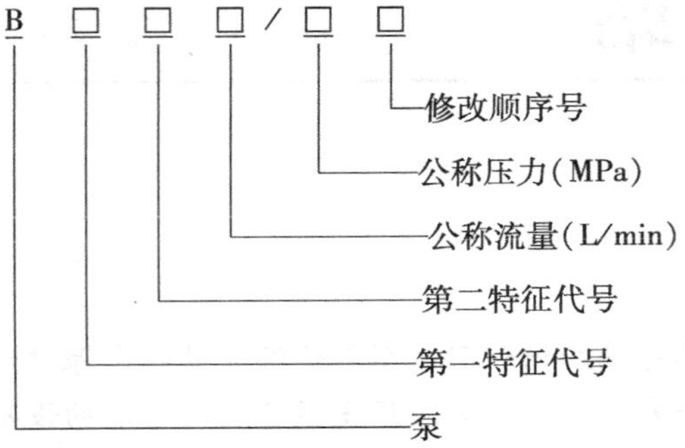

1）产品类型代号，B 表示泵。

2）第一特征代号为用途特征，R 表示“乳”，P 表示“喷”，Z 表示“注”。

3）第二特征代号一般为结构特征代号，W 表示“卧式”。

型号示例：BRW200/31.5 型乳化液泵表示卧式乳化液泵，流量为 200L/min，公称压力为 31.5MPa。

2. 乳化液箱的型号

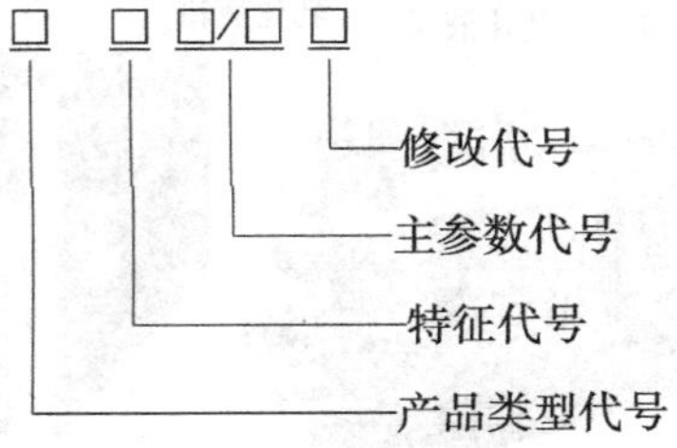

1）产品类型代号，乳化液箱用汉语拼音大写字母 X 表示。

2）特征代号表明产品特征，R 表示乳化液泵用，P 表示喷雾泵用。

3）主参数代号用配套泵的公称流量、公称容量两个参数表明，两个参数均用阿拉伯字母表示，参数之间用“/”隔开，公称流量的单位为 L/min，公称容量用公称容量数值的百分之一表示。

型号示例：XR400/25 型乳化液箱表示公称流量为 400L/min，公称容量为 2500L 的乳化液箱。

3. 泵站的型号

泵站型号由泵组型号与液箱型号组成，中间用“－”连接。

型号示例：BRW200/31.5－XR200/16 型泵站（也可简写为 BRW200/31.5 型泵站）表示由两台 BRW200/31.5 型乳化液泵组与一台 XR200/16 型乳化液箱组成的泵站。

二、乳化液泵的工作原理及其选择

1. 乳化液泵的工作原理

乳化液泵的工作原理如图7-2所示。当电动机带动曲轴1转动时，曲轴通过连杆2和滑块3，带动柱塞5作往复直线运动。当柱塞向左运动时，缸体6右端的容积由小变大而形成真空。乳化液箱内的乳化液在大气压力的作用下顶开进液阀9进入缸体。当柱塞向右运动时，缸体内容积减小，此时吸进的液体受到压缩而使其压力升高，打开排液阀7，由排液口8经主供液管送到工作面液压支架。这样，柱塞往复运动一次，就吸、排液一次。由于一个柱塞在吸液过程中不能排液，所以单柱塞泵的排液量是很不均匀的。为了使排液比较稳定和均匀，一般采用卧式三柱塞泵或卧式五柱塞泵。

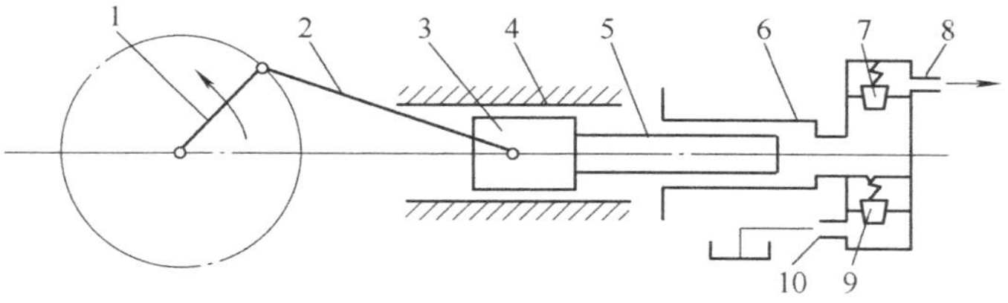

图7-2 乳化液泵的工作原理

1—曲轴 2—连杆 3—滑块 4—滑道 5—柱塞 6—缸体 7—排液阀 8—排液口 9—进液阀 10—进液口

2. 乳化液往复泵的流量

从往复泵的工作原理来看，柱塞一个行程排出的乳化液量=柱塞面积×柱塞行程。如果柱塞在1min内往复n次，乳化液泵有Z个柱塞，则在1min内所排出的乳化液量即乳化液泵的流量Q(L/min)为

$$Q=\frac{\pi}{4}D^2snZ\eta_v\times10^{-6}$$

式中 D——柱塞直径（mm）；

s——柱塞行程（mm）；

n——柱塞每分钟的往复次数；

Z——柱塞数；

η_v——容积效率，一般取0.9~0.95。

3. 泵的压力

乳化液泵工作时排出的乳化液输送给支架液压系统，乳化液泵的压力将随着工作面顶板载荷和管道摩擦力的大小而变化。而乳化液泵所产生的压力受泵的结构、材料强度及制造工艺等因素的限制，不能超过某一压力值。因此，乳化液泵在出厂时规定了一个额定压力，这个压力决定了支架对顶板初撑力的大小。

液压支架工作时，为了减缓工作面顶板的自然下沉，增加顶板的稳定性，使支架尽快在恒阻状态下工作，需要支架给顶板一个初撑力。初撑力需要的压力由乳化液泵供给，当泵产生的压力使支架顶梁升起与顶板接触时，由于顶板载荷的作用，泵的压力逐渐升高，直到达到泵站的额定压力为止。此后，泵排出的乳化液经过泵站的自动卸载阀回到乳化液箱，泵处于卸载状态，低压运行，停止向支架供液。

4. 乳化液泵的选择

选择泵站的主要指标为：一是满足液压支架所要求的泵站工作压力，以保证支架有足够的初撑力；二是要保证工作面支架的移架速度而必需的乳化液流量。目前，泵站的乳化液流量有逐渐向大流量发展的趋势，以获得较高的移架速度。

（1）乳化液泵的压力　乳化液泵的压力取决于选定的液压支架立柱的初撑力，即

$$p_b = \frac{4P_{ZC}}{\pi D_1^2} \times 10^{-3}$$

式中　p_b——乳化液泵的压力（MPa）；

P_{ZC}——立柱的初撑力（kN）；

D_1——立柱缸体内径（m）。

（2）乳化液泵的流量　支架的移架速度要与采煤机的牵引速度相匹配，则乳化液泵的流量应满足移架速度的要求，因此流量 Q(L/min) 为

$$Q = (F_{hz}l_j + F_y l_j + F_{hs}l_s)\frac{v}{A} \times 10^3$$

式中　F_{hz}——立柱活柱腔的环形面积（m^2），其计算公式为

$$F_{hz} = \frac{\pi}{4}(D_1^2 - D_2^2)$$

D_1——立柱缸的内径（m）；

D_2——立柱活柱的外径（m）；

l_j——降架距离（m）；

F_y——推移千斤顶移架时的作用面积（m^2）。

对于浮动活塞千斤顶　　$F_y = \frac{\pi}{4}(D_3^2 - D_4^2)$

对于框架式千斤顶　　$F_y = \frac{\pi}{4}D_3^2$

D_3——推移千斤顶缸筒内径（m）；

D_4——推移千斤顶活塞杆外径（m）；

F_{hs}——立柱活塞腔面积（m^2），其公式为

$$F_{hs} = \frac{\pi}{4}D_1^2$$

l_s——升架距离（m）；

v——采煤机工作牵引速度（m/min）；

A——支架中心距（m）。

三、BRW315/31.5型乳化液泵的结构

各种柱塞式乳化液泵的结构大同小异，主要由曲轴箱和泵头两部分组成。现以 BRW400 系列乳化液泵中的 BRW315/31.5 型乳化液泵为例，介绍乳化液泵的结构。

BRW400 系列乳化液泵适应了我国煤炭生产朝高产、高效方向发展的需要，主要用于百万吨级以上的大型和高产、高效工作面，也可用作其他大型液压设备的动力源。BRW400 系列乳化液泵的主要技术特性见表 7-1。

表 7-1　BRW400 系列乳化液泵的主要技术特性

参数名称 \ 泵站型号	BRW315/31.5	BRW400/20	BRW400/40	BRW400/31.5
公称流量/(L/min)	315	400	400	400
公称压力/MPa	31.5	20	40	31.5
柱塞直径/mm	50	56	50	56
柱塞行程/mm	64	64	64	64
柱塞数目	5	5	5	5
曲轴转速/(r/min)	548	548	548	548
电动机功率/kW	200	160	250	250
电压/V	1140/660	1140/660	1140/660	1140/660
配套液箱容积/L	2500	2500	3000	3000
工作介质	含 3% ~5% 乳化油中性水溶液			

BRW315/31.5 型乳化液泵与 XR315/25 型乳化液箱组成乳化液泵站，主要为中厚煤层综合机械化采煤液压支架提供动力，也可用于地面其他液压设备，该泵站一般由两泵一箱组成。

BRW315/31.5 型乳化液泵为卧式五柱塞往复式泵，主要由曲轴箱 1 和泵头 8 等部件组成，如图 7-3 所示。在传动端采用本身自带的一对斜齿圆柱齿轮和传统的曲柄连杆滑块结构；在液力端采用了分离式阀体结构；在润滑方式上采用飞溅润滑和齿轮油泵循环喷射；冷却方式为润滑油机外循环冷却。此乳化液泵具有流量均匀、压力稳定、运转平稳、脉冲小、噪声小和使用维护方便等特点。

1. 机械传动装置

曲轴箱部分包括箱体 1、曲轴 2、齿轮组件、连杆 3、滑块 4 和柱塞 5 等部件，各部件的主要结构如下。

（1）箱体　它既是安装曲轴、轴承、减速齿轮箱、连杆、滑块及泵头的基架，又是承受运转过程中反作用力的主要部件。因此，它采用高强度铸铁整体结构，具有足够的强度和刚性。

（2）曲轴和齿轮　曲轴是五曲拐，由优质钢锻制而成。曲轴外伸端装有大齿轮 24，呈悬臂结构。小齿轮轴 20 一端支承在箱体上，另一端支承在齿轮箱上，齿轮箱以箱体端面及齿轮轴承的外圆定位，保证齿轮轴两支承孔的同轴度要求。

（3）连杆　曲轴各曲拐处与连杆大头薄壁瓦 27、28 配合，前、后轴瓦为钢壳高锡铝合金标准轴瓦，不需刮研，耐磨性好。连杆大头采用剖分式结构，并以销钉定位、螺栓连接、金属丝固定，便于拆装和调整。连杆小头孔与滑块 4 采用圆柱销连接。

（4）滑块　滑块 4 前端通过螺纹压套使柱塞 5 固定在滑块体内，便于柱塞的拆装。

（5）冷却润滑系统　曲轴箱设有冷却润滑系统，安装在齿轮箱上的齿轮泵经箱体下方的网式过滤器吸油，排出的液压油经过设在泵吸液腔的油冷却器冷却后到中空曲轴润滑连杆大

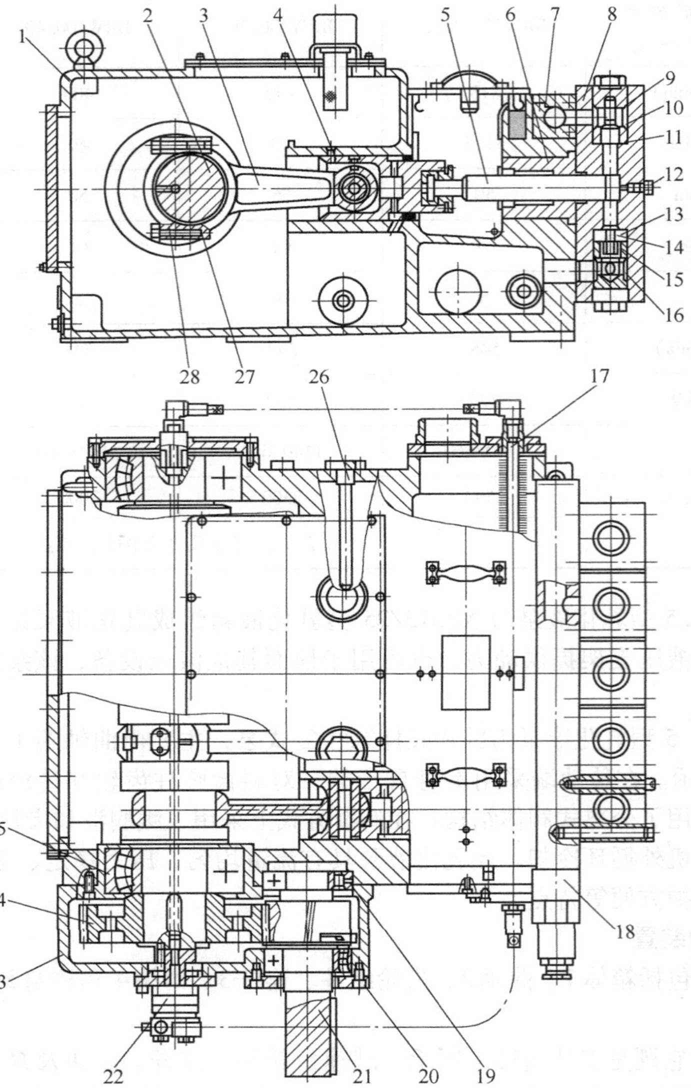

图 7-3　BRW315/31.5 型乳化液泵

1—曲轴箱　2—曲轴　3—连杆　4—滑块　5—柱塞　6—高压钢套　7—高压集液块　8—泵头　9—排液阀弹簧　10—排液阀芯　11—排液阀座　12—放气螺钉　13—吸液阀套　14—吸液阀弹簧　15—吸液阀座　16—吸液阀芯　17—油冷却器　18—安全阀　19、20、25—轴承　21—小齿轮轴　22—齿轮泵　23—齿轮箱　24—大齿轮　26—磁性过滤器　27—前轴瓦　28—后轴瓦

头。在箱体曲轴下方设有磁性过滤器，以吸附润滑油中的铁磁性杂质。在进液腔盖上方设有放气孔，以放尽该腔内空气。在进液腔盖下方设有防冻放液孔，可放尽进液腔内液体。

齿轮泵显示的油压是变化的，油温低时（刚开泵时）油压较高，有时可超过 1MPa；随着油温升高，油的粘度下降，油的压也下降，但只要不小于 0.1MPa 即为正常。

2. 泵头

泵头是给乳化液加压并实现吸液、排液的装置，主要由缸套组件（图 7-4）、吸液阀（图 7-5）和排液阀（图 7-6）等组成。

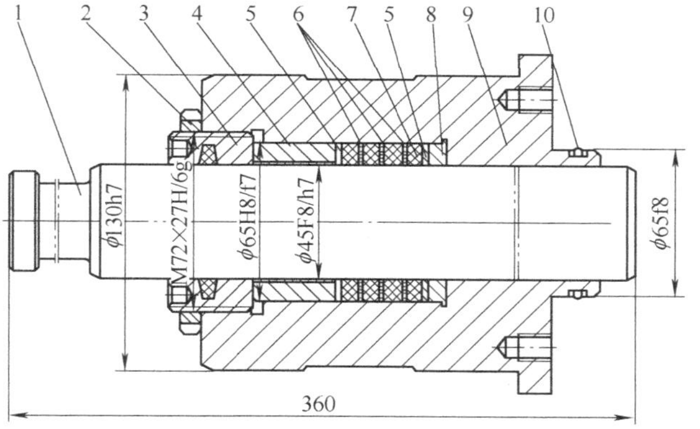

图 7-4　缸套组件

1—柱塞　2—锁紧螺母　3—螺母　4—导向套　5—垫片（2mm）　6—垫片（1mm）　7—马丁米高密封圈　8—衬垫　9—高压钢套　10—O 形密封圈

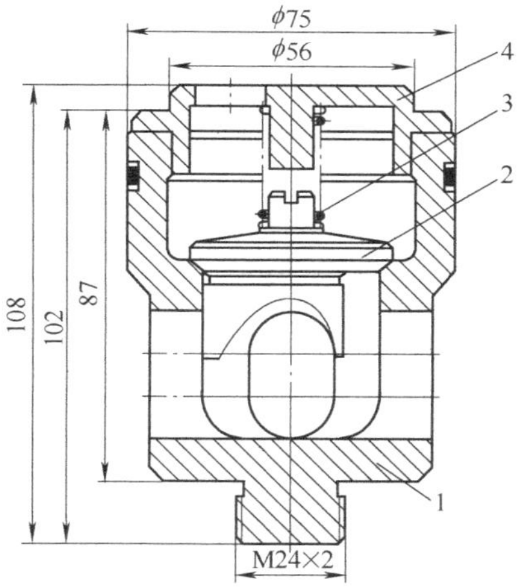

图 7-5　吸液阀

1—吸液阀壳　2—阀芯　3—主阀弹簧　4—弹簧座

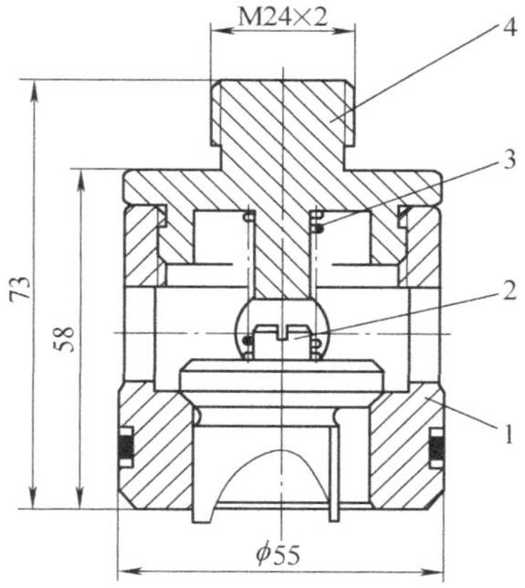

图 7-6　排液阀

1—排液阀壳　2—阀芯　3—主阀弹簧　4—螺盖

BRW315/31.5 型乳化液泵采用五个分立的泵头，泵头下部安装吸液阀，上部安装排液阀，排液腔由一个高压集液块 7（图 7-3）与五个分立的泵头高压出口相连，高压集液块一侧装有安全阀 18，另一侧装有卸载阀。

四、BRW315/31.5 型乳化液泵的液压系统

BRW315/31.5 型乳化液泵的液压系统如图 7-7 所示。打开手动卸载阀 6，起动泵，此时泵空载运行，当泵出液正常后关闭手动卸载阀 6，泵排出液一方面经自动卸载阀 3 到高压过滤器 7，同时进入蓄能器 8 蓄能；另一方面经手动交替单向阀 5 输送到工作面，同时也进入

大蓄能器 9 蓄能。通过自动卸载阀 3 的控制，完成系统供液。

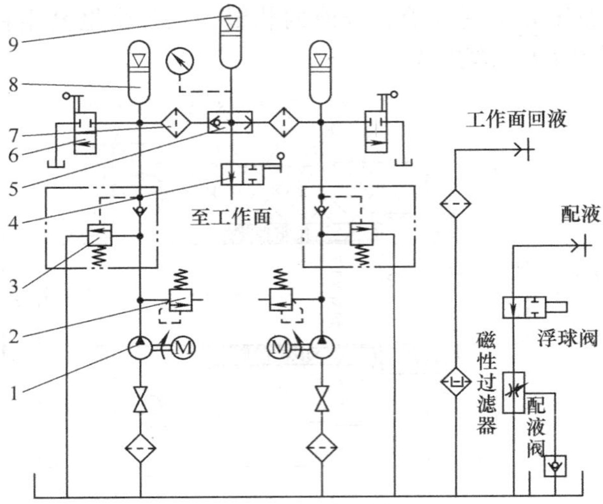

图 7-7　BRW315/31.5 型乳化液泵的液压系统

1—乳化液泵　2—安全阀　3—自动卸载阀　4—二位二通球阀　5—手动交替单向阀　6—手动卸载阀　7—高压过滤器　8—蓄能器　9—大蓄能器

1. 自动卸载阀

自动卸载阀的结构和工作原理如图 7-8 所示。自动卸载阀主要由两套并联的单向阀、主阀及一个先导阀组成。其工作原理为：泵输出的高压乳化液进入卸载阀后，分成四条液路。

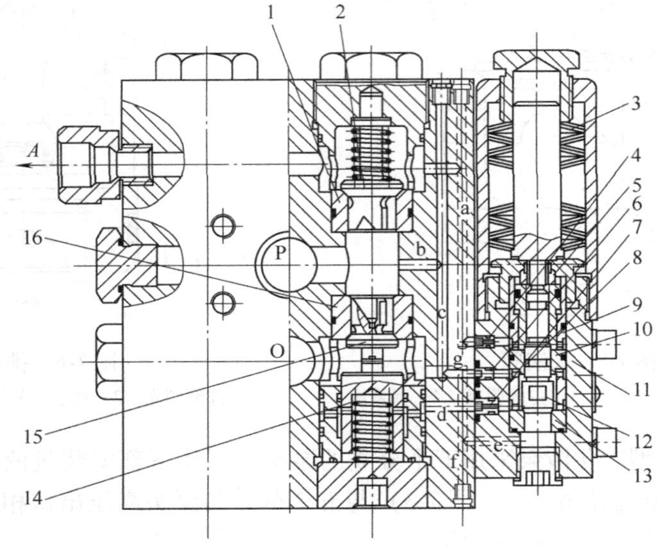

图 7-8　自动卸载阀

1—单向阀阀座　2—单向阀阀芯　3—碟形弹簧　4、6、8—阻尼螺钉　5—锁紧螺母　7—滑套　9—活塞套　10—铜套　11—先导阀阀体　12—先导阀阀杆　13—先导阀阀座　14—推力活塞　15—主阀阀芯　16—主阀阀座

第一条：冲开单向阀阀芯 2 经管接头 A 向支架系统供液。第二条：冲开单向阀的高压乳化液通过控制液路 a 经过阻尼螺钉 4 到达先导阀滑套 7 的下腔，给先导阀杆一个向上的推

力。第三条：来自泵的高压乳化液经中间的控制液路 b→控制液路 c→阻尼螺钉 6→先导阀下腔→控制液路 d 作用在主阀的推力活塞下腔，使主阀关闭。第四条：经主阀阀口，是高压乳化液的卸载回液液路 O。

当支架停止用液或系统压力升高到超过先导阀的调定压力时，来自控制液路 a 经阻尼螺钉 4 到达先导阀滑套 7 的下腔的高压乳化液，通过滑套 7 和锁紧螺母 5 使先导阀阀杆 12 向上运动，开启先导阀。先导阀阀芯（先导阀阀杆）12 提起，使主阀推力活塞 14 下腔的液压油经 d 孔→先导阀下腔→e 孔→f 孔→g 孔回到回液液路 O。这时主阀阀芯 15 上、下腔产生压差，液压油打开主阀芯卸载，泵空载运行。当系统因泄漏或用液，系统压力下降到卸载阀调定压力的 80% ~90% 时，先导阀芯在弹簧的作用下关闭，泵恢复供液。

2. 蓄能器

乳化液泵中柱塞往复运动的速度在曲轴每转动一圈的过程中不断地变化（按正弦规律变化），泵的流量是三根（或五根）柱塞连续往复运动所获得流量的总和。因此，泵的流量脉动现象比较严重，流量脉动引起液压系统高压管道内的压力变化，导致压力脉动现象的发生。流量和压力的脉动引起管道和阀的振动，特别是当泵的脉动频率与管道和阀的固有频率一致时，就会出现强烈的共振，严重时会使管道和阀门甚至泵损坏。泵站液压系统中的蓄能器就是为了减缓流量和压力脉动而设置的。

BRW315/31.5 型乳化液泵采用公称容量为 25L 的 NXQ-L25/320-A 型皮囊式蓄能器，如图 7-9 所示。其主要作用是补充高压系统中的油液漏损，从而减少卸载阀的动作次数，延长液压系统中液压元件的使用寿命，同时还能吸收高压系统中的压力脉动。蓄能器在安装前必须在皮囊内充足氮气，注意蓄能器内禁止充氧气和压缩空气，以免引起爆炸和皮囊老化。

蓄能器的充气方法有三种：氮气瓶直接过气法、蓄能器增压法，以及利用专用充氮机等方法。在充气时不管采用何种方法，都必须遵循下列程序：① 取下充气阀的保护帽；② 卸下蓄能器上的保护帽，装上带压力表的充气工具，并与充气管连通；③ 操作人员在启闭氮气瓶气阀时，应站在充气阀的侧面，缓慢开启氮气瓶气阀；④ 通过充气工具的手柄，缓慢打开压下气门芯，缓慢充入氮气，待气囊膨胀至菌形阀关闭时，充气速度方可加快，并达到所需的充气压力；⑤ 充气完毕将氮气瓶开关关闭，放尽充气工具及管道内的残余气体后，方能拆卸充气工具，然后将保护帽牢固旋紧。

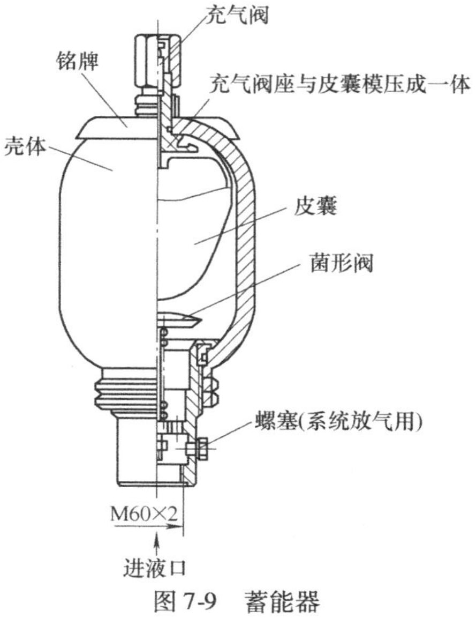

图 7-9　蓄能器

当泵站的工作压力为 31.5MPa 时，蓄能器中气体的压力为 7.88 ~20MPa。

泵站在使用中蓄能器的气体压力应定期检查。如发现蓄能器内剩余气体的压力低于对照表中气体的最低压力值，应及时给蓄能器充气，为延长蓄能器的使用时间，充气一般尽量充至接近 20MPa。

3. 安全阀

安全阀是乳化液泵的过载保护元件，BRW315/31.5 型乳化液泵采用二级卸压直动式锥阀，如图7-10所示。乳化液泵站正常工作时，阀处于关闭状态；当泵卸载失灵，不能按额定工作压力卸载时，泵站液压系统的压力就会升高，当压力超过安全阀的整定值时，高压液推动阀芯、顶杆向右移动，阀口打开，高压液泄液排出，从而使系统的压力下降。安全阀的调定工作压力为泵公称压力的110%～115%。

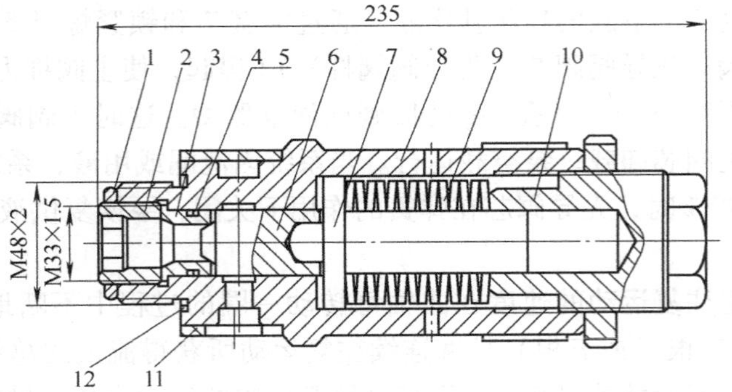

图7-10 安全阀

1—锁紧螺母 2—压紧螺套 3—阀座 4、12—O形密封圈 5—挡圈 6—阀芯 7—顶杆 8—阀壳 9—碟形弹簧 10—调整螺套 11—套

五、乳化液箱

BRW315/31.5型五柱塞大流量乳化液泵站所使用的XR315/25型乳化液箱由液箱体、配液装置、平板式滤网、磁性过滤器、吸液截止阀、交替单向阀、高压过滤器、蓄能器、回液过滤器、截止阀、压力表和液位液温计等主要零部件组成，如图7-11所示。

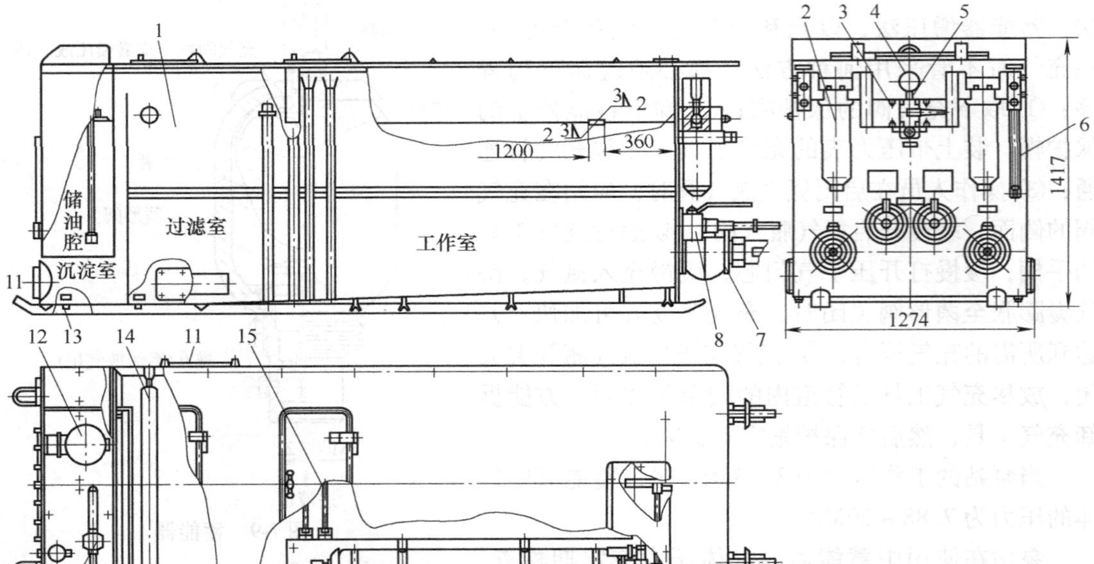

图7-11 XR315/25型乳化液箱

1—箱体 2—高压过滤器 3—交替单向阀 4—压力表 5—截止阀 6—液位液温计 7—吸液截止阀 8—回液截止阀 9—蓄能器 10—配液装置 11—清渣盖 12—回液过滤器 13—放油塞 14—磁性过滤器 15—平板式滤网

1. 液箱

液箱由3个室组成，即沉淀室、过滤室和工作室。每个室底部都设有放油塞，更换乳化液时可将放油塞拧掉放尽液体。在箱体两侧面及后面设有清渣盖，打开此盖可清除过滤室、沉淀室内的污物。

该液箱的工作过程是：储油腔内的乳化油供配液用，打开配液用清水截止阀（供水压力0.3~0.8MPa）即可输出乳化液至沉淀室，通过配液阀调节浓度，然后经磁性过滤器和平板网式过滤后，洁净的乳化液进入工作室供泵吸液。

液箱的面板上部正中贴有交替单向阀，左、右两侧各有一个高压过滤器，面板中部有两个回液截止阀，下部是两个吸液截止阀，面板上还设有显示液位及液温的液位液温计。其供液过程为：打开吸液截止阀，工作室内的乳化液通过吸液软管进入泵内，泵排出的高压乳化液经卸载阀、高压软管、高压过滤器进入交替单向阀。交替单向阀上的6个面设有6个出口，左、右两端连接两个高压过滤器，上连压力表，下出口为去支架接口，正面出口贴有ϕ25mm截止阀。打开此阀，高压液体可直接回液箱，供卸压用，后面出口连接40L蓄能器，用于吸收液体的压力脉动和稳定泵的卸载动作。面板中部的两个回液截止阀平时应打开，当检修需拆卸回液管时才关闭，以封存乳化液。

2. 高压过滤器

高压过滤器是泵站的重要过滤元件。它与泵卸载阀的高压出口相连，对泵输出的压力液体进行精过滤。本过滤器的额定工作压力是31.5MPa，过滤精度为20μm。

它主要由壳体、滤芯、堵塞指示器及旁路阀组成。高压乳化液经滤芯过滤后输出干净的工作液体。当滤芯被污染堵塞时，将减小过滤面积，应及时清洗。当堵塞过滤器时，内部旁路阀自动打开，工作液经旁路阀进入系统。

3. 吸液截止阀

吸液截止阀为Q41F-16型球阀，它的公称通径为ϕ100mm，通过法兰连接。其手柄方向与阀的长度方向一致时为开，转动90°为关闭位置，操作方便。

4. 交替单向阀

交替单向阀的作用是当两台乳化液泵交替工作时，自动切断高压系统与备用泵的通路，或者供两台泵同时工作时出液。

它由两组单向阀反向装置而成。当一端有高压液体进液时，一端的单向阀打开，而另一端的单向阀在液压力的作用下关闭，从而切断了高压系统与备用泵的通道；当两端同时供液时，两单向阀同时开启。

5. 回液过滤器

回液过滤器为PZU-800×630型，它的公称流量为800L/min，过滤精度为630μm。其性能与特点如下：

1）配有永久性磁钢，可滤除油液中粒径在1μm以上的铁磁性颗粒。

2）具有旁通阀，由于流量脉动造成过滤器压差过大或滤芯被污染物堵塞时，设在滤盖下部并联而成的旁通阀会自动开启工作（开启压力为0.4MPa），以保护滤芯及系统正常工作。

3）更换滤芯方便，只需旋开过滤器顶盖即可。

6. 配液阀

配液阀的作用是将乳化油和水按照一定的比例配成乳化液。一般配液阀要求的供水压力为0.3~0.8MPa。若水压太低，则吸不上乳化油，或吸入乳化油量不足，达不到所需配比。乳化液的浓度可通过调节配比调节杆，控制乳化油的吸入量来实现，一般控制在3%~5%。

六、乳化液

乳化液是液压支架和泵站之间传递能量的一种介质。正确地选用、配制和使用乳化液，可以保证泵站的液压系统工作稳定、灵敏、可靠，充分发挥其效率，延长泵站设备的使用寿命，保证液压支柱的工作性能和使用效果。

1. 乳化液的类型

乳化液是由两种互不相溶的液体（如水和油）混合而成的，其中一种液体呈细粒状。均匀地分散在另一种液体中，形成乳状液体。乳化液分为油包水型和水包油型两大类。

水包油型乳化液（L-HFAE）的主要成分是水，其中含有2%~15%的细小油滴，它们均匀地分散在水中，小油滴的直径一般在0.001~0.005mm的范围内。油包水型乳化液（L-HFB）的主要成分是油，其中含有15%~40%的小水珠，它们均匀分散在油中。

一般来说，能使油和水形成稳定乳化液的物质称为乳化剂，能与水自动形成稳定的水包油型乳化液的“油”称为乳化油。目前，我国液压支护设备使用由水和乳化油组成的水包油型乳化液，有3%~5%的乳化油均匀分散在的水中，其颗粒直径为0.001~0.005mm。乳化油含有动植物油脂及皂类，同时含有某些盐类，加水配制而成乳化液后，粘度低。乳化液如果使用、管理不当，就会乳化变质或浓度变低，从而影响液压系统工作的稳定性，甚至会使支护设备产生锈蚀而缩短设备的使用寿命。

2. 乳化油的组成及作用

乳化油的主要成分是基础油、乳化剂、缓蚀剂和其他添加剂。

（1）基础油　基础油是乳化油的主要成分，当它作为各种添加剂的载体时，会形成水包油型乳化液中的小油滴，增加乳化液的润滑性。基础油在乳化油中的含量为50%~80%。

常用的基础油为轻质润滑油。为了使乳化油流动性好，易于在水分中分散乳化，多半选用粘度低的5#或7#高速机械油。常用的M-10乳化油以5#高速机械油为基础油。

（2）乳化剂　乳化剂是使基础油和水乳化而形成稳定乳化液的关键性添加剂。它是一种能强烈地吸附在液体表面或聚集于溶液表面，改变液体的性能，促使两种互不相溶的液体形成乳化液的表面活性物质。乳化剂能在基础油的油滴周围形成一层凝胶状结构的保护薄膜，阻止油滴发生积聚现象，从而使乳化液保持稳定。同时，它还具有清洗、分散、起泡、渗透和湿润等作用。

（3）缓蚀剂　缓蚀剂是乳化液中一个不可缺少的组成部分，用以防止与液压介质相接触的金属材料受腐蚀，或者使腐蚀速度降低到不影响使用性能的最低限度。缓蚀剂主要为油溶性缓蚀剂，是一种能溶于油中，降低油的表面张力的表面活性剂。油溶性缓蚀剂由极性和非极性两种基团组成。在使用过程中，极性基团吸附在金属与油的界面，同金属（或氧化膜）发生相互作用，在金属表面形成水的不溶性或难溶性化合物：而非极性基团则向外与油互溶，从而形成紧密的“栅栏”，阻止水、氧等其他腐蚀介质进入表面，起到缓蚀作用。

（4）其他添加剂　为了满足乳化油使用性能的全面要求，还要加入一些其他的添加剂，如耦合剂、防霉剂、抗泡剂和络合剂。

1）耦合剂。乳化油中应用耦合剂的目的，是使乳化油的皂类借助耦合剂的附着作用与其他添加剂充分互溶，降低乳化油的粘度，改善乳化油及乳化液的稳定性。

2）防霉剂。加入防霉剂后，可防止乳化油中的动植物油脂和皂类在温度适宜或使用时间较长的情况下引起霉菌生长，造成乳化液变质发臭。

3）抗泡剂。由于乳化液中含有较多的活化剂，具有一定的起泡能力，在使用过程中，有时会因激烈搅动或水质变化而产生大量气泡，严重时可造成气阻，影响液压支架的正常动作。另外，由于气泡的存在，使乳化液的冷却性能和润滑性能有所降低，甚至造成摩擦部位的局部过热和磨损。加入抗泡剂后，可降低乳化液的起泡性。

4）络合剂。络合剂可在乳化油中与钙、镁等金属离子形成稳定常数大的水溶性络合物，以提高乳化液的抗硬水能力。

3. 乳化液的配制

（1）配制乳化液用水　配制乳化液所用的水的质量十分重要，它不但直接影响乳化液的稳定性、缓蚀性、防霉性和起泡性，也关系到泵站和液压支架各类过滤器的工作效率和使用寿命。

我国根据矿井水质的具体条件，参考国、内外使用液压支架的经验和当前国内乳化油的研究和生产情况，对配制乳化液的用水质量有如下要求：

1）配制乳化液的用水应无色、透明、无臭味，不能含有机械杂质和悬浮物。

2）配制乳化液用水的 pH 值在 6 ~ 9 的范围内为宜。

3）氯离子的质量浓度不大于 200mg/L。

4）硫酸根离子的质量浓度不大于 400mg/L。

5）水的硬度不应过高，避免降低乳化液中阴离子乳化剂的浓度和丧失乳化能力。应根据不同水质来确定乳化油的种类。

（2）合理选用乳化油　水质选定之后，根据水的硬度选用与之相应的液压支架用乳化油，一般情况下不能用金属切削乳化液来代替。

为选用方便，液压支架用乳化油按适应水质的不同硬度来分类，一般分为抗低硬、抗中硬、抗高硬和通用型等。水质硬度高时，不能选用抗低硬的乳化油，否则会影响乳化油的稳定性和缓蚀性；水质硬度低时，选用抗高硬的乳化油是不合理的，因为抗高硬的乳化油比抗低硬的乳化油的价格高，而且在低硬水中往往会增加起泡性。乳化油选定之后，应尽量采用同一牌号的产品；如果要改变乳化油品种与牌号，则须进行乳化液相溶性试验。

（3）乳化液浓度对其性能的影响　乳化液的浓度对乳化液性能的影响很大。浓度过低会降低抗硬水能力，影响乳化液的稳定性、缓蚀性及润滑性；浓度过高则会增加乳化液的起泡性和增大对橡胶密封材料的溶胀性。所以，乳化液的浓度必须按规定进行配制，一般规定水和乳化油的质量比应等于 95：5，使用过程中乳化液箱内乳化液的含量不能低于 3%。

（4）乳化液的配制方法　采煤工作面乳化液泵站所用乳化液的配液方式有地面配液和井下配液两种。由于工作面乳化液的用量较大，所以大都采用井下配液方式。

1）用称量混合搅拌法人工配液。根据乳化液配比，称出所需的乳化油和配制用水，放在液箱内由人工将其搅拌均匀。

2）自动配液。在乳化液箱内设有配液器，通过配液器进行自动配液。自动配液的效果较好，不但容易调整配液浓度，而且能使油、水混合均匀。

【任务实施】

一、任务实施的目的

1）理解和掌握乳化液泵站的结构、工作原理及操作方法。

2）掌握乳化液泵站的维护方法。

3）了解乳化液泵站的故障处理方法。

二、乳化液泵站的安装及试运转

1. 泵的井下安装

1）泵要安装在干净而安全的地点，其工作位置尽量水平。

2）电动机及泵的固定螺栓必须拧紧。

3）电动机轴与泵轴应对正，两联轴器间应留 2~4mm 的间隙。

4）使用前，应将液箱体内的各腔清洗干净。

5）连接乳化液箱和泵之间的吸液管路、高压管路、卸载管路。

6）连接乳化液配比装置的水管。

7）按乳化油的质量分数为3%~5%配备足够的乳化液，观察液箱的液标部分，液面应达到上液位。

8）连接至工作面的高压管路及回液管路。

9）连接电动机线路。

2. 起动前的检查工作

1）曲轴箱内是否有润滑油，其油位应在油标中间。

2）柱塞腔上滴油槽内是否有足量的润滑油。

3）所有放液开关是否开启。

4）用手盘动联轴器，应转动灵活，无反常卡死现象。

3. 试车

1）用转动开关使泵合闸。

2）起动中的检查：

① 电动机转向应与箭头标记一致。

② 泵内排气。打开放气螺塞，放尽高压腔空气，直到出现恒定流量为止。

③ 管子及接头的密封性。在堵住工作供应管路时，由于压力调节阀的反应可以看出是否有漏处。

3）泵的起动。在点动开关，确认电动机转向正确后，使泵空转 5~10min，然后逐级加载，每20min 升高额定压力的25%，在升温正常、无泄漏、无抖动等异常现象后，方可投入使用，泵的油温不得超过80℃。

三、使用与维护

1. 泵站使用的润滑油

本泵站采用的润滑油为 L-AN68 全损耗系统用油，润滑油应在开始运转 200h 后进行第一次更换，以后每运行 1000h 后，更换一次润滑油。在每次换油时，泵底部油池内要清洗干净。

在正常使用过程中，要不断检查其油位。补充加油时应进行过滤，并要特别注意防止脏物进入泵的曲轴箱内。

2. 日检项目

1）曲轴箱中的油位，在泵箱体的油位孔处检查，充油必需达到油位中线处。

2）柱塞腔的滴油槽应每班加满油。

3）检查各重要连接位置是否松动，如发现应及时拧紧。

4）管路及接头的密封。通过压力调节阀的反应，应可观察到是否漏油，如有漏处必须拧紧。

5）检查自动卸载阀的压力是否正确。

6）柱塞与密封填料的密封性。用灯照方法查看密封，密封填料处会有滴落的液体，但如果漏液过多，则必须更换密封。

7）注意液箱的液位及积垢情况，应及时充液和消除污垢，不使泵吸空和阻塞。

8）如遇到反常声响，温度过高、剧烈抖动等异常情况，应立即停泵检查。

3. 乳化液箱回流磁过滤器的清洗

松开连接螺栓，用布擦洗磁棒，清扫过滤器组件，切勿用金属刷子清扫。

4. 连杆轴瓦的调整

在泵站运转 1500h 及每次换油后要对连杆轴瓦进行调整。排油之后，拆下后箱盖，清洗箱底部，然后拆下连杆螺钉，取下连杆盖，查看两半轴瓦的磨损情况，如必要进行更换。在重新装上半轴瓦后，连接螺钉要抹油，用扭力扳手拧紧连杆螺钉，固定拧紧的力矩为 130～150N·m，然后用金属丝将连杆螺钉穿好、拧紧、防松。

5. 使用维修注意事项

1）在安装关键螺栓时，应有足够的拧紧力矩，最好在满载一段时间后，再拧紧一次。

2）使用过程中需要调整柱塞密封压缩量时，不要一次将螺母压得过紧，因为过紧会使密封与柱塞的摩擦加剧。

3）检查柱塞与滑块的连接压套是否松动，如松动应及时拧紧。

4）柱塞密封损坏时，最好用装配好的缸套组件整体更换，因为井下环境不好，散件更换不能保证装配质量。

5）装缸套密封时，腔内应层层抹上润滑油，以利于润滑。

6）滑块与滑块销、大轴承与曲轴连接时，应采用热装。

7）在正常使用时，泵的上盖不应打开，以防止煤尘进入泵内；柱塞腔盖板应盖好，以防止杂物进入冲坏滑块。

8）缸套的进油孔应对准泵体上的滴油孔，并用定位螺钉定位，以防止缸套旋转。

9）在泵站工作时，严禁打开液箱盖，严防杂物落进液箱。

10）定期清洗插板过滤器上的污物（一个月清洗一次）。

11）定期清除浮于液面的乳化油分解物（半个月一次），同时观察磁性过滤器是否需要清洗。

12）定期检查蓄能器充气压力（一个月一次），充气压为应为系统实际工作压力的

60%～70%，低于下限时应补充氮气达上限。

13）在升井维修时，应重新将蓄能器充气并检查其是否漏气。

四、常见故障及其处理方法（表7-2）

表7-2 乳化液泵站的常见故障及其处理方法

序号	故障现象	产生原因	处理方法
1	起动后无压力	1. 卸载阀单向阀阀面泄漏 2. 卸载阀主阀卡住，落不下 3. 卸载阀中节流阀堵塞	1. 检查阀面，清除杂物 2. 检查清洗主阀 3. 检查并排除
2	压力脉动大，流量不足甚至管道振动噪声严重	1. 泵吸液腔气未排尽 2. 柱塞密封损坏，排液时漏液吸液时进气 3. 吸液过滤器堵塞 4. 吸液软管过细过长 5. 吸排液阀动作不灵，密封不好 6. 吸排液阀弹簧断裂 7. 蓄能器内氮气无压力或压力过高	1. 拧松泵放气螺塞，放尽空气 2. 检查柱塞副，修复或更换密封 3. 清洗过滤器 4. 调换过滤器 5. 检查阀组，清除杂物，使动作灵活，密封可靠 6. 更换弹簧 7. 充气或放气
3	柱塞密封处泄漏严重	1. 柱塞密封圈磨损或损坏 2. 柱塞表面有严重划伤、拉毛	1. 更换密封圈 2. 更换或磨修柱塞
4	泵运转噪声大，有撞击声	1. 滑块锁紧螺套松动 2. 轴瓦间隙加大 3. 泵内有杂物 4. 联轴器有噪声，电动机与泵轴轴线不同轴	1. 拧紧锁紧螺套 2. 更换 3. 清除杂物 4. 检查联轴器，调整电动机与泵轴线
5	箱体温度过高	润滑油太脏，轴瓦损坏或曲轴颈拉毛	修挫修刮曲轴或调换曲轴
6	泵压力突然升高，超过卸载阀调定压力或安全阀调定压力	1. 安全阀失灵 2. 卸载阀主阀芯卡住不动作或上阻尼孔堵住	1. 检查、调整或更换安全阀 2. 检查、清洗卸载阀
7	支架停止供液时卸载阀动作频繁	1. 卸载阀单向阀漏液 2. 去支架的输液管漏液 3. 先导阀漏液 4. 蓄能器内氮气无压力或压力过高	1. 检查、清洗单向阀 2. 检查、更换输液管 3. 检查先导阀阀面及密封 4. 充气或放气到规定压力
8	压力上不去	1. 先导阀节流堵堵塞 2. 推力活塞密封面或O形密封圈损坏 3. 先导阀座或阀芯的密封带有杂物或损坏严重	1. 清除节流堵杂物 2. 更换O形密封圈或有关零件 3. 清除杂物或更换阀座和阀芯
9	液体温度过高	单向阀密封不严，正常供液时此处有溢流	更换、研磨阀芯和阀座

五、核评分标准（表7-3）

表7-3 乳化液泵站的使用与维护评分标准

考核内容	考核项目	分值	检测标准	得分
素质考评	出勤、态度、纪律、认真程度	10	教师掌握	
乳化液泵站的操作	能正确操作乳化液泵站	20	每项操作不正确扣5分	

（续）

考核内容	考核项目	分　值	检测标准	得　分
乳化液泵站的维护	乳化液泵站日检及维修项目	20	可笔试	
乳化液泵站故障处理	乳化液泵站常见故障的处理方法	40	根据实际处理情况酌情扣分	
安全文明操作	1. 遵守安全规程 2. 清理现场卫生	10	1. 不遵守安全规程扣5分 2. 不清理现场卫生扣5分	
总　计				

课题二　智能型乳化液泵站

【任务描述】

智能乳化液泵站是一种智能化的节能产品，它采用了在线自动监测控制系统和变频技术，对乳化液浓度、压力、液位、泵组温度等参数进行自动检测与智能控制。智能乳化液泵站实现了乳化液的自动配比及乳化液浓度的精确保证，显著延长了液压支护设备及液压元件的使用寿命，减少了更新和维护费用。智能乳化液泵站还可为液压支架供液提供恒压，确保了液压支架可靠工作。智能乳化液泵站的节电效果显著，相较原有产品可节能40%以上，并且电动机起动电流小，起动速度平稳，起动性能可靠，电动机的使用寿命比原来可提高3倍以上。

本课题主要介绍BZRK400/31.5型智能型乳化液泵站的组成、结构、工作原理及主要功能。通过本课题的实施，使学生对智能型乳化液泵站有基本的认识。

【知识学习】

一、概述

高产、高效的现代化综采工作面，离不开作为动力源的乳化液泵站。只有泵站保证为工作面提供合格的乳化液及符合标准的工作压力，乳化液泵、控制阀、液压支架才能长期安全可靠地工作。

传统的乳化液泵站存在诸多缺陷或亟待改进的问题。例如，常用的虹吸式自动配液器在使用过程中经常被脏物堵塞喉孔，最终导致不能正常工作；或单纯靠水、油量比进行配液，受不同地区水质、油质变化的影响而始终无法精确控制乳化液浓度，长此以往会造成液压系统各部件的锈蚀。再者，工作面的实际用液量远远小于泵组的供液量，泵组大部分时间均在做无用功，工作面不需要用液时从卸载阀返回液箱。而卸载阀长期反复工作，导致频繁损坏，浪费了大量的电能，加剧了液压系统的冲击，增加了机械部分的磨损；乳化液与液压管路的摩擦导致了乳化液温度过高，最终使泵站、支架液压系统内的密封部件迅速老化，形成窜液、漏液的恶性循环，缩短了乳化液泵、液压支架的使用寿命。

为了很好地解决以上存在的问题，人们研制出了智能型乳化液泵站。

标准智能型乳化液泵站由一个自动配液箱、一个自动补油箱、一台矿用隔爆兼本质安全型交流变频调速控制装置、两台乳化液泵、移动式供油泵、自动反冲洗系统和内部连接管路等组成，如图 7-12 所示。

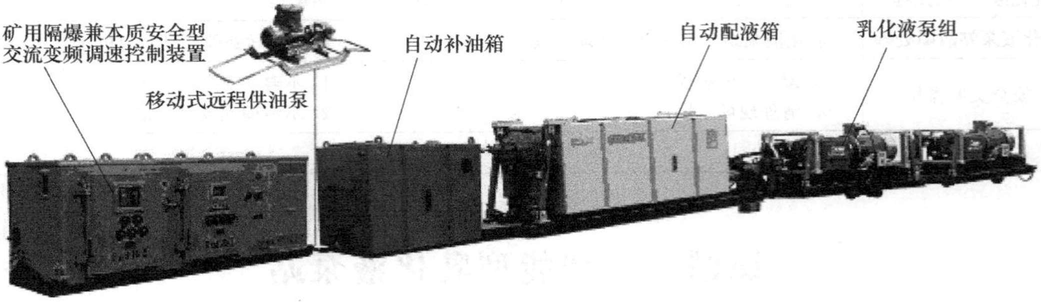

图 7-12　BZRK400/31.5 型智能型乳化液泵站

首先用自动补油箱集中盛放乳化油，为自动配液提供保障。其次，自动控制自动配液箱内的高低液位，按预定步骤完成低进高停的自动控制，时刻监视乳化液的浓度并在彩色显示屏上进行显示。当液箱内乳化液的浓度不在标准范围内时，系统自动进行修正。只有当乳化液浓度符合国家标准时，才能够有效减少系统的窜液、漏液现象，减少液压支架的锈蚀。此时，系统密封效果提高了，进行变频恒压控制便得到了有力保证。控制装置自动采集系统压力，通过变频器对泵组进行调速，实现闭环控制，始终将压力保持在恒压状态。当工作面不需要大流量时，泵组在保证电动机散热与柱塞泵润滑的前提下维持在一个较低的转速，3min 内（可调整）无变化时自动转为待机监控状态。当工作面系统压力低于 26MPa（可设定）时，泵组迅速自动软起动补压，切换回恒压供液状态。当工作面因特殊原因需要大量用液时，未工作泵组会自动起动进行压力补偿，当系统压力满足后该泵组自动停止。

经过以上变频方案驱动泵组，卸载阀几乎不再工作，乳化液温度也不再像传统泵站那样超高而加速液压系统的损坏，同时其节能效果显著。经现场测试，窜液、漏液量在不超过额定流量 20% 时，节电效果至少高于 40%。此外，对泵组的诸多保护，如隔爆管、吸空、油温、油位、油压、蓄能器压力检测等功能，极大地提高了设备的安全系数，为泵站的可靠工作提供了有力的保障，解决了自动配比乳化液浓度控制问题、卸载阀问题。影响支架安全与使用寿命的另一个关键问题是乳化液的洁净度。智能型乳化液泵站对乳化液的使用全程进行密封式管理，并在各环节都设有过滤装置，如乳化油过滤器、配液进水过滤器、液箱内的磁过滤器及各级过滤网、同时具有吸液和回液过滤器的定时自动反冲洗系统、吸液口的过滤器、高压过滤器、回液过滤器。它们每隔 24h（可设定）自动工作一次，将滤网内的污物排出，避免了杂物对液压系统的损坏。

随着泵站控制系统的逐步完善，对智能型泵站提出了更高的要求。即在标准型的基础上增加了电动机绕组温度检测及保护装置，对电动机轴承的温度进行检测及保护；增加了对变频控制装置、液箱、泵组的自动水平调整功能。另外，对自动配液及恒压供液系统进行分离，配液站根据使用要求提前对乳化液进行自动配比，当浓度合格、液位正常时，远程供液泵根据供液系统通过网络传达的用液信号自动开启远程供液泵进行供液，供液箱内的液位正常后自动停止；实现了乳化液质量的集中管理；加装流量计对实际用液量进行监控，将控制方式延伸为就地控制、远程控制、网络控制三种；所有泵站数据及运行状态能够通过网络进行上传，实现真正的无人值守，达到了无人即是安全的理想目标。

随着支架电液控制系统的逐步推广使用，对乳化液提出了更高的要求。井下水源一般为地下水，地下水的水质较硬，含有大量的 Ca^{2+}、Mg^{2+}，由于乳化液在整个液压支架循环，水温容易升高，很容易结垢，从而堵塞液压支架电液控制阀的精密滤网，导致整个工作系统瘫痪。此外，支架电液控制阀对于乳化液污染比较敏感，普通泵站的高压过滤精度不能满足要求，为了适应支架电液控制系统，又出现了软化水装置及高压过滤器站。

二、主要功能

标准智能型乳化液泵站的主要功能如下：

1）保护功能。对过电流、短路、接地、过电压、欠电压、过载、过热、电动机过载、外部报警、电涌保护、主器件自保护及工频变频等，可实现分别保护。

2）声光报警功能。

3）采用彩色液晶屏实时显示乳化液浓度、泵组温度、润滑油油位、液位、油位、系统压力、蓄能器压力及泵组运行时间等参数。

4）变频器液晶显示屏能够实时显示变频器运行电流、电压、频率等数据，并具有泵站和电动机的故障显示功能。

5）自动配液系统。可自动控制高低油位、液位，在线检测乳化液浓度及自动校正乳化液浓度，当浓度达不到设定值时产生声光报警。

6）变频恒压控制功能。能够根据系统压力控制泵组转速，始终将系统压力保持在恒压状态。

7）将系统压力保持在设定值，变频器在16Hz下运转3min后，泵组自动转入停机监控状态。当工作面系统压力低于26MPa（可设定）时，泵组迅速变频起动进入恒压状态。

8）泵组自动切换。当使用一台泵压力达不到要求时，2min（可设定）后可自动开启另一台泵。当压力达到设定值时，自动开启的泵组自动停止运行。

9）具有变频、工频两种控制形式，可自行选择运行方式。工频能够同时控制两台泵组，变频能够分别控制任何一台泵组。

10）泵组曲轴箱油温温度保护。当温度达到70℃时报警，90℃时保护停机，显示屏显示泵组温度。

11）泵组曲轴箱油位保护。当泵组油位低于最低油位时报警停机。

12）泵组曲轴箱油压保护。当泵组油压低于0.1MPa时报警停机。

13）自动检测并显示泵组蓄能器压力。

14）压力系统管线突然爆裂时自动停机功能。系统运行中，当压力在5s内由28.5MPa以上下降到10MPa以下时，泵组自动停止运行。

15）低液位防止泵组吸空保护功能。当乳化液箱内液位低于设定最低液位时，自动停机并报警。

16）超高液位断电保护。

17）安全卸压控制。在维修及拆卸液压管线时，操作卸压控制开关，高压卸载阀可将系统静压卸掉，以保证操作人员的安全。

18）控制装置装有三相有功、无功电度表，对泵站用电量进行计量。

19）满足全自动化工作面系统集成要求，能采集配液系统和供液系统的相关运行数据，采用 Modbus 通信协议、RS485/RS422 和 RJ45 接口进行数据上传。

20）液箱装有吸液定时自动反冲洗液过滤器、回液定时自动反冲洗过滤器，能够实现定时自动反冲洗（时间可设定）。

三、结构和工作原理

1. 自动配液箱的结构

自动配液箱由液箱箱体及矿用隔爆接线箱、浓度传感器、液位传感器、压力传感器、高压卸压阀、高压过滤器、反冲洗电磁阀组、吸液反冲洗自动排污过滤器、回液反冲洗自动排污过滤器、超高液位控制开关、空气呼吸器、单向阀、快速排污装置等组成，如图 7-13、图 7-14和图 7-15 所示。

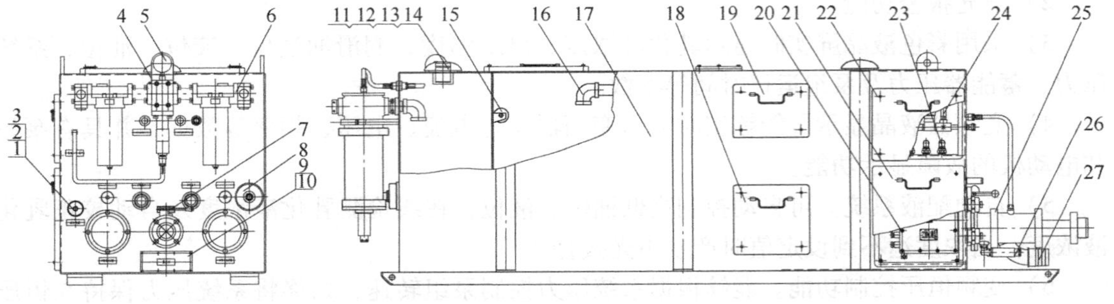

图 7-13　RX400/25 型乳化液配液箱结构图（一）

1—螺母　2—衬垫　3—密封圈　4—护罩　5—压力表　6—高压过滤器组件　7—不锈钢碟阀　8—排污过滤器　9—排污口盖　10、12、14—衬垫　11—罩壳　13—空气滤芯　15—磁过滤器　16—弯头　17—液位控制室门盖　18—传感器室门盖　19—配液箱箱体　20—配液箱接线箱　21—接线箱室门盖　22—卸压室门盖　23—密封头　24—卸压组件　25—吸液过滤器　26—排污单向阀　27—连接口

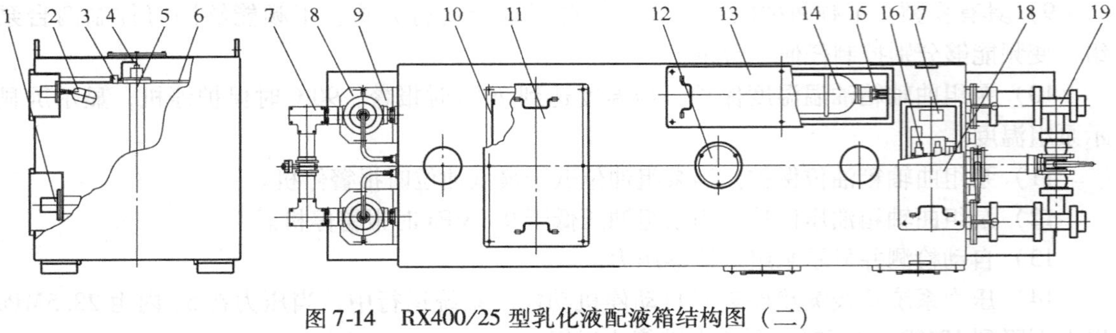

图 7-14　RX400/25 型乳化液配液箱结构图（二）

1—浓度传感器　2—液位控制开关　3—密封接头　4—压力传感器　5—固定器　6—撑架　7—回液过滤器连接管路　8—卡板　9—固定板　10—过滤网　11—顶盖　12—盖板　13—蓄能器盖　14—蓄能器　15—插座　16—防爆电液换向阀　17—电磁阀　18—反冲洗室门盖　19—吸液过滤器连接管路

1）浓度传感器用卡箍连接接头安装在箱体下端单向阀法兰连接处，单向阀可防止在维修浓度传感器时箱内的乳化液流出。

2）液位传感器悬浮安装在箱体中部的管形固定器中。

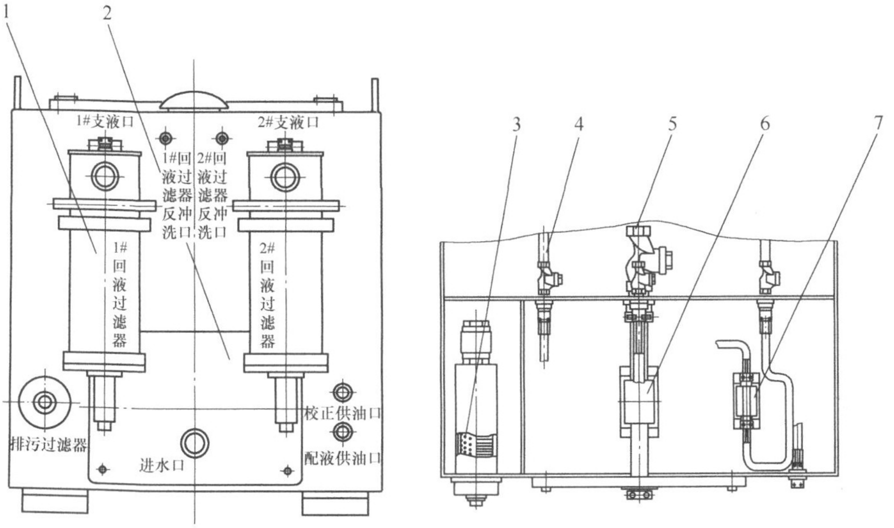

图 7-15 RX400/25 型乳化液配液箱结构图（三）

1—回液过滤器 2—闭室门盖 3—排污过滤器滤芯 4、5—单向阀 6—配液电磁阀 7—校正电磁阀

3）用高压胶管从供液系统引出高压液并经过滤器与压力传感器、高压卸压阀连接，由高压卸压阀的另一端引入液箱。

4）吸液自动反冲洗过滤器一组分为两只，固定在液箱前端的出液口。两个反冲洗过滤器出液端用管路连接，中间安装有截止阀。反冲洗液用 K16 管路从出液高压系统中引出，经电磁阀控制进入反冲洗过滤器。反冲洗过滤器的滤芯精度为 140μm，流量为 630L/min，可有效过滤杂物，以保护压力系统中的设备正常运行。

5）在液箱出液口上端装有单向阀操作机构手柄，当需要将吸液反冲洗过滤器的滤芯拆下进行更换时，将单向阀关闭，即将其控制手柄拉出至定位处，可防止液箱内的乳化液流出。装吸液反冲洗过滤器后，在正常工作时必须将单向阀打开，即将其控制手柄推进至定位处。

6）回液反冲洗过滤器一组分为两只，垂直固定在液箱后端的回液口，反冲洗液用 K16 管路从出液高压系统中引出，经电磁阀控制进入反冲洗过滤器。反冲洗过滤器的滤芯精度为 140μm，流量为 800L/min。

7）高压过滤器安装在配液箱前面的上端。

8）超高液位控制开关安装在配液箱侧面凹台上端。

9）两台呼吸器安装在供液箱的顶部，可防止进液时箱内气体积压和出液时箱内气体形成负压，以使进、出液通畅。

10）箱体前、后下端各设置了排污口，用卡箍将封堵法兰固定在排污口，可方便迅速地打开和封堵排污口。

2. 自动补油箱的结构

自动补油箱由箱体和配油泵、校正油泵、油位传感器、移动式补油泵等组成，如图 7-16 所示。

1）配油泵、校正油泵安装在油箱前端的泵室中，进油口与油室相连，出油口用油管与

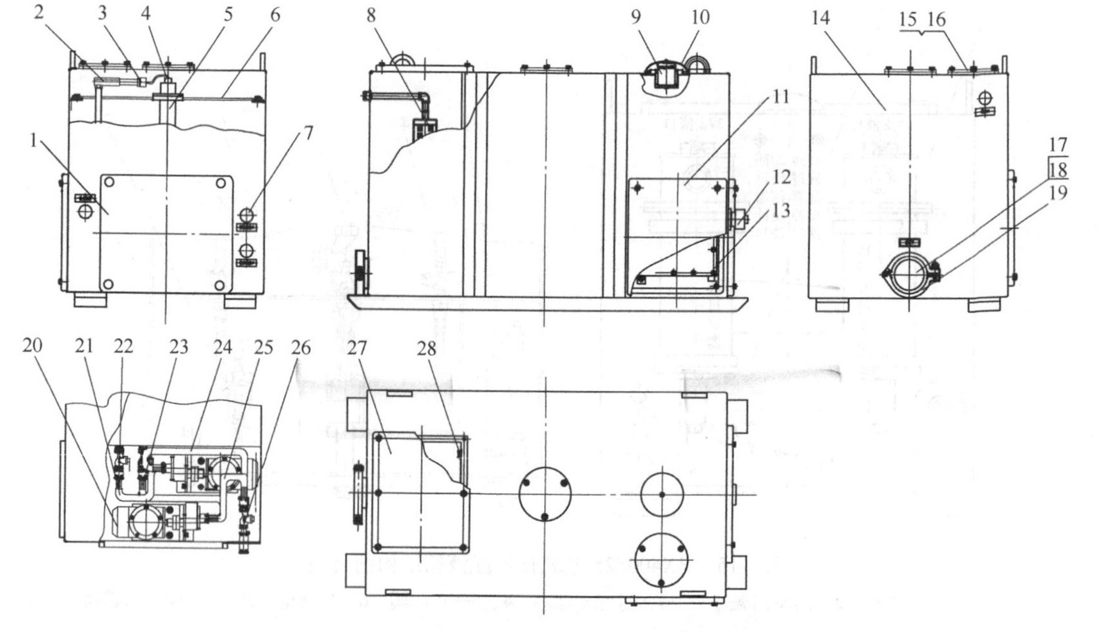

图 7-16　RTX-1500 型自动补油箱结构图

1—泵室门盖　2—穿线盒　3—密封接头　4—液位传感器　5—固定器　6—撑架　7—圆插座　8—油过滤器　9—空气滤芯　10—罩壳　11—接线箱室门盖　12—螺母组件　13—防爆接线箱　14—箱体　15—盖板　16、18—密封圈　17—排污口盖　19—卡箍　20—油泵　21—高压胶管　22—阀门　23、24、25—高压胶管　26—单向阀　27—顶盖　28—过滤网

配液箱连接。

2）油位传感器悬浮安装在油箱箱体中部的管形固定器中。

3）箱体后下端设置排污口，用快速安装卡箍将封堵法兰固定在排污口。

3. 配液系统的工作原理

配液控制装置与配液箱、补油箱用带有插件的专用电缆连接，与供液泵、移动式油泵用矿用电缆连接，通信电缆接入泵站监控系统。配液箱、补油箱的各动作元件及供液泵、移动油泵在系统的控制指令下运行。

1）补油箱加油。用移动油泵向补油箱加油时，将油泵的吸油管插入油桶，出油管口接油箱“进油口”，将油泵电动机电源接入，操作面板上的开关，即可进行加油。

2）液位传感器、浓度传感器、油位传感器的模拟信号，超高液位控制开关的开关量信号输入 PLC 控制器，对配液系统进行控制，并实时将系统的工作状态传输至泵站监控系统。

3）配液装置要求的供水压力为 2～15MPa。

4）液位传感器在线检测乳化液高度，将乳化液在液箱中的液面高度转化为模拟信号，传输至配液控制装置。

5）自动配液。配液箱初次配液时，配油泵和配水泵同时工作，进水泵打开，清水进入液箱，乳化油经过配油泵从油箱配入液箱，使油水均匀，快速乳化。

配油泵的动作时间为 36s，配成乳化液上限液位为 700mm，液位达到上限时停止配液。浓度传感器将信号传输至自动控制系统，在线检测乳化液浓度，当乳化液的浓度低于 2% 时，校正油泵自动补油，将乳化液浓度控制在 2%～5% 之间，浓度校正上限液位为 800mm；

当乳化液的浓度高于5%时，校正水阀自动开启补水，将乳化液浓度控制在2% ~5%之间，浓度校正上限液位为800mm。当液位达到上限值时，停止配液。

6）配液时，由配油泵向配液箱配油；校正浓度时，由校正油泵向配液箱补油。

7）油位传感器在线检测乳化油油位，将油位信号传输至配液控制装置，当油位低于100mm时产生声光报警。此时，应开启移动式补油泵，将油桶内的乳化油加入补油箱内。

控制泵组运行时，将左箱体隔离开关接通后，再将右箱体电源开关接通，这时控制变压器输出工作电压为220V和36V，控制系统通电自检，显示屏显示系统正常后方能运行。

8）变频运行。图7-17所示为矿用隔爆兼本质安全型变频调速控制装置的外形。

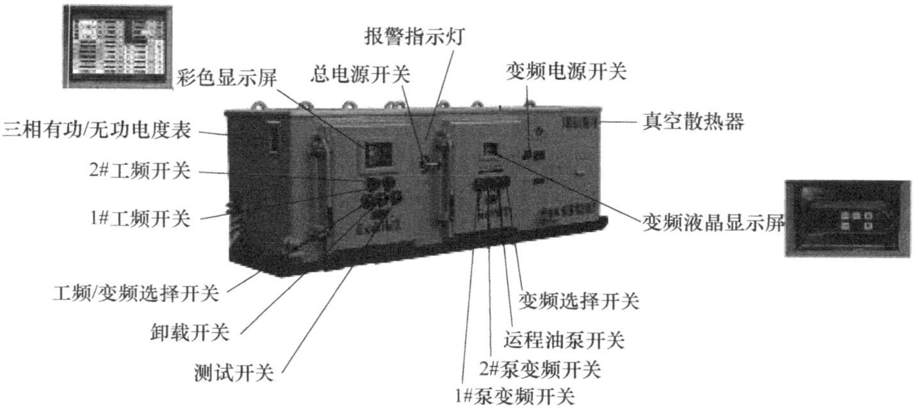

图7-17 变频调速控制装置

① 变频控制线路为一拖二的结构形式，可以任意变频运行其中的一台乳化液泵，不允许同时变频运行多台乳化液泵。变频运行任意一台乳化液泵时，允许工频起动另一台乳化液泵。

② 变频起停。将选择开关置于变频控制，选择开关置于就地控制，然后将右箱门盖上的1#泵变频开关扳至启动，开关信号传输至PLC，PLC输出信号使中间继电器接通，真空接触器接通，变频器起动，1#泵运行；将1#变频泵开关扳至停止，中间继电器断开，1#泵停止运行。同样可操作2#泵变频开关使2#泵运转或停止。

③ 闭环运行时，泵组始终保证系统压力保持在25.5 ~31.5MPa的范围内（卸载阀调整范围）。低于31.5MPa时，泵组快速提高补偿损耗压力；到达31.5MPa时，泵组自动降低频率，节能运行，最低运行频率为16Hz，最低转速为420r/min。

④ 待机监控工作时，当系统压力始终保持在26.5 ~31.5MPa时，变频器在最低频率运行3min后，变频运行的泵组自动停止。当系统压力低于26.5MPa时，泵组迅速变频起动。

⑤ 压力自动补偿运行。在泵组变频运行过程中，如果连续运行2min（此参数可设定）后，系统压力仍达不到31.5MPa，另一台泵组会自动工频起动补压，压力正常后工频泵组自动停止，变频运行泵组继续正常工作。

9）工频运行。两台泵组在工频运行状态下可以同时运行，但不允许同一台泵组工频运行时再用变频运行。

将选择开关置于工频控制，将选择开关置于就地控制，将隔离开关接通，1#工频开关扳至启动，PLC 输出信号使中间继电器接通，真空接触器接通，1#泵运行；将 1#工频开关扳至停止时，中间继电器断开，1#泵停止运行。同样可操作工频开关，使 2#泵运转或停止。

10）浓度的检测。浓度传感器在线实时检测乳化液浓度，当乳化液的浓度小于 2% 或大于 5% 时，将信号传输至控制装置，在显示屏上显示其数值，并将此信号传至配液系统使其进行浓度校正。

11）液位检测。液位传感器在线检测乳化液液位，当液位超过 800mm 时，信号传输至控制系统，中间继电器动作；当液位低于 150mm 时，自动停机并报警，将信号传输至控制装置，控制装置将信号传至配液系统，使其迅速配液。

12）压力检测。压力传感器实时检测系统压力，将压力信号传输至供液控制装置，实现变频控制的闭环控制、压力自动补偿和变频器低速运转自动停机后再起动等功能。

13）安全卸压。当设备停止运行时，管路系统仍保持有一定的静压力值，泵站的卸压装置可安全实行卸压。系统卸载时，必须先使泵组停止运行，然后将卸载开关扳向卸载位置，中间继电器接通，高压卸载阀打开，实现迅速卸载。

14）吸液自动反冲洗。在系统运行过程中，吸液过滤器按系统程序的设定可定时自动进行反冲洗，清洗间隔时间为 24h（间隔时间可按工作需要设定），反冲洗压力为 20MPa。清洗时中间继电器接通，反冲洗供液阀组供液，排污阀自动打开将杂物排出，每次清洗时间为 10s（清洗时间可按工作需要设定），清洗完成后排污阀自动关闭。

15）回液自动反冲洗。回液过滤器按系统程序的设定，定时自动进行反冲洗，清洗间隔时间为 24h（间隔时间可按工作需要设定），反冲洗压力为 20MPa。清洗时中间继电器接通，反冲洗供液阀组供液，排污阀自动打开将杂物排出，每次清洗时间为 10s（清洗时间可按工作需要设定），清洗完成后排污阀自动关闭。

16）超高液位控制开关。系统运行过程中，当液位传感器线路出现故障，指示不准确时，配液系统将发生误动作，当液箱液位达到较高液位时，超高液位控制开关动作，将信号传输至控制系统，中间继电器断开，防止乳化液溢出。

4. 泵组的结构

乳化液泵组分别加装传感器进行数据监控和保护，包括润滑油温度传感器 1 只、润滑油压力传感器 1 只、润滑油油位传感器 1 只、泵组蓄能器压力传感器 1 只。另外，还可以进一步监控乳化泵电动机绕组温度和电动机轴承温度，如图 7-18 所示。

图 7-18　改进的泵组

（1）泵组接线箱　传感器将检测信号传输至接线箱，接线箱内配置的连接线将信号传送至控制装置实时检测。

（2）泵组传感器

1）油温度传感器安装在泵的放油口，连接线接至泵组接线箱。

2）油位传感器安装在泵的油标处，连接线接至泵组接线箱。

3）油压传感器安装在润滑齿轮泵的出油管处，连接线接至泵组接线箱。

4）压力传感器安装在泵组蓄能器充气阀的接头处，连接线接至泵组接线箱。

5. 液压系统图

BZRK400/31.5 型智能型乳化液泵站的液压系统如图 7-19 所示。

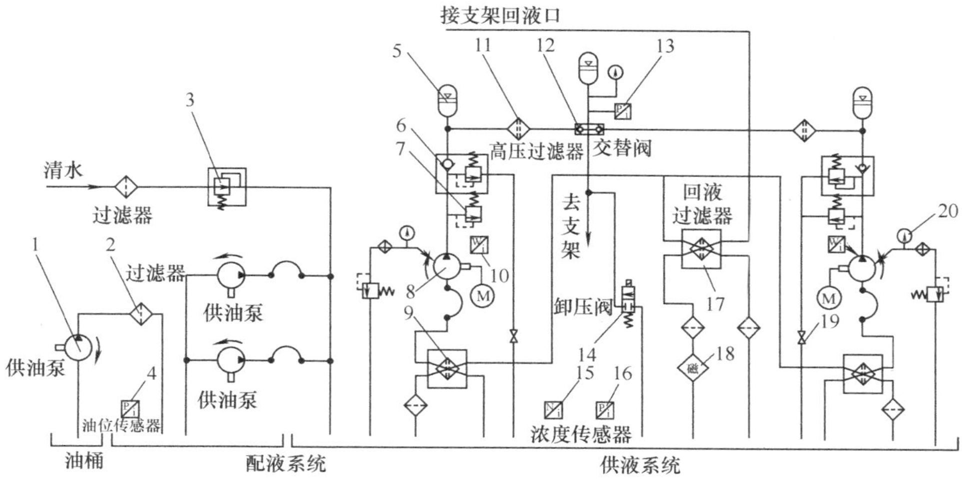

图 7-19　BZRK400/31.5 型智能型乳化液泵站的液压系统

1—供油泵　2—过滤器　3—矿用隔爆电磁阀　4—油位传感器　5—蓄能器　6—卸载阀　7—泵用安全阀　8—乳化液泵　9—吸液反冲洗过滤器　10—矿用温度传感器　11—高压过滤器　12—交替阀　13—压力传感器　14—卸载阀　15—浓度传感器　16—液位传感器　17—回液反冲洗过滤器　18—磁性过滤器　19—截止阀　20—压力表

【思考与练习】

1. 叙述乳化液泵的工作原理。
2. 如何选择乳化液泵？
3. 乳化液泵站的作用是什么？BRW315/31.5 型乳化液泵由哪些部分组成？
4. 叙述 BRW315/31.5 型乳化液泵液压系统的工作原理。
5. 自动卸载阀是如何实现自动卸载的？
6. 自动卸载阀的作用是什么？其组成部分有哪些？
7. 乳化液泵站中的蓄能器有什么作用？
8. 乳化液箱的作用是什么？它由哪些部分组成？
9. 叙述乳化油的作用及组成。
10. 如何配制乳化液？
11. 乳化液泵站的日检包括哪些项目？

12. 乳化液泵站压力脉动大，流量不足的原因是什么？
13. 乳化液泵站压力上不去的原因是什么？
14. 智能型乳化液泵站的由哪些部分组成？
15. 叙述智能型乳化液泵站的主要功能。
16. 叙述智能型乳化液泵站自动配液系统的工作原理。
17. 智能型乳化液泵站与传统泵站的使用效果有哪些不同？

第八单元

可弯曲刮板输送机

【学习目标】

本单元由可弯曲刮板输送机概述和典型可弯曲刮板机两个课题组成。通过本单元的学习，学生应熟悉可弯曲刮板输送机在煤矿生产中的作用与重要性；可弯曲刮板输送机的类型、结构特点，以及综采工作面刮板输送机的发展趋势和各组成部件的位置及作用。

课题一　可弯曲刮板输送机概述

【任务描述】

本课题主要介绍可弯曲刮板输送机的分类、结构特点和发展趋势等内容，通过本课题的实施，使学生对刮板输送机的类型、特点有较全面的认识。

【知识学习】

可弯曲刮板输送机是一种利用挠性牵引机构（刮板链）运行的连续运输机械。作为综采工作面的重要设备之一，它承担着把采煤机截割下来的煤炭由综采工作面向外围运输系统运输的关键任务，同时又是采煤机的承重支座和运行轨道、液压支架的拉移支点。因此，可弯曲刮板输送机从能力和结构上都与采煤机、液压支架联系紧密，是综采工作面三机配套关系中的重要一环。此外，可弯曲刮板输送机还兼有清理工作面浮煤，放置电缆、水管、乳化液胶管等功能。

一、可弯曲刮板输送机的类型

可弯曲刮板输送机主要由机头部（包括机头架、传动装置、链轮组件等）、中间部（包括过渡槽、中部槽和刮板链等）和机尾部（包括机尾架、传动装置和链轮组件等）组成。此外，还有紧链装置、挡煤板、铲煤板和防滑锚固装置等附属部件。可弯曲刮板输送机的分类方法很多，各组成部件的形式和布置方式也各不相同。

1. 按刮板链形式分类

（1）中单链型刮板输送机　中单链型刮板输送机刮板上的链条位于刮板中心，刮板在中部槽内起导向作用，如图 8-1 所示。这种刮板链的主要优点是：

1）结构简单，便于维护，弯曲性能好，没有双链中两条链受力不均的缺点，断链事故少。

2）能采用长链段圆环链，以减少链接头，可靠性高。

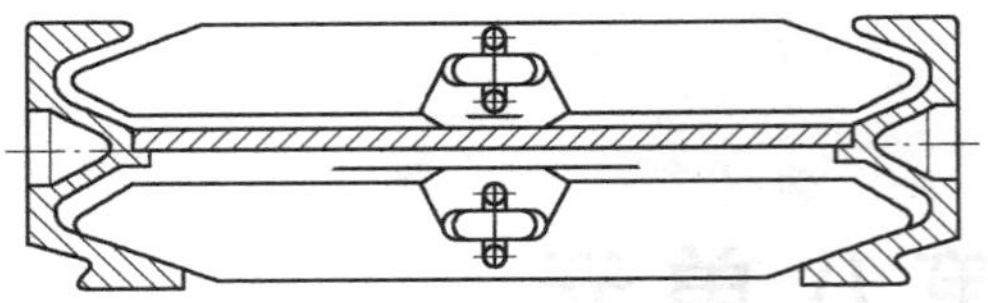

图 8-1　中单链型刮板输送机

3）刮板变形不会引起链子在链轮上跳链。

4）链子不在槽帮的凹槽内，而采用两端形状与槽帮钢凹槽相配合的刮板，清刮煤粉的效果好，运行阻力小，在同样的输送能力下可节省功率。

中单链的缺点是：

1）在底板不平的工作面使用时，刮板容易出槽。

2）与双链相比，需用的链轮尺寸大，从而增加了机头部和机尾部的高度。

3）对煤质较硬、块度较大的煤，输送效果较差。

4）适用的煤层倾角小（与边双链比）。

（2）边双链型刮板输送机　边双链型刮板输送机刮板上的链条位于刮板两端，链条和连接环在中部槽内起导向作用，如图 8-2 所示。这种刮板链的主要优点是：预紧力小，功率消耗少，适用的煤层倾角较大，煤层较薄，运送大块硬煤的效果较好；其缺点是两链受力不均，不能使用较大的圆环链，强度受到一定的限制。

（3）中双链型刮板输送机　中双链型刮板输送机刮板上两股链条的中心距不大于中部槽宽度的 20%，刮板在中部槽内起导向作用，如图 8-3 图所示。这种刮板链的主要特点是：具有中单链的基本优点，克服了其部分缺点，与边双链相比，两条链子受力的不均性要小，适用于重型刮板输送机；缺点是单位长度的质量有所增加。

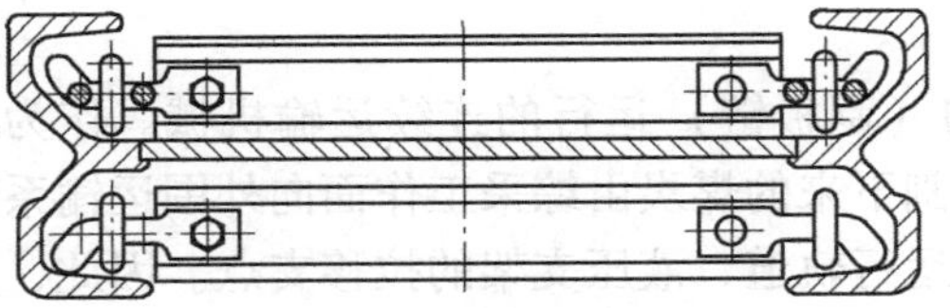

图 8-2　边双链型刮板输送机

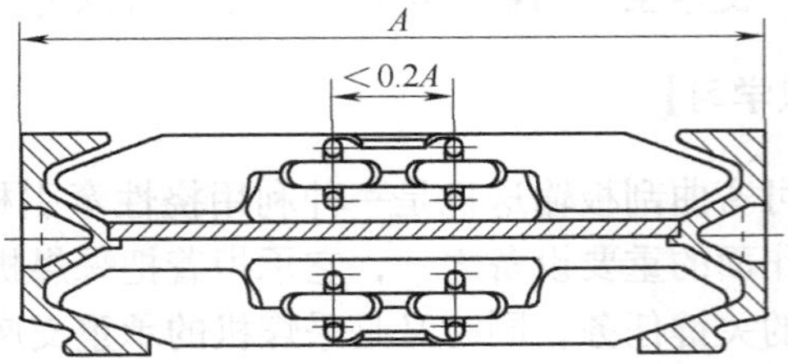

图 8-3　中双链型刮板输送机

（4）准边双链型刮板输送机　准边双链型刮板输送机刮板上两股链条的中心距不小于中部槽宽度的 50%，刮板在中部槽内起导向作用，如图 8-4 图所示。它具有边双链与中双链的优点，适用于较宽的中部槽。

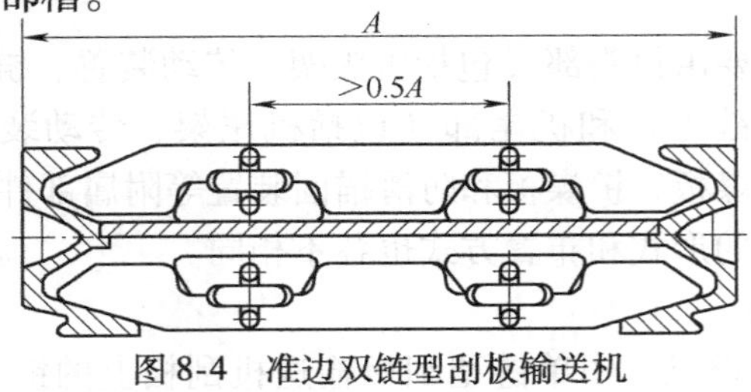

图 8-4　准边双链型刮板输送机

2. 按卸载方式分类

（1）端卸式刮板输送机　端卸式刮板输送机呈直线形，货载从输送机一端卸载，与输送机呈一直线，如图 8-5 所示。这种形式输送机的结构比较简单，当前大部分综采工作面使用这种形式的刮板输送机。它的缺点是空链易带回煤，增加了功率消耗；卸煤有一定的高度，易产生煤尘。

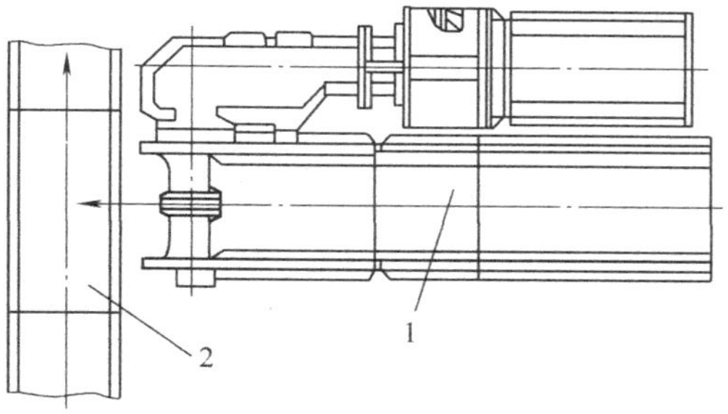

图 8-5　端卸式刮板输送机

1—刮板输送机　2—转载机

（2）侧卸式刮板输送机　侧卸式刮板输送机呈直线形，机头部搭在工作面运输巷转载机上，借助弧形卸煤板 2 将煤从机头架主卸载斜板 4 呈 90°角卸载到转载机上，这是煤的主流，约占输煤量的 70% ~75%（图 8-6a）；约有 15% ~20% 的煤从副卸载斜板 5 卸到转载机上，这是副流（图 8-6b）；最后，约有 5% ~15% 的粉煤绕过链轮通过底部卸入转载机（图 8-6c）。

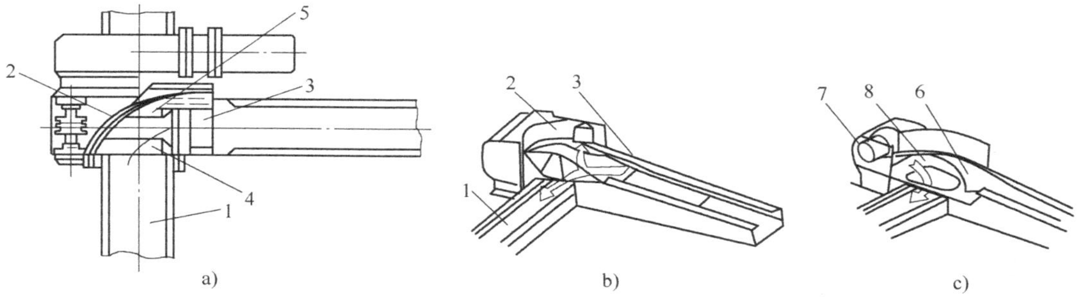

图 8-6　侧卸式刮板输送机

a）卸煤主流向　b）卸煤主流和副流向　c）粉煤流向

1—转载机　2—弧形卸煤板　3—刮板输送机机头架　4—主卸载斜板　5—副卸载斜板

6—机头上槽板　7—回煤罩　8—机头下槽板

这种输送机的主要优点是：

1）卸载前由于弧形板的作用，煤平稳地滑入转载机中，避免了端卸式的堵塞堆积和煤尘的产生，改善了劳动环境。

2）由于弧形板的作用，将带有动量的大块煤扭转 90°，使其与转载机的运行方向相同后再卸入转载机内连续运行，避免了端卸时煤流要停顿后再起动的能量损失和对转载机的冲击，从而降低了转载机的功率消耗，提高了传动件的可靠性和转载机的使用寿命。

3）从弧形板下被刮板链带走的粉煤经机头链轮卸到回煤罩内，由返回刮板链拉到转载机上方，从机头底槽的开口卸到转载机内。因此，减少了刮板输送机的回煤阻力。

4）由于煤流不在端头卸载，不需要卸载高度，因而机头高度可以降下，且伸到工作面运输巷中，采煤机可以行走到接近机头的位置，便于自开切口。

（3）交叉侧卸式刮板输送机　交叉侧卸式刮板输送机的机头与转载机的机尾做成一个整体，如图 8-7a 所示。两台输送机的上、下链相互交叉穿过，从上向下的顺序是输送机上链→转载机上链→输送机下链→转载机下链，如图 8-7b 所示。输送机机头上槽的煤通过弧形板转卸入转载机上槽，输送机下链带回的煤落入转载机下槽，由转载机下链带到机尾轮后翻到上槽运走。由于输送机的机头与转载机机尾是一个整体，所以推移输送机机头时，转载机也必须随之移动。

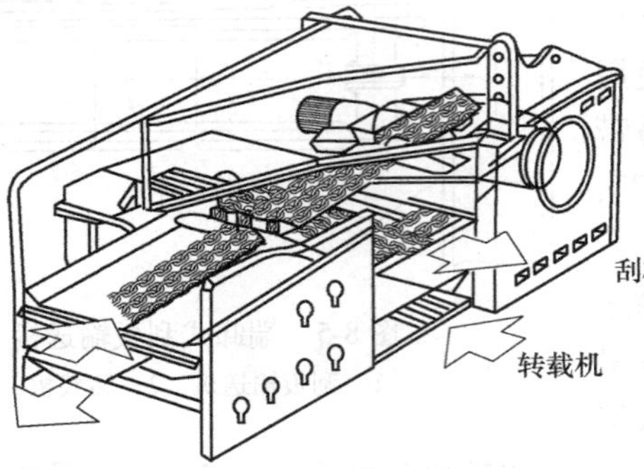

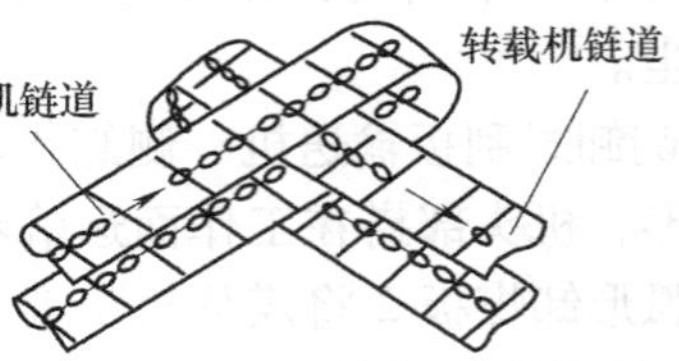

图 8-7 交叉侧卸式刮板输送机

a）立体外形图 b）示意图

交叉侧卸式刮板输送机的特点是机头架高度比普通侧卸式低，一般可降低 200 ~ 300mm。由于机头高度的降低，为采煤机自开切口创造了更加有利的条件。

3. 按中部槽结构分类

（1）分体式中部槽刮板输送机 分体式中部槽刮板输送机就是把易磨损的上中部槽体做成可活动的，用螺栓与下槽体固定，下槽体把铲煤板、挡煤板、封底板焊成一体，提高了整机的刚性与强度，且具有封底面槽的优点，如图 8-8 所示。

（2）整体焊接式中部槽刮板输送机 整体焊接式中部槽刮板输送机就是把溜槽两侧槽帮分别与铲煤板、挡煤板座焊接在一起，取消溜槽与其附件的连接螺栓，从而减少了输送机的维修工作量，如图 8-9 所示。

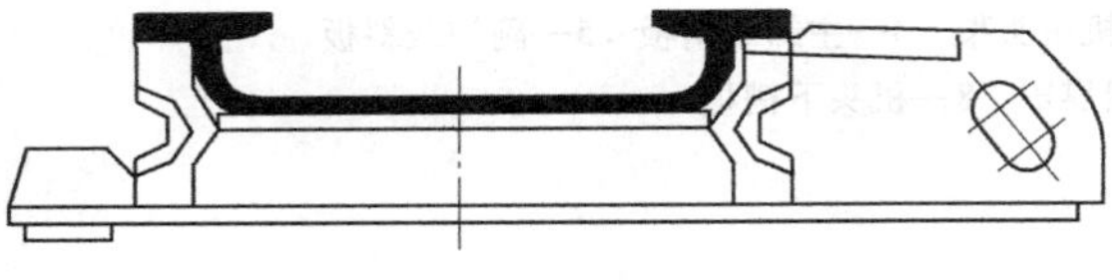

图 8-8 分体式中部槽刮板输送机

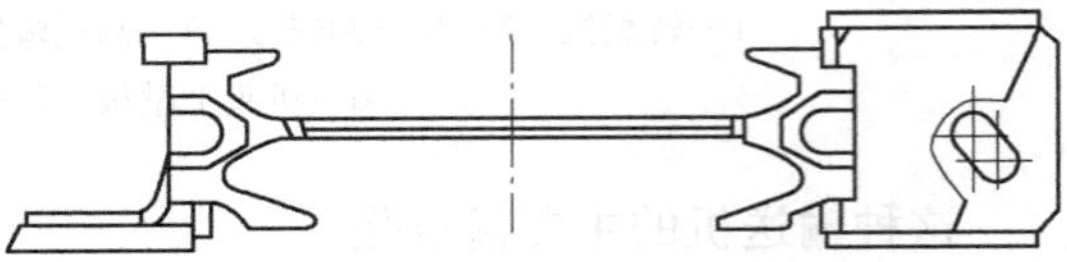

图 8-9 整体焊接式中部槽刮板输送机

（3）框架式中部槽刮板输送机 框架式中部槽刮板输送机就是把普通中部槽置于一个将铲煤板、挡煤板座、封底板焊在一起的框架中，用销子固定，整机具有较强的刚性与强度，提高了中部槽的可靠性；其缺点是中部槽的质量增加幅度较大，如图 8-10 所示。

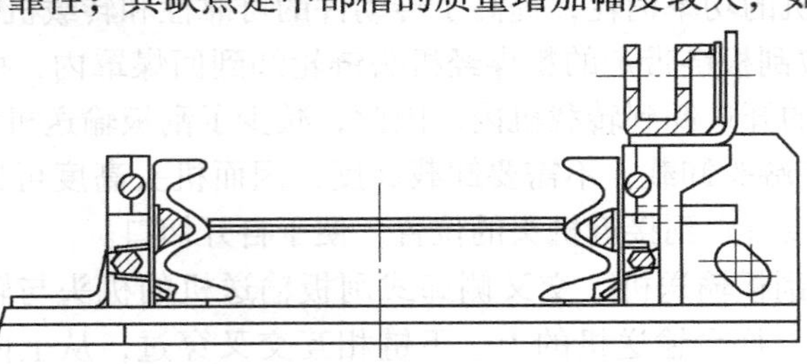

图 8-10 框架式中部槽刮板输送机

（4）铸造式中部槽刮板输送机　铸造式中部槽刮板输送机就是把中部槽槽帮钢与铲煤板、挡煤板铸造在一起，再焊上中板与底板，从而实现中部槽无螺栓连接如图 8-11 所示，这种刮板输送机具有框架式中部槽刮板输送机的各种优点，且减少了大量钢材的切割与焊接工作，降低了制造成本。

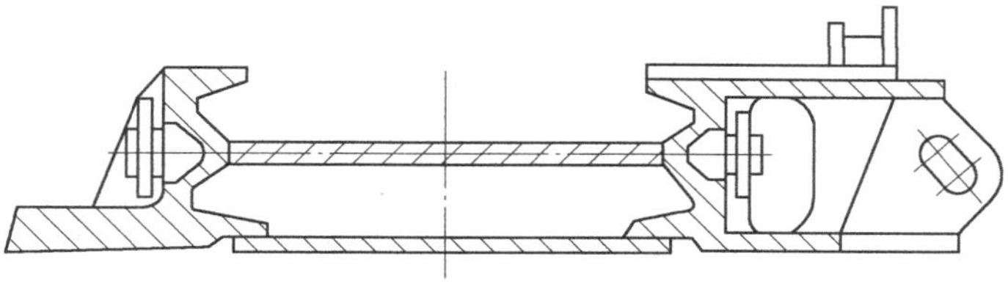

图 8-11　铸造式中部槽刮板输送机

4. 按电动机的类型分类

（1）单速电动机刮板输送机　配单速电动机驱动的刮板输送机称为单速电动机刮板输送机。其电动机为四级笼型隔爆电动机（同步转速为 1500r/min），并通过液力偶合器传动。其主要特点是空载起动平稳，过载保护及多电动机传动负载分配性能好；缺点是满载起动困难，传动效率较低，长期过载时液力偶合器要喷液。

（2）双速电动机刮板输送机　配双速电动机驱动的刮板输送机称为双速电动机刮板输送机。双速电动机是有两种额定转速的笼式感应电动机，其定子上有两套绕组，一组为用于控制起动的低速高转矩绕组，另一组为常态运转的高速绕组。专用的控制开关使电动机用低速绕组起动，运转到给定时间断开低速绕组，间隔 150ms 后接通高速绕组运行。

由于双速电动机以低速绕组起动，能实现额定转矩 3 倍以上的起动转矩，因而能起动满载的刮板输送机。低速运行的功率约为高速时的 1/2，起动电流比直接用高速起动低得多，减小了对电网电压降的影响。在从低速向高速换接的断电间隔中，电动机的转速因负载不同下降 50 ~ 250r/min，即使是满载，高速绕组也不是从静止起动，起动高速绕组的电流也不高。采用双速电动机的刮板输送机，取消了液力偶合器，不存在液力偶合器的滑差，链速有所提高，但失掉了液力偶合器的特有保护功能。

5. 按承重类型分类

（1）轻型刮板输送机　配套单电动机的额定功率在 75kW 以下的为轻型刮板输送机，其使用的中部槽槽宽为 280mm、320mm、420mm、520mm、630mm。

（2）中型刮板输送机　配套单电动机的额定功率为 75 ~ 110kW 的为中型刮板输送机，其使用的中部槽槽宽为 630mm。

（3）重型刮板输送机　配套单电动机的额定功率为 132 ~ 200kW 的为重型刮板输送机，其使用的中部槽槽宽为 730mm、764mm 和 830mm。

（4）超重型刮板输送机　配套单电动机的额定功率大于 200kW 的为超重型刮板输送机，其使用的中部槽槽宽为 830mm、960mm、1100mm 和 1200mm。

二、国产刮板输送机的结构特点

1. 缓倾斜中厚煤层综采工作面刮板输送机的结构特点

这类刮板输送机的用途最广、品种最多，是工作面刮板输送机的基本型，其结构特点是：

1）输送机呈直线形，配用不同形式的机头时可装成端卸、侧卸或交叉侧卸式。

2）具有强度较高的中部槽与采煤机和液压支架配套。

3）配有不同形式的铲煤板，可供推溜时清扫浮煤，也可作采煤机的支撑滑道。

4）在挡煤板侧设有导向管作为链牵引采煤机滑道，或者设有不同形式的齿轨或链轨供无链牵引采煤机行走用。

2. 缓倾斜薄煤层综采工作面刮板输送机的结构特点

1）矮机身、短机头，适用于煤层厚度为0.8～1.3m、倾角为0°～12°的缓倾斜工作面。机头部和机尾部高度为700mm，机架长度为750mm，便于拆装和运输。

2）闸盘紧链装置置于水平位置采空区侧，适应薄煤层紧链的需要。

3）溜槽为封底开天窗结构，减小了底链摩擦阻力，便于处理掉链事故。

4）铲煤板上设有端面齿条，供无链牵引爬底板采煤机牵引齿轮啮合行走。

5）刮板链采用准边双链（中边链），有利于硬煤和夹矸的运输。

6）采用高440mm的矮挡煤板并设有导向管，供爬底板采煤机行走的导向和调斜。

3. 缓倾斜厚煤层大采高综采工作面刮板输送机的结构特点

1）为了配合大采高产量大的需要，输送机向大功率、大输送量的方向发展，目前，国产刮板输送机的最大功率为3×1000kW，输送量可达2500t/h。

2）采用与各种无链牵引采煤机配套的结构。

3）中部槽可采用框架式、分体式、整体焊接式或铸造式，增加了中部槽的刚度、强度和可靠程度。

4）为了配合大功率的需要，已普遍配用行星齿轮传动减速器，缩小了减速器的体积，减小了减速器的质量。

4. 三软煤层综采工作面刮板输送机的结构特点

采用封底式中部槽与插腿式液压支架配套，增加与底板的接触面积，以实现与软底板相适应的结构特点。

5. 中厚煤层大倾角综采工作面刮板输送机的结构特点

1）在一定间隔距离内用液压缸—锚链将溜槽与支架锚固起来，防止输送机下滑。

2）采用封底溜槽，减小回空链的运行阻力，减少下槽掉链事故。

3）在减速器两轴轴端装有碟形弹簧-摩擦片制动装置，当链速超过额定速度的10%时，通过传感器元件切断电源，使制动器发生作用，防止刮板链下滑引起超速事故。

4）中部槽采用M27高强度螺栓连接，螺栓强度为390kN。

5）铲煤板与铲煤板、挡煤板与挡煤板之间采用ϕ47mm×ϕ165mm的圆环链连接，强度可达1470kN。

6）挡煤板分成3个部件组装，便于拆卸和运输。

6. 放顶煤综采用刮板输送机的结构特点

高位放顶煤液压支架只有一台刮板输送机，其结构与缓倾斜中厚煤层刮板输送机相同；低位、中位放顶煤液压支架使用两台刮板输送机，即工作面刮板输送机和放顶煤刮板输送机。工作面刮板输送机的结构和其他综采工作面刮板输送机相同；放顶煤刮板输送机在采空区侧装有铲煤板，在煤壁侧装有一层由钢板制作的形状简单的挡煤板。低位放顶煤刮板输送机在支架后部底板上拉移，中位放顶煤刮板输送机在支架后部架内拉移。

三、综采工作面刮板输送机的发展趋势

1. 大运量

20 世纪 70 年代末，刮板输送机的运量能力一般小于 1000t/h；20 世纪 80 年代前期为 1500t/h，后期为 2000～2500t/h；20 世纪 90 年代达到 3500t/h。槽宽相应地从 730～764mm 增大到 980～1200mm，链速从 1m/s 左右增加到 1.57m/s 左右。

2. 大功率

20 世纪 70 年代末，驱动电动机的单台功率小于 200kW，最大装机功率为 2×200kW；20 世纪 80 年代初为（2～3）×(250～315)kW；20 世纪 90 年代，实际运行的单台电动机的最大功率为 530kW。对于单台功率大于 250～300kW 的电动机，供电电压相应地从 1140V 升高到 2300V、3300V、4160V 或 5000V。

3. 大运距

20 世纪 70 年代末，一般输送机的长度不超过 200m；20 世纪 80 年代，逐步增加为 250m 左右，美国已有超过 350m 的长工作面。链条的布置形式相应地从边双链和中单链过渡为以中双链为主。链直径从 ϕ26～ϕ30mm 增加为 ϕ34～ϕ38mm，有的已达到 ϕ42mm。但有些专家认为，从设备投资、运营成本、通风维修、掘进和搬运等方面综合考虑，工作面长度以 250m 左右较为合理。

4. 长寿命与高可靠性

20 世纪 70 年代，输送机的运煤量小于 100 万 t；20 世纪 80 年代初期为 200 万 t，末期达到 300 万～400 万 t；20 世纪 90 年代已达到 600 万 t。其中，ϕ30mm 以上的链条为 150 万～200 万t；圆环链 ϕ30mm 的链轮为 100 万 t，ϕ34mm 的链轮为 200 万 t。减速器的设计寿命为 12500～15000h，接链环的疲劳寿命达 70000 次以上，中板的厚度为 40mm。

课题二　典型可弯曲刮板输送机

【任务描述】

随着我国煤炭开采高产、高效要求的不断提高，煤矿设备设计水平、加工制造能力的不断的提升，可弯板刮板输送机的运输能力、结构强度和装机功率等也得到了较大的提高，以适应煤炭高产、高效的要求。目前，典型可弯曲刮板输送机以超重型为主，采用双机头驱动、铸造式中部槽、大功率双速电动机、行星减速器、国产或进口优质高强中双链。

本课题以 SGZ960/1050 型中双链刮板输送机为例，对其技术性能、传动系统、各组成部分的结构特点及作用加以介绍。通过本课题的实施，学生应掌握刮板输送机主要技术参数的含义，熟练掌握各部件的名称及作用。

【知识学习】

一、概述

SGZ960/1050 型中双链刮板输送机是一种超重型刮板输送机，中部槽采用由优质合金钢

铸造的挡板、铲板槽帮与高强度耐磨中板组焊而成的整体式结构，提高了强度，增加了可靠性，减少了维护量。其与采煤机、液压支架、转载机及电控装置配套，可实现回采工作面的落煤、装煤、运煤、推溜和顶板支护等工序的综合机械化采煤。

二、主要技术特征（表 8-1）

表 8-1　SGZ96/1050 型中双链刮板输送机的主要技术特征

项　　目		数　　值
设计长度/m		240
出厂长度/m		240
输送量/(t/h)		1800
刮板链	刮板链速度/(m/s)	1.36
	形式	中双链
	圆环链规格/mm	$\phi34\times126$-C
	刮板间距/mm	1008
电动机	型号	YBSD-525/263-4/8G
	功率/kW	2×525
	转速/(r/min)	1485/740
	电压/V	3300
减速器	型号	JS525
	传动比	32.01：1
	冷却方式	水冷
中部槽	规格	1750mm×960mm×310mm
	连接方式	哑铃销连接
	紧链装置	液压紧链
整机弯曲性能	水平弯曲度	±1°
	垂直弯曲度	±2°
	牵引形式	齿轨

三、传动系统

SGZ960/1050 型中双链刮板输送机的传动系统如图 8-12 所示。刮板输送机的传动路线是：电动机通过减速器半联轴器、减速器将动力传递给链轮轴组，再由其带动封闭的刮板链进行循环运转而完成运、卸煤炭的功能。

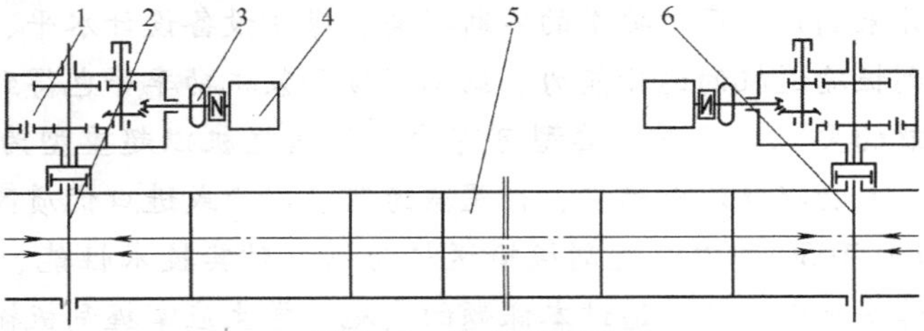

图 8-12　传动系统图

1—减速器　2—机头链轮轴组　3—联轴器　4—电动机　5—中部槽　6—机尾链轮轴组

四、输送机的主要结构

SGZ960/1050 型中双链刮板输送机主要由机头，动力部，机头、尾过渡槽、1.75m 中部槽、开天窗中部槽、电缆槽和刮板链等组成，如图 8-13 所示。

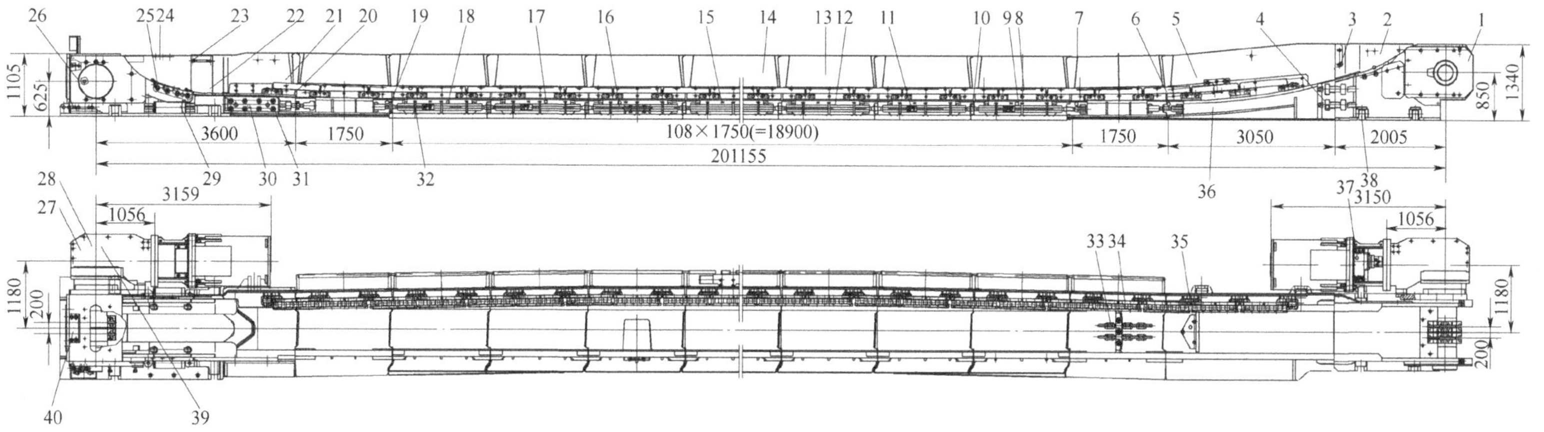

图 8-13　总图

1—机头　2—机头挡板　3—螺栓、螺母　4—连接销、销轴、U 形卡　5—过渡槽左挡板　6—销　7、9、11、12—左偏转槽　8—5 节距齿轨　10—哑铃销　13—电缆槽　14—特殊电缆槽　15—1.75m 中部槽　16—开天窗中部槽　17、18、19—右偏转槽　20—机尾过渡槽　21—机尾左挡板　22—机尾过渡挡板　23—机尾挡板　24—机尾润滑系统　25—螺栓、螺母　26—机尾　27、28—铭牌、商标牌　29—垫架　30—液压缸　31—液压缸护板　32—铲煤板　33—圆环链　34—刮板　35—阻链器　36—机头左过渡槽　37—液压紧链器　38—U 形销　39—伸缩机尾控制台　40—护板

1. 机头部

机头部是整个输送机的卸载端，其两侧均可以安装动力部，尾部再与过渡槽相连。机头部由机头架、链轮轴组、拨链器、护板及压块等组成，如图 8-14 所示。

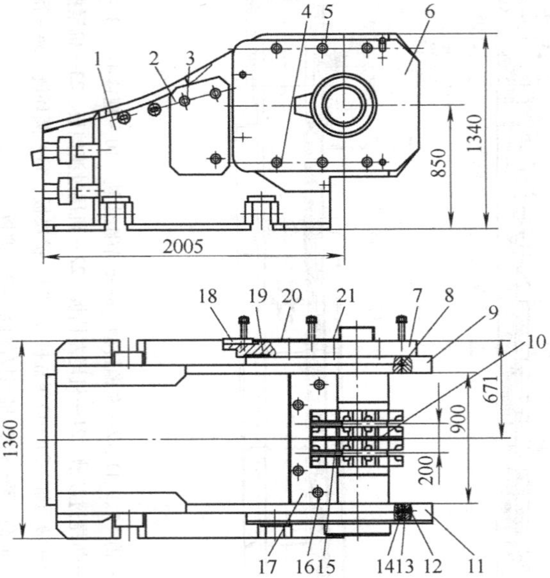

图 8-14　机头部

1—机头架　2—挡板　3、4、5、20、21—螺栓、螺母　6—防护罩　7—连接板　8—销　9—右压块　10—链轮轴组　11—左压块　12—垫圈　13、18—螺钉　14—圆螺母　15—拨链器　16—特殊螺栓　17—护板　19—键

（1）拨链器　拨链器为焊接结构件，如图 8-15 所示。安装拨链器时，将拨叉插入链轮齿的沟槽内，使刮板链的链条与链轮能顺利地啮合和分离。拨链器的作用是：当链轮组件与啮合的圆环链脱开时，防止链环卡在链轮沟槽内而不能在正常分离点脱开。拨链器由护板固定在安装位置，当需要更换拨链器时，拆卸护板即可更换。

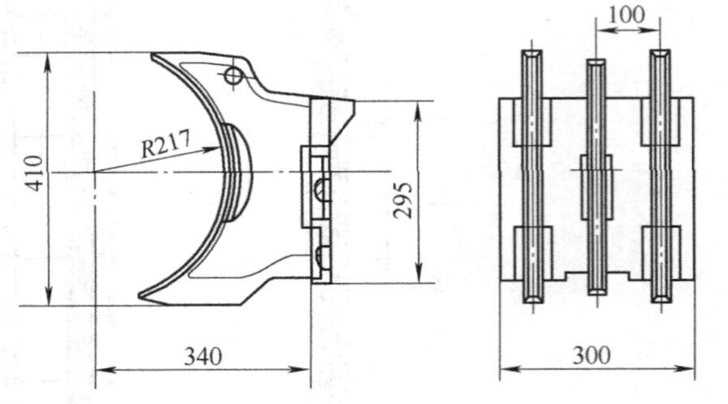

图 8-15　拨链器

（2）链轮轴组　链轮轴组是刮板链运行的传动部件，主要由轴、轴承、轴承座、链轮、密封件、透盖、轴套等零件组成一整体，如图 8-16 所示。链轮轴组采用集中式润滑系统，润滑油为 L-CKC320（320#）极压齿轮油。润滑油储存在油箱中，经连接于链轮轴组端盖的软管进入链轮轴组。该系统使用方便，润滑效果好，可有效延长轴组的使用寿命。链轮采用合金钢锻造而成，经表面硬化处理以增强其强度和延长其使用寿命。投入使用后，当一侧齿面磨损 3mm 左右时，建议更换链轮的安装方向，变换其受力齿面以延长使用寿命。

2. 动力部

动力部是输送机头、尾的驱动装置，布置在工作面的老塘侧。它由紧链装置、减速器、电动机连接罩等主要零部件组成。带有法兰盘的连接罩将减速器、联轴器、电动机连接成一

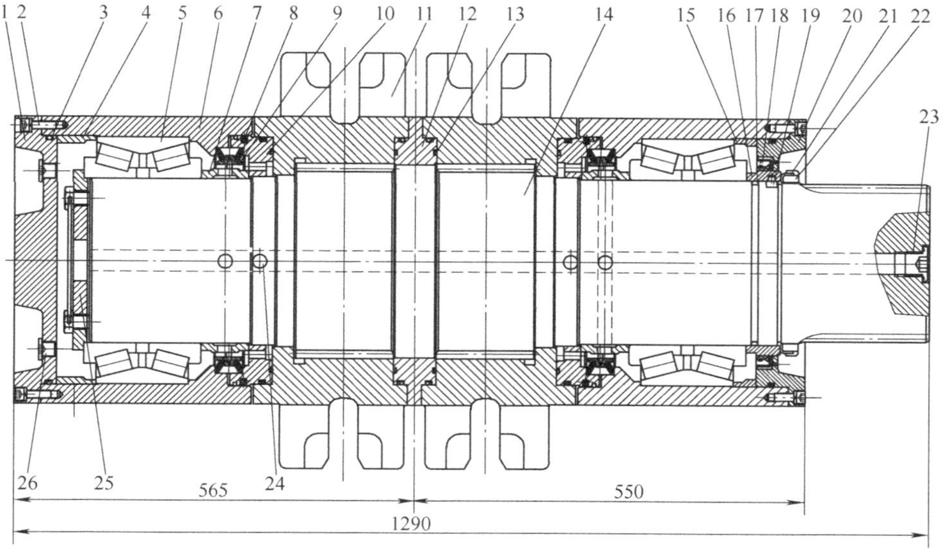

图 8-16 链轮轴组

1—端盖 2—螺钉 3、13、17—O 形密封圈 4—定位套 5—轴承 6—轴承座 7—套 8—组合防尘圈 9—DF 浮动密封环 10—密封座 11—链轮 12—支撑环 14—轴 15—定位套 16—轴套 18—油封 19—销 20—透盖 21—止推垫 22—螺母套 23—油堵 24—销 25—挡盖 26—螺塞

体。减速器可以根据工作面的方向安装在机头部的任意一侧。减速器与机头部、机尾部链轮轴组之间的动力传递是通过花键的啮合来实现的。

减速器是输送机的关键部件，SGZ960/1050 型中双链刮板输送机使用的是 JS525 圆柱行星齿轮减速器，如图 8-17 所示。

（1）主要技术参数　输入转速：1485r/min；传动比：32.01∶1；效率：96%；润滑油牌号：680#中负荷极压齿轮油；润滑方式：油脂、浸油、飞溅；冷却方式：水冷。

（2）结构　本减速器主要由上箱体、下箱体、第一级锥齿轮副、第二级圆柱齿轮副、第三级行星齿轮副、上箱体冷却器、下箱体冷却器、轴承、密封件等组成，并在箱体上设有透气塞、油塞及吸附金属磨料的磁性油塞等附属件。无论采用何种安装方式，均应将减速器透气塞装在减速器上面，将磁性油塞装在下面。

（3）装配与调整　装配减速器时，除了应注意一般机械设备装配时的常规注意事项外，还应特别注意各齿轮面接触区、齿侧间隙、轴向游隙的调整，这些调整均借助于调整垫片组来实现。该减速器的装配与调整的具体要求如下：第一对锥齿轮副的齿侧间隙为 0.3～0.55mm，接触斑点沿齿长方向大于 50%～70%，沿齿高方向大于 55%～75%；第二级圆柱齿轮副的齿侧间隙为 0.25～0.5mm，接触斑点沿齿长方向大于 60%，沿齿高方向大于 45%；行星齿轮副的齿侧间隙不小于 0.185mm，第一轴轴向游隙为 0.05～0.15mm；第二、第三轴，行星架的轴向游隙均为 0.02～0.08mm，太阳轮的轴向游隙为 0.5～1.5mm。

（4）减速器的润滑及维护　本减速器采用了浸油与飞溅相结合的润滑方式，新投入使用的减速器必须严格控制油量。若注油量少，则齿轮和轴承的润滑得不到保证；若注油量过多，将会增高减速器的油温，所以严禁将润滑油充满整个减速箱。

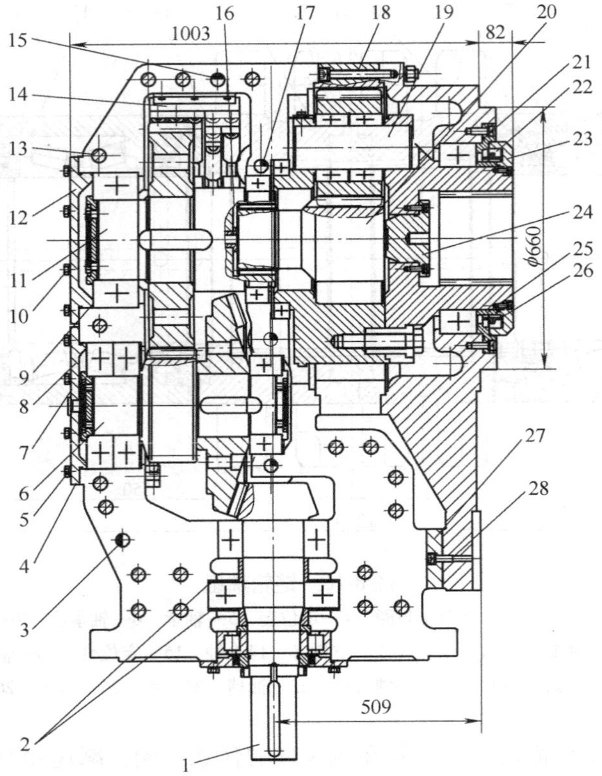

图 8-17 减速器

1—第一轴 2、4、9、16、26—调整垫 3、13、15—特殊螺栓 5、10—螺栓 6—第二轴 7—标识牌 8、12—轴承盖 11—第三轴 14—上、下箱体冷却装置 17—螺栓 18—内齿轮 19—行星架组件 20—太阳轮 21、23—浮动座、O 形密封圈 22—浮动油封 24—密封座 25—距离环 27—键、垫片 28—螺钉

3. 机尾部

(1) 功能 本输送机的伸缩机尾集过渡、连接及调节功能于一体，结构紧凑，如图 8-18所示。其主要功能为：

1) 机尾架设计为可伸缩式，利用两侧布置的推移缸可在不切断刮板链的情况下，对刮板链的松紧进行调节。刮板链的调节量每次为 20mm，最大调节量为 300mm，具有强度高、卸载高度低等特点。

2) 机尾两侧均可与动力部连接。

3) 机尾链轮轴组（同机头链轮轴组）拆装方便。

4) 由于卸载高度低，采煤中的三角煤问题较易解决。

(2) 结构 机尾部主要由固定槽、机尾、推移液压缸、液压管路、控制台及相应的连接紧固件组成。

1) 固定槽通过压块与机尾架相连，为左右对称结构，可适应左、右工作面互换的要求。

2) 机尾也是左右对称结构，与固定槽组合后，可沿压块导向面前后移动。机尾主要由机尾架、链轮轴组、拨链器、防护罩、活槽帮沿等组成。机尾的安装与解体可参照机头的装

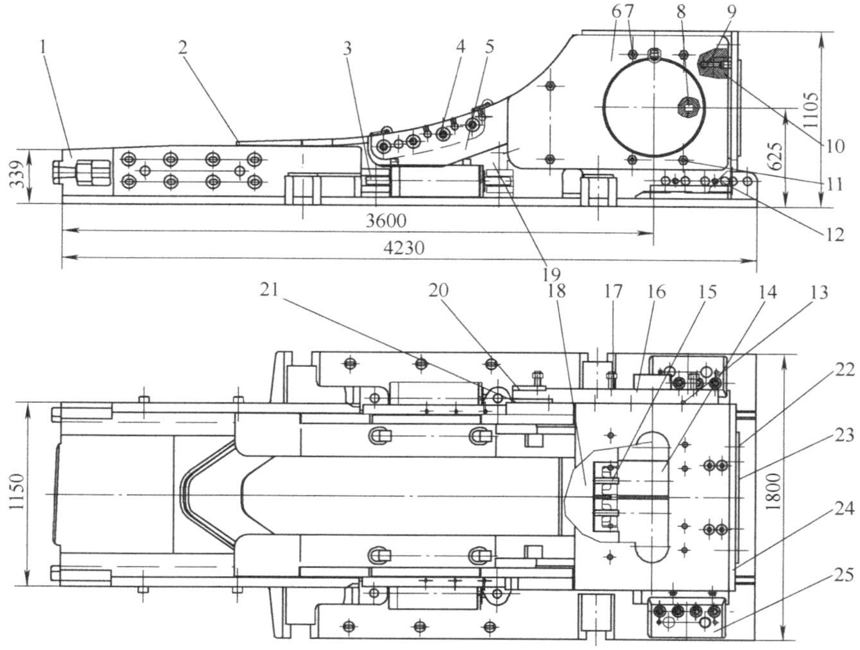

图 8-18　机尾部

1—固定槽　2—左、右防护板　3—液压缸　4、11、13、17、21、22—螺栓、螺母　5—机尾架　6—护板　7—特殊螺栓　8—销　9—螺钉　10—左、右压块　12—销轴　14—链轮轴组　15—拨链器　16—连接板　18—护板　19—液压系统　20—键　23—回煤罩　24—盖板　25—导向块

配与解体方法。

3）推移液压缸、液压管路、控制台组成机尾的液压控制部分，其中，推移液压缸有两个，分别安装于机尾两侧，机尾与固定槽结合处。控制台安装在机尾过渡槽的挡板上，控制台上有操纵阀控制机尾部的伸缩，以达到调节刮板链的作用。

4）刮板链张紧微调的操作步骤为：

① 清除机尾两侧及回煤罩外侧的厚煤和塞煤，以及其他阻碍机尾运动的物料。

② 去掉机尾架与固定槽之间的定位销。

③ 操纵伸缩机尾控制台控制手柄，给液压缸供液。

④ 目测刮板链松紧合适时停止供液，并记下控制台压力表的读数，作为下次操作时的参考。

⑤ 机尾架与固定槽之间的定位销若插不上，应多次操作手柄，使定位销插入离最佳位置最近的孔中，即停止供液。

完成上述操作步骤后，即完成了一次微调操作。

当多次调节使液压缸行程达到极限位置时，应清除伸缩机尾、机尾与固定槽接口处及机尾两侧阻碍机尾缩回的一切物料，操作控制手柄，使机尾完全缩回。然后使用紧链器与阻链器紧链、截链，最后重新使用液压缸进行微调。

4. 过渡段

过渡段由机头过渡槽、机尾过渡槽组成。过渡槽用于连接机头和中部段，使得刮板由中部段到机头较平稳地运行，以适应卸载高度的要求，并成为推溜、拉架的支承体。

5. 中部段

中部段是输送机机体的主要部分，它由1.75m中部槽、开天窗中部槽和电缆槽组成。

（1）1.75m中部槽　1.75m中部槽采用铸焊封底结构，铸造的铲板槽帮、挡板槽帮通过中板和底板焊接为一体，中部槽之间通过哑铃销连接，挡板槽帮上铸有推移耳，用于和液压支架连接，如图8-19所示。本输送机的中部槽的中板与底板采用40mm和30mm的高强度板，以提高中部槽的强度、刚性和耐磨性。

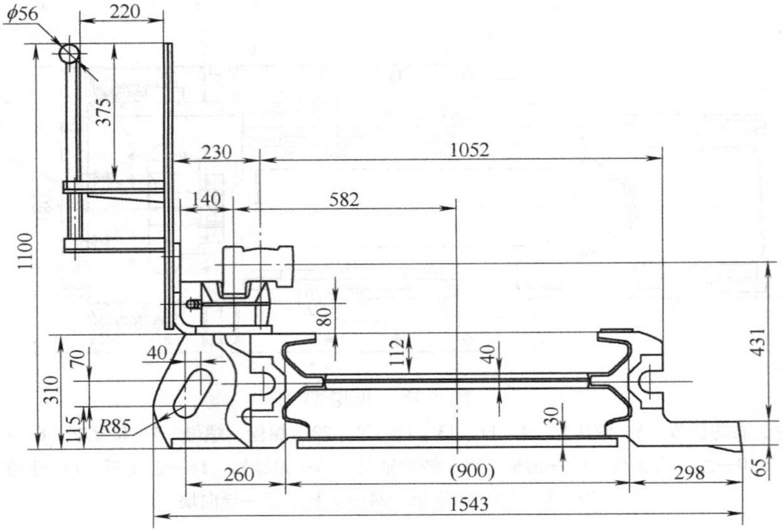

图8-19　1.75m中部槽

组装中部槽时，将凸头一端插入另一节中部槽的凹端头，然后将哑铃销放入窝槽内，一端套上压块并插上弹簧销即可。注意：中部槽间的水平方向与垂直方向的错口量应不大于3mm。

（2）开天窗中部槽　开天窗中部槽（图8-20）是为了检查、维修底链而设计的。同中部槽不同的是，开天窗中部槽上带有一段可拆卸的中板，一端插入中部槽中，另一端用销子紧固在铲板槽帮上。注意：开天窗中部槽与1.75m中部槽交替安装在中间段中，10节中部槽放1节开天窗中部槽。

（3）左、右偏转槽　对于左工作面，从中部槽到机头，依次安装4节右偏转槽；从中部槽到机尾依次安装3节左偏转槽。

（4）调节槽　调节槽在输送机使用过程中可适当地调整机头、机尾的长度，调节槽安装在过渡槽与偏转槽之间。

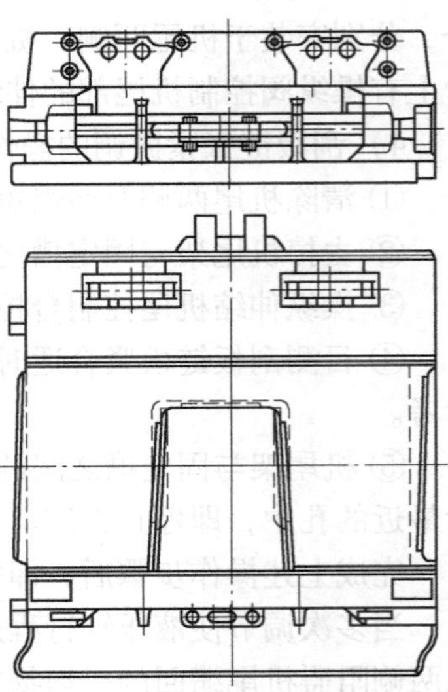

图8-20　开天窗中部槽

6. 刮板链

本输送机的刮板链为中双链形式，如图 8-21 所示。链条规格为 ϕ34mm × 126mm，链间距为 200mm，刮板间距为 1008mm，刮板安装在平环上。刮板链主要由圆环链、压板、螺栓、全螺纹自锁防松螺母、刮板和接链环等组成。安装刮板链时，固定刮板与链条的螺栓位于背离溜槽中板的方向；刮板大圆弧面位于刮板链运行方向；圆环链的立环坡口背离溜槽中板，即上链立环坡口朝上，下链立环坡口朝下；圆环链出厂时应经过严格的配对，安装时不得混装。

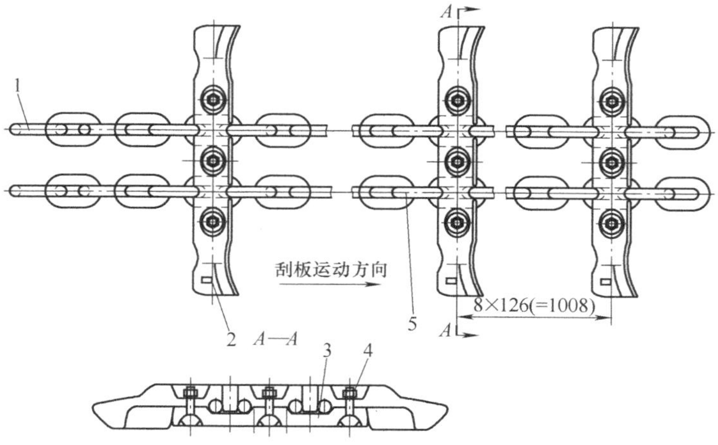

图 8-21　刮板链

1—圆环链　2—刮板　3—横梁　4—螺母　5—接链环

7. 电缆槽

电缆槽是输送机固定电缆和冷却水管的支承体，同时又是采煤机活动电缆、冷却水管运行的支承体和导向体，其中，特殊电缆槽装于输送机的中部。

8. 紧链装置

随着我国煤炭综采机械化水平的不断提高，超长型、重型井下工作面转运设备的使用越来越广泛，刮板输送机、刮板转载机链条所需的预张紧力越来越大，传统机械——闸盘紧链器已经不能满足需要。本输送机采用液压紧链器（图 8-22）与阻链器（图 8-23）共同完成紧链。紧链时，将阻链器放在过渡槽的三个孔中，卡住圆环链的平环，把阻链器两端的活块转到槽帮下面，卡住槽帮，防止阻链器颠覆。起动液压紧链器，目测刮板链松紧适度时，将紧链器操纵阀手柄扳到中间位置，停止向马达供液；此时，马达的制动器将马达输出轴制动，同时将减速器轴、链轮轴组制动，防止链条张紧力使链轮轴组反转，使刮板链处于静止张紧状态。待将刮板链断开点闭合时，松开被制动的一轴，使刮板链恢复自由张紧状态，便完成了紧链工作。

液压紧链器安装于主机减速器与电动机之间的连接罩筒上（安装示意图如图 8-24 所示），用液压马达驱动主机减速器最终达到张紧刮板链的目的。其主要特点如下：

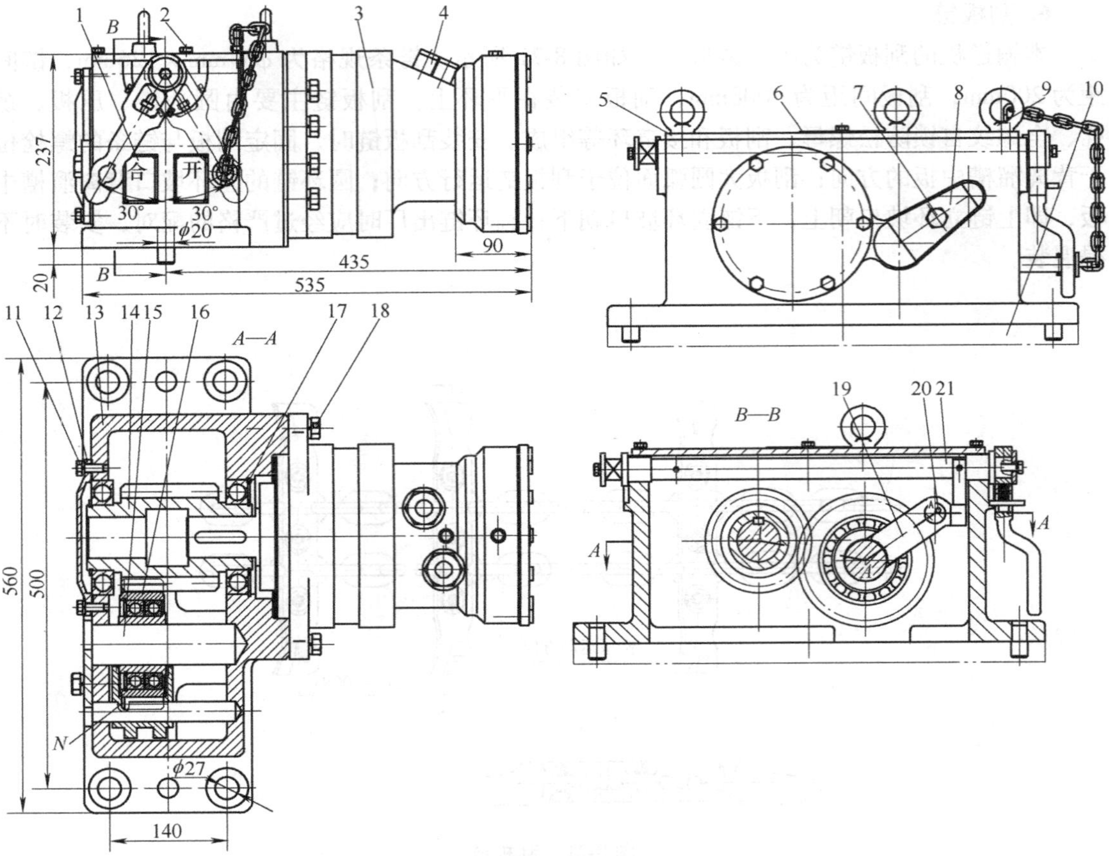

图 8-22　液压紧链器

1—离合器手柄　2、18—螺栓　3—液压马达　4—液压马达进、出油口　5—盖板　6—商标牌　7、11—螺钉　8—压板　9—吊环螺钉　10—护板　12—轴承盖　13—箱体　14—输入轴组　15—惰轮轴　16—惰轮　17—挡圈　19—拨叉　20—轴　21—手柄轴组

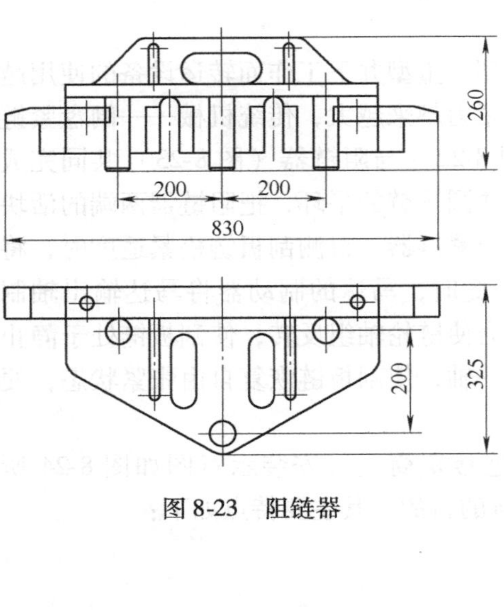

图 8-23　阻链器

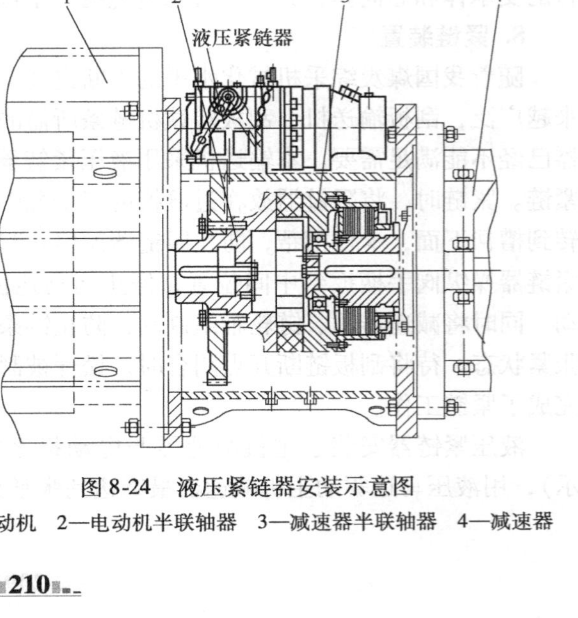

图 8-24　液压紧链器安装示意图

1—电动机　2—电动机半联轴器　3—减速器半联轴器　4—减速器

1）选用了具有定矩输出特性的马达，紧链安全、可靠，并有过载保护功能。

2）由齿式离合器控制液压紧链器与主机减速器的结合与分离，操作简便、使用可靠。

3）设有机械限位装置，当液压紧链器处于断开位置时，防止人为误操作引发事故。

4）所用液压源和工作介质与工作面液压支架相同。

5）结构紧凑，占用空间小（一般不超过主机电动机的高度）。

液压紧链器的工作过程为：阻链→液压紧链器与主机动力部啮合→驱动液压马达，主机减速器低速转动，张紧刮板链→打开液控制动器→刮板链减环、增环操作→液压系统卸载、断开液压紧链器→取下阻链器，结束紧链操作。

【任务实施】

1. 任务实施前的准备

学生必须经过煤矿安全资质鉴定，取得煤矿安全生产上岗资格证；完成入矿安全生产教育，具有安全生产意识，掌握相关煤矿安全生产知识。

2. 知识要求

熟悉可弯曲刮板输送机的工作原理、类型，熟悉各组成部件的名称、位置及作用。

3. 现场参观，实训教学

认识可弯曲刮板输送机的组成，指出各主要部件的名称、作用，说出其主要技术参数指标，对照实物说明可伸缩机尾对刮板链进行微调的工作过程。

4. 现场操作

现场组装刮板链组件：将刮板安装在刮板链平环上，安装刮板链，固定刮板与链条的螺栓头位于背离溜槽中板的方向；刮板大圆弧面位于刮板链运行方向；圆环链的立环坡口背离溜槽中板，即上链立环坡口朝上，下链立环坡口朝下。

5. 评分标准（表 8-2）

表 8-2　认识刮板输送机结构评分标准

考核内容	考核项目	分值	检测标准	得分
素质考评	出勤、态度、纪律、认真程度	10	教师掌握	
刮板输送机部件	识别各组成部件	30	每项 3 分	
技术参数	相应部件的技术参数	10	每项 2 分	
可伸缩机尾	识别各组成部件，说明刮板链微调的工作过程	20	组成部件每项 2 分，微调工作过程 10 分	
刮板链组装	正确组装刮板链组件	30	组装不正确每项扣 5 分	
总计				

【思考与练习】

1. 可弯曲刮板输送机有哪些类型？各有什么特点？
2. 缓倾斜中厚煤层综采工作面刮板输送机有什么特点？
3. 缓倾斜薄煤层综采工作面刮板输送机有什么特点？
4. 缓倾斜厚煤层大采高综采工作面刮板输送机有什么特点？

5. 中厚煤层大倾角综采工作面刮板输送机有什么特点？
6. 叙述 SGZ960/1050 型中双链刮板输送机的部件组成及作用。
7. 叙述 SGZ960/1050 型中双链刮板输送机传动系统工作原理。
8. 拨链器的作用是什么？
9. 开天窗中部槽的作用是什么？
10. 如何进行刮板链张紧微调的操作？

第九单元

综采工作面“三机”配套

【学习目标】

综采工作面的“三机”是指采煤机、液压支架和刮板输送机，它们是综采工作面的主要设备，用来实现采煤工艺中的落煤、装煤、支护、运输和工作面推进等几个工序。“三机”在工作能力和结构尺寸上的配套关系，直接影响采煤工艺的顺利实施和设备能力的充分发挥。因此，正确选择“三机”的形式，不仅要看它们各自能否满足采煤工艺的要求，同时要注意它们之间的配套性能。选型正确、先进，配套关系合理，是提高综采工作面生产能力，实现高产、高效的必要条件。

本单元由采煤机、液压支架和刮板输送机的选型和综采工作面“三机”配套原则与实例两个课题组成。通过本单元的学习，学生应了解“三机”配套的重要性，掌握液压支架、采煤机和刮板输送机的初步选型知识，能够初步进行设备选型和配套操作。

课题一　采煤机、液压支架和刮板输送机的选型

【任务描述】

本课题主要对“三机”的选型进行介绍和分析。通过本课题的学习，学生应对“三机”的选型有全面的认识，能够初步进行“三机”设备选型，为今后的工作打下一定的知识基础。

【知识学习】

液压支架、采煤机和刮板输送机是综合机械化工作面开采的核心设备。综采工作面“三机”的选型要充分考虑两个主要因素：一是煤层地质条件，二是“三机”之间的协调配合。液压支架的结构和工作阻力要适应矿压和顶底板情况；采煤机要能最大限度地截割高硬度煤炭和较软矸石，能满足采高的要求；刮板输送机要具有较大的运输能力和高的强度，能够与支架配合实现工作面的推进，完成其作为采煤机运行轨道的功能。

一、采煤机的选型及基本参数

1. 采煤机的选型原则

煤层赋存条件、地质构造、综采工作面设备配套尺寸及配套能力是确定采煤机型号的主要因素。

在采煤机的选型过程中，应对煤层厚度、煤层倾角、煤层硬度、顶底板岩性、地质构造，以及采煤方法和工艺要求、技术经济效果、配套设备要求等因素进行综合分析，然后确定型号。

（1）根据煤层厚度及采高要求选型　当煤层厚度小于1.3m时，应选择刨煤机、爬底板采煤机；当煤层厚度为1.4～1.7m时，应选择刨煤机、矮机身双滚筒采煤机；当煤层厚度为1.7～3.5m时，应选择双滚筒采煤机；当煤层厚度在3.6m以上时，应选择大采高、大功率的双滚筒采煤机。

选型时，要考虑采煤机机面高度（采煤机机身上表面到底板的高度），支架的最小、最大高度，以及采煤机机身下的过煤空间等。

（2）根据煤层倾角选择采煤机　煤层倾角的大小是确定采煤机牵引方式的一个重要因素。倾角越大，牵引力越大，防滑问题也越突出。

一般情况下，当煤层倾角小于或等于15°时，可选择一般采煤机；当倾角大于15°时，采煤机必须有可靠的防滑制动安全装置。对于交流电牵引的采煤机，如果煤层倾角小于或等于15°，可选用二象限运行的采煤机；如果煤层倾角大于15°，则需要选用四象限运行的采煤机。

（3）按煤质（包括夹矸）硬度选择采煤机　煤（或夹矸）的硬度是选择采煤机电动机功率的直接考虑因素，对采煤机的正常使用有直接影响。

煤岩的硬度通常用煤（岩）的坚固性系数（又称普氏系数f）来表示，它是衡量煤（岩）破碎难易程度的指标。当煤的硬度较小时（$f<2$）时，可选500kW左右或更小的功率；当煤硬度较大时（$f>2$）时，可选择700kW以上的功率。功率的选择同时还要考虑采煤机机身高度，应该在机身高度允许的情况下选择功率较大的采煤机。

（4）按采煤工作面的生产能力要求选型　采煤机的生产能力应大于工作面的设计生产能力。采煤机的生产能力主要受采煤机牵引速度，以及移架速度、煤的输送能力和其他诸多因素的影响。对于日产万吨煤的高产、高效工作面，要求采煤机的实际牵引速度达到10～12m/min，其设计牵引速度为15m/min左右或更高，这时可供选择的只有大功率（总功率达1200kW以上）的无链电牵引采煤机。

2. 采煤机的主参数及其确定

采煤机的主参数包括生产能力、采高、滚筒截深和直径、机面高度、调高范围、卧底量、截割速度、牵引力、牵引速度及装机功率等。

（1）采高　采高是指采煤机实际开采高度范围，它并不一定等于煤层厚度。采高规定了采煤机的适用范围，是与支护设备配套的一个重要参数。

（2）滚筒截深　截深B是指滚筒一次截割深度，它由滚筒外缘到端盘外侧截齿齿尖的距离来确定。截深影响采煤机的生产能力，因此，合理选择滚筒截深很重要。

目前滚筒截深一般有0.6m、0.8m、1.0m几种，当顶板条件较差时，应选用小截深，

也可减小到 $B=500\text{mm}$；当顶板条件较好时，应选用大截深，以提高生产能力。目前，采煤机的截深主要有 0.5m、0.6（0.63）m、0.7m、0.75m、0.8m、0.9m、1.0m 等几种（也可以与厂家联系定做非标准的）。滚筒截深要与现有的滚筒系列和选定支架等设备配套。

（3）滚筒直径　滚筒直径 D 应根据工作面的煤层厚度及采高进行选择。对于薄煤层双滚筒采煤机或一次采全高的单滚筒采煤机，滚筒直径按下式选取

$$D=H_{\min}-(0.1\sim0.3)$$

式中　$H_{\min}$——最小煤层厚度（m）。

对于厚煤层双滚筒采煤机，滚筒直径的经验数据应是最大采高的 55%～60%，当采高在 2.2m 以下时比例增大，或者当采高在 2.2m 以上时比例减小。

（4）机面高度、调高范围、卧底量　采煤机的机面高度根据采高、顶梁厚度等参数确定，薄煤层采煤机面与支架顶梁下面的距离一般不小于 200mm。

调高范围是指采煤机最大采高 $H_{\max}$ 至最小采高 $H_{\min}$ 之间的高度范围。工作面的煤层变化应位于采煤机采高变化范围之内。

卧底量即采煤机滚筒处于最低位置时所能下切的位于底板以下矸石的深度，一般应使其等于 150～300mm。

（5）截割速度　滚筒上截齿齿尖的圆周切线速度称为截割速度。截割速度取决于截割部传动比、滚筒直径和滚筒转速，其对采煤机的功率消耗、装煤效果，煤的块度和煤尘大小等有直接影响。为了减少滚筒截割时产生的细煤和粉尘，增多大块煤，应降低滚筒转速。

（6）牵引速度　选择牵引速度时，应考虑电动机功率、工作面要求生产能力、输送机运输能力及顶板条件等。一般最大牵引速度为 6～10m/min；高产、高效工作面的采煤机，其最大牵引速度达 12～15m/min。

（7）牵引力　牵引力是牵引部的另一个重要参数，是由外载荷决定的。影响采煤机牵引力的因素很多，如煤质、采高、牵引速度、工作面倾角、机器自重及导向机构的结构和摩擦因数等。目前使用的链牵引滚筒式采煤机的牵引力 F(kN) 与电动机功率 P(kW) 之间有以下关系

$$F=(1.0\sim1.3)P$$

由于无链牵引滚筒式采煤机用于大倾角煤层，一般都是双牵引部，故其牵引力比链牵引的牵引力大一倍。

（8）电动机功率　采煤机的装机功率可根据生产率、采高等，参照同类型采煤机相关资料按类比法来确定。对中硬及中硬以下煤层用采煤机，当采高在 1.3m 以下时，可选择功率在 400kW 以下的电动机；当煤层厚度为 1.3～2m 时，可选用功率为 500kW 左右的电动机；当煤层厚度为 2～3.5m 时，可选择功率为 700～1200kW 的电动机；当煤层厚度在 3.5m 以上时，可选用功率更大的电动机。选择功率时，还要考虑采煤机的机身高度，尤其是薄煤层采煤机应在机身高度允许的情况下选择较大功率的采煤机。

（9）采煤机的生产能力　采煤机的生产能力即采煤机每小时的产煤量，包括理论生产能力和实际生产能力，其参数有理论生产率、技术生产率和实际生产率。

1）理论生产率（最大生产能力）。在给定条件下，以最大参数连续运行时的生产率称为理论生产率，理论生产率 Q_t(t/h) 的计算公式为

$$Q_t=60HBv_q\rho$$

式中 H——工作面平均采高（m）；

B——滚筒有效截深（m）；

v_q——给定条件下的最大牵引速度（m/min），牵引速度受采煤机电动机装机功率的制约；

ρ——煤的实体密度，一般取 $\rho=1.3\sim1.4\mathrm{t/m^3}$。

采煤机的理论生产率是确定与其配套设备生产能力的依据，是由工作条件、机器工况和结构参数决定的。在实际工作中，只有当与其配套的设备生产能力大于采煤机的生产能力时，采煤机才能达到给定的理论生产率。

2）技术生产率。考虑生产循环图表而进行的辅助工作，如更换截齿、开切口、检查机器和排除故障所花费时间后的生产率称为技术生产率，技术生产率 Q 由下式计算

$$Q=k_1Q_t$$

式中 k_1——采煤机技术上可能达到的连续工作系数，一般 $k_1=0.5\sim0.7$。

技术上越完善，系数 k_1 越高，理论生产率和技术生产率的差距也越小。

3）实际生产率。实际使用中，考虑了工作中发生的所有类型的停机状况（如处理输送机和支架的故障、顶底板事故等）后的生产率为实际生产率。实际生产率 Q_m 可由下式计算

$$Q_m=k_2Q$$

式中 k_2——采煤机在实际工作中的连续工作系数，一般取 $k_2=0.6\sim0.65$。

二、液压支架的选型及基本参数

1. 液压支架的选型

液压支架选型的目的是使综采设备适合矿井和工作面的条件，投产后能够做到高产、高效、安全，并为矿井的集中生产、优化管理和最佳经济效益的实现提供条件，因此，必须根据矿井的煤层、地质、技术和设备条件进行选择。选择架型时，首先要考虑煤层的顶板条件，再考虑煤层厚度、煤层倾角、底板性质及瓦斯涌出量等因素，并结合各类支架的不同性能和特点，最终选择一种较为合理的架型。

（1）顶板条件　液压支架架型的选择首先要适合于顶板，一般情况下，可根据顶板的级别直接选出架型。表 9-1 中所列是根据国、内外液压支架的使用经验确定的，各种顶板条件下适用的架型，此表是选择架型的主要依据。

表 9-1　适应不同等级顶板的架型和支护强度

<table>
<tr><td colspan="3">老顶级别</td><td colspan="3">Ⅰ</td><td colspan="3">Ⅱ</td><td colspan="4">Ⅲ</td><td colspan="2">Ⅳ</td></tr>
<tr><td colspan="3">直接顶类别</td><td>1</td><td>2</td><td>3</td><td>1</td><td>2</td><td>3</td><td>1</td><td>2</td><td>3</td><td>4</td><td colspan="2">4</td></tr>
<tr><td colspan="3" rowspan="2">支架架型</td><td rowspan="2">掩护式</td><td rowspan="2">掩护式</td><td rowspan="2">支撑式</td><td rowspan="2">掩护式</td><td rowspan="2">掩护式或支撑掩护式</td><td rowspan="2">支撑式</td><td rowspan="2">支撑掩护式</td><td rowspan="2">支撑掩护式</td><td rowspan="2">支撑式或支撑掩护式</td><td rowspan="2">支撑式或支撑掩护式</td><td>支撑式</td><td>采高 < 2.5m</td></tr>
<tr><td>支撑掩护式</td><td>采高 > 2.5m</td></tr>
<tr><td rowspan="4">支架支护强度/MPa</td><td rowspan="4">采高/m</td><td>1</td><td colspan="3">0.294</td><td colspan="3">1.3×0.294</td><td colspan="4">1.6×0.294</td><td>2×0.294</td><td rowspan="4">结合深孔爆破、软化顶板等措施处理采空区</td></tr>
<tr><td>2</td><td colspan="3">0.384(0.245)</td><td colspan="3">1.3×0.384(0.245)</td><td colspan="4">1.6×0.384(0.245)</td><td>2×0.384(0.245)</td></tr>
<tr><td>3</td><td colspan="3">0.441(0.343)</td><td colspan="3">1.3×0.441(0.343)</td><td colspan="4">1.6×0.441(0.343)</td><td>2×0.441(0.343)</td></tr>
<tr><td>4</td><td colspan="3">0.539(0.441)</td><td colspan="3">1.3×0.539(0.441)</td><td colspan="4">1.6×0.539(0.441)</td><td>2×0.539(0.441)</td></tr>
</table>

（续）

<table>
<tr><td colspan="3">老顶级别</td><td colspan="3">Ⅰ</td><td colspan="3">Ⅱ</td><td colspan="4">Ⅲ</td><td colspan="2">Ⅳ</td></tr>
<tr><td colspan="3">直接顶类别</td><td>1</td><td>2</td><td>3</td><td>1</td><td>2</td><td>3</td><td>1</td><td>2</td><td>3</td><td>4</td><td colspan="2">4</td></tr>
<tr><td colspan="3" rowspan="2">支架架型</td><td rowspan="2">掩护式</td><td rowspan="2">掩护式</td><td rowspan="2">支撑式</td><td rowspan="2">掩护式</td><td rowspan="2">掩护式或支撑掩护式</td><td rowspan="2">支撑式</td><td rowspan="2">支撑掩护式</td><td rowspan="2">支撑掩护式</td><td rowspan="2">支撑式或支撑掩护式</td><td rowspan="2">支撑式或支撑掩护式</td><td>支撑式</td><td>采高 <2.5m</td></tr>
<tr><td>支撑掩护式</td><td>采高 >2.5m</td></tr>
<tr><td rowspan="3">单体支柱支护强度/MPa</td><td rowspan="3">采高/m</td><td>1</td><td colspan="3">0.147</td><td colspan="3">1.3×0.147</td><td colspan="4">1.6×0.147</td><td rowspan="3">按采空区处理方法确定</td><td rowspan="3"></td></tr>
<tr><td>2</td><td colspan="3">0.245</td><td colspan="3">1.3×0.245</td><td colspan="4">1.6×0.245</td></tr>
<tr><td>3</td><td colspan="3">0.343</td><td colspan="3">1.3×0.343</td><td colspan="4">1.6×0.343</td></tr>
</table>

注：1. 括号内的数字是掩护式支架的支护强度。设计和选用支架时，根据实际情况，支护强度允许有 ±5% 的波动。
2. 表中的 1.3、1.6、2 分别为Ⅱ、Ⅲ、Ⅳ级老顶与Ⅰ级老顶相比周期来压时的分级增压系数。Ⅳ级老顶由于地质条件变化大，只给出了最小值 2，具体数值应根据实际顶板确定。
3. 单体支柱的支护密度，应按表中支护强度除以支柱工作阻力计算。
4. 表中采高是指最大采高，具体采高下的支护强度可用插值法计算。

（2）煤层厚度 煤层厚度直接影响支架的高度和工作阻力，还影响支架的稳定性。当煤层厚度超过 2.5m，顶板有侧向推力和水平推力时，应选用抗扭能力强的支架，一般不宜选用支撑式支架。当煤层厚度达到 2.5～2.8m 时，需要选择有护帮装置的掩护式或支撑掩护式支架；当煤层厚度变化大时，应选择调高范围较大、带有机械加长杆或双伸缩立柱的掩护式支架。当煤层为软煤时，支架的最大高度一般应小于或等于 2.5m；当煤层为中硬煤时，支架的最大高度一般应小于或等于 3.5m；当煤层为硬煤时，支架的最大高度应小于 5m。

（3）煤层倾角 煤层倾角主要影响支架的稳定性，倾角大时易发生倾倒、下滑等现象。当煤层倾角小于 10°时，液压支架可以不设防倒、防滑装置；当倾角为 10°～15°（支撑式液压支架取下限，掩护式液压支架和支撑掩护式液压支架取上限）以上时，应选用带有防滑装置的液压支架；当倾角在 18°以上时，应选用同时带有防滑、防倒装置的液压支架。

（4）底板性质 底板承受支架的全部载荷，对支架的底座影响较大，底板的软硬和平整性决定了支架底座的结构和支承面积。选型时，要验算底座对底板的接触比压，其值应小于底板的允许抗压强度（对于砂岩底板，允许的抗压强度为 1.96～2.16MPa，软底板为 0.98MPa 左右）。在底板较软的条件下，应选用有抬底板装置的支架或插腿掩护式支架。

（5）瓦斯涌出量大的工作面 应符合《煤矿安全规程》的要求，并优先选择通风面积大的支撑式或支撑掩护液压支架。

（6）成本 同时允许选用几种架型时，应优先选用价格便宜的支架。支撑式液压支架最便宜，其次是掩护式液压支架，最贵为支撑掩护式液压支架。

2. 液压支架的基本参数

（1）支护强度、工作阻力和支撑效率

1）支护强度。支架有效工作阻力与支护面积之比称为支架的支护强度。顶板所需的支护强度取决于顶板等级和煤层厚度，合理的支护强度应正好与顶板压力相平衡。支护强度过大，不仅增加支架质量和设备投资，而且会给搬运、安装带来困难；支护强度过小，则会使顶板过早下沉、离层、冒落，使顶板破碎，造成顶板维护困难。因此，支护强度的大小取决于工作面矿压的大小，但目前对工作面矿压的大小还不能进行准确的定量计算，因此，主要

以经验法或根据实测数据来确定支架的支护强度 q(MPa)。常用经验公式为

$$q = KM\rho \times 10^{-5}$$

式中 K——作用于支架上的顶板岩石厚度系数，一般取5～8。当顶板条件较好、周期来压不明显时，取低值，否则取高值；

M——采高（m）；

ρ——岩石密度（kg/m^3），一般取$2.5\times10^3 kg/m^3$。

2）工作阻力。支架工作阻力 P（kN）应满足顶板对支护强度的要求，即支架工作阻力由支护强度和支护面积所决定

$$P = qF \times 10^3$$

式中 F——支架的支护面积（m^2），可按下式计算（示意图如图9-1所示）

$$F = (L+C)(B+K_1) = (L+C)A$$

L——支架顶梁长度（m）；

C——梁端距（m）；

A——支架中心距（m）；

B——支架顶梁宽度（m）；

K_1——架间距（m）。

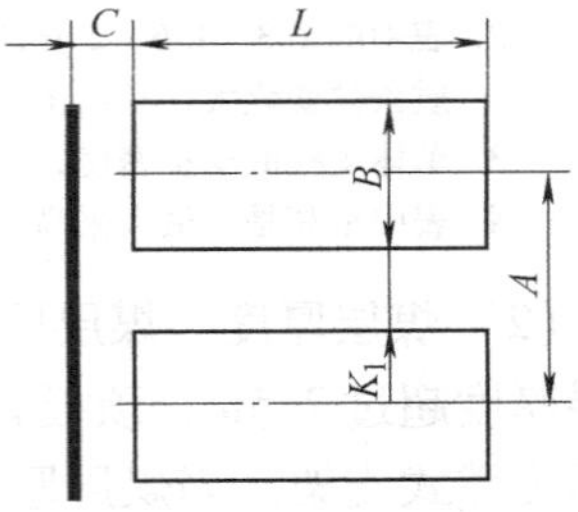

图9-1 支护面积计算示意图

3）支撑效率 η。支架有效工作阻力与支架工作阻力之比称为支撑效率。支撑式支架的支撑效率为100%；掩护式和支撑掩护式支架的顶梁与掩护梁铰接，立柱斜撑，支撑效率小于100%，初选支架时可取80%左右。

（2）初撑力 初撑力的大小是相对于支架的工作阻力而言的，并与顶板的性质有关。液压支架的初撑力，在维护顶板性能的方面，比工作阻力（支护强度）起着更加显著的作用。有足够初撑力的支架，其一开始就能和顶板压力取得平衡，可最大限度地减小顶板下沉时间和下沉量，并可迅速地压缩浮煤和制顶木等中间介质，使支架的工作阻力较快地发挥作用，可以扩大支柱在恒阻阶段的工作时间，还可以避免直接顶的离层。若初撑力偏小，要等顶板下沉时才能增阻，会增大顶板的下沉量；当直接顶、底板比较松软时，初撑力过大，会使顶板反复受拉而导致直接顶蠕动，造成直接顶早剥离，使顶板管理困难，从而导致底板的迅速破坏。所以，合理选择支架的初撑力是非常重要的。

目前，在坚硬、中硬和破碎的顶板条件下，多采用较高的初撑力。现在支架设计中的初撑力，已高达工作阻力的90%以上。初撑力与支护强度的比例关系，根据顶板的稳定性不同，一般在60%～85%的区间内选取。

确定初撑力时可按以下原则进行考虑：对于不稳定和中等稳定的顶板，为了维护机道上方的顶板，应取较高的初撑力，约为工作阻力的80%；对于稳定的顶板，初撑力不宜过大，一般不低于工作阻力的60%；对于周期来压强烈的顶板，为了避免大面积垮落对工作面的动载威胁，应取较高的初撑力，约为工作阻力的75%。

（3）移架力和推溜力 移架力与支架结构、质量，煤层厚度，顶板状况及是否带压移架等因素有关，通常根据煤层的厚度进行考虑，即采高越大，移架力越大。

一般薄煤层支架的移架力为100～150kN；中厚煤层支架的移架力为150～300kN；厚煤层支架的移架力为300～400kN。推溜力一般为100～150kN。

(4) 支架高度　支架高度是指支架的最大和最小结构高度。它必须适应煤层采厚变化所要求的最大和最小结构高度。最小结构高度过大，可能会出现压架现象；最大结构高度过小，可能会造成丢煤浪费资源或支架顶空现象。支架高度可由下式计算：

支架最大结构高度 H_{max}　　$H_{max}=M_{max}+S_1$

支架最小结构高度 H_{min}　　$H_{min}=M_{min}+S_2$

式中　M_{max}、M_{min}——煤层最大、最小采高（m）；

S_1——考虑伪顶冒落的最大厚度。大采高支架取 200～400mm，中厚煤层支架取 200～300mm，薄煤层支架取 100～200mm；

S_2——考虑周期来压时的下沉量，移架时支架的下降量和顶梁上、底板下的浮矸之和。大采高支架取 500～900mm，中厚煤层支架取 300～400mm，薄煤层支架取 150～250mm。

支架的最大结构高度与最小结构高度之差称为支架调高范围。调高范围越大，支架适用范围越广，但加大调高范围将增加设备质量及制造成本，所以，支架的最大和最小结构高度应根据煤层厚度的变化合理选择。确定支架的最小结构高度时，还应考虑井下的运输允许高度。

(5) 支架伸缩比　支架的最大结构高度与最小结构高度之比称为支架伸缩比 K_S；其公式为 $K_S=H_{max}/H_{min}$

K_S值的大小反映了支架对煤层厚度变化的适应能力，其值越大，说明支架适应煤层厚度变化的能力越强。采用单伸缩立柱时，K_S的值一般为 1.6 左右；若进一步提高伸缩比，则需采用带机械加长杆的立柱或双伸缩立柱，其 K_S值一般为 2.5 左右；薄煤层支架的 K_S 值可达 3。

(6) 支架中心距和支架宽度　支架中心距一般等于工作面一节溜槽的长度，大部分采用 1.5m。大采高支架为提高稳定性，中心距可采用 1.75m；轻型支架为适应中小煤矿工作面快速搬家的要求，中心距可采用 1.25m。

支架宽度应根据支架间距和架型来确定。我国规定支架标准中心距为 1.5m。掩护式和支撑掩护式支架，包括侧护板在内的支架宽度为 1.4～1.6m（下限为侧护板收缩时的运输宽度，1.5m 为支架的正常宽度，1.6m 为调架时侧护板伸出后的最大宽度），垛式支架的架间距一般为 0.1～0.2m。

(7) 梁端距和顶梁长度　移架后，顶梁端部至煤壁的距离称为梁端距。梁端距是由于工作面顶板起伏不平造成输送机和采煤机的倾斜，以及采煤机割煤时垂直分力使摇臂和滚筒向支架倾斜，为避免割顶梁而留的安全距离。支架高度越大，梁端距应越大。及时支护方式，大采高支架梁端距取 350～480mm，中厚煤层支架梁端距取 280～340mm，薄煤层支架梁端距取 200～300mm。

顶梁长度受支架形式、配套采煤机截深（滚筒宽度）、刮板输送机尺寸、配套关系、通风断面要求及立柱缸径、通道要求、底座长度、支护方式等因素的制约。顶梁长度直接影响支架与顶板的接触性能、控顶距、移架速度和稳定性。一般在保证一定的工作空间和合理布置设备的前提下，应尽量减小顶梁长度，以缩小控顶距和减小支架的质量。对于支撑式和支撑掩护式支架，由于立柱为双排布置，支撑力较大，故这类支架的顶梁较长，当采用滞后支护时，顶梁全长为 2.5m 左右；当采用及时支护时，顶梁全长为 3.0～4.0m。对于掩护式支架，由于其一般用于破碎顶板，应尽量减小支架对顶板的重复支撑次数，加之立柱多为单排布置，故顶梁长度较小，通常为1.5～2.5m，最大达3m左右。

（8）顶板覆盖率　支架顶梁对支护面积的覆盖率为

$$\delta=\frac{BL}{(L+C)(B+K_1)}\times100\%$$

式中　δ——覆盖率；

B——顶梁宽度（m）；

L——顶梁长度（m）；

C——梁端距（m）；

K_1——支架间距（m），有侧护板的支架 K_1 取0.1m，无侧护板的支架 K_1 取0.1～0.2m。

覆盖率δ应符合顶板性质的要求，一般不稳定顶板不小于85%～95%，中等稳定顶板不小于75%～85%，稳定顶板不小于60%～70%。

（9）底座宽度　支架底座宽度一般为1.1～1.2m。为提高横向稳定性和减小对底板的比压，厚煤层支架可加大到1.3m左右，放顶煤支架为1.3～1.4m。底座中间安装推移装置的槽的宽度，与推移装置的结构和千斤顶的缸径有关，一般为300～380mm。

三、刮板输送机选型

（1）按采煤工艺方法选型

1）大采高工作面的生产能力一般较高，应选用输送能力较大的刮板输送机，如900t/h以上，以满足高产、高效的要求。

2）放顶煤开采使用中、低位放顶煤液压支架时，后部输送机应选用与放顶煤支架相匹配的放顶煤刮板输送机，这种输送机的中部槽只有简单的挡煤板，无电缆架。

3）仰采和俯采工作面宜选用较宽的中部槽，以增加采煤机的稳定性，避免采煤机向采空区或煤壁倾斜。

（2）按煤层赋存条件选型

1）薄煤层应选用薄煤层刮板输送机或与爬底板采煤机相匹配的刮板输送机。

2）软底板、软煤质应采用封底溜槽，以减少推移输送机的阻力。

3）较硬煤质条件且生产能力较小的工作面，宜选用敞底式溜槽、边双链刮板输送机，因为其结构比较简单。

4）倾角较大的工作面应在机头、机尾选用锚固装置，在中间增设防滑千斤顶，中部槽间选用高强度连接装置。

（3）按采煤机械的匹配要求选型

1）刮板输送机的输送能力必须与采煤机或刨煤机的生产能力相匹配，应使输送机的输送能力等于或大于采煤机或刨煤机的生产能力。

2）为了配合滚筒采煤机自开切口，应优先选用短机头和短机尾，但机头架和机尾架中板的升角不宜过大，以减少通过压链块时的能耗。

3）在输送机靠煤壁一侧应设铲煤板或三角形铲煤结构，以清理机道浮煤。

4）为了防止采煤机掉道，应在溜槽上设导向装置。

5）为了配合采煤机行走时能自动铺设、拖移电缆和水管，应在输送机采空区一侧附设电缆槽。

6）开采较薄煤层配用骑溜式采煤机时，宜采用矮平机头、机尾。

（4）按液压支架的匹配要求选型

1）刮板输送机溜槽及挡煤板座的结构应与液压支架的架型相匹配，如插腿式、非插腿式。

2）刮板输送机溜槽的长度应与支架的宽度相匹配。

3）刮板输送机溜槽应与液压支架推移机构连接装置的间距及连接方式相匹配。

4）配放顶煤液压支架时，应考虑输送机在架前或架后连接的位置。

（5）按与转载机的匹配选型

1）刮板输送机与转载机机尾的连接方式和卸载方式应匹配。

2）采用端卸式或侧卸式机头的结构及布置方式均应与转载机匹配。

（6）按输送机自身的结构选型

1）综采工作面刮板输送机必须是可弯曲自移式。

2）应根据链条的负荷和煤质的软硬情况决定链条规格和链条的结构形式（单链、边双链、中双链），当煤质较硬、块度较大时，优先选用双边链；当煤质较软时，可选用单链或中双链。

3）在传动装置布置方式、电动机台数方面，应优先采用双电动机双机头驱动平行布置，为了便于采煤机工作，应尽量将传动装置布置在采空区一侧。功率很大时，应采用三驱动装置。

4）电动机宜优先选用双速电动机，以改善电网的条件，简化传动装置的结构，提高传动效率，这一点对重型以上的刮板输送机尤为重要。

课题二 综采工作面“三机”配套原则与实例

【任务描述】

本课题主要介绍“三机”配套原则和实例，通过本课题的学习，学生可以掌握工作面“三机”配合运行知识，为设备的使用和维护打下知识基础。

【知识学习】

在综采工作面的生产过程中，采煤机要依靠刮板输送机导向并在其上移动，刮板输送机依靠液压支架推移，液压支架又以刮板输送机为固定支承而前移，从而实现工作面的开采和推进。采煤机和刮板输送机的生产能力应满足工作面的产量要求，采煤机和液压支架的调高范围应适应煤层厚度及其变化范围，支架移架速度要与采煤机的牵引速度相匹配。因此，为实现综采工作面的最大生产能力和安全生产，采煤机、刮板输送机和液压支架之间在性能、结构、采面空间要求，以及“三机”相互连接的形式、强度和尺寸等方面，必须互相适应和匹配。

一、综采工作面“三机”配套原则

1. 工作面“三机”生产能力配套

工作面的生产能力取决于采煤机落煤能力，而刮板输送机、液压支架及转载机、可伸缩带式输送机等设备的能力都要大于采煤机的生产能力，国外按大20%设计。因此要保证工作面实现高产，刮板输送机的输送能力就要大于采煤机的落煤能力，液压支架的移架速度就要满足采煤机割煤、落煤、装煤工作速度的要求。工作面“三机”生产能力匹配应按下列步骤校核。

（1）确定工作面所需要的生产能力

1）同类综采设备在生产中的实际生产能力。

2）所选设备能够保证实现的生产能力。

3）考虑到投资、效益及矿井发展计划所需要的生产能力。

最终，工作面所需的生产能力以工作面的小时生产能力为基础。工作面小时生产能力 Q_1(t/h) 可按下式计算

$$Q_1=\frac{Q_B K}{(N-M)ts}$$

式中 Q_B——日生产能力（t/d）；

K——生产不均衡系数，$K=1.1\sim1.25$；

N——日作业班数；

M——每日检修班数；

t——每班工作时间（h）；

s——时间利用系数（开机率），$s=0.4\sim0.6$。

（2）核算采煤机可实现的生产能力 Q_2(t/h)

$$Q_2=60v_1HB\gamma$$

式中 v_1——采煤机工作牵引速度（m/min）；

H——平均采高（m）；

B——截深（m）；

γ——煤的堆密度（t/m^3）。

（3）核算刮板输送机可实现的生产能力 Q_3(t/h)

$$Q_3=3600F\rho\gamma v_2$$

式中 F——货载断面积（m^2）；

ρ——装满系数；

γ——货载松散堆密度（t/m^3）；

v_2——链速（m/s）。

（4）确定三机综合生产能力　各单机可实现的生产能力必须等于或大于工作面需要的生产能力。如前所述，刮板输送机的生产能力要比采煤机的生产能力大20%。总之，应保证 $Q_3>Q_2>Q_1$。

2. 工作面“三机”性能配套

（1）性能配套的要求　工作面“三机”性能配套，主要解决采煤机、液压支架和刮板

输送机三种设备性能间的相互配合，避免运转时的相互制约问题，以充分发挥设备性能，最大程度地满足综采生产能力的要求。为此，需要通过逐一对液压支架、采煤机和刮板输送机各自的功能和性能进行研究、调整和局部改进，使它们之间的性能能够完全匹配和适应。

（2）性能配套上应注意的问题

1）采煤机自开切口的摇臂长度与刮板输送机机头、机尾的长度相适应。

2）采煤机卧底深度应与刮板输送机机头、机尾的高度相适应。

3）采煤机行走机构应与刮板输送机的铲煤板，导向、牵引、啮合方式及强度相适应。

4）液压支架的底座和推移装置应与输送机的机头、机尾和中部槽连接位置的设置及强度相适应。

5）液压支架的移架速度应与采煤机的割煤速度相适应。

6）刮板输送机、液压支架的防滑性能应与煤层倾角相适应。

7）采煤机的采高应与液压支架的高度相适应。

8）采煤机的截深应与液压支架的步距相匹配。

3. 工作面“三机”几何尺寸配套

采煤机、刮板输送机和液压支架之间的配套尺寸关系如图 9-2 所示。

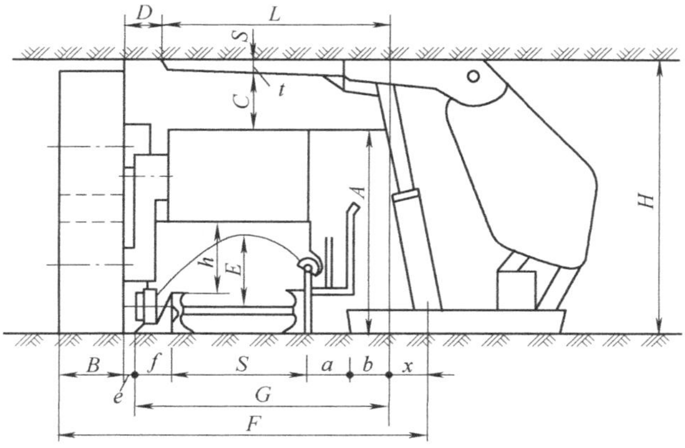

图 9-2 综采工作面“三机”之间的配套尺寸关系

从安全角度出发，支架前柱到煤壁无立柱空间的宽度 F(mm) 越小越好，它的尺寸组成见下式

$$F = B + e + G + x$$

式中 B——截深（mm），即采煤机滚筒的宽度；

e——煤壁与铲煤板之间空隙的距离（mm），为了防止采煤机在输送机弯曲段工作时滚筒切割铲煤板，应保证 $e = 120 \sim 250$mm；

x——立柱斜置产生水平增距（mm），它可由立柱倾角计算出来；

G——输送机宽度（mm），其组成为

$$G = f + S + a + b$$

式中 f——铲煤板的宽度（mm），f 一般为 160 ~ 300mm；

S——输送机中部槽宽度（mm），由输送机型号决定；

a——电缆槽和导向槽宽度（mm），a 约为 300mm；

b——前柱与电缆槽之间的距离（mm），为了避免输送机倾斜时挤坏电缆并保证司机的操作安全，通常 b 应大于 200～400mm。

由于底板截割不平，输送机会产生偏斜。为了避免采煤机滚筒截割到顶梁，支架梁端与煤壁间应留有间隙 D 作为无支护带（即端面距），此间隙为 200～400mm。煤层薄时取小值，厚时取大值。

在空间高度上，支架安全配套高度 H(mm) 为

$$H = A + C + t$$

式中　t——采煤机上部的支架顶梁厚度（mm）；

A——采煤机机面高度（mm）；

C——安全高度（mm），最低采高时一般不小于 200～300mm。

图中的过煤高度 E 一般要保证大于 250～300mm。

二、综采工作面“三机”配套实例

现以开滦矿区某工作面为例，介绍综采工作面“三机”选型及配套之间的关系。

该工作面的地质条件为：工作面为单一结构煤层，煤层中含少量灰～灰白色黄铁矿结核，受底鼓影响，煤层产状及厚度变化较大，开采煤层厚度为 1.3～2.1m，平均煤层厚度为 1.4m，煤层倾角为 2°～8°，平均倾角为 5°，工作面长度小于 130m。煤质为中等硬度，煤层顶板稳定性较差，顶板比较破碎，底板较硬，同一区域已开采工作面中的液压支架工作阻力为 3600kN。煤层顶、底板情况见表 9-2。

表 9-2　煤层顶、底板情况

顶、底板名称	岩 石 名 称	厚度/m	抗压强度/MPa	抗拉强度/MPa
老顶	泥岩～泥质粉砂岩	6.0	45.5	1.39
直接顶	泥岩及砂岩	15.2	40.6	0.61
直接底	泥岩～粉砂岩	4.0	59.4	1.99

1. “三机”选型及参数确定

（1）液压支架选型　因工作面顶板比较破碎，宜选用掩护式支架；当工作面倾角小于 10°时，不必考虑设备的防倒、防滑系统。煤层厚度超过 1.5m，应选用抗扭能力强的四连杆结构支架，采高不大，可不考虑防片帮机构。综合以上因素，应选取具有四连杆结构的两柱掩护支顶式液压支架。选择的液压支架型号为中部液压支架采用 ZY4000/10/23。支架最小高度为 1.0m，最大高度为 2.3m，工作阻力为 4000kN。大的工作阻力可提高支架的支护能力。

ZY4000/10/23 型液压支架的主要技术参数为：

支架结构高度：1000～2300mm；

支架宽度：1420～1590mm；

支架中心距：1500mm；

初撑力：3090kN(p=31.5MPa)；

支架工作阻力：4000kN(p=40.76MPa)；

支护强度（$f=0.2$）：0.54～0.61MPa；

底板前端比压（$f=0.2$）：1.78～2.16MPa；

移架步距 800mm；

泵站压力：31.5MPa；

操纵方式：邻架手动操纵；

质量：约 12t/架。

（2）采煤机选型　根据煤层厚度选取矮机身双滚筒采煤机。因煤层倾角≤15°，可选一般采煤机，功率选取 500kW 左右。采煤机结构采用成熟的电动机横向布置无底托架结构，牵引系统选用交流变频电牵引。选择的采煤机型号为 MG2×125/580-WD，整机为多电动机驱动横向布置结构。三大部件之间使用高强度螺栓、长丝杠及定位销连接。

MG2×125/580-WD 型采煤机主要技术参数为：

采高范围：1.25～2.2m；

适应倾角：≤40°；

煤层硬度：$f \leq 4$；

牵引方式：无链牵引、摆线轮销轨式，节距为 126mm；

牵引速度：0～5.9m/min；

牵引力：420kN；

滚筒：ϕ1250mm，ϕ1400mm 海德拉湿式刀形截齿强力滚筒各一对；

截深：800mm；

滚筒转速：56.7r/min；

装机功率：580kW（125×2×2kW+30×2kW+20kW）；

电压等级：1140V；

灭尘方式：内、外喷雾；

机面高度：859mm；

机面宽度：1374mm；

过煤高度：270mm；

卧底量：188mm；

摇臂长度：2111mm；

摇臂摆动中心距：5600mm；

牵引中心距：3720mm；

摇臂摆角：+31.92°，-8°。

（3）刮板输送机选型　选用薄煤层刮板输送机，为提高强度采用铸造封底溜槽，中双链结构。因开采较薄煤层，宜采用矮平机头、机尾。输送机靠煤壁一侧设三角形铲煤结构，配合采煤机行走选用齿轮销排导向定位，驱动装置选用机头、机尾平行布置双驱动。因较薄煤层的开采量不会很大，选择刮板输送机槽宽为 730mm，功率为 2×400kW。选择的刮板输送机型号为 SGZ730/400。

SGZ730/400 型刮板输送机的主要技术参数为：

输送量：700t/h；

设计长度：150m；

装机功率：2×200kW（电压660V/1140V，双速）；

链速：1.1m/s；

刮板链形式：双中心链，链间距120mm；

圆环链规格：ϕ26×92-C；

圆环链破断负荷：850kN；

刮板间距：920mm；

中部槽结构形式：铸焊封底结构；

长×宽×高：1500mm×690mm×263mm；

槽间连接方式：哑铃式；

减速器：平行布置，行星传动（70JS）；

紧链方式：闸盘紧链+阻链器；

卸载方式：端卸；

卸载高度：600mm；

底板：底板厚20mm，中板厚25mm，材料为NM360；

销轨：铸造销轨，节距126mm。

2. 工作面配套设备之间的关系

该工作面“三机”配套设备之间的关系如图9-3所示，工作面设备布置图如图9-4所示。

3. 其他采煤工作面配套设备图例

（1）中厚煤层工作面配套设备图例　某中厚煤层工作面“三机”设备之间的配套关系如图9-5所示。采煤机采用MG300/730-WD，中部液压支架采用ZY4800/13/32，刮板输送机采用SGZ-730/400。

（2）放顶煤工作面配套设备图例　某综采放顶煤工作面“三机”设备之间的配套关系如图9-6所示。采煤机采用MG200/500-QWD；中部液压支架采用ZF6200/16/32，过渡液压支架采用ZFG6200/16/32；前刮板输送机采用SGZ730/400，后刮板输送机采用SGZ730/400。

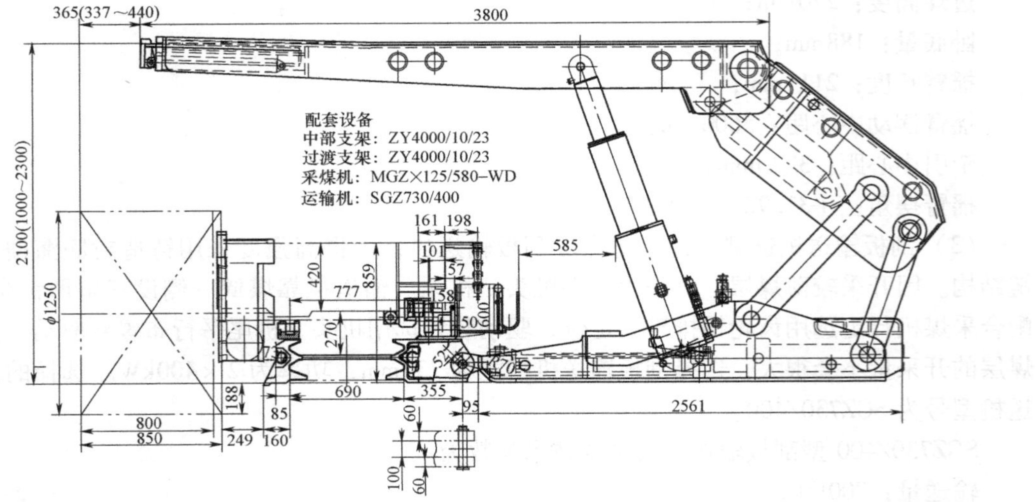

图9-3　工作面配套设备之间的关系

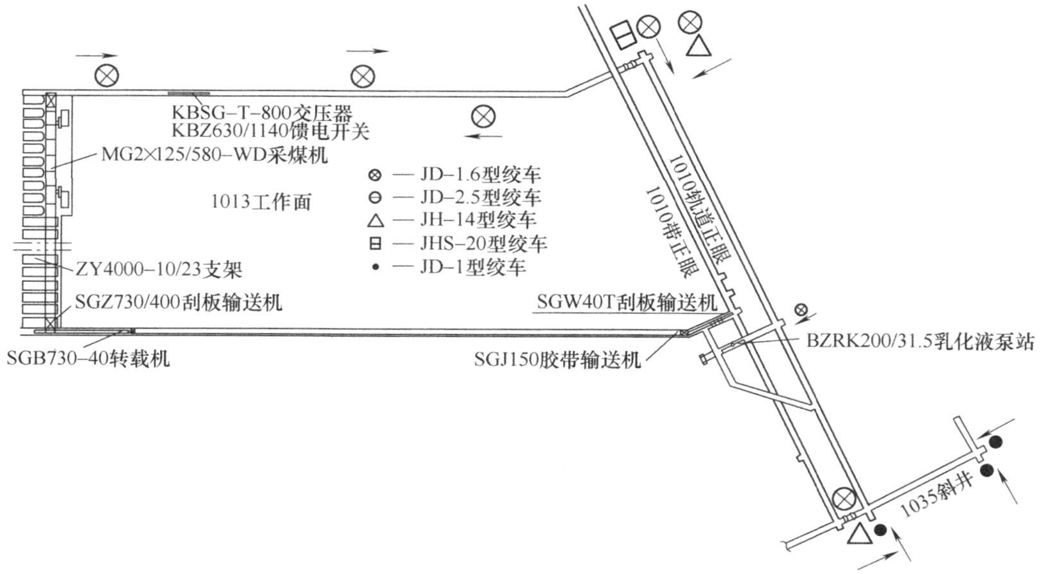

图 9-4　工作面设备布置图

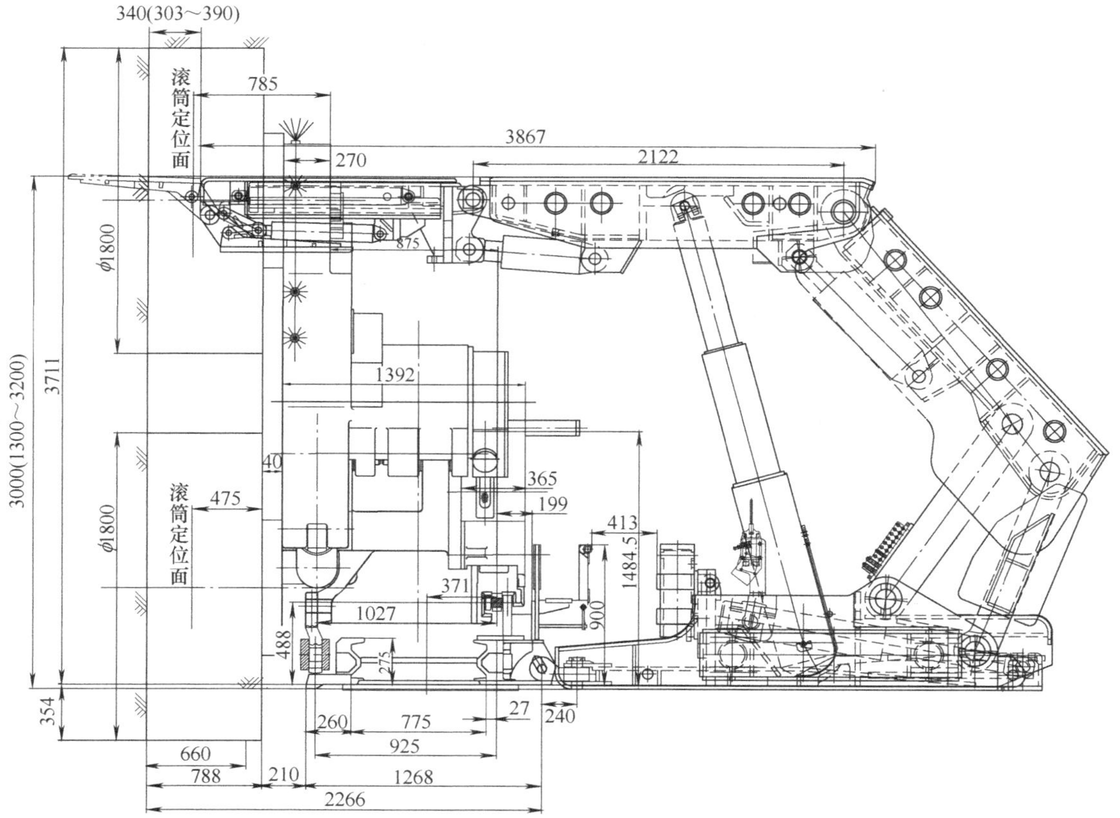

图 9-5　中厚煤层工作面配套设备之间的关系

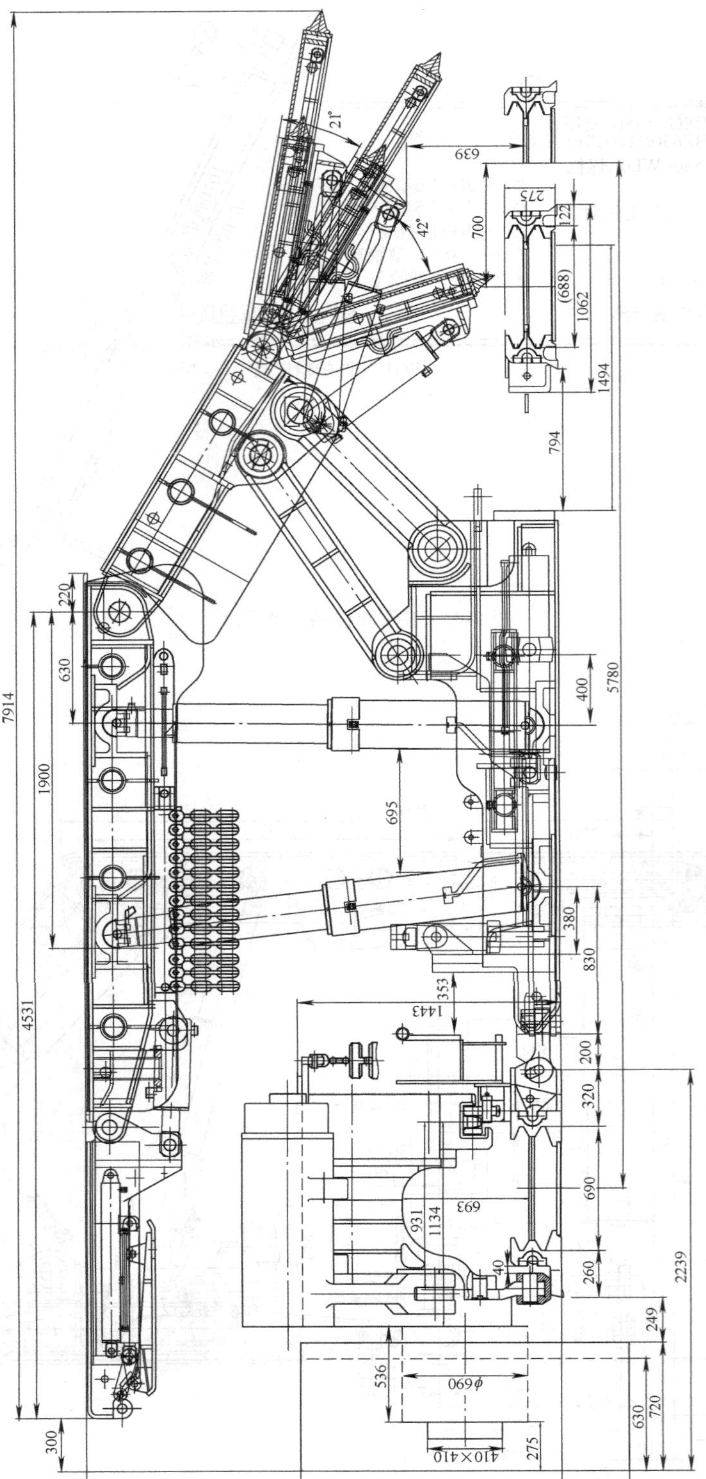

图 9-6 放顶煤工作面配套设备之间的关系

【思考与练习】

1. 采煤机选型的原则是什么?
2. 采煤机的主要参数有哪些?如何确定?
3. 液压支架的选型原则有哪些?
4. 液压支架的基本参数有哪些?
5. 提高支架初撑力的优点是什么?
6. 如何确定液压支架的支护强度和工作阻力?
7. 液压支架的最大和最小结构高度如何确定?
8. 刮板输送机选型的原则是什么?
9. 工作面“三机”配套的原则是什么?
10. 某综采工作面的地质条件为:开采煤层厚度为1.6~2.9m,平均煤层厚度为2.5m,煤层倾角为8°~13°,平均倾角为10°,工作面长度为110m。煤质硬度中硬(f=2.3),直接顶为2类中等稳定顶板,老顶为Ⅱ级,周期来压明显,底板较硬,抗压强度为52MPa。试根据以上条件查阅有关资料,选择综采工作面“三机”型号。

第十单元

掘 进 机 械

【学习目标】

本单元由掘进机的基本操作、截割机构、装载机构、运输机构、行走与后支承机构、液压与喷雾系统和连续采煤机七个课题组成。通过本单元的学习，学生应了解掘进机在煤矿生产中的作用熟悉其结构与工作原理；掌握设备的操作、安装、维修与保养知识，并能运用学到的知识解决生产实际中的技术问题；同时具备对设备故障进行分析与处理的能力。

课题一　掘进机的基本操作

【任务描述】

随着大功率电牵引采煤机在煤矿中的发展与应用，回采工作面的推进速度得以大大加快。为实现采掘平衡，要求巷道的掘进速度必须与推进速度相适应，这就必须提高掘进机械化程度。掘进机是一种广泛应用于城市地下隧道、煤矿巷道和多种采掘工作面的现代化机械。本课题要求学生掌握掘进机的基本操作方法及其与后续配套设备的协调方法。

【知识学习】

一、掘进工作面的设备布置

综合掘进机械化作业是利用悬臂式掘进机进行落、装煤岩，通过桥式胶带转载机和其他运输设备（矿车、梭车、刮板输送机、可伸缩带式输送机）运输煤岩，用人工、托梁器、架棚机安装支架，利用绞车、单轨吊、卡轨车、铲运车、电动机车等运送支护材料和器材，用局部通风机进行压入式通风，用除尘风机进行降尘。

综合掘进机械化工作面的设备布置如图 10-1 所示，以掘进机 1、桥式转载机 2、胶带输送机 6、湿式除尘器 5 和吸尘软风筒 3 配套，在煤巷和半煤岩巷掘进工作面完成破落煤岩、装载运输、通风、降尘和巷道支护等作业。

掘进机 1 工作时，为了适应桥式转载机 2 与可伸缩胶带输送机搭接长度的要求，可伸缩

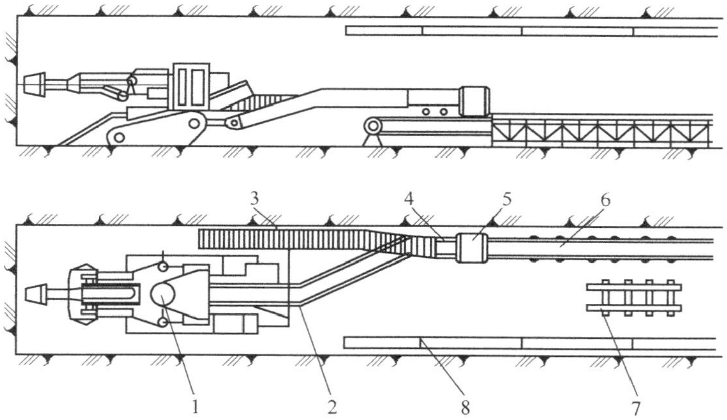

图 10-1 综合掘进机械化工作面设备布置图

1—掘进机 2—桥式转载机 3—吸尘软风筒 4—可伸缩胶带输送机 5—湿式除尘器 6—胶带输送机 7—钢轨 8—压入式软风筒

胶带输送机 4 的外段机尾的长度必须能延长 12 ~ 15m，以保证转载与运输的连续性，减少可伸缩胶带输送机拉伸胶带的次数，缩短辅助工时，提高掘进速度。

通风方法采用以压入式通风为主，靠近工作面一段用辅助抽出式通风的长压短抽方式。一般情况下，压入式风筒的安设位置偏向巷道的上侧，抽出式风筒的安设位置宜靠近巷道的下侧。这样既有利于防止压入风流吹起底板沉积粉尘，又有利于抽出风筒吸出沉积过程中的浮游粉尘。实践证明，将压入式风筒口及除尘风机吸尘口安设在距掘进工作面迎头 22m 及 3m 处，可形成自上而下的压抽通风除尘系统，其通风除尘效果最佳。

巷道支护是由巷道围岩性质和断面大小所决定的，大致分为锚杆支护、木支架和金属支架三种形式。临时支护形式一般有两种：一种是锚杆支护，在掘进机机身范围内，根据顶板性质适当地进行支护；另一种是无腿棚子或木支架支护，在掘进机机身范围内，无腿棚子主要支护层状大面积即将垮落的岩层，木支架主要支护局部大块岩层。金属支架作永久支护巷道用。

二、掘进机的类型

掘进机是具有截割、装载、转载煤岩及喷雾降尘等功能，并能自己行走，以机械方式破落煤岩的掘进设备，有的还具有支护功能。

掘进机按所掘断面的形状分为全断面掘进机和部分断面掘进机两种；按掘进对象分为煤巷、煤岩巷和全岩巷掘进机三种；按机器的驱动形式分为电力驱动（各机构均为电动机驱动）和电液驱动两种。

悬臂式部分断面掘进机根据截割头的布置方式不同，可分为横轴式和纵轴式两类。

1. 横轴式

截割头的旋转轴与悬臂主轴垂直布置，如图 10-2 所示。

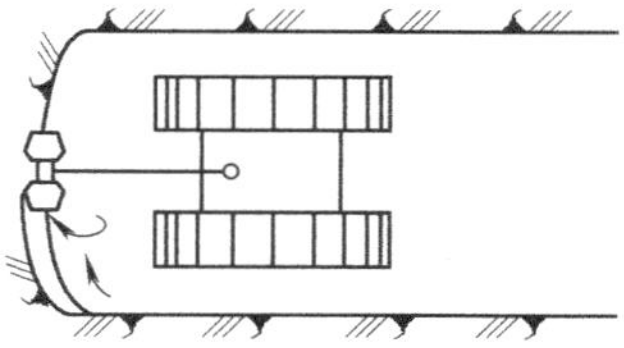
图 10-2 横轴式工作机构

（1）应用 在 AM50 型掘进机及国产 EBH 系列的掘进机中得到应用。

（2）优点 巷道掘进机的截割阻力易被机体自重所吸收，因此与纵轴式巷道掘进机相比，在同样功率的情况下，横轴式巷道掘进机的质量要小 1/3 左右。它可以在截割过程中，截割抗压强度较高的岩石。

（3）缺点　这种巷道掘进机的截割头一般不易截出平整的巷道侧壁，在巷道两侧壁上会出现与截割头形状相应的台阶，如图 10-3 所示。为此，必须加设专门的附属设备，或者通过控制行走部，或者将截割悬臂做成铰接式结构，使截割悬臂的伸出长度可以调节。

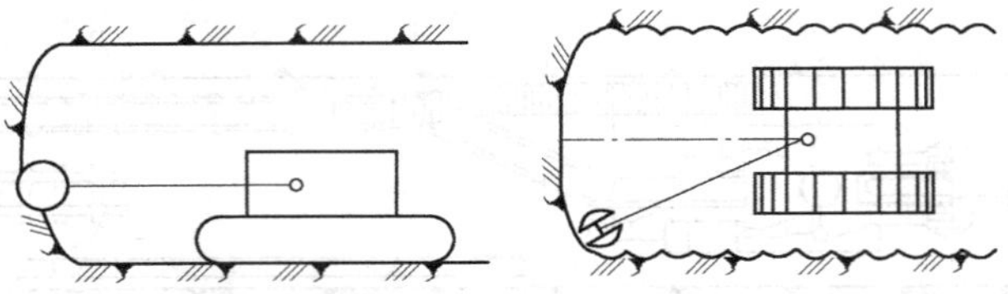

图 10-3　横轴式巷道掘进机所掘巷道的侧壁形状

2. 纵轴式

纵轴式工作机构截割头的旋转轴与悬臂主轴同轴布置，如图 10-4 所示。截割过程中，截割头的整个一侧剥落煤岩。

（1）应用　在我国 ELMB 型及 EBZ 系列掘进机中得到广泛应用。

（2）优点　当截割头的形状和悬臂的铰接点与巷道断面形状相适应时，能够截割出平整的巷道，如图 10-5 所示。

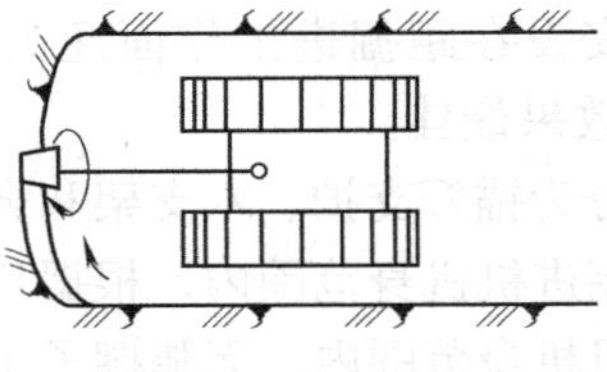

图 10-4　纵轴式工作机构

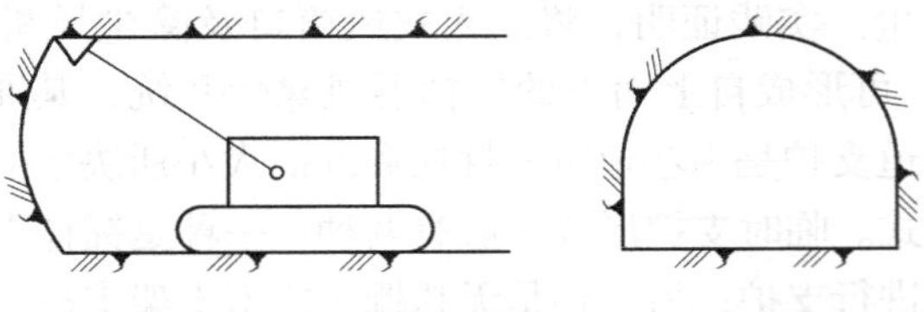

图 10-5　纵轴式巷道掘进机所掘巷道的侧壁形状

（3）缺点　纵轴式掘进机截割头的反作用力较大，为了提高掘进机的工作稳定性，一般机体的质量较大，不利于巷道掘进机的拆装、运输。

这两种工作机构的形式适用于煤巷和半煤岩巷道，在使用效果方面各有优缺点。

三、国产掘进机型号编制方法

MT/T 238. 2—2008《悬臂式掘进机　第 2 部分　型式与参数》规定：悬臂式掘进机的型号以截割头布置方式、截割机构功率表示。其编制方法如下：

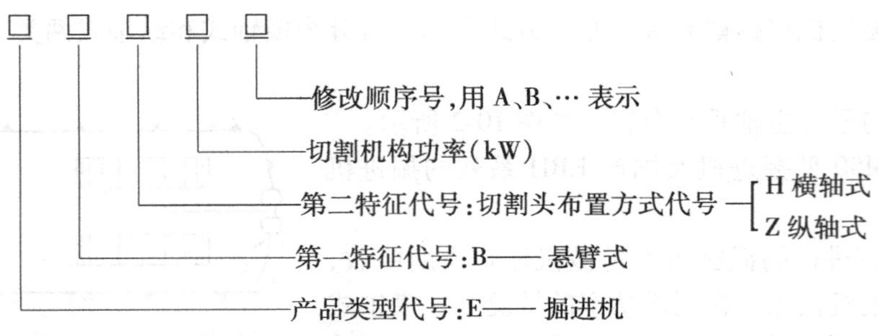

型号示例：EBZ100 表示悬臂式掘进机、纵轴式、截割机构功率为 100kW。

四、EBZ200A 型掘进机的组成

EBZ200A（S200A）型悬臂式部分断面掘进机为 S200M 掘进机的改进型。该掘进机能够实现截割、装载、运输、行走作业，通过与配套设备的配合，还能实现连续作业。它因具有整机配置高、技术先进、可靠性好、重心低、机器稳定性好等特点，而广泛适用于较大倾角的半煤岩巷、软岩巷道的掘进，也可在铁路、公路、水力及地下工程隧道中使用。

EBZ200A 型掘进机是机电一体化设备。要正确的使用掘进机，掌握其操作方法，必须以掌握掘进机的性能、组成，以及各部分的作用、各部分的相互位置及相互机能关系为基础，进而进行掘进机的基本操作，以及确定其如何与配套设备进行配合。EBZ200A 型掘进机的性能参数见表 10-1。

表 10-1 EBZ200A 型掘进机的性能参数

序号	技术参数	单位	参数值
1	外形尺寸（长×宽×高）		10.4m×3.2m×1.72m
2	总质量	t	58
3	卧底深度	m	0.2
4	爬坡能力		±18°
5	截割硬度	MPa	≤85
6	截割高度	m	4.46
7	截割宽度	m	5.67
8	截割头形式	—	纵轴式
9	截割头转速	r/min	46/23
10	截割电动机（隔爆水冷式）功率	kW	200/110
11	电动机转速	r/min	1481/737
12	喷雾形式	—	内外喷雾
13	喷雾水压（内/外）	MPa	3.0/1.5
14	装载形式	—	弧形三星齿轮式
15	装载宽度	m	3.2
16	星轮转速	r/min	33
17	装载能力（最大）	m^3/min	4.2
18	装载马达功率	kW	12/台，2 台
19	第一运输机形式	—	中双链刮板式
20	链速	m/min	61
21	运输能力	m^3/min	6.0
22	一运马达功率	kW	10.4/台，2 台
23	行走机构形式	—	履带式
24	履带板宽度	mm	600
25	制动方式	—	一体式多片制动器（减速器内置）
26	接地比压	MPa	0.135

（续）

序号	技术参数	单位	参数值
27	行走速度	m/min	0～6.5
28	张紧形式	—	液压缸张紧＋卡板锁紧
29	行走马达功率	kW	22/台，2台
30	液压系统压力	MPa	18
31	柱塞变量双泵：A11VO145/145DRS	台	1
32	液压泵电动机（隔爆风冷）功率	kW	90
33	供电电压	V	1140
34	供电频率	Hz	50

EBZ200A型掘进机的组成如图10-6所示，它由工作机构、装载机构、运输机构、行走机构、液压系统、冷却喷雾系统、电气系统等部分组成。

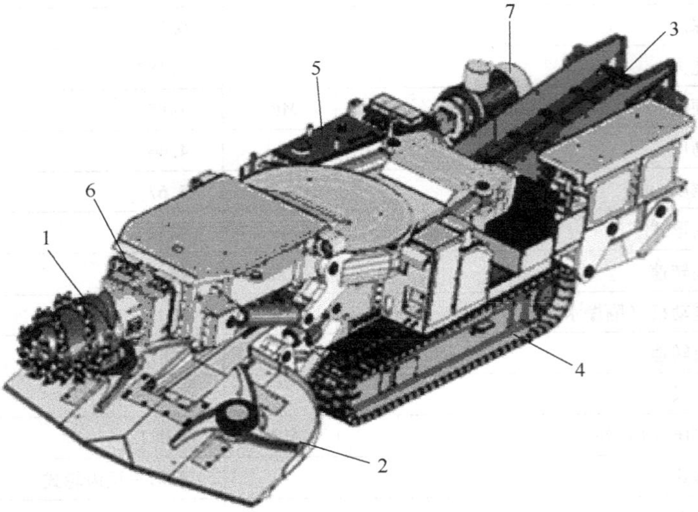

图10-6　EBZ200A型掘进机的结构

1—工作机构　2—装载机构　3—运输机构　4—行走机构　5—液压系统　6—冷却喷雾系统　7—电气系统

1. 工作机构

工作机构又称截割机构，它直接在工作面上破碎煤岩，形成所需断面形状的巷道。EBZ200A型掘进机的工作机构采用纵轴式（截割头的旋转轴与悬臂主轴同轴布置）。截割作业时，截割头作旋转运动，同时还作水平摆动和上下升降运动。截齿依靠两个方向上的作用力将煤岩截落。截割头作多次平行于工作面的连续移动，便可将整个工作面破落一层煤岩，这样掘进机便向前推进一次，从而截割出巷道的有效断面空间。掘进机截割示意图如图10-7所示。

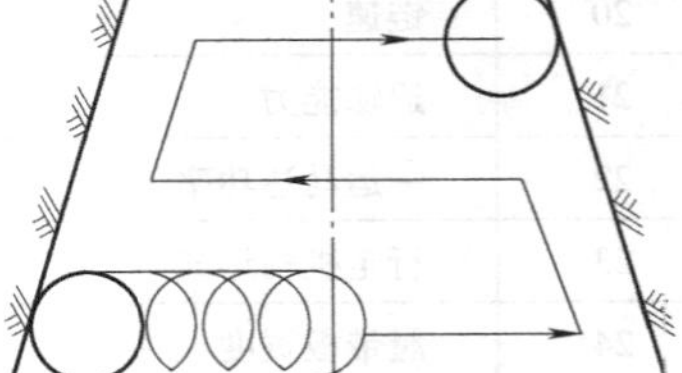

图10-7　掘进机截割示意图

2. 装载机构

装载机构的作用是将工作机构破落下来的煤、岩通过耙爪（星轮）运动集装到中间的运输机构上。

3. 运输机构

运输机构又称第一运输机，它的作用是将耙爪（星轮）机构耙集到的煤、岩运输到转载机（第二运输机）上。

4. 行走机构

行走机构既是驱动掘进机行走的执行机构，又是整台机器的连接、支撑基础。

5. 液压系统

液压系统以高压油为动力，通过液压马达或液压缸驱动机器各部，完成必要的动作。

6. 冷却喷雾系统

冷却喷雾系统用以除尘、冷却截齿和电动机。EBZ200A（S200A）型掘进机的内、外喷雾装置能有效地抑制粉尘，并能防止火花产生，且可提高截齿的使用寿命。

7. 电气系统

电气系统是掘进机的动力源，用以控制各电动机的运行，并提供失电压、过载、断相、短路、漏电等保护及照明，发送工作预警信号等。

【任务实施】

1. 掘进机操作前的检查

操作掘进机前，应对作业环境及机器本身进行检查。

（1）作业环境

1）工作面支护是否符合作业规程的规定。

2）工作面瓦斯浓度是否超限（由瓦斯检查员负责检查）。

3）工作面有无障碍。

4）供水、供电是否正常。

5）掘进配套设备是否齐全。

（2）机器本身

1）各操作手柄和按钮位置是否正确。

2）截齿是否锐利、齐全。

3）各零部件是否齐全、紧固、可靠。

4）各减速器、液压缸及油管有无漏油、缺油现象，并按规定注油。

5）刮板链、履带链松紧程度是否适宜。

6）电缆、水管、喷雾灭尘装置是否正常。

2. EBZ200A 型掘进机的操作顺序

1）向掘进机送电。

2）将各急停按钮置于解锁位置。

3）闭合电源，照明灯亮。

4）按蜂鸣器按钮。

5）起动液压泵电动机。

6）起动转载（第二运输机）电动机。

7）开动第一输送机。

8）开动星轮。

9）开动内喷雾。

10）起动主截割电动机。

3. EBZ200A 型掘进机的基本动作

（1）截割臂的基本动作　截割臂的基本动作包括左右摆动、升降，由截割臂控制手柄操纵。

（2）行走机构的基本动作　行走机构的基本动作包括前进、后退、左右转弯动作，由行走机构控制手柄操纵。

（3）铲板的基本动作　铲板的升降由铲板控制手柄操纵。

（4）星轮的运转　星轮的运转包括正转、反转、停止三个动作，由星轮控制手柄操纵。

（5）第一运输机的基本动作　第一运输机的基本动作包括运输机的正转和反转，由运输机控制手柄操纵。

（6）后支撑的基本动作　后支撑的基本动作包括机器的抬起和下降，由后支撑控制手柄操纵。

（7）喷雾泵运转

1）内喷雾泵运转。内喷雾泵的起动与停止由内喷雾控制手柄操纵。

2）外喷雾操作。外喷雾泵的起动与停止由外喷雾控制手柄操纵。

4. 注意事项

1）发现异常应停机检查，处理好后再开机。

2）不要超负荷操作。

3）在软底板上操作时，应在履带下垫木板（1～1.5m 的间距），以加强行走能力。

4）操作液压手柄时要缓慢，要经过中间位置。例如，机器由前进改为后退时，要经过中间的停止位置，然后改为后退。

5）起动或停止电动机时，动作要迅速，避免缓慢微动。

6）机器动作时，要充分注意，不要使掘进机压断电源线。

7）应确认安全后再起动截割头。

8）装载时，铲板底板必须处于水平位置。

9）大块煤岩可能会卡在本体龙门口处而造成第一运输机停止，必须将其击碎成小块后装载运输。

10）第二运输机由于机器的行走振动可能向左右偏移，会与支架或其他设备撞击，要引起注意。

11）机器行走时，避免左右切割。

12）切割时，特别是切割硬岩时，会产生较大的振动，造成截齿超前磨损或影响切割效率，要保证铲板及后支承接地良好。

5. EBZ200A 型掘进机与配套设备的协调工作

EBZ200A 型掘进机与其后的桥式转载机机头铰接在一起，桥式转载机的机尾则经支撑小车支撑在可伸缩胶带输送机两侧的导轨上。掘进机每完成一次对工作面煤岩的破落，便由行走机构将其向前推进一次，并牵引转载机向前移动一个截深。直至桥式转载机与可伸缩胶带输送机的最小搭接长度达到最小极限值为止，以此往复，直至掘进机完成掘进作业。

6. 评分标准（表 10-2）

表 10-2　掘进机操作评分标准

考核内容	考核项目	分值	检测标准	得分
素质考评	出勤、态度、纪律、认真程度	6	教师掌握	
掘进机的组成	1. 组成部分 2. 各部分的位置	20	每项 10 分	
掘进机操作前的检查	1. 作业环境检查 2. 机器本身检查	24	每项 12 分	
掘进机的操作	1. 截割臂的基本动作 2. 行走机构的基本动作 3. 铲板的基本动作 4. 星轮的运转 5. 第一运输机的基本动作 6. 后支撑的基本动作	30	按照老师的指令操作，操作不正确扣 2~5 分	
掘进机与配套设备的协调工作	1. 掘进机与桥式转载机的配合 2. 掘进机与可伸缩输送机的配合	10	每项 5 分	
安全文明操作	1. 遵守安全规程 2. 清理现场卫生	10	1. 不遵守安全规程扣 7 分 2. 不清理现场卫生扣 3 分	
总　计				

课题二　截割机构

【任务描述】

在掘进作业中，截割机构是由操作者通过操作手柄控制截割臂升降、回转，由截割头上的截齿截落煤岩来形成巷道断面的。而截割机构的动作是机械装置与液压装置相配合的结果，因此，能否掌握机械装置、液压装置的结构与工作原理，对正确操作、使用截割机构，并使其发挥出最佳效能有很大影响。

本课题要求学生掌握截割机构的组成、结构与工作原理等知识，完成对截割机构的操作，从而了解截割机构的维护保养知识，具备分析与处理故障的技能。

【知识学习】

一、截割机构的组成

EBZ200A 型掘进机截割部为纵轴式截割机构，主要由截割头、截割臂、截割电动机、截割减速机、截割电动机盖板等组成，如图 10-8 所示。

1. 截割电动机

截割电动机为掘进机用隔爆型三相异步双速电动机，如图 10-9 所示。型号：YBUD200/

110-4/8；额定电压：AC1140V，双速 Y/Y；额定电流：118.6A/83A；额定转速：1481/737（r/min）；绝缘等级：H 级；冷却方式：水冷；质量：2200kg；外形尺寸：1504mm × 1028mm × 1120mm。

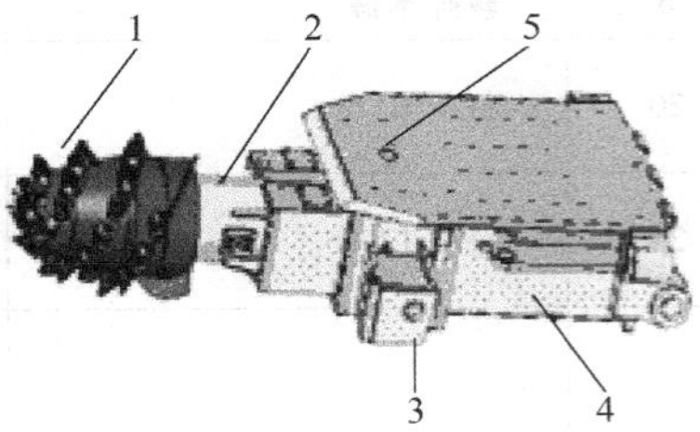

图 10-8　截割机构的组成

1—截割头　2—截割臂　3—截割减速机

4—截割电动机　5—截割电动机盖板

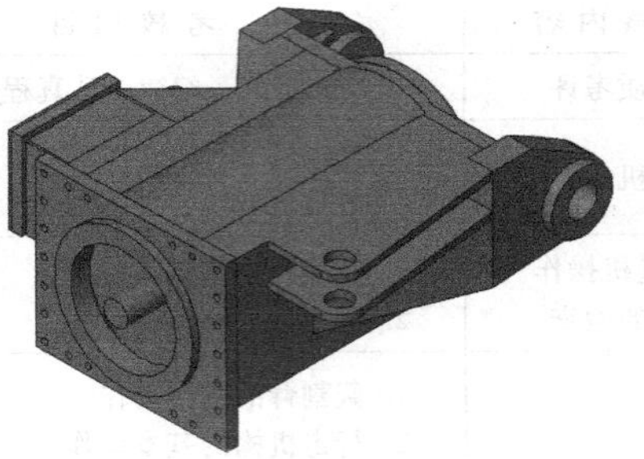

图 10-9　截割电动机

截割电动机是截割臂的一部分，机体为焊接结构，电动机外壳上设置了导水套，喷雾系统的冷却水在导水套内流动，使电动机得到冷却。其前端通过花键套与减速机相连，后端连接回转台。其中，截割电动机外壳与减速机外壳之间通过定位销和 28 个 M24 的高强度螺栓相连，紧固力矩为 882N · m。

双速电动机就是在一般笼型电动机的定子槽内安放两组不同极数的独立绕组，一组为用于起动的低速，即高力矩绕组；另一组为正常运转的高速绕组。双速电动机的主要特点是：

1）电动机有两种转速，可以根据围岩性质选择低速或高速进行切割，低速起动可以得到较高的转矩，从而简化了减速器的结构。

2）低速起动时，起动电流对电网的冲击减小，将电压降限制在最小程度内。

3）低速起动平稳、冲击小，从低速转到高速也是如此。

4）低速起动功率降低，减少了起动电流和起动电压降，但由低速转为高速时，转换过程的电压降对转矩影响也比较明显，如设计不当或电网电压偏低，往往出现难以达到全速运行的问题。

5）双速电动机驱动控制系统比较复杂，价格较高。

2. 截割减速机

截割减速机主要由箱体、齿轮、行星轮架、输入轴、输出轴、联轴器等构成，如图 10-10所示。减速器由两级行星齿轮传动，其质量为 1882.5kg，外形尺寸为 838mm × 1398mm × 780mm，具有体积小，减速比大，传动可靠等优点。截割减速机可以达到的总传动比为32.1，电动机转速为1481/737（r/min），截割头转速为46/23（r/min）。它和悬臂段用 26 个 M24 的高强度螺栓相连。

3. 悬臂段

悬臂段位于减速机和截割头组件中间，通过截割头轴进行传动。其外形图如图 10-11 所示，结构图如图 10-12 所示。它由花键联轴器、接头、进水套、漏水塞、止动销、轴套、轴承、挡圈、密封装置、外筒等组成。

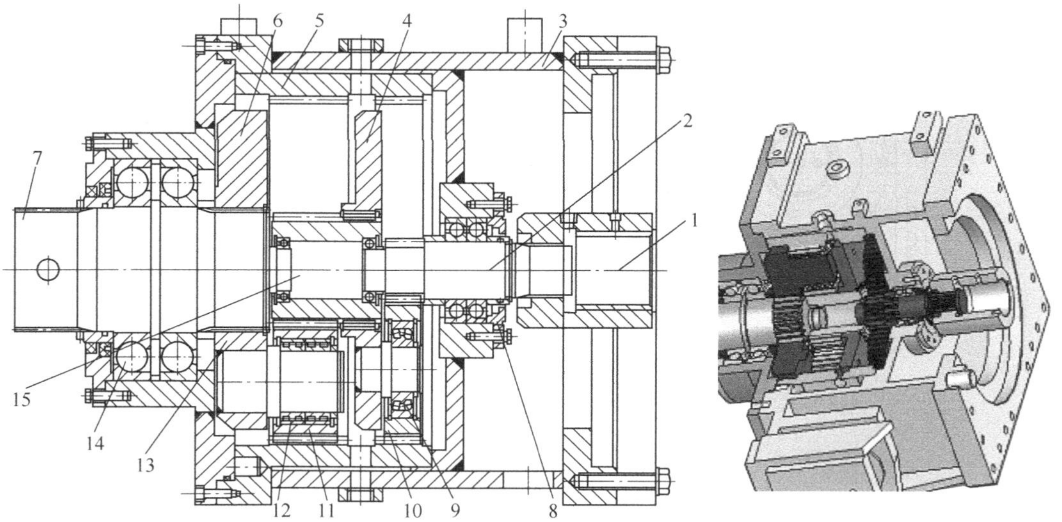

图 10-10 截割减速器

1—联轴器 2—输入轴 3—箱体 4、6—行星轮架 5—内齿圈 7—输出轴

8、9、12、14—轴承 10、11—行星轮 13、15—太阳轮

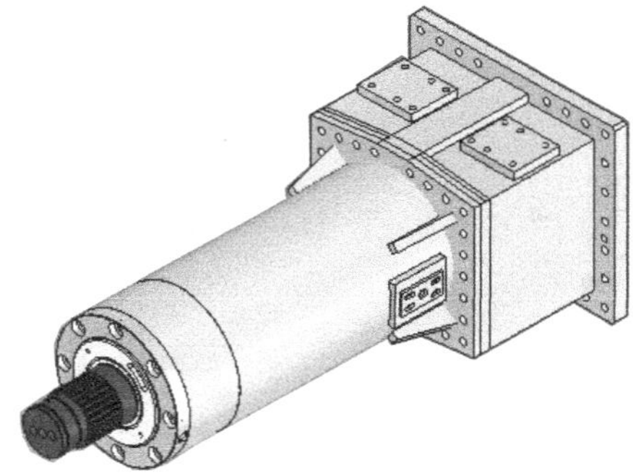

图 10-11 悬臂段外形图

4. 截割头

截割头由截割头体、齿座、截齿等构成，如图 10-13 所示。截割头体为铸造件，圆锥台形，其表面依两条螺旋线焊接有 39 个镐形截齿，截割头通过花键套和两个 M30 的高强度螺栓与截割头轴相连。截割头体腔内为水腔，与内喷雾喷嘴相通，喷嘴固定在喷嘴座上，通过喷嘴座上的水路与截割头体的内腔相通，同时喷嘴的安装是完全沉在喷嘴座内的。截割头与截割头轴由渐开线花键相连，二者间力的传递由花键完成。喷嘴的喷雾从截齿前的喷嘴处喷出来，喷到同一螺旋线上与其相邻截齿的齿尖处。同一螺旋线上相邻的齿座间焊有筋板来加强齿座的抗冲击能力。螺旋叶片的高度低于齿尖的顶点高度，可在加强导料的同时不增大阻力。截齿与齿座是间隙配合，以保证截齿在齿座内能够转动灵活，没有卡阻现象。

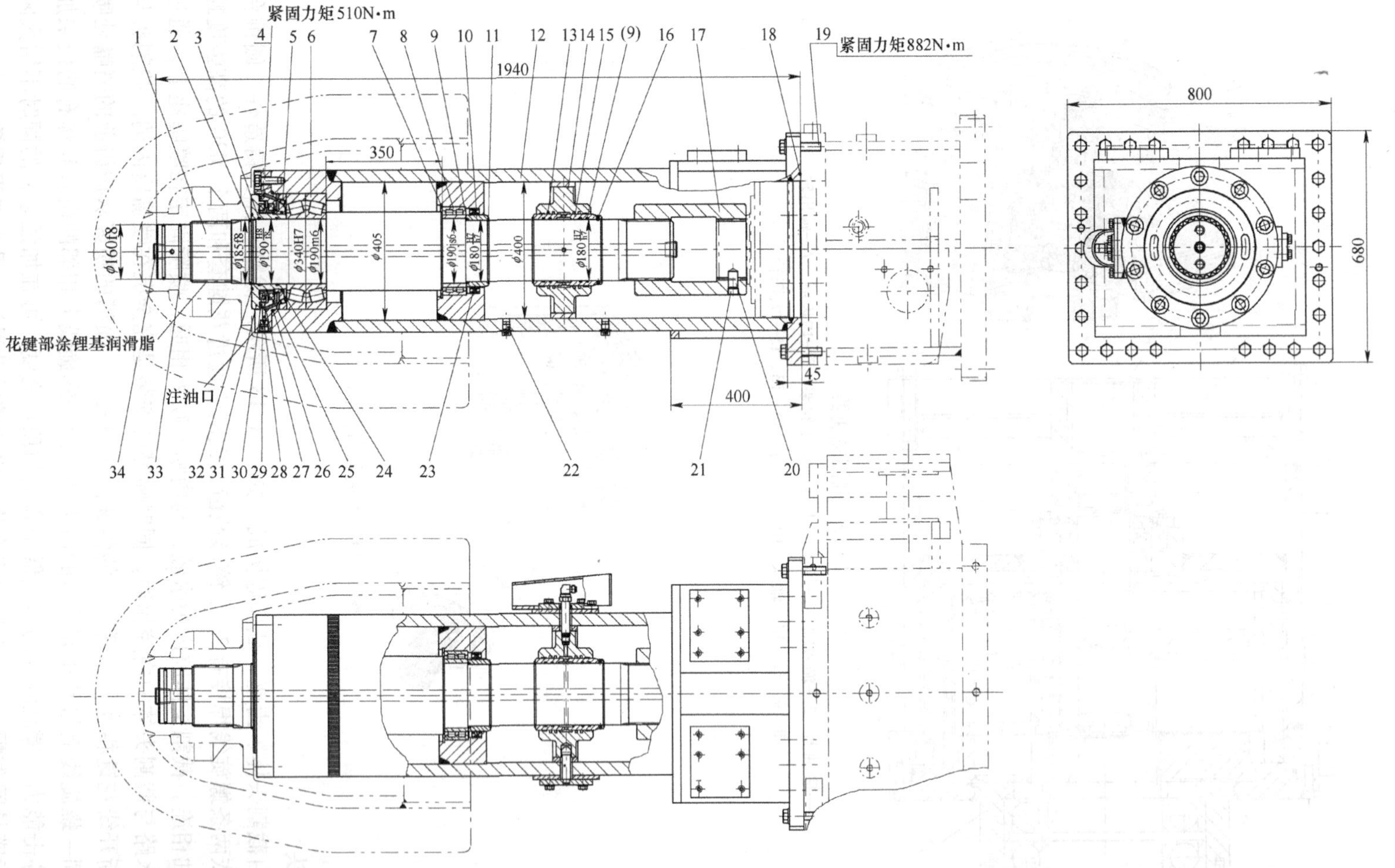

图 10-12　悬臂段结构图

1—截割头轴　2—钢丝挡圈　3、9、33—O 形密封圈　4、19—螺栓、垫圈　5—螺塞 Z G 3/8″　6、8—轴承　7、11—挡圈　10—轴套　12—外筒　13、24—特康旋转格莱圈　14—进水套　15—密封套　16—螺钉　17—花键套　18、26、32—橡胶条　20—花键套销　21、34—螺塞 Z G 1″　22—漏水塞　23—油封　25—浮动密封架　27—浮动油封　28—油杯　29—螺塞 Z G 3/4″　30—垫圈　31—浮动密封座

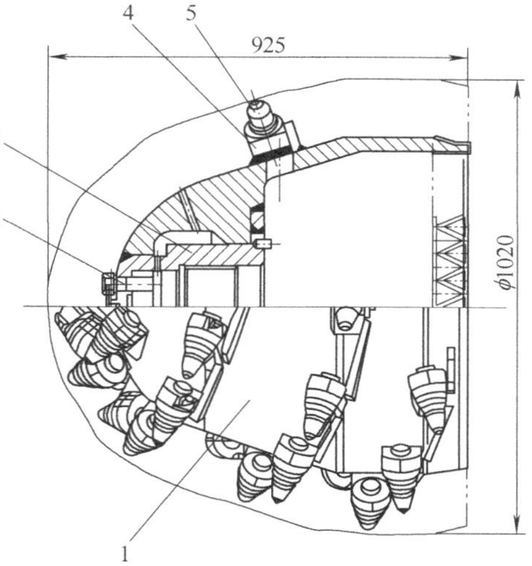

图 10-13 截割头结构图

1—截割头体 2—高强度螺栓 3—花键套 4—齿座 5—截齿

5. 本体部

本体部的外形尺寸为 3575mm × 1842mm × 1570mm，总质量为 9.4t。如图 10-14 所示，本体部由回转台、回转轴承、本体架、盖板等组成。本体架采用整体箱式焊接结构，主要结构件为加厚钢板。本体的右侧通过高强度螺栓连接液压系统的泵站，左侧连接液压系统的操纵台，左、右侧下部分别装有行走部，在前面上部通过回转台和液压缸连接截割部，前面下部通过液压缸和销轴连接铲板，第一运输机从中间横穿，本体部后面连接后支承部。

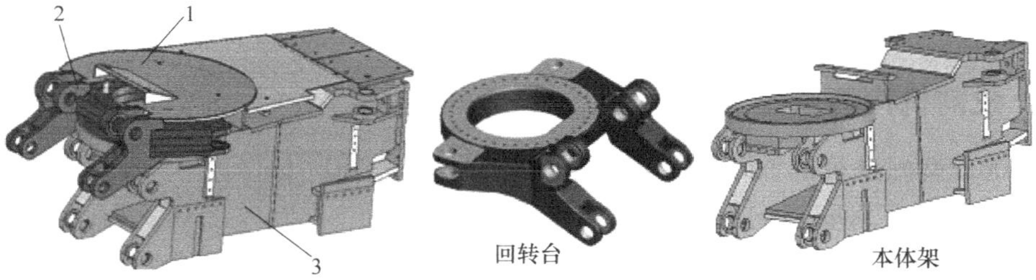

图 10-14 本体部

1—盖板 2—回转台 3—本体架

本体部的主要组成部件包括本体架（本机最大不可拆件）、回转台、回转轴承等，如图 10-15 所示。本体部回转台的作用是实现截割头的左右运动，截割出所需的巷道形状，它由一对水平摆动液压缸来控制。回转台与本体架用回转轴承相连，在切割工况条件十分不好的条件，可保证作业时平稳工作。其在结构上具有以下特点：

1）采用三柱式回转支承，比单柱式的承载能力提高了 30% 以上。

2）铰点处轴套全部采用铜套，拆装方便。

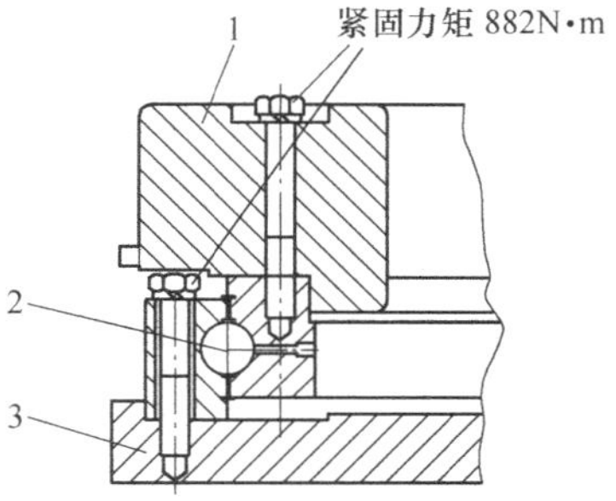

图 10-15 本体架组装图

1—回转台 2—回转轴承 3—本体架

二、截割机构的工作原理

掘进机工作时，由截割电动机通过联轴器将动力输入给截割机构减速机，截割机构减速机采用二级行星齿轮减速，由减速器的输出轴通过花键联轴器驱动截割头主轴旋转，从而实现对煤岩的切割破碎。其中，电动机转速为 1481/737（r/min）；截割头转速为 46/23（r/min）。截割机构的传动系统如图 10-16 所示。

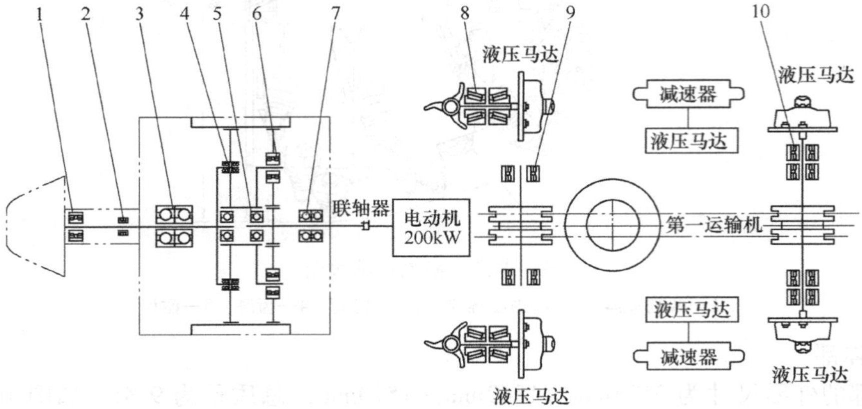

图 10-16　EBZ200A 型掘进机截割机构传动系统图

1—轴承 23238CA　2—轴承 NNU4938　3—轴承 7236AC　4—轴承 SL01-4918C3　5—轴承 6012　6—轴承 21323C　7—轴承 7217B/DB　8—轴承 30220　9—轴承 22211C　10—轴承 2220C

【任务实施】

一、截割机构的操作

EBZ200A 型掘进机的截割臂由液压缸驱动，它们的动作由操纵台上六联换向阀组的各操纵手柄控制，如图 10-17 所示。

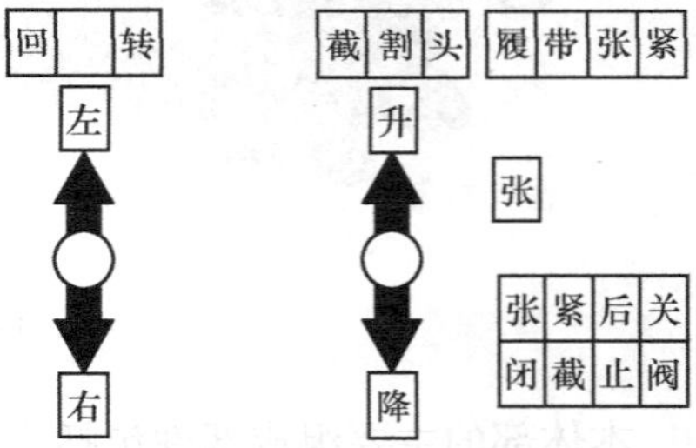

图 10-17　截割头的操作

1. 截割头回转、升降

（1）回转　手柄由中位向前推动，回转液压缸左缸回缩、右缸伸出，以回转台为中心带动截割臂向左摆动；手柄由中位向后推动，回转液压缸右缸回缩、左缸伸出，以回转台为中心带动截割臂向右摆动。

（2）升降　手柄向前推动，盘形支座两侧升降液压缸的活塞腔进入液压油，升降液压缸的活塞杆推动截割臂支柱，以其与盘形支座的铰接轴为中心向上摆动，从而使截割臂上升；手柄向后推动，升降液压缸的活塞杆腔进入液压油，活塞杆缩回，使截割臂下降。

注意：

1）定位截割时，其截割断面高 4.46m、宽 5.67m，卧底量为 206mm。

2）操纵截割头时，上下、左右可同时动作，并进行辅助操作。

3）操作手柄时要缓慢平稳，不要用力过猛。

2. 截割作业

1）利用截割头上下、左右移动截割，可截割出初步断面形状，若截割断面与实际所需要的形状和尺寸有一定的差别，可进行二次修整，以达到断面尺寸要求。

2）一般情况，截割较软的煤壁时，应采用左右循环向上的截割方法。

3）截割稍硬的岩石时，可采用由下而上左右截割的方法。

4）不管采用哪种方法，应尽可能从下而上地截割。

5）当遇有硬岩时，不应勉强截割；对于有部分露头的硬石，应首先截割其周围部分，使其坠落；对大块坠落体，应采用适当方法处理后再装载。

6）掘柱窝时，应将铲板降到最低位置向下掘，并须人工对柱窝进行清理。

7）提高掘进操作水平。

如果不能熟练地操作掘进机，则掘出的断面形状和尺寸与所要求的断面会有一定差距。例如，掘进较软的煤壁时，掘出断面的尺寸往往大于所要求的断面尺寸，这样就会造成掘进时间的延长，以及支护材料的浪费；而掘进较硬的煤壁时，所掘断面尺寸往往小于要求的断面尺寸。因此，在最初学习掘进机的操作时，应力求符合掘进断面尺寸，以便养成好的习惯。要求操作者既要熟练掌握操作技术，又要了解工作面的具体情况。

3. 使用时的安全防护

当进行顶板支护或检查、更换截齿作业时，可将截割部作为脚踏台使用。但是，如果此时由于误操作而使截割头转动的话，则是非常危险的，为防止误操作造成的危险，应设置使截割电动机不能起动的安全锁紧开关，如图 10-18 所示。支护作业时，必须先将此开关锁紧。然而在此状态下，液压泵电动机还是能起动的，各切换阀也是能操纵的，因此操作时必须充分注意安全。

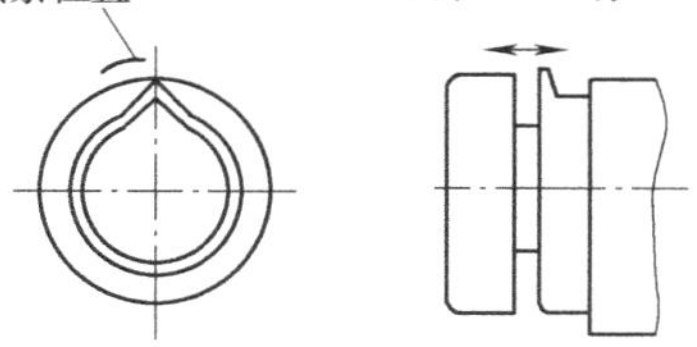

图 10-18 安全锁紧开关

提示： 此锁紧开关与油箱前面的紧急停止开关结构相同，而功能是不同的，锁紧开关只控制截割电动机起动，而油箱前的紧急停止开可以关控制整机的运转。

二、截割机构的维护保养

1. 润滑注油

EBZ200A 型掘进机润滑注油位置如图 10-19 所示。其中，与截割机构相对应的注油点数量、润滑油的牌号、注油时间和注油量见表 10-3。

表 10-3 截割机构润滑注油参数

序 号	注油部位	油的种类	加注时间	注油量/L	备 注
A	伸缩部前端	N320 重负荷工业齿轮油	部件组装时	13	分解时补充减少量
B	截割减速机			65	分解时补充减少量
1	截割部升降液压缸销轴	ZL-3 锂基润滑脂	1 次/日	适量	用润滑脂枪
2	铲板升降液压缸销轴				
3	截割部与回转台连接销				
4	回转液压缸连接销				
10	回转轴承				

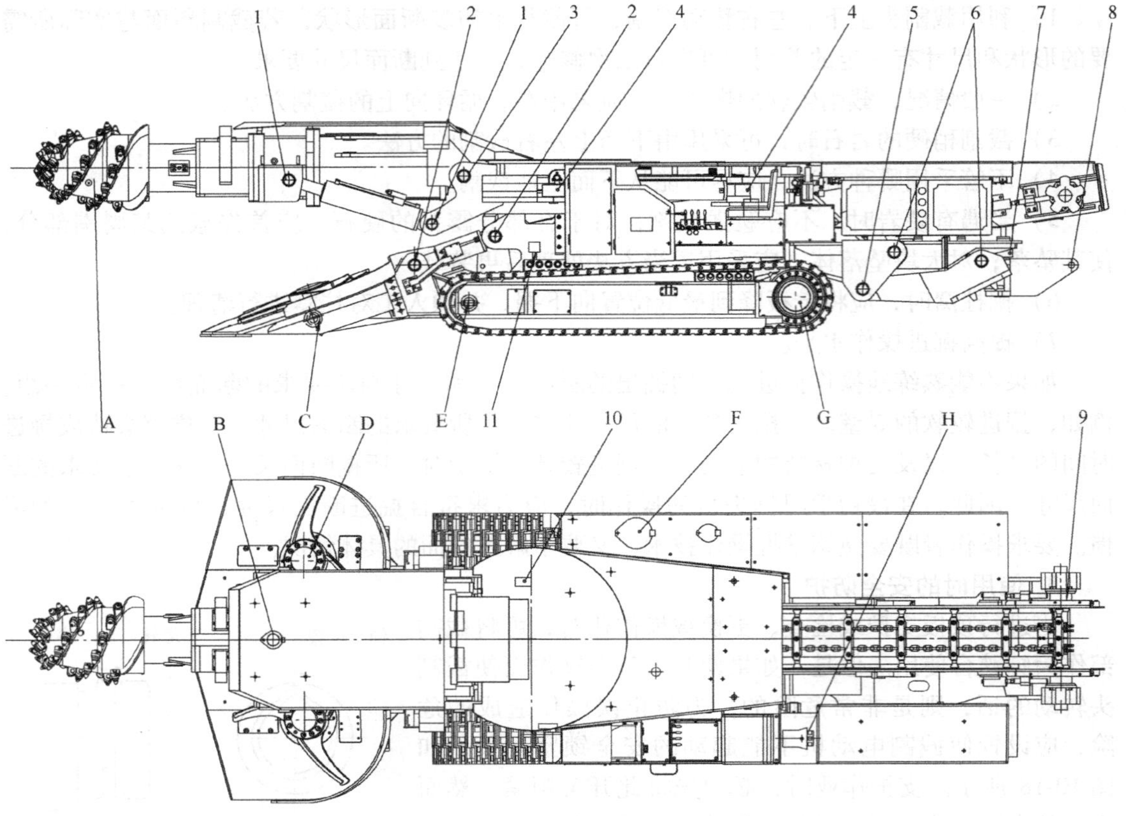

图 10-19 EBZ200A 型掘进机润滑注油位置

1—截割部升降液压缸销轴 2—铲板升降液压缸销轴 3—截割部与回转台连接销 4—回转液压缸连接销 5—后支承连接销 6—后支承液压缸销轴 7—第二运输机回转连接销 8—第二运输机连接销 9—第一运输机驱动装置轴承座 10—回转轴承 11—铲板销轴

A—伸缩部前端 B—截割减速机 C—从动轮装置 D—星轮驱动装置 E—张紧轮装置 F—油箱 G—行走减速器 H—喷雾泵

注意：在最初开始运转的300h左右，应更换润滑油。由于在此时间内，齿轮及轴承完成了跑合过程，随之产生了少量的磨耗。而在此之后，相隔1500h或6个月以内必须更换一次润滑油。更换新润滑油时，应事先清洗掉箱体底部附着的沉淀物后再加入新油。

2. 截割机构的检查

（1）截割机构的日检

1）截割头的维护与检查必须在闭锁截割电动机的状态下进行，其主要内容包括：

① 检查固定截割头的螺钉有无松动。

② 更换磨损过限、丢失、损坏的截齿。

③ 检查齿座有无裂纹、磨损。

④ 检查喷嘴是否完好畅通。

2）截割减速机的日检。

① 检查有无异常振动和声响。

② 通过油位计检查油量。

③ 检查有无异常升温现象。

④ 检查螺栓类有无松动现象。

（2） 截割机构的月检

1） 修补截割头的耐磨焊道。

2） 更换磨损的齿座。

3） 检查凸起部分的磨损。

4） 检查回转轴承紧固螺栓有无松动现象。

5） 检查机架的紧固螺栓有无松动现象。

6） 向回转轴承加注润滑脂。

7） 检查截割部有无异常声音或发热。

（3） 截割机构的半年检

1） 对截割减速机进行分解，检查其内部。

2） 截割减速机换油。

3） 加注电动机润滑脂。

（4） 截割机构的年检　截割机构年检时，应拆卸检查截割臂内部。

3. 截割机构的完好标准及检修质量标准

（1） 截割机构的完好标准

1） 截割部的完好标准是：切割头无裂纹、开焊；截齿完整，短缺数不超过总数的5%；切割臂伸缩、上下摆动均匀灵活。

2） 回转部的完好标准是：左右回转、摆动均匀灵活。

（2） 截割机构的检修质量标准

1） 掘进机截割部的检修质量标准是：截割滚筒应转动灵活；滚筒不得有裂纹或开焊，不得损坏喷嘴螺纹；滚筒端面齿座、径向齿座应完整无缺，其孔磨损量不得超过1mm，补焊齿座角度应符合技术文件要求；可伸缩截割臂应伸缩灵活、可靠，伸缩距离应符合技术文件要求；花键齿厚磨损量不得超过原齿厚的5%。

2） 回转部的检修质量标准是：上、下基座间轴承的油封必须完整，轴承内、外圈与滚珠或滚柱不得有裂纹、重皮或剥落现象；回转千斤顶座的轴瓦间隙不得大于0.2mm；切割臂座的轴套不得有裂纹，铜套间隙不得大于0.3mm，塑料套间隙不得大于0.5mm。

4. 截割机构空载试验的要求

（1） 空运转试验　起动截割机构电动机，将悬臂置于中间水平位置，中间上、下极限位置，各运转不少于30min，如可变速，各挡均按此方法试验，要求电动机、减速器等运转平稳，无异常声响及过热现象。

（2） 悬臂摆动时间试验　将悬臂置于水平位置，从一侧极端到另一侧极端摆动全行程3次。测量全行程所用的时间，计算平均值，应符合原机要求，误差在±1s以内。

三、截割机构的故障分析与排除

作为掘进机的使用者与维护者，对于掘进机截割机构使用中出现的一般故障，应引起足够的重视，认真分析故障原因，及时采取措施，进行处理。掘进机截割机构在使用过程中常见的一些故障现象、产生原因及处理方法见表10-4。

表10-4　EBZ200A型掘进机截割机构的故障分析与处理

故障现象	故障原因	处理方法
工作中切割头突然自动停止转动	1. 截割过负荷 2. 过热继电器动作 3. 切割臂内，花键套外窜不能传递转矩 4. 切割减速器内元件损坏，如齿轮、键等	1. 减轻负荷 2. 约等3min后复位 3. 检查并处理 4. 检查并处理
切割头减速器温度过高且有异常响声	1. 润滑油不足 2. 轴承研损或齿轮轮齿折断	1. 按规定补油 2. 停机检修更换
切割头截齿损耗量大	切割过硬的岩石	降低切割移动速度或改变切割方法，采用先切割软岩后切割硬岩的办法。对过硬岩石（$f \geqslant 6$，厚度超过300mm）切割不动时（机器振动非常严重），机器应退出15m以外，采用打1.2m的眼放振动炮的方法
切割过程中切割头或整机振动过大	1. 工作面硬岩比较多，切割硬岩时发生振动 2. 截齿磨损或脱落 3. 液压缸等的铰接处间隙过大 4. 回转台紧固螺栓、螺钉松动，或轴承损坏	1. 降低切割移动速度或改变切割方法 2. 更换或补齐 3. 调整或更换 4. 紧固或更换
切割臂工作中左右摆动不灵活	1. 液压系统有故障，油压低 2. 回转液压缸内部泄漏 3. 回转液压缸液压锁失灵 4. 回转轴承因缺油研损	1. 检查泄漏及调整溢流阀的压力 2. 检查密封及更换 3. 检查并更换 4. 检查并更换

四、评分标准（表10-5）

表10-5　截割机构使用与维护评分标准

考核内容	考核项目	分值	检测标准	得分
素质考评	出勤、态度、纪律、认真程度	6	教师掌握	
截割机构的组成	1. 组成部分 2. 各部分的位置	10	每项5分	
截割机构的操作	1. 截割头升降、回转 2. 截割作业	20	每项10分。按照教师的指令操作，操作不正确扣2~5分	
截割机构的维护保养	1. 润滑注油 2. 截割机构的检查 3. 截割机构的完好标准及检修质量标准 4. 截割机构空载试验的要求	24	每项6分	
截割机构的故障分析与排除	1. 工作中切割头突然自动停止转动 2. 切割头减速器温度过高且有异常响声 3. 切割头截齿损耗量大 4. 切割过程中切割头或整机振动过大 5. 切割臂工作中左右摆动不灵活	30	每项6分	

（续）

考核内容	考核项目	分值	检测标准	得分
安全文明操作	1. 遵守安全规程 2. 清理现场卫生	10	1. 不遵守安全规程扣7分 2. 不清理现场卫生扣3分	
总计				

课题三 装载机构

【任务描述】

在巷道掘进机中，装载机构的作用是将由截割头截割破落下来的煤岩，收集并装入输送机构中。装载机构是由操作者通过操纵手柄控制铲板的升降、星轮的运转，来完成装煤工序的。本课题要求学生在了解装载机构技术参数，熟悉装载机构的组成及工作原理的基础上，掌握其操作要领及维修保养知识，并具备一定的判断及处理故障的能力。

【知识学习】

一、装载机构的技术参数

装载机构的技术参数见表10-6。

表10-6 装载机构的技术参数

序号	技术参数	单位	参数值
1	外形尺寸		2800mm×2430mm×662mm
2	总质量	kg	3428
3	装载形式	—	弧形三齿星轮式
4	装载宽度	mm	2800
5	星轮转速	r/min	34
6	装载能力（最大）	m^3/min	4.5
7	原动机（液压马达）	kW	10kw/台，2台

二、装载机构的组成

装载机构由主铲板，左、右侧铲板，铲板驱动装置，从动轮装置等组成，如图10-20所示。此机构通过两个低速大转矩马达直接驱动弧形三齿星轮，截割落料通过铲板装载到第一运输机。铲板宽度为3.2m，主铲板与左、右铲板用高强度螺栓连接，紧固力矩为1200N·m，铲板在液压缸的作用下可向上抬起400mm，向下卧底260mm。

EBZ200A型掘进机装载机构的结构特点是：铲板前端夹角小，前进阻力小；铲板侧面倾角较大，有利于装煤和清底；铲板后面采用弧形设计，减少了上面积货；采用弧形三齿星轮，减小了装货阻力。

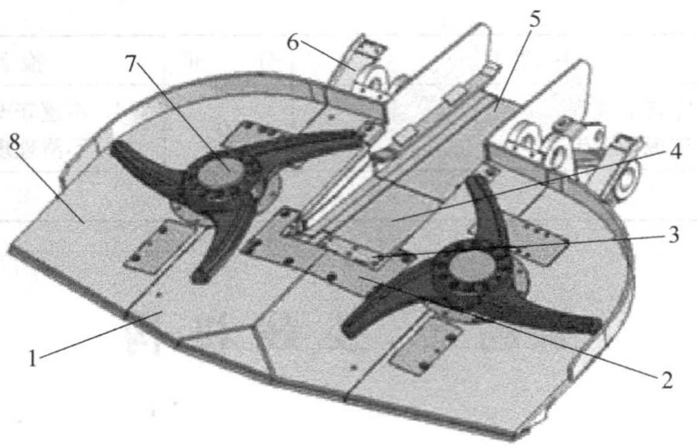

图 10-20　EBZ200A 型掘进机装载机构的组成

1—主铲板　2—前盖板　3—从动轮装置　4、5—连接板　6—软管夹座　7—星轮　8—侧铲板

三、装载机构的工作原理

铲板驱动装置由两个控制阀分别控制左、右液压马达，驱动弧形三齿星轮，并能够获得均衡的流量，确保星轮在平稳一致的条件下工作，从而提高了工作效率，降低了故障率。铲板驱动装置如图 10-21 所示。

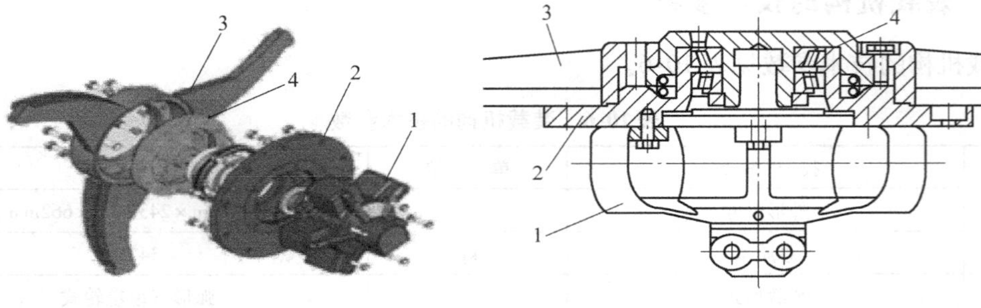

图 10-21　EBZ200A 型掘进机装载机构的驱动装置

1—马达　2—马达座　3—星轮　4—旋转盘

注意：

1）所有紧固螺栓用丙酮清洗后，涂厌氧胶防松。

2）旋转盘和马达座之间的间隙为（3 ±0.3）mm。

3）星轮和马达座之间的间隙为（4 ±0.3）mm。

【任务实施】

一、装载机构的操作

EBZ200A 型掘进机铲板由液压缸驱动，其动作由操作台上六联换向阀组的操纵手柄控制。星轮的运转由操作台上的左、右星轮用四联阀来控制。

1. 铲板的升降

若将手柄向前推动，铲板向上抬起，铲尖距地面高度可达 400mm；将手柄向后拉，铲板落下与底板相接，铲板可下卧 260mm。

注意：

1）当铲板抬起、截割头处于最低位置时，截割部的下面与星轮相碰，将会给掘进机带来不利。行走时，必须抬起铲板和后支撑，至履带接地。

2）截割时，应将铲尖与底板压接，以防止机体的振动。

2. 星轮的运转

分左、右控制手柄，其操作方式相同。将手柄向外推，星轮反转；将手柄向内拉，星轮正转；当手柄置于中位时，星轮停止，如图 10-22 所示。

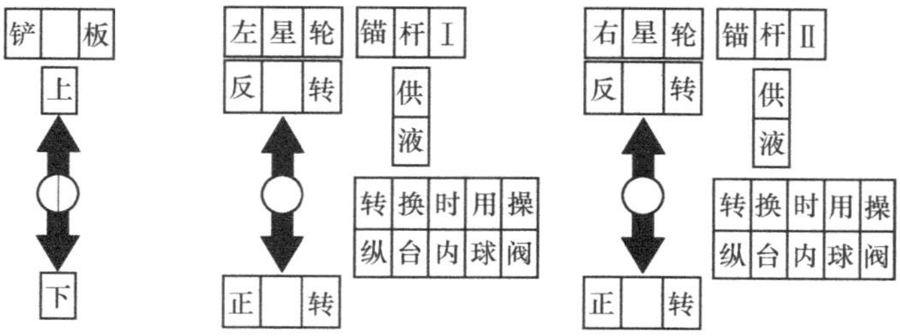

图 10-22　铲板和星轮的操作

二、装载机构的维护保养

1. 润滑注油

EBZ200A 型掘进机装载机构的润滑注油参数见表 10-7。

表 10-7　装载机构润滑注油参数

序　号	注油部位	油的种类	加注时间	注油量/L	备　注
D	星轮驱动装置	N320 重负荷工业齿轮油	部件组装时	3	1 次/月，补充减少量
2	铲板升降液压缸销轴	ZL-3 锂基润滑脂	1 次/日	适量	用润滑脂枪
11	铲板销轴				

2. 装载机构的检查

（1）装载机构的日检

1）检查星轮转动是否正常，轴承是否松动。

2）检查星轮的磨损情况。

（2）装载机构的月检

1）检查驱动装置的密封情况。

2）检查轴承的油量是否充足。

（3）装载机构的半年检查

1）修补星轮的磨损部位。

2）检查铲板上盖板的磨损。

3. 掘进机装载机构空载试验的要求

（1）空运转试验　将铲板置于正中、左极限、右极限位置，以上三种情况又分别分上、中、下三个位置。在九个位置上每次正向运转5min，共运转45min；在正中位置上每次反向运转5min，共运转15min。

当铲板无左右摆动功能时，只做上、中、下三个位置的试验，要求各工况运转正常，无卡阻现象及撞击声。

（2）铲板灵活性试验　在空运转实验中，铲板上下左右各摆动5次，要求摆动灵活，无卡阻现象及撞击声。

三、装载机构的故障分析与排除

对于掘进机装载机构使用中出现的一般故障，应引起足够的重视，认真分析故障原因，及时采取措施进行处理。下面就掘进机装载机构在使用过程中常见的一些故障现象、产生原因及处理方法进行分析，见表10-8。

表10-8　掘进机装载机构的常见故障及其处理方法

故障现象	故障原因	处理方法
星轮转动慢或不转动	1. 油压不够 2. 油马达内部损坏	1. 调整泵或阀压力 2. 更换

四、评分标准（表10-9）

表10-9　装载机构的使用与维护评分标准

考核内容	考核项目	分值	检测标准	得分
素质考评	出勤、态度、纪律、认真程度	10	教师掌握	
装载机构的组成	1. 组成部分 2. 各部分的位置	20	每项10分	
装载机构的操作	1. 铲板的升降 2. 星轮的运转	20	每项10分。按照教师的指令操作，操作不正确扣5～10分	
装载机构的维护保养	1. 润滑注油 2. 装载机构的检查 3. 装载机构空载试验的要求	30	每项10分	
装载机构的故障分析与排除	星轮转动慢或不转动	10	每项10分	
安全文明操作	1. 遵守安全规程 2. 清理现场卫生	10	1. 不遵守安全规程扣5分 2. 不清理现场卫生扣5分	
总　计				

课题四　运输机构

【任务描述】

在巷道掘进机中，运输机构的作用是将由装载机构装入的煤岩转运到桥式转载机中。运输机构是由操作者通过操纵手柄控制运输机的运转来完成运煤工序的。本课题要求学生在了解运输机构的技术参数，熟悉运输机构的组成及工作原理的基础上，掌握其操作要领及维修保养知识，并具备一定的判断及处理故障的能力。EBZ200A 型掘进机的运输机构如图 10-23 所示。

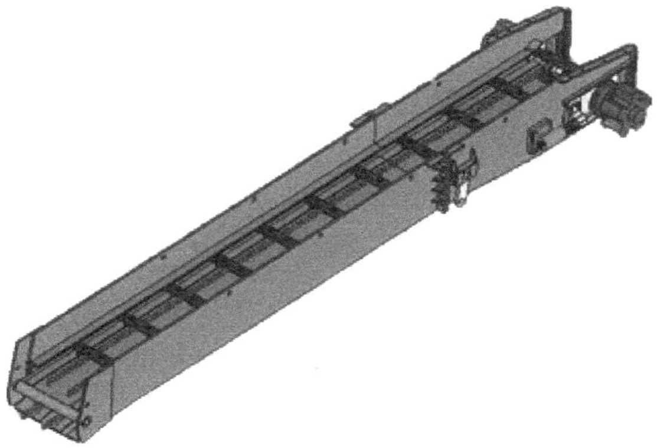

图 10-23　EBZ200A 型掘进机的运输机构

【知识学习】

一、运输机构的技术参数

运输机构的技术参数见表 10-10。

表 10-10　运输机构的技术参数

序　号	技术参数	单　位	参数值
1	形式	—	中双链刮板式
2	溜槽断面尺寸		620mm(宽)×340mm(高)
3	链速	m/min	61
4	原动机	—	液压马达，10kW/台，2 台
5	张紧装置	—	弹簧、丝杠张紧
6	运输能力	m^3/min	6.0

二、运输机构的组成

运输机构由前、后溜槽，驱动装置，刮板链组件，张紧装置等组成，如图 10-24 所示。运输机构位于机体中部，底板呈直线形；为保证运输顺畅，提高溜槽及刮板的使用寿命，采用了新型耐磨材料，中双链刮板式；运输机分前溜槽、后溜槽，前、后溜槽用 M20 的高强度螺栓连接；运输机前端通过销轴与铲板相连，后端通过铰接支板安装在后支承上；龙门高，以减少运输过程中大块物料的卡阻；采用两个液压马达直接驱动链轮，带动刮板链组运动，实现物料运输；张紧装置采用丝杠加弹簧缓冲的结构，对刮板链的松紧程度进行调整。

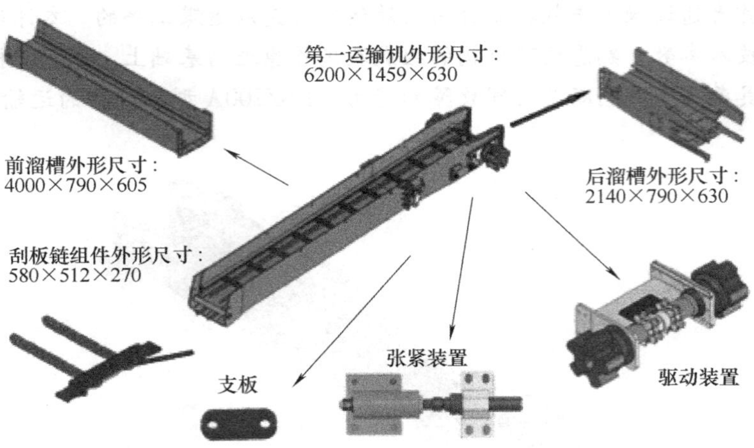

图 10-24　EBZ200A 型掘进机运输机构的组成

1. 驱动装置

EBZ200A 型掘进机运输机构驱动装置的结构如图 10-25 所示，它由马达、马达座、链轮、中轴、轴、轴承（22220C 型）、隔套、钢套、油封等组成。马达与马达座之间通过 10 个M16×50 的螺栓连接。马达座与轴Ⅰ通过 16 个 M16×40 的螺栓连接。马达的功率为 10kW/台，共 2 台。驱动装置组装时插装入溜槽后部，通过滑动面在溜槽滑轨内滑动，如图 10-26 所示。

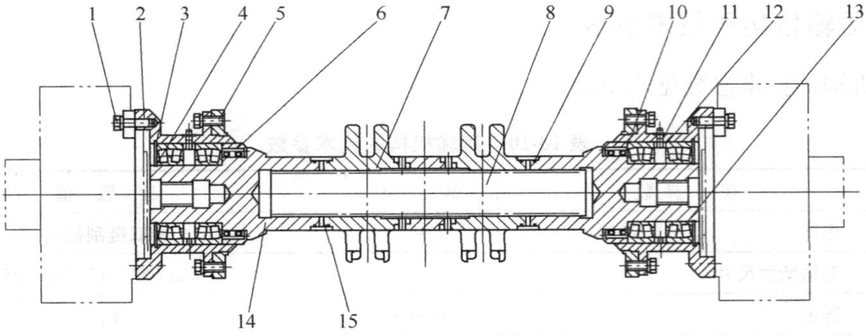

图 10-25　EBZ200A 型掘进机运输机构的驱动装置

1—螺栓、垫圈　2—马达座　3、4—挡圈　5—螺栓　6、12—隔套　7—链轮　8—中轴　9—O 形密封圈　10—油封　11—油杯　13—轴承　14—钢套　15—轴Ⅰ

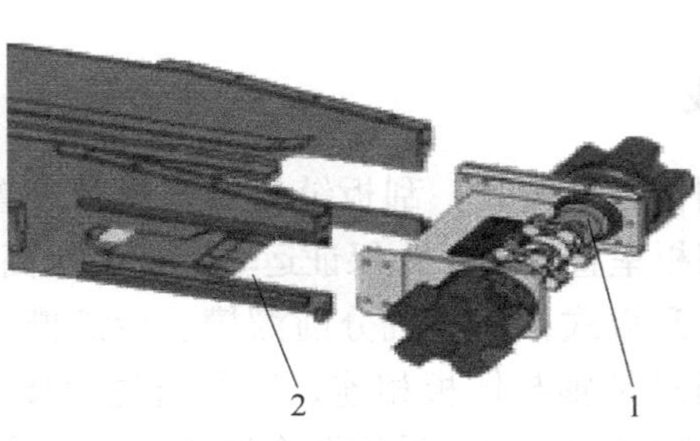

图 10-26　EBZ200A 型掘进机运输机构驱动装置与溜槽的组装

1—驱动装置　2—滑轨

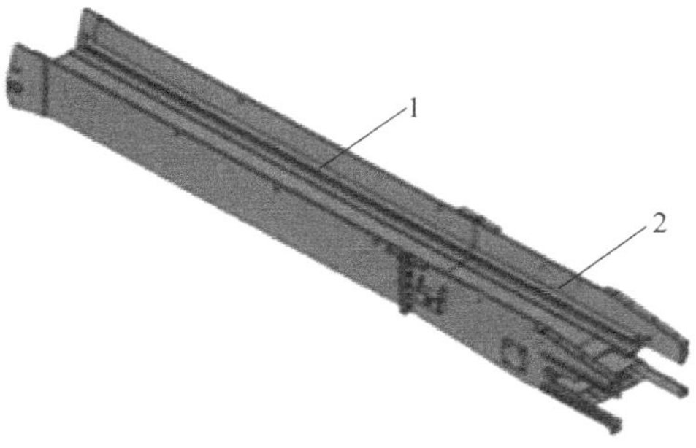

图 10-27 EBZ200A 型掘进机运输机构的溜槽
1—前溜槽 2—后溜槽

2. 溜槽

EBZ200A 型掘进机运输机构的溜槽由前、后溜槽组成。前、后溜槽通过 10 个 10.9 级的高强度螺栓 M20×80 相连接，紧固力矩为 510N·m，如图 10-27 所示。

3. 刮板链组件

EBZ200A 型掘进机运输机构的刮板链组件由圆环链（18×64-61-B）、上刮板、下刮板、接链环（18mm×64mm）、M16 六角法兰螺母等组成，紧固力矩为 240N·m，如图 10-28 所示。

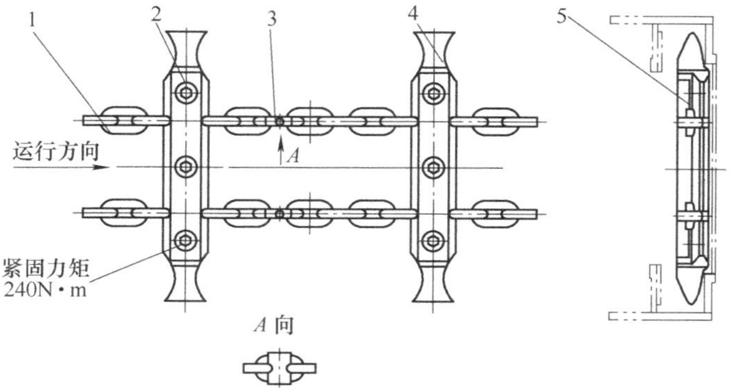

图 10-28 EBZ200A 型掘进机运输机构的刮板链组件
1—圆环链 2—六角法兰螺母 3—接链环 4—上刮板 5—下刮板

4. 张紧装置

EBZ200A 型掘进机运输机构的张紧装置的作用是通过调整主、从动链轮的间距来调整刮板链的松紧，达到张紧的目的。张紧装置的结构由预紧螺母、弹簧座、丝杠、锁紧螺母、丝母座等组成。张紧装置通过 16 个 10.9 级的高强度螺栓 M20×50，前端与溜槽相连，后端与驱动装置相连，如图 10-29 所示。

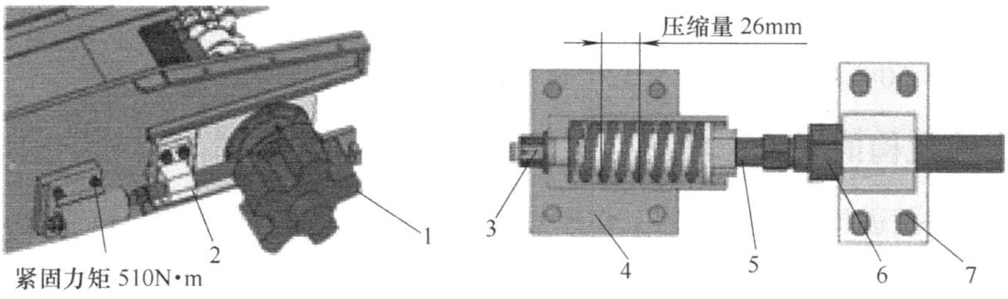

图 10-29 EBZ200A 型掘进机运输机构的张紧装置
1—驱动装置 2—张紧装置 3—预紧螺母 4—弹簧座 5—丝杠 6—锁紧螺母 7—丝母座

张紧装置的调整方法为：松开锁紧螺母，调整丝杠使驱动轮下方下垂 20～30mm，然后拧紧锁紧螺母。

5. 从动轮装置

从动轮装置由从动轮、从动轮轴、浮动油封、浮动油封座、轴承（22211C 型）、螺塞、螺钉、销、O 形密封圈、垫圈、调整垫等组成，如图 10-30 所示。从动轮装置安装在铲板部前盖板的下面，由 U 形定位块定位，上有两个压板，如图 10-31 所示。

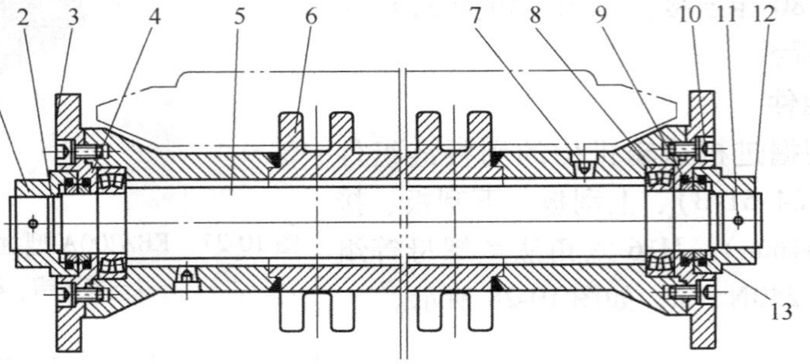

图 10-30　EBZ200A 型掘进机运输机构的从动轮装置结构示意图

1、3—浮动油封座　2、4—O 形密封圈　5—从动轮轴　6—从动轮　7—螺塞　8—轴承　9—浮动油封　10—螺钉、垫圈　11—销　12—挡圈　13—调整垫

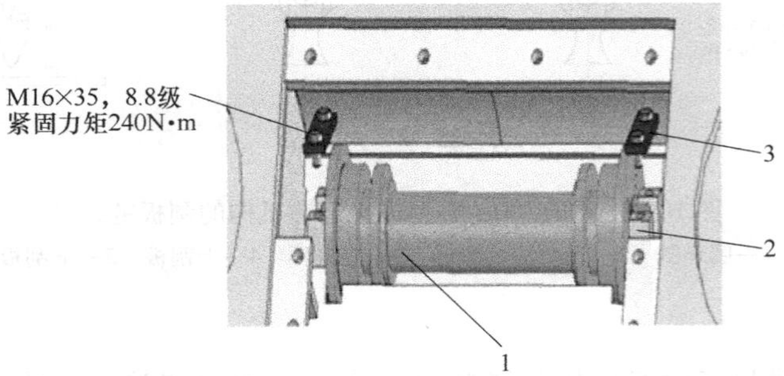

图 10-31　EBZ200A 型掘进机运输机构从动轮装置的安装示意图

1—从动轮装置　2—U 形定位块　3—压板

注意：

1）所有紧固螺栓用丙酮清洗后，涂厌氧胶防松。

2）装配后，50% 的空间应注入 320# 齿轮油。

三、运输机构的工作原理

EBZ200A 型掘进机运输机构的工作原理如图 10-24 所示，两条刮板链被机头链轮带动，在上、下槽中作循环移动，将装在槽中的煤炭运到机头并卸载到第二运输机上，机头链轮通过两个液压马达来驱动。机尾链轮是导向轮。

【任务实施】

一、运输机构的操作

EBZ200A 型掘进机的运输机构由左、右两个液压马达驱动，它们的动作由操作台上四联换向阀组的操纵手柄控制。

运输机构的操作：将手柄向外推，运输机反转；向内拉，运输机正转，如图 10-32 所示。

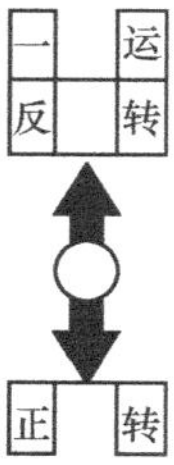

图 10-32 运输机的操作

注意：

1）该运输机的最大通过高度为 400mm，因此，当有大块煤或岩石时，应事先破碎后再运送。

2）当运输机反转时，不要将运输机上面的块状物卷入铲板下面。

二、运输机构的维护保养

1. 润滑注油

EBZ200A 型掘进机润滑注油位置如图 10-20 所示。其中，与运输机构相对应的注油位置、润滑油的牌号、注油时间和注油量见表 10-11。

表 10-11 运输机构润滑注油参数

序 号	注 油 位 置	润滑油的种类	注 油 时 间	注油量/L	备 注
C	从动轮装置	N320 重负荷工业齿轮油	部件组装时	0.7	1 次/月，补充减少量
9	一运驱动装置轴承座	ZL-3 锂基润滑脂	1 次/周	适量	用润滑脂枪

2. 运输机构的检查

（1）运输机构的日检

1）检查链条的张紧程度是否合适。

2）检查刮板、链条的磨损、松动、破损情况。

3）检查从动轮的回转是否正常。

（2）运输机构的月检

1）检查链轮的磨损情况。

2）检查溜槽底板的磨损及修补。

3）检查刮板的磨损情况。

4）检查从动轮及加油。

3. 输送机构的检修质量标准及完好标准

（1）输送机构的检修质量标准

1）刮板链各零件应齐全无损，链节伸长量不得超过原链节距的 2%，各零件的磨损量不得超过表 10-12 中的规定。

表 10-12 刮板链零件的磨损量标准 （单位：mm）

零 件 名 称	最大磨损量	备 注
刮板轴孔	1.5	不得有裂纹
链套内、外径	0.5	—
双头螺杆直径	1.0	不得有弯曲
链销	1.0	不得有弯曲

2）链销铆好后，销头直径不得小于16mm，各铰接处应转动灵活。

3）刮板的变形量不得大于10mm，刮板间距应保持8个刮板链的节距。

（2）运输机构的完好标准

1）刮板齐全，弯曲不超过15mm。

2）链条松紧适宜，链轮磨损不超过原齿厚的25%，运转时不跳牙。

三、运输机构的故障分析与排除

对掘进机运输机构在使用中出现的一般故障，应引起足够的重视，认真分析故障原因，及时采取措施进行处理。掘进机运输机构在使用过程中的常见故障现象、产生原因及处理方法见表10-13。

表10-13 掘进机运输机构的常见故障及其处理方法

故障现象	故障原因	处理方法
输送机链速减慢或停止运转	1. 油压低 2. 油马达损坏 3. 牵引链张力过大 4. 岩石块卡入牵引链	1. 调整卸荷压力 2. 更换油马达 3. 调整张紧力 4. 清除卡住的岩石块
刮板链断链	1. 刮板链松紧不合适，链轮咬坏链环 2. 接链环使用不当（缺螺栓），从接链环折断 3. 圆环链磨损超限	1. 调整链的松紧至合适位置 2. 补齐并紧固螺栓 3. 及时检查更换

四、评分标准（表10-14）

表10-14 运输机构的使用与维护评分标准

考核内容	考核项目	分值	检测标准	得分
素质考评	出勤、态度、纪律、认真程度	8	教师掌握	
运输机构的组成	1. 组成部分 2. 各部分的位置	20	每项10分	
运输机构的操作	运输机构的操作	10	按照教师的指令操作，操作不正确扣5~10分	
运输机构的维护保养	1. 润滑注油 2. 运输机构的检查 3. 运输机构的完好标准 4. 运输机构的检修质量标准	32	每项8分	
运输机构的故障分析与处理	1. 输送机链速减慢或停止运转 2. 刮板链断链	20	每项10分	
安全文明操作	1. 遵守安全规程 2. 清理现场卫生	10	1. 不遵守安全规程扣5分 2. 不清理现场卫生扣5分	
总计				

课题五 行走与后支撑机构

【任务描述】

在巷道掘进机中，行走机构的作用是对掘进机进行支撑，并使其根据需要或指令运动。由于掘进机的工作环境较差，工作负荷较大，所以悬臂式掘进机都采用履带式行走机构。行走机构的驱动方式有液压驱动与电驱动两种，EBZ200A 型掘进机的行走机构采用的是液压驱动。后支承的作用是减少截割时机体的振动，以提高工作稳定性并防止机体横向滑动。

本课题要求学生在了解行走机构的技术参数，熟悉行走与后支撑机构的组成及工作原理的基础上，掌握其操作要领及维修保养知识，并具备一定的判断及处理故障的能力。

【知识学习】

一、行走机构

EBZ200A 型掘进机履带行走机构的外形如图 10-33 所示。

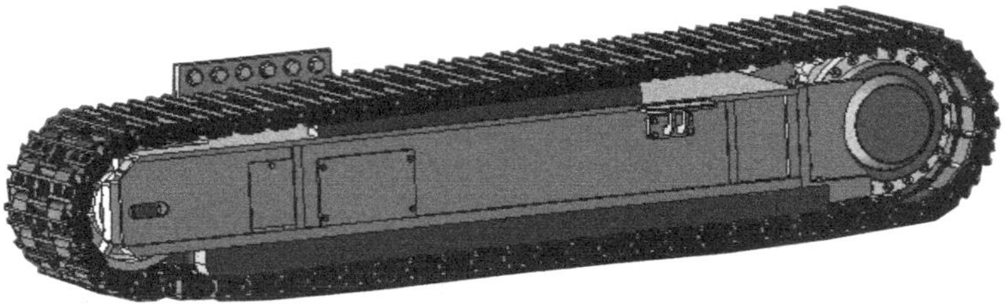

图 10-33 EBZ200A 型掘进机履带行走机构外形

行走机构主要由定量液压马达、减速机、驱动轮、履带链、张紧轮组、张紧液压缸、履带架等组成，如图 10-34 所示。履带架通过键及 M24 高强度螺栓固定在本体两侧，在其侧面有盖板，方便张紧液压缸的拆卸。采用液压缸张紧，设有弹簧减振装置。行走机构的技术参数见表 10-15。

表 10-15 行走机构的技术参数

序 号	技术参数	单 位	参数值
1	履带板宽度	mm	600
2	接地比压	MPa	0.14
3	制动形式	—	内置一体式多片制动器
4	原动机	—	液压马达，22kW/台，2 台
5	爬坡能力		±16°
6	行走速度	m/min	0~6.5

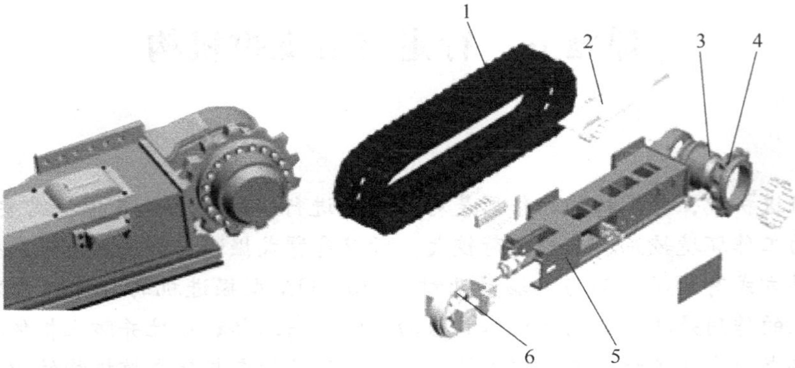

图 10-34　EBZ200A 型掘进机行走机构的结构组成

1—整体履带　2—盖板　3—减速器　4—链轮　5—履带架　6—张紧轮

（1）驱动装置　掘进机的行走机构需要满足驱动机体前进、后退、左右转弯及调动行走的工作要求，所以，履带式行走机构的左、右履带装置采用单独驱动的传动方式。当掘进机前进、后退时，左、右履带装置同时驱动主动链轮带动履带运转；当掘进机需要转弯时，可以单独驱动转弯方向的另外一侧履带装置，而使转弯一侧的履带装置停止运转，或者采用以相反方向分别驱动左、右履带装置的方法，使机体急转弯。

EBZ200A 型掘进机行走机构的驱动装置如图 10-35 所示。它由两台定量液压马达分别驱动，通过减速机、驱动链轮及履带实现行走。行走减速机与履带架、行走减速机与驱动链轮采用高强度特殊螺纹连接，在强振动下也可保持不松动。

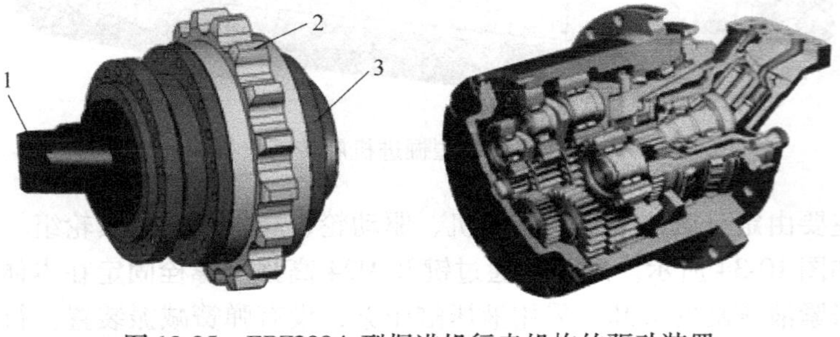

图 10-35　EBZ200A 型掘进机行走机构的驱动装置

1—液压马达　2—驱动轮　3—减速器

行走减速机用高强度螺栓与履带架连接。履带架采用挂钩形式与本体相连，用 24 个 M30 高强度螺栓紧固在本体的两侧，紧固力矩为 1200N · m。

（2）张紧机构　链传动中应用紧链装置的目的，主要是消除由于磨损而使链条长度增加时所产生的过度松弛。掘进机行走时，履带链受力后也会产生残余变形，使履带链伸长放松。履带链的过度松弛会增加传动起始阶段的冲击，以及卡链、掉链故障。为保证履带链与链轮的正常啮合，避免跳链、卡链及断链事故的发生，必须通过紧链装置及时调整履带链的张紧程度。

履带张紧机构由张紧轮组、张紧液压缸等组成，如图 10-36 所示，履带的松紧程度是靠张紧液压缸推动张紧轮组来调节的。张紧液压缸为单作用形式，伸出后靠卡板锁定。卡板的厚度有四种规格：50mm、20mm、10mm、6mm，可随意组合使用。张紧液压缸、卡板均在履带外侧安装，方便实用。

履带的张紧方法为：将铲板及后支承支起，顶出张紧液压缸，在适当位置插入插板，卸载张紧液压缸，使履带的下垂度为 30～50mm 即可。

（3）履带　履带机构依靠接地履带与底板之间的相对运动所产生的摩擦力驱动机器行走，如图 10-37 所示。其最大静摩擦力取决于机器的质量，以及履带板与底板之间的粘着系数。履带组件由履带板、履带销、弹性涨销等组成。图中为铸造的整体履带链板，材料为 ZG35CrMnSi。

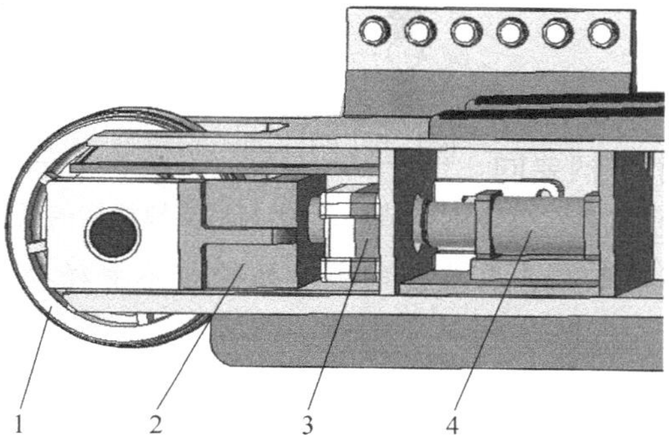

图 10-36　EBZ200A 型掘进机行走机构张紧装置

1—张紧轮组　2—张紧轮托架　3—插板　4—张紧液压缸

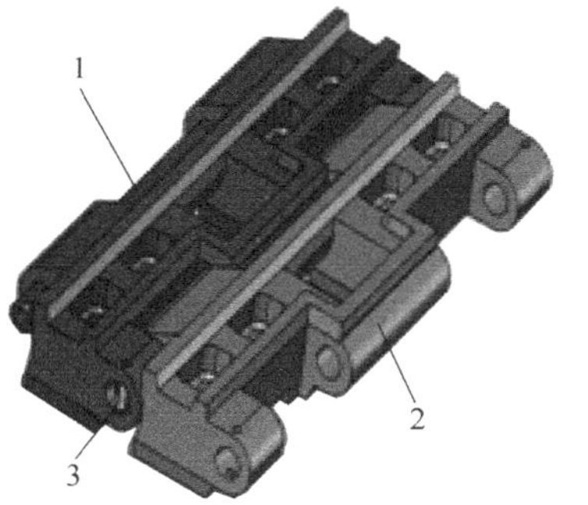

图 10-37　EBZ200A 型掘进机行走机构的履带

1—履带销　2—履带板　3—弹性胀销

二、后支撑机构

后支承机构的作用是减少在截割时机体的振动，提高工作稳定性并防止机体横向滑动。它由前横梁、支撑器、联接器、二运回转台等组成，如图 10-38 所示。在后支承支架两边分别装有升降支承器，利用液压缸实现支承。后支承支架用 M24 的高强度螺栓与本体相连，紧固力矩为 882N · m；后支承的后部与第二运输机连接。电控箱、泵站固定在后支承支架上。

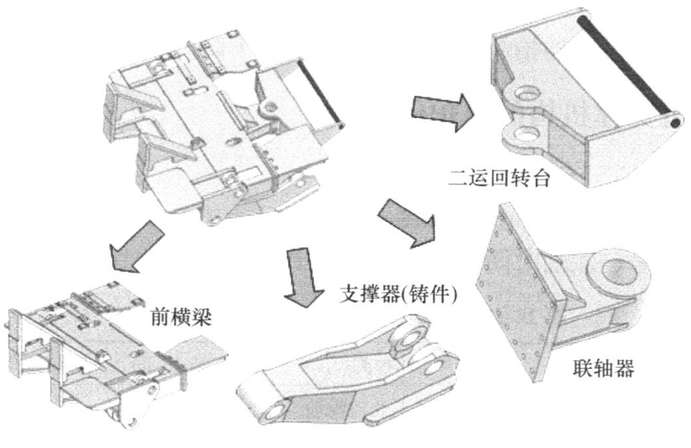

图 10-38　EBZ200A 型掘进机的后支撑机构

【任务实施】

一、行走与后支撑机构的操作

EBZ200A 型掘进机行走机构由液压马达驱动，后支撑的升降靠液压缸来控制。它们的动作由操作台上六联换向阀组的各操纵手柄控制，如图 10-39 所示。

1. 掘进机的前进、后退和转弯

“行走”有两个手柄，左侧手柄控制左侧行走，右侧手柄控制右侧行走。

（1）前进　将手柄向前推，即向前行走。

（2）后退　将手柄向后拉，即后退。

（3）拐弯　转弯时，根据弯道的转向，两个手柄要同时向相反的方向拉动。

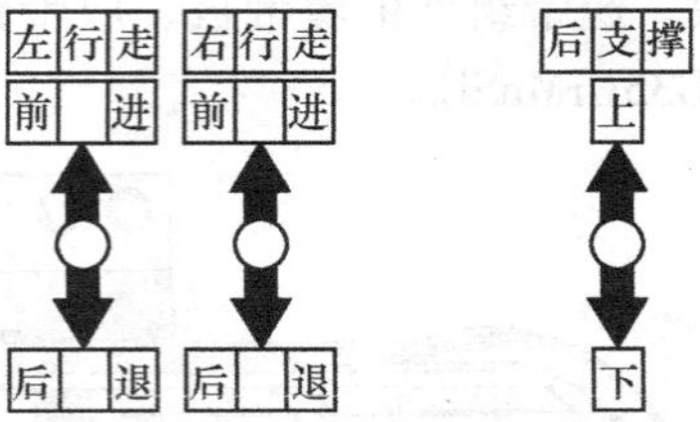

图 10-39　行走与后支撑机构的操作

注意：当在比较狭窄的巷道中转弯时，前部的截割头及后部的第二运输机不要碰撞左、右支柱。

2. 履带张紧操作

（1）履带的张紧　履带张紧液压缸与截割头升降液压缸共用一组换向阀。在履带张紧液压缸张紧前，将铲板和后支承支起，即将履带抬起，打开操纵台中的高压截止阀，将换向阀手柄向前推，张紧液压缸开始动作。在此过程中应注意履带的下垂度，其值为 30 ~ 50mm；操作换向阀时，要缓慢推动手柄并注意观察液压缸运行速度。张紧完成后装上卡板，手柄回中位液压缸泄荷，关闭高压截止阀。

（2）张紧液压缸的回缩　将铲板和后支承支起，打开高压截止阀，将换向阀手柄向前推，张紧液压缸开始动作，取出卡板后，将换向阀手柄调至中位，由履带自重使液压缸活塞杆回缩。

注意：推动手柄时不要推到最大位置，因为此时该阀的流量最大，而液压缸的行程很短（120mm），致使张紧液压缸运动速度过快，进而导致液压冲击破坏液压缸密封。

3. 后支撑的升降

若将手柄向前推，则机器抬起；向后拉，则机器下降。

二、行走与后支撑机构的维护保养

1. 润滑注油

EBZ200A 型掘进机润滑注油位置如图 10-20 所示。其中，与行走、后支撑机构相对应的注油位置、润滑油牌号、注油时间和注油量见表 10-16。

表 10-16　行走、后支撑机构润滑注油参数

序　号	注 油 位 置	润滑油的种类	注 油 时 间	注油量/L	备　　注
E	张紧轮装置	N320 重负荷工业齿轮油	部件组装时	1.6	1 次/月，补充减少量
G	行走减速器	齿轮油 220	1 次/月	8.5	检查油窗，补充减少量
5	后支撑连接销	ZL-3 锂基润滑脂	1 次/日	适量	用润滑脂枪

（续）

序 号	注油位置	润滑油的种类	注油时间	注油量/L	备 注
6	后支承液压缸销轴	ZL-3 锂基润滑脂	1 次/日	适量	用润滑脂枪
7	第二运输机回转连接销				
8	第二运输机连接销				

2. 行走机构的检查

（1）行走机构的日常检查

1）行走减速机、马达的日检：

① 检查有无异常振动和声响。

② 通过油位计检查油量。

③ 检查有无异常温升现象。

④ 检查螺栓类有无松动现象。

2）履带的日检：

① 检查履带的张紧程度是否正常。

② 检查履带板有无损坏。

③ 检查履带销有否脱落。

（2）行走机构的月检

1）检查履带板。

2）检查张紧装置的动作情况。

3）调整履带的张紧程度。

（3）行走机构的半年检

1）拆卸检查张紧装置。

2）检查滑动摩擦板。

（4）行走机构的年检　行走减速机换油。

3. 行走机构的完好标准及检修质量标准

（1）行走机构的完好标准

1）履带板无裂纹，不碰其他机件，松紧适宜，松弛度为 30～50mm。

2）前进、后退、转弯灵活可靠。

（2）掘进机履带式行走机构的检修质量标准

1）履带板无裂纹或断裂，表面上的防滑钉磨损后，其高度不低于原高度的 40%，否则应更换。

2）履带板销孔磨损后的圆度误差不大于直径的 10%，否则应更换。

3）履带销轴的最大磨损量不得超过 0.5mm。

4）支承轮直径的磨损量不得大于 5mm。

5）驱动链轮与导向链轮齿部磨损量不得超过原齿厚的 20%。

6）导向链轮铜套磨损后的最大顶隙不得超过 0.5mm。

7）耐磨铁的磨损量不得超过表面硬化厚度的 50%，且要保证履带不得碰及其他装置。

8）履带松紧适宜，其松弛度应符合前述内容的要求。

三、行走机构的故障分析与排除

作为掘进机的使用者与维护者，对掘进机行走机构在使用过程中出现的一般故障，应引起足够的重视，认真分析故障原因，及时采取措施进行处理。掘进机行走机构在使用过程中的常见故障现象、产生原因及处理方法见表10-17。

表10-17 EBZ200A型掘进机行走机构的故障分析与处理

故障现象	故障原因	处理方法
履带跳链	1. 履带过松 2. 驱动轮齿损坏 3. 张紧装置发生故障	1. 调整张紧度 2. 更换驱动轮 3. 检查张紧装置
减速机有异常声响或温升高	1. 减速机内部损坏（齿轮或轴承） 2. 缺油	1. 更换 2. 加油
履带不能运转或速度过低	1. 液压马达驱动的行走机构油压过低或马达内部损坏 2. 履带太松，驱动链轮跳牙，与履带不能正确啮合 3. 履带过紧，驱动链轮不能运转 4. 履带板缝中充满砂土，且坚硬化 5. 截割头钻进阻力大，致使行走阻力大于履带的粘着力，引起履带打滑 6. 行走减速器内部损坏	1. 检查系统是否有泄漏及溢流阀的调定压力是否过低，如马达损坏则修理更换 2. 通过紧链装置紧链 3. 松链 4. 经常清理 5. 如遇有硬岩应停止工作，掘进机后撤，放震动炮 6. 检查油位，如低则补油；检查齿轮及轴承的磨损情况，以及齿轮的连接情况，修理及更换

四、评分标准（表10-18）

表10-18 行走与后支撑机构的使用与维护评分标准

考核内容	考核项目	分值	检测标准	得分
素质考评	出勤、态度、纪律、认真程度	7	教师掌握	
行走与后支撑机构的组成	1. 组成部分 2. 各部分的位置	20	每项10分	
行走与后支撑机构的使用操作	1. 掘进机前进、后退、转弯 2. 履带张紧 3. 后支撑的升降	15	每项5分。按照教师的指令操作，操作不正确扣2～5分	
行走与后支撑机构的维护保养	1. 润滑注油 2. 行走机构的检查 3. 行走机构的完好标准及检修质量标准	30	每项10分	
行走机构的故障分析与处理	1. 履带跳链 2. 减速机有异常声响或温升高 3. 履带不能运转或速度过低	18	每项6分	
安全文明操作	1. 遵守安全规程 2. 清理现场卫生	10	1. 不遵守安全规程扣5分 2. 不清理现场卫生扣5分	
总计				

课题六　液压与喷雾系统

【任务描述】

掘进机的工作机构可以升降与水平摆动，以适应截割的需要；铲板可以升降，以适应底板起伏，装载时铲板紧贴底板，以及行走时铲板抬起等的需要；后支撑可以升降，以减少振动和便于维修；中间运输机和履带可以运转，以满足运输与机械行走的需要等。这些动作都是通过对液压系统的操控来实现的。掘进机喷雾系统的作用是降低粉尘浓度，延长截齿的使用寿命，改善掘进工作条件，冷却电动机等。

本课题要求学生在了解液压系统工作原理与保护设置的基础上，掌握液压元件的调整、维修与故障处理等知识；在熟悉冷却喷雾系统操作方法的基础上，掌握冷却喷雾系统的故障排除方法。

【知识学习】

一、液压系统的组成与工作原理

1. 液压系统的技术参数

液压系统的技术参数见表10-19。

表10-19　液压系统的技术参数

序　号	技术参数	单　位	参数值
1	液压泵电动机功率	kW	90
2	油箱容积	L	600
3	系统压力	MPa	18
4	系统流量	L/min	416
5	行走、液压缸回路泵输出功率	kW	51
6	行走恒功率变量起点	MPa	12
7	一运、星轮、喷雾回路泵输出功率	kW	78
8	星轮马达输出功率	kW	12/台，2台
9	一运马达输出功率	kW	10.4/台，2台
10	喷雾马达输出功率	kW	4
11	多路换向阀安全调定压力	MPa	22

2. 液压系统的组成

液压系统由液压缸（包括截割头升降液压缸、截割头回转液压缸、铲板液压缸、后支承液压缸、履带张紧液压缸）、马达（包括行走马达、星轮马达、中间输送机机马达、内喷雾马达）、操纵台（图10-40）、泵站（图10-41）、控制阀组（图10-42和图10-43）及相互连接的配管等组成。

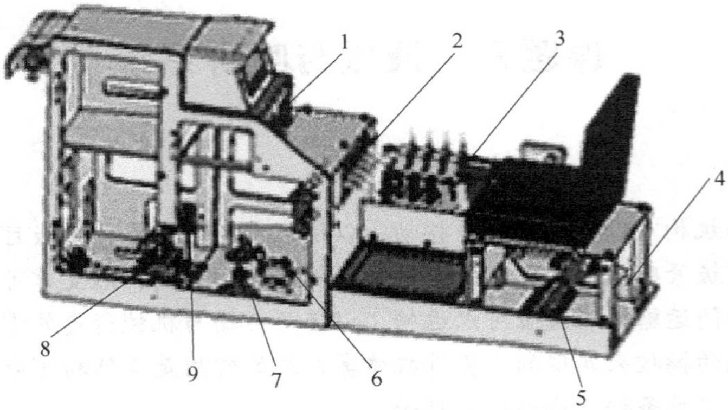

图 10-40　操纵台组件

1—压力表开关　2—六联阀　3—四联阀　4—回油连通块　5—行走连通块　6—PHZD125/160 制动阀　7—高压截止阀　8—高压三通球阀　9—回油集流器

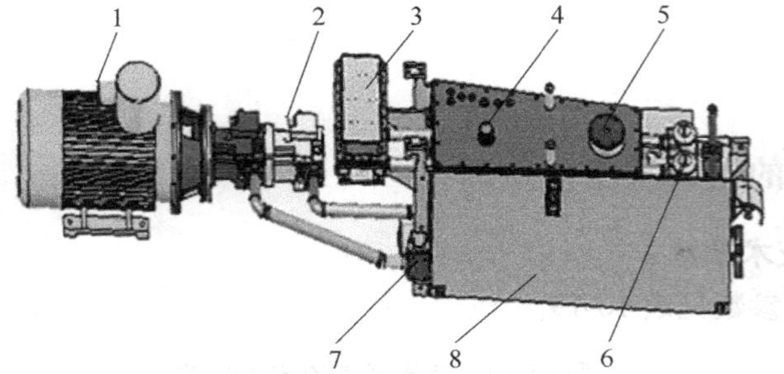

图 10-41　液压泵站

1—液压泵电动机　2—变量双泵　3—冷却器　4—空气过滤器　5—注油器　6—回油过滤器　7—吸油过滤器　8—油箱

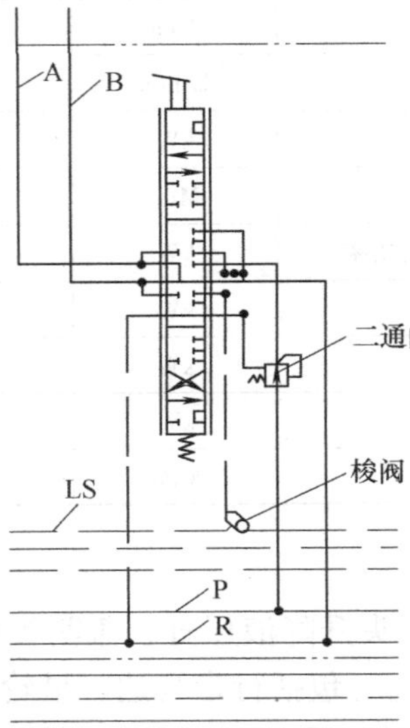

图 10-42　PSV6-5 型负载敏感比例多路换向阀

A、B—工作油口　P—液压油口　R—回油口　LS—控制口

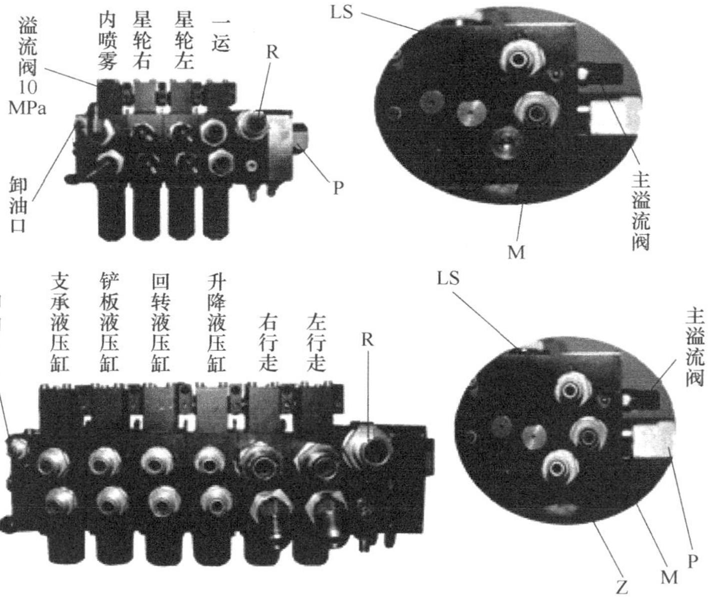

图 10-43 PSV62－5 型负载敏感比例多路换向阀

P—液压油口 R—回油口 LS—控制口 M—测压口 Z—液控口（未用）

3. 液压系统的工作原理

EBZ200A 型掘进机液压系统的工作原理如图 10-44 所示。

（1）机器行走 双联变量泵（型号为 A11V0145LRDS）前泵供液，当六联负载敏感比例多路换向阀的左、右行走控制手柄同时向前推动时，六联负载敏感比例多路换向阀（二通阀的作用是控制、分配流量）上位导通，高压液体经工作油口 A（图 10-42）进入马达，马达运转，机器向前运行；反之，则后退。当左、右两个手柄同时向相反的方向拉动时，机器转弯。多路阀中安全阀的调定压力为 22MPa。

1）PHZD125/160 制动阀的作用：使马达回油路上有一定的背压，从而保证马达运行平稳；供给制动器不高于 5MPa 的液压油，当马达运行时，制动器在液压油的作用下松闸，马达正常运行；停电时，在复位弹簧的作用下，制动器抱闸，马达制动。

2）A11V0145LRDS 双联变量泵的控制方式。前泵：负载敏感，能及时根据负载大小调节斜盘倾角，从而达到调节流量的目的；恒功率，变量起点为 12MPa；压力切断，压力的调整通过压力切断阀实现，最高压力为 18MPa。后泵：恒压力，压力调整通过恒压控制阀实现，最高压力为 18MPa；负载敏感。

（2）截割头的上下、左右移动，铲板的升降，后支承器的升降，履带的张紧等 由双联变量泵（型号为 A11V0145LRDS）前泵供液，六联负载敏感比例多路换向阀控制，实现液压缸的伸缩，从而达到截割头上下、左右移动，铲板升降。后支承器升降，履带张紧等目的。平衡阀的作用是保证液压缸回缩时有一定的背压，平衡自重，保证回缩平稳。

（3）星轮的转动、第一运输机的驱动、内喷雾泵的驱动等 由双联变量泵（型号为 A11V0145LRDS）后泵供液，四联负载敏感比例多路换向阀控制，实现一运马达、星轮马达、喷雾马达的运转，从而实现星轮的转动、第一运输机的驱动、内喷雾泵的驱动等。多路

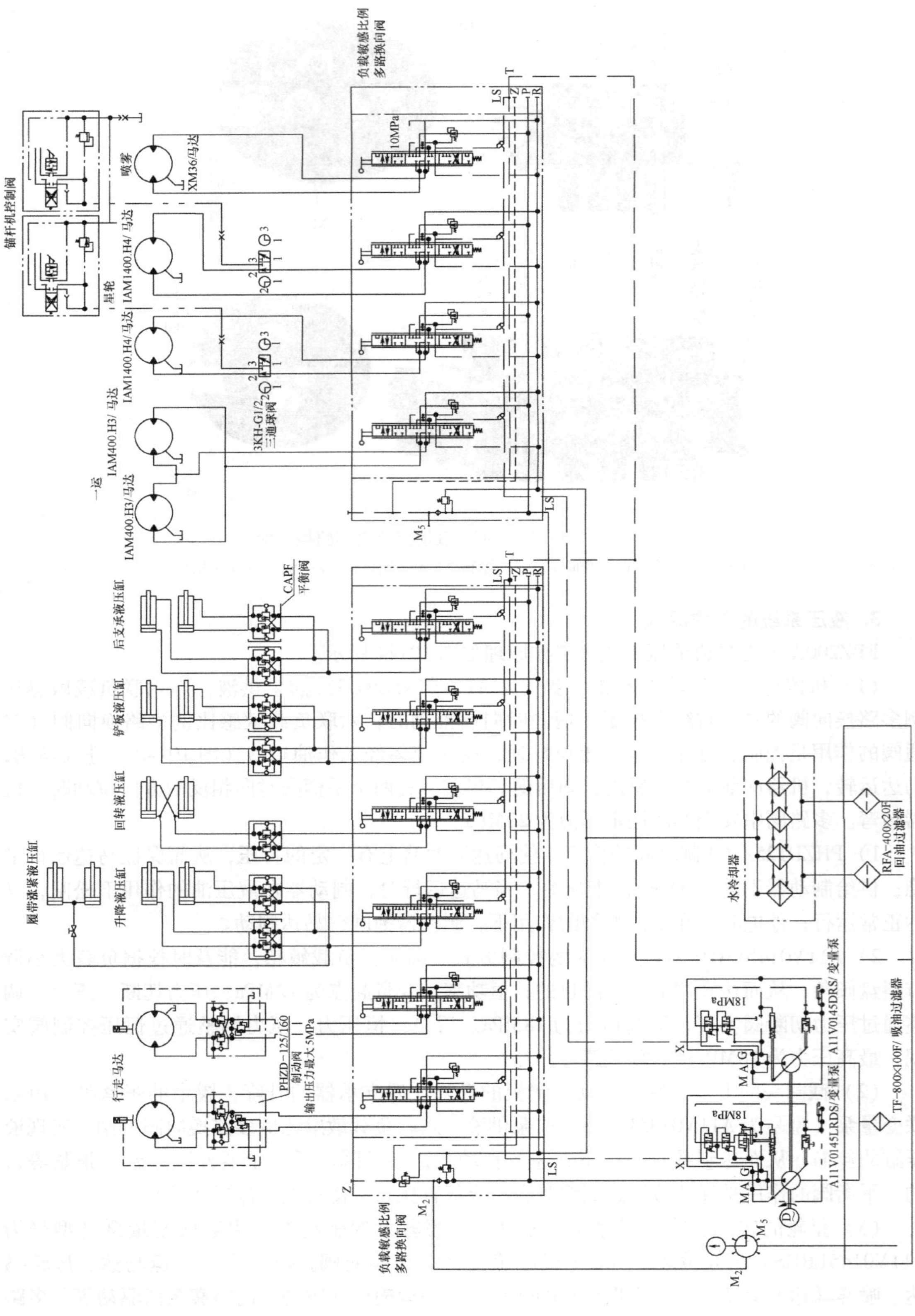

图 10-44 EBZ200A 型掘进机液压系统工作原理图

阀中安全阀的调定压力为22MPa。其中，四联阀中喷雾泵用限压阀的最高压力为10MPa。

（4）锚杆机　本系统为锚杆机提供两个备用接口，压力为18MPa，流量为47L/min，由星轮马达回路中的三通球阀控制。

注意： 操纵台上装有压力表，根据压力表开关的不同位置（M为测压口），可以分别检测各回路的油压状况。

二、喷雾系统的组成与工作原理

1. 喷雾系统的组成

EBZ200A型掘进机的喷雾系统主要由XM36型液压马达、PQ40型水泵、水减压阀组件、过滤器、安全阀、喷嘴等组成，如图10-45所示。

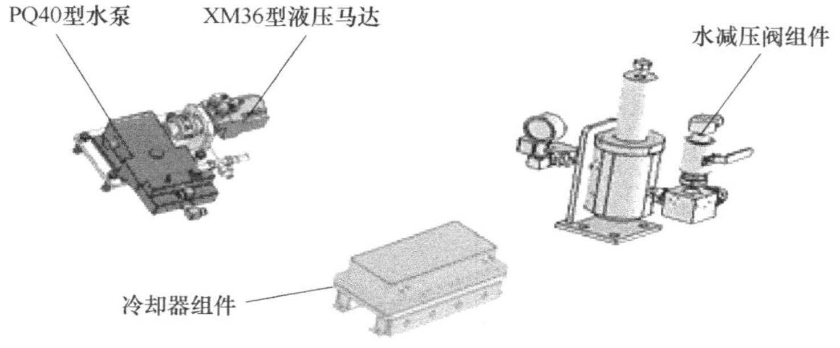

图10-45　EBZ200A型掘进机水系统主要元部件

2. 喷雾系统的工作原理

EBZ200A型掘进机的喷雾系统分内、外喷雾水路，如图10-46所示。外来水经一级过滤后分为两路，第一路经进水直接通往喷水架，由雾状喷嘴喷出；第二路经二级过滤、减压、冷却再分为两路，一路经截割电动机（冷却电动机）后喷出，另一路经水泵加压（3MPa）后由截割头喷出，起到冷却截齿及灭尘的作用。

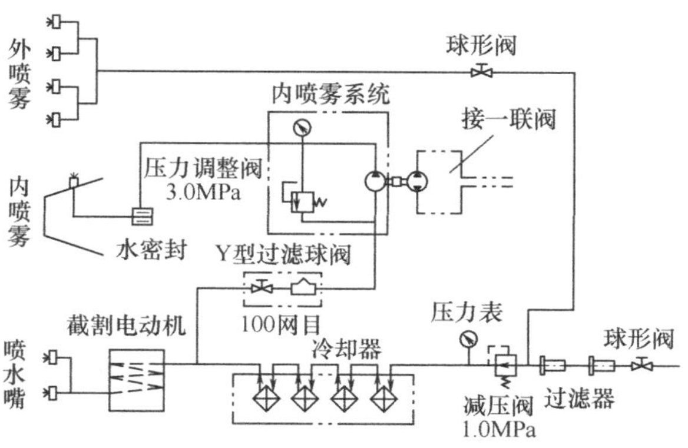

图10-46　EBZ200A型掘进机喷雾系统工作原理图

注意： 截割头截割前，必须起动内喷雾，否则会因喷嘴阻塞而影响灭尘效果。

【任务实施】

一、液压部分的调整

液压系统为变量泵、负载敏感反馈控制系统，其能耗小，压力和流量可根据负载进行变化。正常情况下，应在一个月左右对液压系统的压力进行检查及调整一次，系统的额定压力为 18MPa。

1. 柱塞变量双泵的调整

1）功能及设定值。液压系统由两个变量泵提供液压动力，一泵具有恒功率、压力切断、负载敏感功能，二泵具有恒压力、负载敏感功能；一泵的压力调整通过压力切断阀（最高压力为 18MPa）控制，二泵的压力调整通过恒压控制阀（最高压力为 18MPa）控制。

2）调整方法。首先取下帽式胶套，将锁紧螺母松开，然后用内六角扳手调整螺钉，使压力增加在调至设定的压力后，拧紧锁紧螺母，并装好帽式胶套，如图 10-47 所示。

2. 换向阀的调整

1）功能及设定值。六联阀是控制一泵与行走马达、各液压缸油路的中间液压元件；四联阀是控制二泵与一运、星轮、喷雾油路的中间液压元件，其可将负载的压力信号反馈给各自的变量泵。六联阀和四联阀的压力调整均通过各自的限压阀（调定压力均为 22MPa）实现，其中，四联阀中喷雾泵用限压阀的最高压力为 10MPa。

2）调整方法。首先取下帽式螺母，将锁紧螺母松开，然后用内六角扳手调整螺钉，使压力增高。在调至设定的压力后，拧紧锁紧螺母，并装好帽式螺母，如图 10-48 所示。

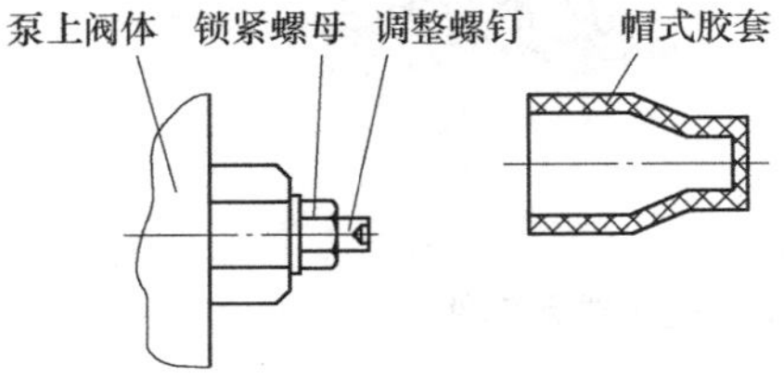

图 10-47 泵上阀的调整

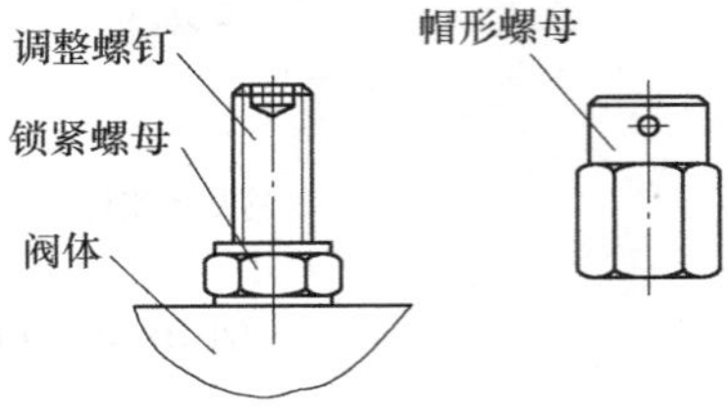

图 10-48 限压阀的调整

二、喷雾系统的操作

1. 内喷雾操作

将手柄向内拉，喷雾泵起动，实现截割头的内喷雾；向外推（至中间位置）时喷雾泵停止。不要只使用内喷雾，而必须内、外喷雾同时使用。

2. 外喷雾操作

将外喷雾阀门打开后将手柄向内拉，喷雾泵起动，实现截割头的外喷雾；将手柄向外推至中间位置使喷雾泵停止，如图 10-49所示，然后关闭外喷雾阀门。

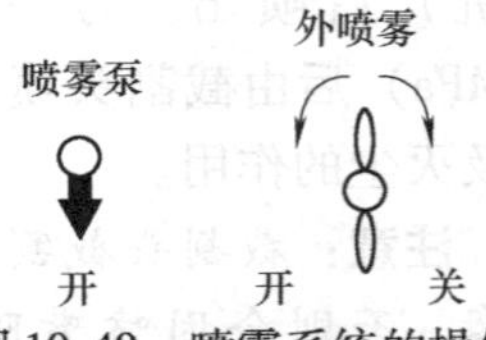

图 10-49 喷雾系统的操作

注意：

1）保证先打开内喷雾，后进行切割。

2）喷雾泵起动前，应将截割头外喷雾用阀门打开，确认是否有外喷雾。如果此阀处于关闭状态，将会造成喷雾泵的损坏；严禁手柄外推，使水泵反转；先停喷雾泵后关闭外喷雾阀门，以免损坏喷雾泵。

三、液压与喷雾系统的维护保养

1. 润滑注油

EBZ200A 型掘进机润滑注油位置如图 10-19 所示。其中，与液压及喷雾系统相对应的注油位置、润滑油的牌号、注油时间和注油量见表10-20。

表10-20 液压、喷雾系统润滑注油参数

序号	注油位置	润滑油的种类	注油时间	注油量/L	备注
F	油箱	L-LM68抗磨液压油	装机后	520	1次/月，检查油窗补充减少量
H	喷雾泵	150#齿轮油	1次/月	0.8	1次/月，检查油窗补充减少量

2. 液压与喷雾系统的检查

(1) 液压与喷雾系统的日检（表10-21）

表10-21 掘进机液压与喷雾系统的日检内容

检查部位	检查内容及其处理	检查部位	检查内容及其处理
换向阀	1. 操纵手柄的操作位置是否正确 2. 有无漏油现象	油箱油量	如油量不够，应加油
液压马达	1. 有无异常声响 2. 有无异常温升现象	配管类	如有漏油处，应充分紧固接头或更换O形密封圈
液压泵	1. 有无异常声响 2. 有无异常温升现象	油箱的油温	油冷却器进口侧的水量充足，应保证冷却效果（70℃以下）
水系统	1. 清洗过滤器内部的脏物及堵塞的喷嘴 2. 检查齿轮泵工作是否正常 3. 检查减压阀是否正常		

(2) 液压与喷雾系统的月检 EBZ200A型掘进机液压与喷雾系统的月检，主要是对喷雾系统进行检查：

1) 调整减压阀的压力。

2) 清洗过滤器及喷嘴。

(3) 液压、喷雾系统的半年检

1) 检查液压电动机联轴器。

2) 更换液压油（使用初期每月更换一次）。

3) 更换滤芯（使用初期每月更换一次）。

4) 调整泵压力切断阀、恒压阀、换向阀和限压阀。

3. 液压、喷雾系统的的完好标准及检修质量标准

(1) 液压、喷雾系统的的完好标准

1) 胶管及接头不得漏油。

2) 液压泵、马达运转无异响。

3) 压力表齐全，指示正确。

(2) 液压系统的检修质量标准

1) 液压千斤顶的检修质量标准：

① 千斤顶与密封圈相配合的表面有下列缺陷时允许用油石修整：轴向划痕深度小于0.2mm，长度小于50mm；径向划痕深度小于0.3mm，长度小于圆周的1/3；轻微擦伤面积小于50mm^2；同一圆周上划痕不多于两条，擦伤不多于两处；镀层出现轻微锈斑，整体上不多于3处，每处面积不大于25mm^2。

② 活塞杆的表面粗糙度不得大于 $Ra0.8\mu m$，缸体内孔的表面粗糙度不得大于 $Ra0.4\mu m$。

③ 千斤顶活塞杆的直线度误差不得大于缸体内孔 2‰。

④ 各类型缸体不得弯曲变形，内孔的直线度误差不得大于公称尺寸的 0.5‰。缸孔直径扩大时，圆度、圆柱度误差均不得大于公称尺寸的 2‰。

⑤ 缸体不得有裂纹，缸体端部的螺纹、环形槽或其他连接部位必须完整，管接头不得有变形。

⑥ 缸体非配合表面应无毛刺，划痕深度不大于 1mm，磨损、撞伤面积不得大于 $2cm^2$。

2）掘进机各种阀类的检修质量标准：

① 解体后各类阀的零部件必须彻底清洗，所有孔道、退刀槽及螺纹孔底部均不得存有积垢、铁屑及其他杂物。

② 阀上所有密封件一般应更换新品，个别重复使用时，应符合相关规定。

③ 各零部件有轻微损伤的内螺纹可修复使用，新更换的零部件应去除毛刺。

④ 阀上所有弹簧不得有锈斑或断裂，塑性变形不得大于 5%。

⑤ 阀体各孔道表面、阀芯表面，以及其他镀覆表面、镀层不得脱落和出现锈斑。

⑥ 阀体及各零部件不得有裂纹、撞伤或变形等缺陷。

⑦ 阀装配后，无论有无压力，操纵应灵活，操纵力应符合该阀技术文件的规定。

⑧ 阀的定位要准确、可靠、稳定，定位指针要清晰。

3）掘进机密封件的检修质量标准：

① 密封件的拆装必须使用专用工具。

② 重复使用或新更换的密封件，其质量应符合相关规定。

③ 不得使用发粘、变脆或弹性明显下降等的老化密封件。

④ 动油封的密封环不得有裂纹、沟痕，并须成对使用和更换。

⑤ 油封硬度应为 85～90IRHD；弹簧松紧应适宜，在弹簧压力下其内径比轴径小。

⑥ O 形密封圈不得过松或过紧，装在槽内不得扭曲、切边，保持性能良好。

⑦ 塑料件除有专门规定者外，应符合国家标准中关于液压支架、支柱、千斤顶用聚甲醛导向环、挡圈、卡箍等的技术条件要求。

4. 液压与喷雾系统的使用维护要求

1）液压系统用油的选定标准：

① 所用液压油必须是适用于高压系统的油类，要选用耐磨耗性、抗氧化性、润滑性等特性良好的油类。

② 当使用环境在 −5℃ 以上时，所选用的液压油应该是抗磨液压油或极压抗磨液压油 YB-N68。质量指标是：运动粘度为 $37\sim43mm^2/s$（50℃）；凝点≤−25℃；粘度指数≥90。

2）喷雾系统用水的选定标准：水温 30℃ 以下；水质 pH6～pH8；水量 100L/min；盐的质量浓度在 200mg/kg 以下。

四、液压与喷雾系统的故障分析与处理

作为掘进机的使用者与维护者，对掘进机液压与喷雾系统在使用中出现的一般故障，应引起足够的重视，认真分析故障原因，及时采取措施进行处理。掘进机液压、喷雾系统在使

用过程中的常见故障现象、产生原因及处理方法见表10-22。

表10-22 EBZ200A型掘进机液压、喷雾系统的故障分析与处理

故障现象	故障原因分析	处理方法
配管漏油	1. 配管接头松动 2. O形密封圈损坏 3. 软管破损	1. 紧固或更换 2. 更换O形密封圈 3. 更换新品
油箱的油温过高	1. 液压油量不够 2. 液压油质不良 3. 系统压力过高 4. 油冷却器冷却水量不足 5. 油冷却器内部堵塞	1. 补加油量 2. 换油 3. 调整液压泵输出压力 4. 补加水量 5. 清理内部
液压泵有异常声响	1. 油箱的油量不足 2. 吸油过滤器堵塞 3. 液压泵内部损坏	1. 加油 2. 清洗 3. 检查内部或更换
油压达不到规定压力	1. 液压泵内部损坏 2. 压力控制阀出现故障	1. 更换压液泵 2. 检查压力控制阀
换向阀杆不动作	1. 阀杆研伤或有异物 2. 阀杆连接件过紧或损坏	1. 检修 2. 调整或更换
换向阀动作不良	1. 钢球定位弹性挡圈损坏（四联阀） 2. 弹簧损坏 3. 弹簧锁紧螺栓松动	1. 分解检查更换 2. 更换弹簧 3. 分解检查调整
液压缸不动作	1. 油压不足 2. 换向阀动作不良 3. 密封损坏 4. 控制阀动作不良	1. 调整系统压力 2. 检修 3. 更换 4. 检修控制阀内部
液压缸回缩	1. 内部密封损坏 2. 平衡阀失灵	1. 更换 2. 更换
没有外喷雾或压力低	1. 喷嘴堵塞 2. 供水入口过滤器堵塞 3. 供水量不足	1. 清理 2. 清理 3. 调整水量
内喷雾喷不出水或不成雾状	1. 喷嘴堵塞 2. 喷雾泵入口过滤器堵塞 3. 供水量不足 4. 减压阀动作不良 5. 喷雾泵的密封损坏 6. 喷雾泵内部损坏	1. 清理 2. 清理 3. 调整水量 4. 调整或检修 5. 更换 6. 检修或更换

五、评分标准（表10-23）

表10-23 液压与喷雾系统的使用与维护评分标准

考核内容	考核项目	分值	检测标准	得分
素质考评	出勤、态度、纪律、认真程度	6	教师掌握	
液压、喷雾系统的组成	1. 组成部分 2. 各部分的位置	10	每项5分	

（续）

考核内容	考核项目	分值	检测标准	得分
液压部分的调整	1. 柱塞变量双泵的调整 2. 换向阀的调整	10	每项5分。按照教师的指令操作，操作不正确扣2～5分	
液压、喷雾系统的维护保养	1. 润滑注油 2. 液压、喷雾系统的检查 3. 液压、喷雾系统的完好标准及检修质量标准 4. 液压、喷雾系统的使用维护要求	24	每项6分	
液压、喷雾系统的故障分析与处理	1. 配管漏油 2. 油箱的油温过高 3. 液压泵有异常声响 4. 油压达不到规定压力 5. 换向阀杆不动作 6. 换向阀动作不良 7. 液压缸不动作 8. 液压缸回缩 9. 没有外喷雾或压力低 10. 内喷雾喷不出水或不成雾状	40	每项4分	
安全文明操作	1. 遵守安全规程 2. 清理现场卫生	10	1. 不遵守安全规程扣5分 2. 不清理现场卫生扣5分	
总　计				

课题七　连续采煤机

【任务描述】

连续采煤机是用于房柱式采煤法的采煤机，也可用于巷道掘进。它具有截割、装载、转载、调动行走和喷雾除尘等多种功能，配备梭车、带式输送机和锚杆支护，可在房柱式采煤法中实现综合机械化采煤。

本课题通过对国产ML340型连续采煤机的学习，使学生了解连续采煤机的结构与工作原理，掌握设备的操作、使用等有关知识，对其生产过程有初步的认识。

【知识学习】

一、ML340型连续采煤机的性能参数

ML340型连续采煤机是一种可以连续采掘煤炭的机械设备，其外形如图10-50所示。它既可以用来开掘以煤为基岩的巷道，又可作为单独的采煤机使用，其对地质条件好的巷道的开掘或对煤矿井田构造复杂的边角煤的开采有特别的优势。ML340型连续采煤机适用于房式或房柱式采煤、回收边角煤及长壁开采的煤巷的快速掘进；主要适用于顶板较好，允许一定空顶距，煤层倾角小于17°，采高范围为2.6～4.6m的矩形全煤巷道、夹矸巷道及条件类似的其他巷道的掘进。ML340型连续采煤机的性能参数见表10-24。

图 10-50　ML340 型连续采煤机的外形图

表 10-24　ML340 型连续采煤机的性能参数

序　　号	技术参数	单　　位	参数值
1	外形尺寸（长×宽×高）		10.89m×3.3m×2.05m
2	总质量	t	62
3	总装机功率	kW	524
4	截割硬度	MPa	≤40
5	理论生产能力	m^3/min	15~22
6	适应巷道爬坡		≤17°
7	最大采高	m	4.6
8	最小采高	m	2.6
9	截割宽度	m	3.3
10	地隙	mm	305
11	接地比压	MPa	0.184
12	供电电压	V	1140
13	截割电动机功率	kW	2×170
14	截割滚筒转速	r/mim	49
15	装载形式	—	圆盘星轮
16	星轮转速	r/min	40
17	装载能力	m^3/min	15~25
18	第一运输机形式	—	中单链刮板式
19	运输机功率	kW	2×37
20	行走速度	m/min	0~15
21	油箱容积	L	600
22	液压泵电动机功率	kW	110
23	要求井下供水水压	MPa	1.5~3.0
24	水量	L/min	100

（续）

序　号	技术参数	单　位	参数值
25	履带宽度	mm	650
26	对地压强	MPa	0.184
27	电气控制	—	进口专用控制器

二、ML340 型连续采煤机的组成

ML340 型连续采煤机的组成如图 10-51 所示。

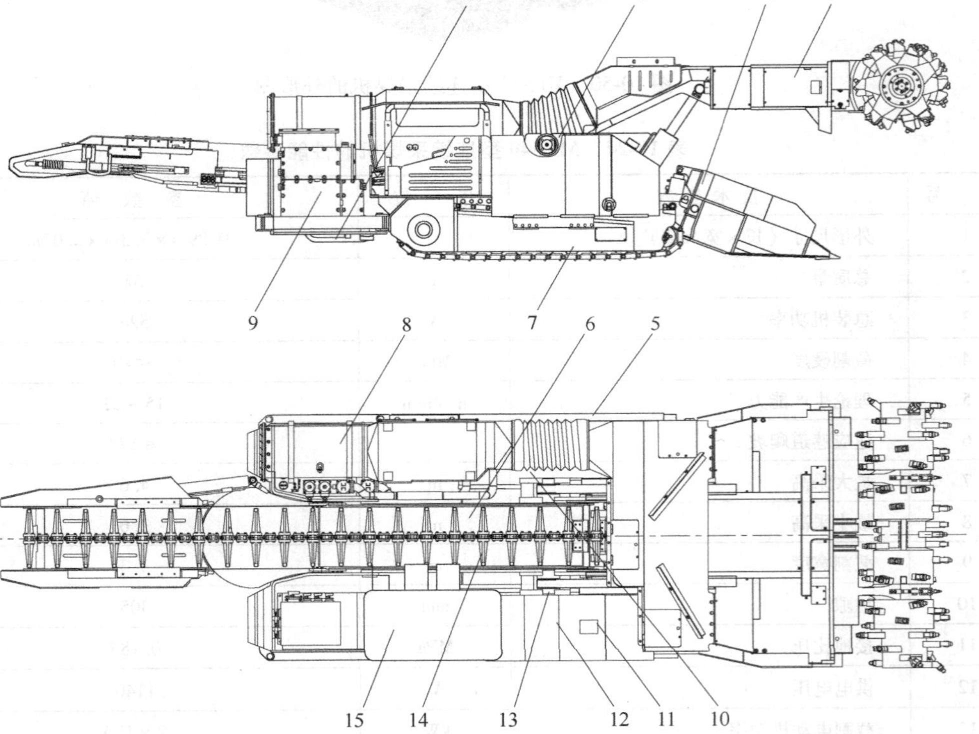

图 10-51　ML340 型连续采煤机结构图

1—截割部　2—铲板部　3—本体部　4—后支承部　5—左行走部　6—刮板输送机　7—右行走部　8—除尘系统　9—电控箱系统　10—液压系统　11—电气系统　12—水系统　13—润滑系统　14—刮板链　15—操作台

1. 截割部

截割部由截割滚筒、截割臂、减速机、截割电动机等组成。截割头为圆筒形，截割电动机驱动转矩轴，带动截割滚筒进行回转工作，如图 10-52所示。

（1）截割头为圆筒形，最大外径为 1120mm，长 3300mm，在其圆周上分布着 79 把镐形截齿。截割滚筒引用国外技术，整体外购。设计采用小直径截割头，单刀力大，截齿布置合理，破煤过断层能力强、截割振动小、工作稳定性好。

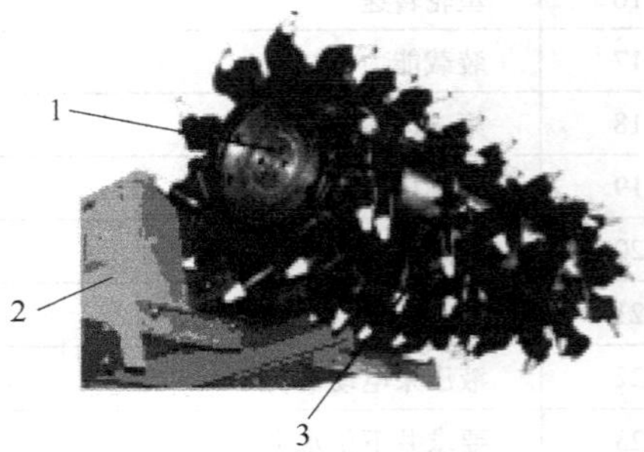

图 10-52　ML340 型连续采煤机的截割部

1—截割减速机　2—截割电动机　3—滚筒

（2）截割减速机采用三级行星齿轮传动，是左、右两减速器焊接组件。

（3）截割电动机为水冷电动机，它与截割减速机通过4个M30的高强度螺栓相连。电动机型号为YBUS170，额定电压1140V，两台，隔爆，转速为1470r/min，输出转矩为1104×2N·m，冲击系数为1.75。

2. 铲板部

铲板部是连续采煤机的装料机构。如图10-53所示，它由铲板、星轮、减速机、电动机、液压缸、转矩轴、输送机链轮轴等组成。星轮装载机构采用电动机驱动减速器，提高了装载机构的可靠性。对铲板的外形结构及性能相对于纵轴掘进机进行了改进，使其更加适应巷道采掘的工作要求。铲板由钢板组焊而成，呈一定角度倾斜铰接于机器的前端，构件呈U形，两侧上表面装有装载装置，是铲装物料的基本构件。

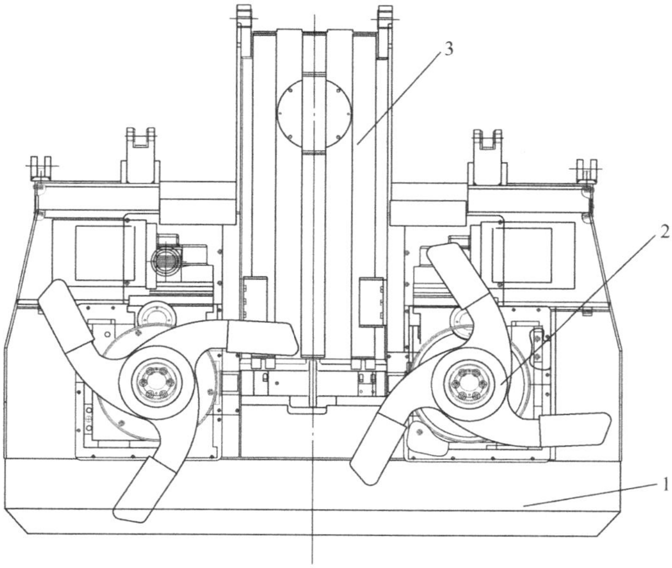

图10-53 ML340型连续采煤机的铲板部
1—铲板 2—星轮 3—刮板输送机

1）本机的装载装置为拨盘式装载装置，它的弧形耙杆呈弯曲状，整体铸钢结构，它与转盘轴圆盘连接。左、右拨盘互相对称，安装时应按各自的转向选装，旋转方向相反，左拨盘顺时针旋转，右拨盘逆时针旋转，同时向刮板机槽中装载物料。

2）铲板宽度为3.15m，铲板在液压缸的作用下可向上抬起450mm，向下卧底178mm。

3）电动机的功率为37kW，电压为1140V，转速为1470r/min。减速器的减速比为36.578，输出转速为40r/min。

3. 本体部

本体部位于机体的中央，是各部、各系统的聚集地，是整个设备的核心。其上布置有各液压缸的铰接点，以及连接截割部、铲装板、刮板输送机、后支撑的铰接点，同时，左、右行走部分别用螺栓连接在本体两侧。本体部全部采用高强度钢板焊接而成，以提高整机的强度及刚性。

4. 行走部

行走部由左右对称的两条履带部件构成，如图10-54所示。它由液压马达、减速器、驱动链轮、履带链板、履带架、履带张紧装置、支重轮等组成，通过马达带动减速机构实现整机的行走。马达为进口件，性能好，故障率低，互换性强。涨紧液压缸放置在履带架侧面，维护方便。履带板采用优质合金铸钢材料制成，以保证其运行的可靠性。

5. 刮板输送机

刮板链运行于倾斜设置的输送机机槽内，位于机身的中间，是连续采煤机的运料装置。它采用中间链刮板运输形式，其驱动由铲板装置的动力系统输出，左、右减速器的输出端把动力传输给花键轴，花键轴与链轮组件通过花键传输动力，把截割滚筒割落的物料通过星轮的耙装，由刮板输送机运到连续采煤机机后的梭车或矿车。刮板链采用套筒滚子链，为防止跳链发生，采用液压缸与凸轮机构张紧技术进行张紧。为了清理回程盖板，有一块刮板链需要反装。

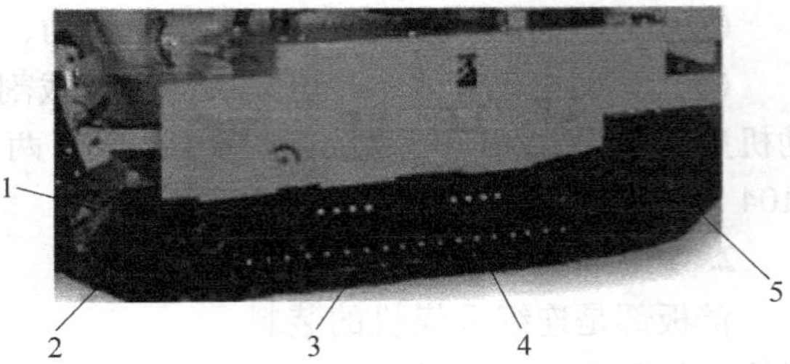

图 10-54 ML340 型连续采煤机的行走部
1—履带板 2—张紧链轮 3—履带架
4—支重轮 5—驱动链轮

6. 后支承

后支撑用来减少截割时机体的振动，以及防止机体向后滑动。后支承液压缸采用大直径液压缸，以保证整机的稳定性和可靠性。

7. 除尘系统

除尘系统由吸尘风筒、喷雾杆、过滤网、除雾器、泥浆泵和风机及风扇等组成，如图 10-55所示。它采用德国 CFT 湿式除尘系统，与除尘风箱采用软连接，使风量损失降低为零，增加了除尘效果。

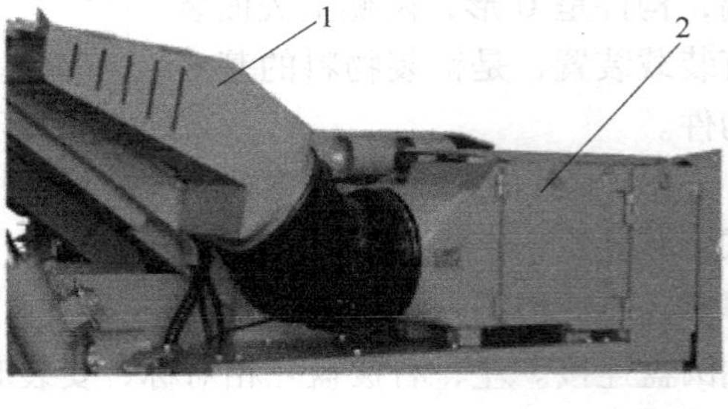

图 10-55 ML340 型连续采煤机的除尘系统
1—除尘风箱 2—机载湿式除尘系统

8. 电气系统

电气系统主要由电控箱、操作箱及其他控制元件组成。电气系统采用 EPEC 控制，电源电路、主电路采用模块化设计，故障自诊断采用液晶显示，并配备采高自动显示装置。

9. 液压系统

液压系统包括液压油箱、主泵、多路阀、电液压先导操纵台、液压马达、液压缸、高压过滤器、回油过滤器、冷却器及管件、密封件、压力表等。液压系统的功能如下：

1）由液压缸完成的功能有截割头升降、铲装板升降、运输机升降、运输机摆动、稳定靴升降。

2）由液压缸马达驱动的有履带行走、煤浆泵。

3）主阀的控制方式有两种，分别为电液控制和手动操纵杆操作，操作者可通过遥控器或操纵手柄操作主阀，进而控制各个动作。

液压泵是由 110kW 电动机驱动的，将液压油按比例多路分别送到各个执行元件。本机共有 8 个液压缸，其中，截割头升降缸、运输机升降缸、稳定靴升降缸和运输机摆动均设有安全型平衡阀。

10. 水系统

水系统采用负压诱导式气水混合喷雾降尘原理。高压水经过球阀、减压阀通过电动机及冷却器后进入喷雾单元，压缩空气与水在这里充分混合，并将水从喷嘴喷出。此喷雾系统的压力大，雾化效果明显，改善了喷嘴在截割煤过程中易堵塞的重大难题，极大地改善了工人井下的作业环境。

水系统的来水压力为 1.5 ~7MPa，减压阀的调定压力为 3MPa；水流量≥60L/min，流量开关的设定值为 35L/min，当流量低于 35L/min 时，系统将发出报警信号。

三、连续采煤机在掘进工作面的设备布置

连续采煤机在掘进工作面的设备布置如图 10-56 所示。以连续采煤机与梭车配套，在工作面完成切槽与采垛两道工序，如图 10-57 所示。

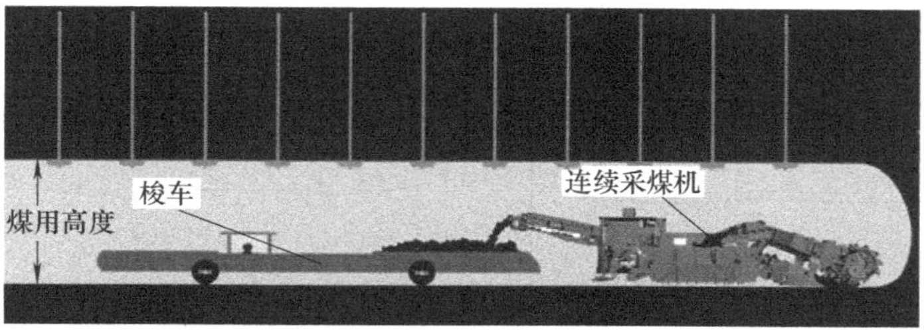

图 10-56 连续采煤机在掘进工作面的设备布置图

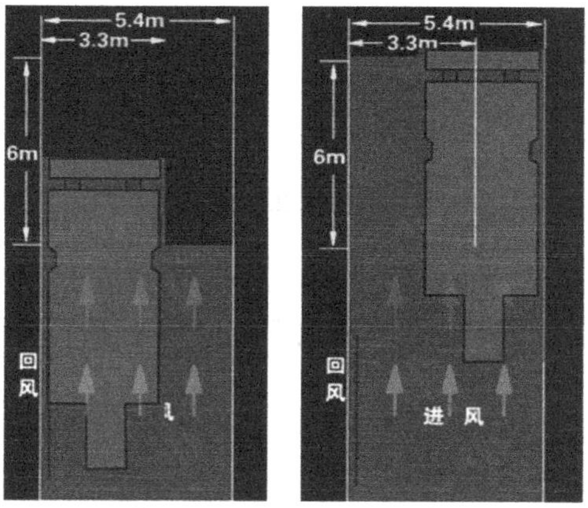

a) b)

图 10-57 连续采煤机与梭轴配套

a）切槽工序 b）采垛工序

【任务实施】

一、ML340 型连续采煤机的掘进作业

1. 操作顺序

起动液压泵电动机→起动截割电动机→起动行走马达→起动风机马达→截割臂升降液压缸动作→开始作业→起动铲板电动机。

注意：当运矿车或梭车未到达工作位置时，不允许开动铲板电动机。

2. 截割

ML340型连续采煤机的作业方式是循环作业，截割臂只能上下运动。由于截割的煤量很大，操作应机动灵活，所以修整和重复作业是不可避免的。截割工艺如下：

1）铲板处于停放或飘浮的位置，截割臂处于半举升状态，向前移动机器至工作面与端头煤壁接触，再举起截割臂至需要的高度，打开喷雾水阀，再开动截割机构电动机，并开动湿式除尘器风扇电动机，如图10-58a所示。

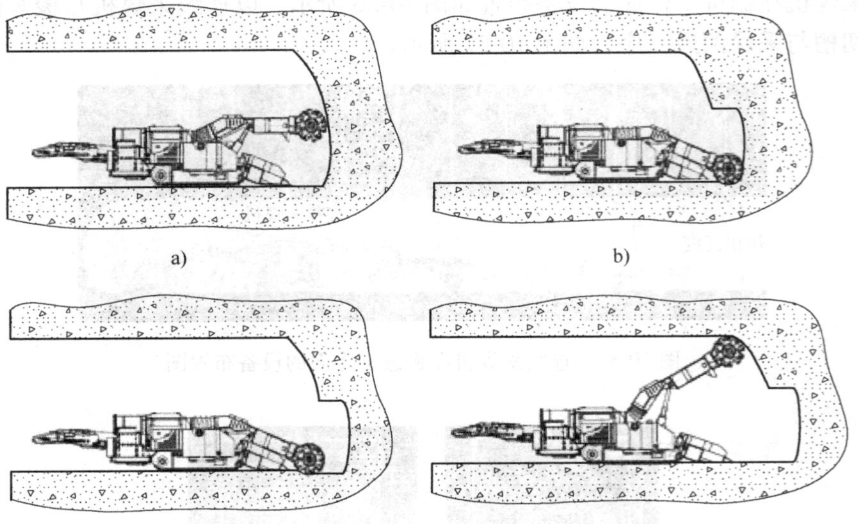

a) b) c) d)

图10-58 连续采煤机在工作面的截割工艺图

2）降下后支承，增加机器的稳定性，随后开动机器向工作面前端掏槽（392～588mm），然后操纵多路换向阀控制手柄使截割滚筒向下截割整个工作面的高度，如图10-58b所示。

3）提起后支承，使截割滚筒沿底板截割，机器后退约490mm，用以修整凸起、平整底板，如图10-58c所示。

4）升起截割臂至顶部，沿顶板截割，机器前进修整顶板，至切入煤壁槽深（392～588mm），再向下至工作面高度的一半，如图10-58d所示。截割遇到矸石层时，应缓慢渐进。

3. 喷雾

在掘进时如何控制粉尘是非常重要的。截割头外喷雾控制阀位于司机的左侧、操纵台与电控箱之间，开始掘进时应开此阀，使截割头处喷雾。

二、操作注意事项

1. 起动前的注意事项

1）非连续采煤机操作者，不得操作连续采煤机。

2）操作者在开车前必须检查确认周围确实安全。

3）必须检查确认顶板的支护可靠。

4）每天工作前应认真检查机器状况。

2. 操作中的注意事项

1）发现异常应停机检查，处理好后再开机。

2）不允许超负荷操作。

3）在软底板上操作时，应在履带下垫木板（间距为1～1.5m），以加强行走能力。

4）操作液压手柄时要缓慢，要经过中间位置。例如，机器由前进改为后退时，先要经过中间的停止位置，然后改为后退。操作其他手柄时也是如此。

5）起动或停止电动机时，要完全避免缓慢微动。

6）充分注意不要使连续采煤机压断电源线。

7）确认安全后再起动截割滚筒。

8）装载时一定要注意铲板高度的调整，行走时铲板一定要抬起。

9）大块煤岩可能会卡在本体龙门口处，造成第一运输机停止，因此，大块煤岩装载前必须击碎成小块。

10）机器行走时不允许采煤，这样会加大截割采煤载荷，从而造成截割减速机损坏。

11）采煤时，特别是切割矸石层时，会产生较大的振动，造成截齿超前磨损或影响切割效率，要使铲板及后支承接地良好，加强稳定性，减少振动。

12）设备停止工作时，截割滚筒回落，铲板落地。

三、评分标准（表10-25）

表10-25　连续采煤机操作评分标准

考核内容	考核项目	分值	检测标准	得分
素质考评	出勤、态度、纪律、认真程度	6	教师掌握	
连续采煤机的组成	1. 组成部分 2. 各部分的位置	20	每项10分	
连续采煤机的掘进作业	1. 操作顺序 2. 截割 3. 喷雾	24	每项8分	
连续采煤机与配套设备的协调工作	1. 连续采煤机与梭车的配合 2. 连续采煤机在工作面的采煤工序	20	每项10分	
操作注意事项	1. 起动前的注意事项 2. 操作中的注意事项	20	每项10分	
安全文明操作	1. 遵守安全规程 2. 清理现场卫生	10	1. 不遵守安全规程扣5分 2. 不清理现场卫生扣5分	
总计				

【思考与练习】

1. 简述EBZ200A型掘进机的组成及各部分的作用。
2. 简述EBZ200A型掘进机的基本工作原理。

3. 横轴式和纵轴式掘进机各有什么特点？

4. 描述掘进工作面设备的布置，叙述整个工作流程。

5. 操作 EBZ200A 型掘进机前要进行哪些检查？

6. EBZ200A 型掘进机的基本动作有哪些？

7. 简述截割机构的组成及各部分的位置关系。

8. 简述 EBZ200A 型掘进机截割机构的工作原理。

9. 简述 EBZ200A 型掘进机截割机构的操作注意事项。

10. 简述 EBZ200A 型掘进机截割机构的润滑注油位置、注油种类、注油时间及注意事项。

11. 简述截割机构的完好标准及检修质量标准。

12. 简述 EBZ200A 型掘进机截割机构的常见故障及其处理方法。

13. 简述装载机构的组成及各部分的位置关系。

14. 简述 EBZ200A 型掘进机装载机构的工作原理。

15. 简述 EBZ200A 型掘进机装载机构的润滑注油位置、注油种类、注油时间及注意事项。

16. 简述 EBZ200A 型掘进机装载机构的常见故障及其处理方法。

17. 简述运输机构的组成及各部分的位置关系。

18. 简述 EBZ200A 型掘进机运输机构的工作原理。

19. 如何调整中间输送机的松紧程度？

20. 简述 EBZ200A 型掘进机运输机构的润滑注油位置、注油种类、注油时间及注意事项。

21. 简述运输机构的完好标准及检修质量标准。

22. 简述行走机构的组成及各部分的位置关系。

23. 简述后支撑机构的作用、组成及各部分的位置关系。

24. 简述 EBZ200A 型掘进机运输机构的操作方法。

25. 简述 EBZ200A 型掘进机运输机构的润滑注油位置、注油种类、注油时间及注意事项。

26. 简述运输机构的完好标准及检修质量标准。

27. 简述 EBZ200A 型掘进机运输机构的常见故障及其处理方法。

28. 对照液压系统图对液压系统进行分析。

29. 对照喷雾系统图对掘进机的内、外喷雾系统进行分析。

30. 简述液压、喷雾系统的使用维护要求。

31. 简述 ML340 型连续采煤机的工作原理。

第十一单元

凿岩机械

【学习目标】

本单元由凿岩机和凿岩台车两个课题组成。通过本单元的学习，学生应明确凿岩机和凿岩台车在煤矿生产中的作用，掌握凿岩机和凿岩台车的结构组成和工作过程，了解凿岩机和凿岩台车的操作要领和操作方法。

课题一 凿 岩 机

【任务描述】

目前，煤矿巷道掘进工艺有钻（眼）爆（破）法和掘进机法两种。钻爆法首先在工作面钻凿有规律的炮眼，在炮眼内装上炸药进行爆破，然后用装载机械把爆破下来的煤、岩石装入矿车运出工作面。掘进机法没有钻眼爆破工序，它直接利用掘进机上的刀具破落工作面上的煤、岩石，形成所需断面形状的巷道，同时将破落下来的煤、岩石装入矿车或运输机运走，实现落、装、运一体化。

本课题要求学生掌握我国煤矿常用凿岩机的类型、结构和工作原理。

【知识学习】

一、凿岩机的类型

冲击式钻眼法使用的是凿岩机，凿岩机适宜在中等坚硬和坚硬的岩石上钻凿炮眼。它除了可用于煤矿的巷道掘进外，也是金属矿、铁路、公路、建筑、水利工程中的重要凿岩工具。

凿岩机按动力分为气动式（也称风钻）、电动式、内燃式和液压式，如图 11-1 所示；按支撑和推进方式分为手持式、气腿式、伸缩式和导轨式；按冲击频率分为低频、中频和高频三种，冲击频率在2000 次/min 以下的为低频，2000 ~2500 次/min 的为中频，高于2500 次/min 的为高频。

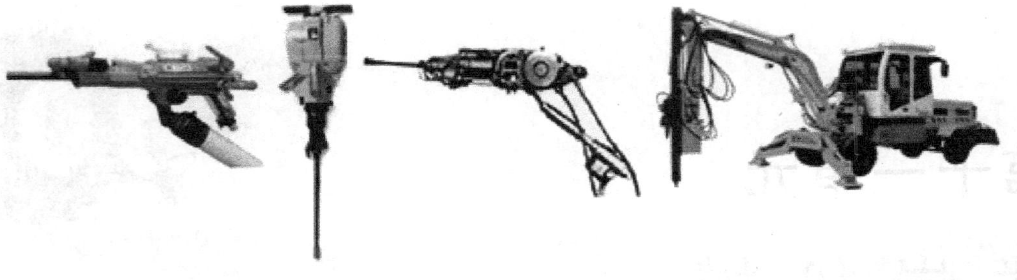

a) b) c) d)

图 11-1 典型凿岩机

a）气动式凿岩机 b）电动式凿岩机 c）内燃式凿岩机 d）液压式凿岩机

二、凿岩机的工作原理和钎子

1. 凿岩机的工作原理

凿岩机按冲击破碎原理进行工作，它主要由冲击机构、转钎机构、除粉机构和钎子等组成，其在工作时需要完成两个基本动作，即击钎和转钎。

如图 11-2 所示，凿岩机工作时，作高频往复运动的活塞 a（冲击锤）不断冲击钎子 2 的尾端，在冲击力的作用下，每冲击一次，钎子的钎刃将岩石压碎并凿入一定深度，形成一道凹痕Ⅰ-Ⅰ。活塞带动钎子返回时，在转钎机构的作用下，钎子回转一定的角度 β_1，然后再次冲击钎尾，又使钎刃在岩石上形成第二道凹痕Ⅱ-Ⅱ。两道凹痕之间形成的扇形岩块被钎刃上所产生的水平分力剪碎。活塞不断冲击钎尾，并从钎子的中心孔连续输送压缩空气或压力水把岩粉排除，就可形成一定深度的圆形炮眼。

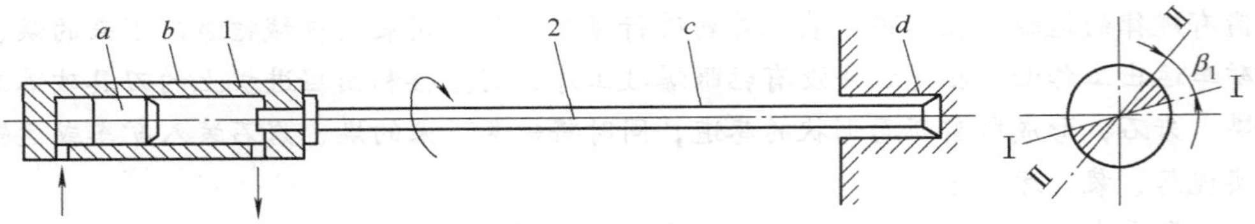

图 11-2 凿岩机的工作原理

a—活塞（冲击锤） b—缸体 c—钎杆 d—钎头 1—凿岩机 2—钎子

2. 钎子

钎子是凿岩机破碎岩石和形成岩孔的刀具，由钎头、钎杆、钎肩和钎尾组成。目前普遍使用活头钎子如图 11-3 所示，这类钎子的钎头磨损后，更换钎头即可继续使用。

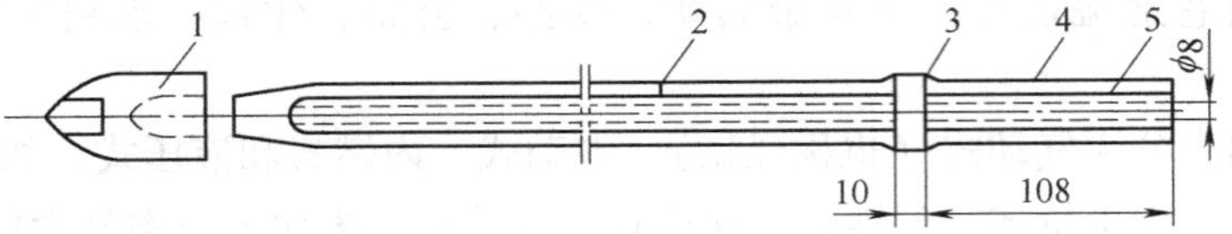

图 11-3 活头钎子

1—钎头 2—钎杆 3—钎肩 4—钎尾 5—水孔

(1) 钎头 钎头按刃口形状不同，分为一字形、十字形、X形、Y形和球形等，如图11-4所示。现场最常用的是镶嵌硬质合金片的一字形钎头和十字形钎头，在致密的岩石中钻眼一般使用一字形钎头，在多裂缝的岩石中钻眼多使用十字形钎头。钎头直接破碎岩石，因此要求它锋利、耐磨、排粉顺利、制造和修磨简便、成本低。

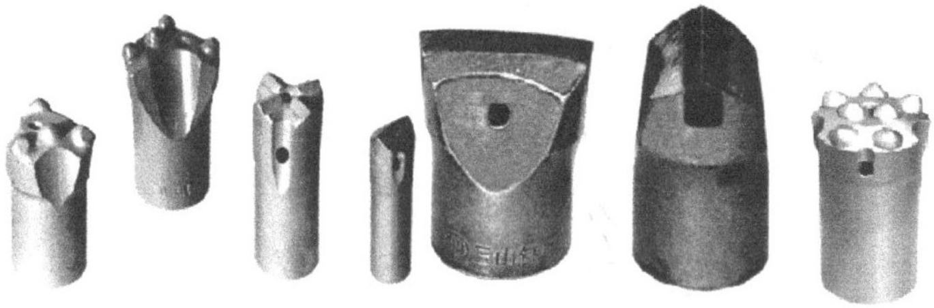

图11-4 钎头的形状

钎头通常使用的硬质合金牌号为YG-8C、YG-10C、YG-11C、YG-15X。Y表示硬质合金，G表示钴。后面的数字为合金中含钴的百分数，C表示粗晶粒合金。

(2) 钎杆 钎杆是传递冲击和转矩的部分，要求其具有较高的强度，常用硅锰钢和硅锰钼钢制成。钎杆断面呈有中心孔的六角形，钎杆中心孔通水或通压气以清理打眼内的岩粉。

(3) 钎尾 钎尾直接承受凿岩机活塞的频繁冲击和扭转，要求既有足够的表面硬度，又有良好的韧性，应进行热处理。制造钎尾的钢材称为钎钢，我国使用的是中空8铬(ZK8Cr)、中空55硅锰钼（ZK55SiMnMo）、中空35硅锰钼钒（ZK35SiMnMoV）和中空40锰钼钒（ZK40MnMoV）等，它们具有强度高、抗疲劳性能好、耐蚀等优点。

钎尾的长度比凿岩机内转动套的长度稍长，以便活塞始终冲击钎尾，这个尺寸一般在凿岩机技术性能中注明，以便配用所需钎尾。

(4) 钎肩 钎肩用来限制钎尾插入机体的长度，并使钎卡能卡住钎杆而不致从钎尾套中脱落。

三、典型凿岩机

1. YT23（7655）型气腿式凿岩机

气动凿岩机结构简单、工作可靠、使用安全，广泛用于煤矿岩巷掘进。气动凿岩机的类型很多，但主机构造和动作原理大致相同，都设有操纵机构、冲击配气机构、转钎机构、吹洗机构和润滑机构等。

下面以YT23（7655）型气腿式凿岩机为例介绍气动凿岩机的结构和工作原理。

YT23型气腿式凿岩机的外形如图11-5所示，主机由柄体、气缸和机头组成，利用两根螺栓固装在一起。气腿支撑着凿岩机并给以推动力，钎子的尾部装入凿岩机的机头钎尾套内，注油器连接在风管上，使润滑油混合在压缩空气中呈雾状而带入凿岩机内润滑各运动部，压力水经水管供至钎子中心孔冲洗炮眼内的粉尘。

(1) 冲击配气机构 YT23型气腿式凿岩机的冲击配气机构由气缸、活塞和配气系统组成。借助配气系统可以自动变换压气进入气缸的方向，使活塞完成往复运动，即冲程和回程。当活塞作冲程运动时，活塞冲击钎尾，将冲击功经钎杆、钎头传递给岩石，完成冲击做

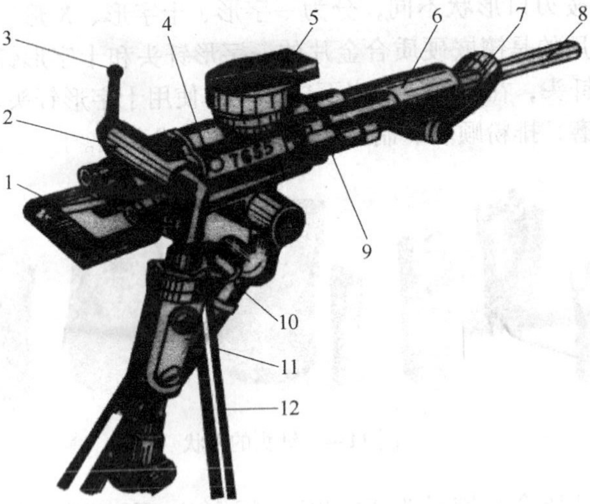

图 11-5　YT23（7655）型气腿式凿岩机的外形

1—手柄　2—柄体　3—操纵阀手柄　4—气缸　5—消音罩　6—机头　7—钎卡　8—钎杆　9—连接螺栓　10—气腿　11—自动注油器　12—水管

功过程。

配气机构的作用是将由操纵阀输入的压气依次输送到气缸的后腔和前腔，推动活塞作往复运动，以获得活塞对钎尾的连续冲击动作。常用配气机构有被动阀配气机构、控制阀配气机构和无阀配气机构。被动阀配气机构依靠活塞的往复运动压缩前、后腔气体，形成高压气垫推动配气阀变换位置。配气阀有球阀、环状阀和蝶状阀，球阀已很少使用，环状阀和蝶状阀配气机构的动作原理基本相似，如图 11-6 所示。

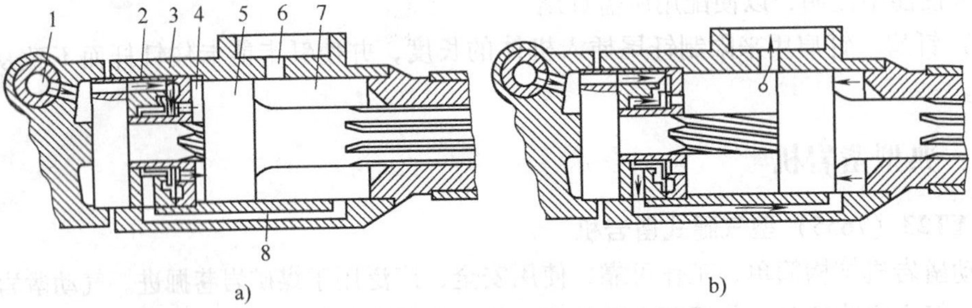

图 11-6　环状阀配气机构

a）冲击行程　b）返回行程

1—压气入口　2—气道　3—配气阀　4—气缸后腔　5—活塞　6—排气口　7—气缸前腔　8—气路通道

冲击行程：压缩空气进入气缸后腔推动活塞，当活塞前进到关闭排气孔 6 时，气缸前腔成为密封腔，压力随活塞前移而上升；压力通过气孔作用于配气阀后腔，当压力超过压缩空气压力时配气阀换位。

返回行程：压缩空气进入前腔，活塞返回，待活塞关闭排气口后，后腔压力上升，推动配气阀的不断换位使活塞作往复运动，冲击钎尾。

钎机构　使气动凿岩机钎杆回转的机构称为转钎机构，分为内回转和外回转

（独立回转）两种类型。YT23 型气腿式凿岩机采用内回转转钎机构，它由棘轮、棘爪、螺旋棒、活塞、转钎套和钎尾套等组成，如图 11-7 所示。活塞 4 作往复运动，通过螺旋棒 3 和棘轮机构使钎杆每被冲击一次转动一定角度。棘轮机构具有单向间歇转动特性，冲程时棘爪处于顺齿位置，螺旋棒转动，活塞沿直线向前冲击；回程时棘爪处于逆齿位置，阻止螺旋棒转动，迫使活塞转动，带动转钎套和钎杆转动。内回转机构多用于轻型手持式或支腿式气动凿岩机。

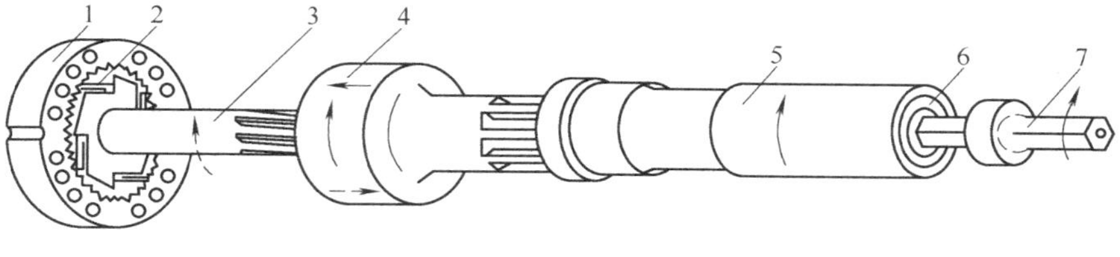

图 11-7　转钎机构

1—棘轮　2—棘爪　3—螺旋棒　4—活塞　5—转钎套　6—钎尾套　7—钎杆

- - - - -➤冲程时各零件的动作方向　——➤回程时各零件的动作方向

（3）吹洗机构　吹洗机构是用水冲洗排除孔内岩屑的机构，如图 11-8 所示。凿岩机驱动后，压力水经水针进入钎杆中心孔直通炮眼底，同时少量气体从螺旋棒或花键槽经钎杆渗入炮眼底部，与冲洗水一起排除孔底岩屑。

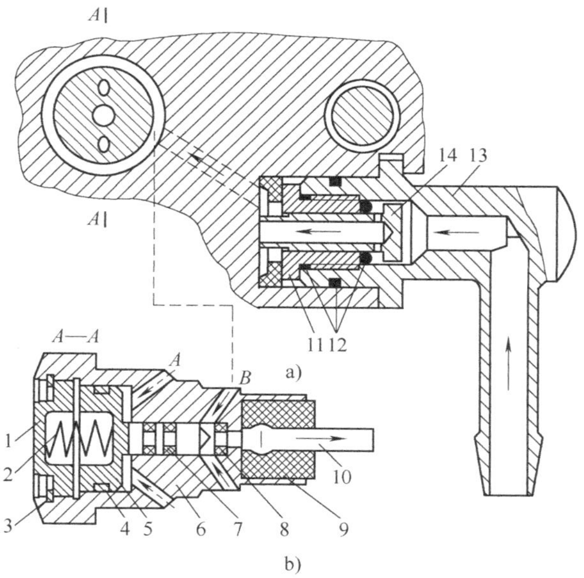

图 11-8　气水联动冲洗机构

a）进水阀　b）气水联动注水阀

1—簧盖　2—弹簧　3—卡环　4、7、12—密封圈　5—注水阀芯　6—注水阀体　8—胶垫　9—水针垫　10—水针　11—进水阀　13—水管接头　14—进水阀芯

凿深孔和向下凿孔时，孔底岩屑不易排出，可扳动操纵手柄到强吹位置，使凿岩机停止冲击，停止注水。此时压缩空气按强吹气路从操纵阀孔进入，经气缸气道、机头气路、钎杆

中心孔渗入孔底，实现强吹，把岩屑、泥水排除，如图 11-9 所示。

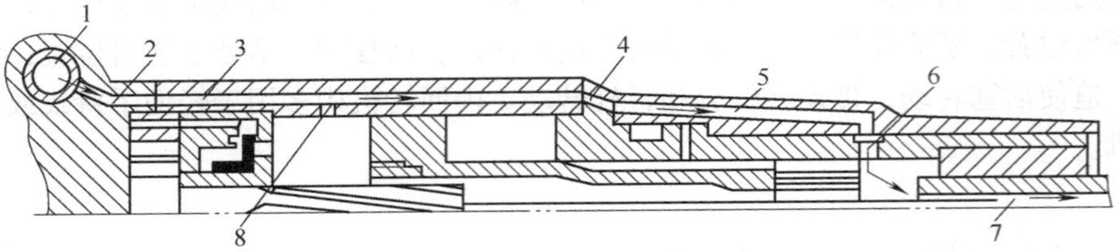

图 11-9　YT23 型凿岩机强吹气路

1—操纵阀孔　2—柄体气孔　3—气缸气道　4—导向套孔　5—机头气路　6—转钎套气孔　7—钎杆中心孔　8—强吹时的平衡活塞气孔

(4) 润滑机构　润滑机构是向凿岩机各运动件注润滑油，以保证凿岩作业正常进行的机构。在进气管上安装一台自动注油器，实现自动注油，油量大小用调节螺钉调节，如图 11-10 所示。压缩空气进入注油器后，对润滑油施加压力，在高速气流的作用下，润滑油形成雾状，在含润滑油的压缩空气驱动凿岩机的同时，各运动件相应被润滑。凿岩机每分钟冲击 2000 次以上，若不注意润滑将很快发热磨损，为使凿岩机正常工作，延长机件寿命，凿岩机必须有良好的润滑系统。现代凿岩机均采用独立的自动注油器实现润滑。

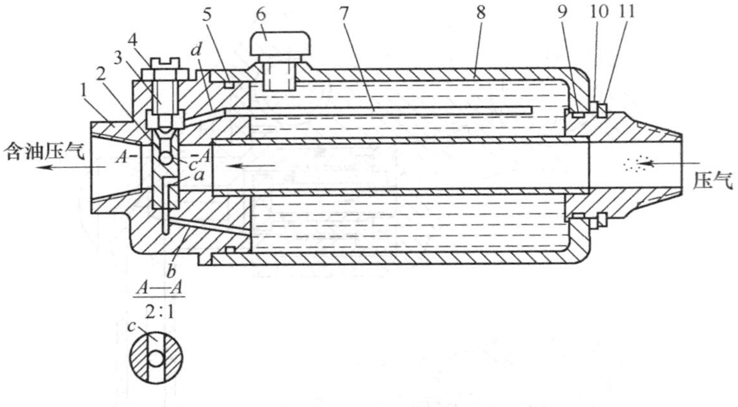

图 11-10　FY200A 型自动注油器

1—管接头　2—油阀　3—调油阀　4—螺母　5、9—密封圈　6—油堵　7—油管　8—壳体　10—挡圈　11—弹性挡圈

(5) 气腿　YT23 型凿岩机采用 FT160 型气腿，该型气腿的最大轴推力为 1600N，最大推进长度为 1362mm。FT160 型气腿的基本构造和动作原理如图 11-11 所示。这种气腿有三层套管，即外管 10、伸缩管 8 及气管 7。外管的上部与架体 2 用螺纹连接，下部安有下管座 11。伸缩管的上部装有塑料碗 5、垫套 6 和压垫 4，下部安有顶叉 14 和顶尖 15。气管安设在架体 2 上。气腿工作时，伸缩管沿导向套 12 伸缩，并用防尘套 13 密封。

FT160 气腿用连接轴 1 与凿岩机铰接在一起。连接轴上开有气孔 *A*、*B* 与凿岩机的操纵机构相通。从凿岩机操纵机构来的压气从连接轴气孔 *A* 进入，经架体 2 上的气道到达气腿上腔，迫使气腿作伸出运动。此时，气腿下腔的废气按虚线箭头所示路线，经伸缩管上的孔

C、气管7和架体2的气道，由连接轴气孔B至操纵机构的排气孔排入大气。改变操纵机构换向阀的位置时，气腿作缩回运动，其进、排气路线与气腿作伸出运动时正好相反。

2. 液压凿岩机

(1) 液压凿岩机概述 液压凿岩机是以循环高压油为动力，驱动钎杆、钎头，以冲击回转方式在岩体中凿孔的机械。它一般安装在凿岩台车的钻臂上，可钻凿任何方位的炮眼，打眼直径通常为$\phi30 \sim \phi65$mm，适用于以钻眼爆破法掘进的矿山井巷、硐室和隧道的打眼作业。

液压凿岩机的优点是能量利用率高，可达30%~40%，而风动凿岩机一般为10%；机械性能好，凿岩速度快（冲击频率每分钟可达上万次，而风动凿岩机约为3000次/min）；消除了风动凿岩机的排气噪声和油雾，改善了作业条件；运动件在油液中工作，润滑条件好，零件寿命长。液压凿岩机的缺点是投资大，单位功率的质量较大，技术要求和维护费用较高。

(2) YYG80型液压凿岩机的结构与工作原理 YYG80型液压凿岩机的冲击机构属于前、后腔交替进、回油式，采用滑阀配油，其结构如图11-12所示。冲击机构由缸体4、活塞5和滑阀12等组成。缸体做成一个整体，滑阀与活塞的轴线互相平行，在缸孔中，前后各有一个铜套3、6支承活塞运动，并导入液压油。滑阀的作用是自动改变油液流入活塞前、后腔的方向，使活塞作往复运动，打击冲击杆8的尾部，从而将冲击能量传给钎子。

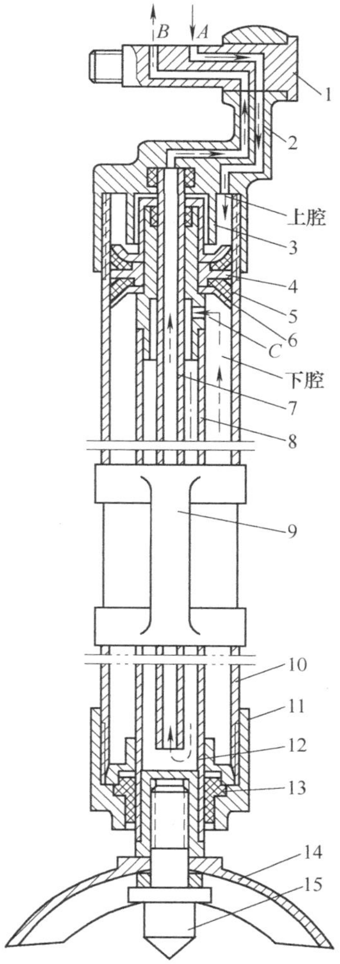

图11-11 FT160型气腿

1—连接轴 2—架体 3—螺母 4—压垫 5—塑料碗 6—垫套 7—气管 8—伸缩管 9—提把 10—外管 11—下管座 12—导向套 13—防尘套 14—顶叉 15—顶尖

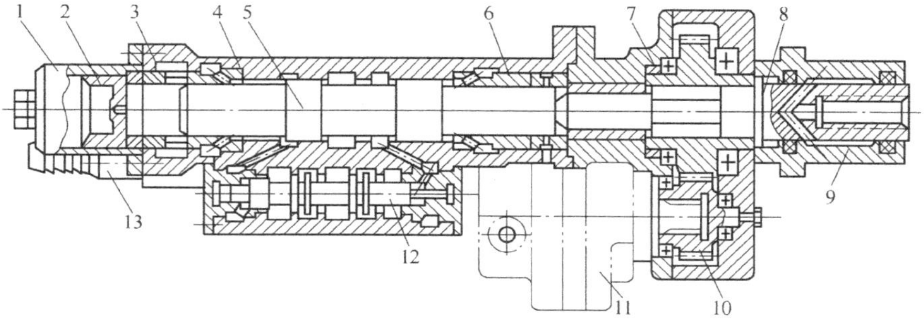

图11-12 YYG80型液压凿岩机的结构

1—回程蓄能器壳体 2—活塞 3、6—铜套 4—缸体 5—活塞 7、10—齿轮 8—冲击杆 9—水套 11—液压马达 12—滑阀 13—进油管

YYG80 型液压凿岩机的转钎机构由液压马达 11、减速齿轮 7 和 10 及冲击杆 8 等组成。齿轮 7 中压装有花键套，与冲击杆 8 上的花键相配合，钎尾插入冲击杆前端的六方孔内。因此，当液压马达带动齿轮 7 转动时，冲击杆和钎子都将一起转动。在液压马达的液压回路中装有节流阀，可以调节液压马达的转速。排粉机构采用旁侧进水方式，压力水经过水套 9 进入钎子中心孔内。

YYG80 型液压凿岩机冲击配油机构的工作原理如图 11-13 所示。

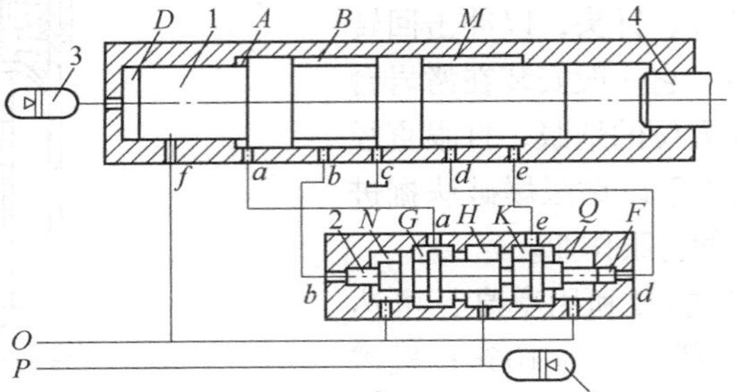

a)

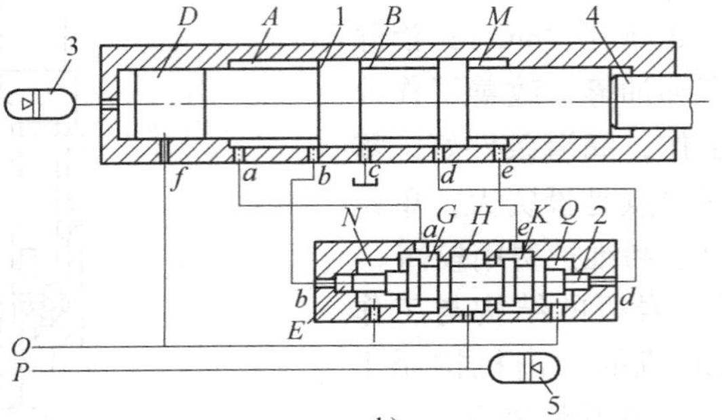

b)

图 11-13　YYG80 型液压凿岩机冲击配油机构的工作原理

1—活塞　2—滑阀　3—回程蓄能器　4—钎尾　5—主油路蓄能器

图 11-13a 所示为活塞冲程开始时的情况。活塞与滑阀阀芯均处于左端位置，液压油经进油管 *P* 进入滑阀 *H* 腔后，经 *a* 孔进入活塞左端 *A* 腔，使活塞向有（前）运动，活塞右端 *M* 腔内的油液经孔 *e*、滑阀 *K* 腔、*Q* 腔流入回油管 *O* 回油箱。此时，两端 *E* 腔、*F* 腔均通油箱，阀芯保持不动。当活塞运动到一定位置时，*A* 腔与 *b* 口接通，部分高压油经 *b* 孔至阀芯左端 *E* 腔，而阀芯右端 *F* 腔中的液压油经孔 *d*、缸体 *B* 腔和 *c* 孔回油箱。在压力差的作用下，阀芯右移，同时活塞冲击钎尾，完成冲击行程，开始返回行程。

图 11-13b 所示为活塞返回行程开始时的情况。此时液压油经滑阀 *H* 腔、*e* 孔进入活塞右端 *M* 腔，活塞左端 *A* 腔中的液压油经 *a* 孔、滑阀 *N* 腔回油箱，活塞被推动左移。当活塞移动到打开 *d* 孔时，*M* 腔中的部分液压油经孔 *d* 作用在阀芯右端，推动阀芯左移，油流换向，回程结束并开始下一个循环的冲程。在活塞左移的过程中，当活塞左端关闭 *f* 孔后，*D* 腔内的油液被压缩，使回程蓄能器 3 储存能量，同时还可对活塞起缓冲作用。当冲程开始时，该蓄能器就释放能量，以加快活塞向前运动的速度，提高冲击力。

YYG80 型液压凿岩机上还装有一个主油路蓄能器 5，其作用是积蓄和补偿液流，减少液压泵供油量，从而提高效率，并减少液压冲击。

YYG80 型液压凿岩机的冲击机构采用独立的液压系统，由一台齿轮泵供油，而转钎机构则与配套的液压钻车的液压系统合并使用。

课题二 凿岩台车

【任务描述】

凿岩台车是用于煤矿平巷掘进的一种机械化凿岩设备，它将数台中、重型高频冲击式凿岩机连同推进装置一起安装在钻臂导轨上，配以行走机构，与装载、转载和运输设备配套使用，实现机械化作业，提高了凿岩速度，减轻了工人的劳动强度，提高了劳动生产率。

本课题要求学生掌握我国煤矿常用凿岩台车的类型、结构、工作原理和操作方法。

【知识学习】

一、凿岩台车概述

1. 凿岩台车的工作原理

凿岩台车主要由凿岩机、钻臂（包括推进器）、行走机构、控制系统、操作台和动力源（泵站）等组成，如图 11-14 所示，凿岩机普遍采用导轨式液压凿岩机。为完成平巷掘进，凿岩台车应实现下列运动：① 行走运动，以便台车进入和退出工作面；② 推进器变位和钻臂变幅运动，以实现在断面任意位置和任意角度钻眼；③ 推进运动，以使凿岩机沿打眼轴线前进和后退。

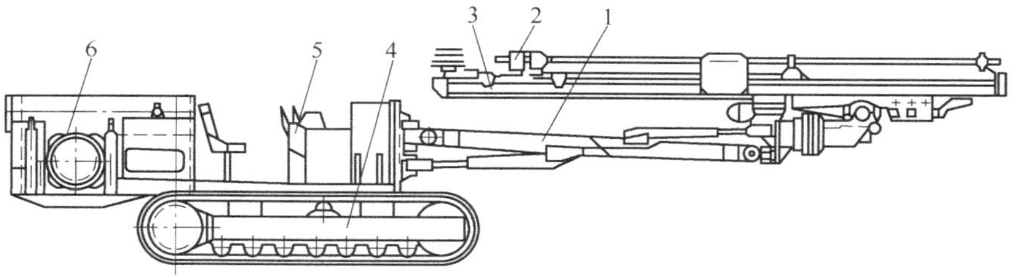

图 11-14 凿岩台车

1—钻臂 2—凿岩机 3—推进器 4—行走机构 5—操作台 6—动力源

(1) 推进运动 凿岩机的推进运动由推进器完成。推进器用来使凿岩机移近或退出工作面，并提供凿岩时所需的轴向推力。根据凿岩工作的需要，推进器产生的轴向推力的大小和推进速度应可调节，以使凿岩机在最佳轴向推力下工作。

(2) 推进器变位 在摆角液压缸的作用下，推进器可实现水平摆动，通过俯仰液压缸可实现推进器的俯仰运动，以钻凿不同方向的炮眼。在补偿液压缸的作用下，推进器作补偿运动，使导轨前端的顶尖始终顶紧在岩壁上，以增加钻臂的工作稳定性，并在钻臂因位置变化引起导轨顶尖脱离岩壁时起补偿距离的作用。

(3) 钻臂变幅 摆臂液压缸使钻臂摆动，钻臂液压缸实现钻臂的升降，液压马达和棘轮组成的钻臂旋转机构可使钻臂绕自身轴线旋转 360°。

控制系统包括液压控制系统、电控系统、气水路控制系统等。控制系统应具有下列功能：凿岩机具、钻臂和行走机构的驱动与控制，支撑与稳定机构、动力源和照明的控制等。其中，凿岩机具的驱动与控制是凿岩台车控制系统的核心，它包括推进回路、防卡钎控制回路、开机轻打回路及自动退钻回路等。

动力源的主要形式是液压泵站，它由原动机、液压泵、油箱、过滤器、冷却器及保护控制元件等组成。原动机带动液压泵把液压油输送到各执行元件，实现各种动作和功能。

2. 主要部件的结构

（1）推进器　推进器按工作原理不同有螺旋式推进器、液压缸式推进器和链式推进器三种。

液压缸式推进器如图 11-15 所示，它主要由导轨、托盘、液压缸、钢丝绳和导绳轮等组成。推进液压缸的两端装有导绳轮，钢丝绳的一端固定在导轨上，另一端绕过导绳轮固定在托盘上，调节装置可控制钢丝绳的张紧程度。活塞杆固定在导轨上，工作时缸体移动，牵引钢丝绳带动凿岩机沿导轨进退。根据动滑轮原理，凿岩机的移动速度和行程分别为液压缸推进速度和行程的 2 倍，而作用在凿岩机上的推力只有液压缸推力的一半。这种推进器的特点是传动简单，质量小，推进行程大；但钢丝绳的拉伸变形大，需调节其张紧程度，寿命也较短，若改为链传动，可延长其使用寿命。

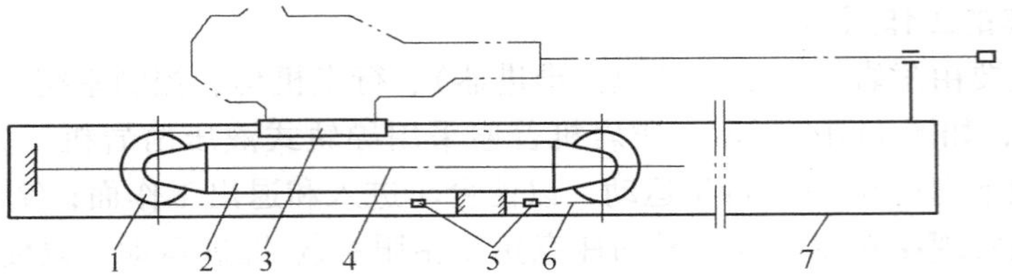

图 11-15　液压缸式推进器的结构

1—导绳轮　2—推进液压缸　3—托盘　4—活塞杆　5—调节装置　6—钢丝绳　7—导轨

（2）钻臂　钻臂是用来支撑和推进凿岩机，并可自由调节方位以适应炮眼位置的机构，它对台车的动作灵活性、可靠性及生产率有很大影响。钻臂按结构特点及运动方式不同，有直角坐标式钻臂和极坐标式钻臂两类。

1）直角坐标式钻臂。如图 11-16 所示，直角坐标式钻臂由臂杆、推进器、自动平行机

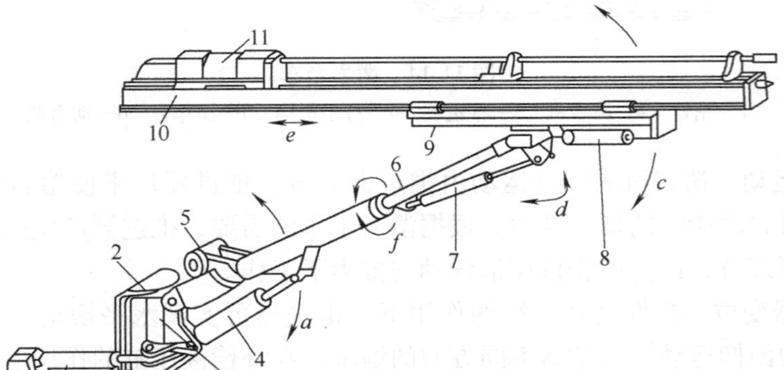

图 11-16　直角坐标式钻臂

a—钻臂起落　*b*—钻臂摆动　*c*—推进器俯仰　*d*—推进器水平摆动　*e*—推进器补偿　*f*—钻臂旋转

1—摆臂液压缸　2—钻臂座　3—转轴　4—钻臂液压缸　5—钻臂旋转机构　6—钻臂　7—俯仰液压缸　8—摆角液压缸　9—托盘　10—推进器　11—凿岩机

构和各个起支撑作用的支撑缸等组成，它利用钻臂液压缸和摆臂液压缸使钻臂按直角坐标位移的运动方式确定孔位。钻臂上装有翻转机构，推进器在翻转机构的推动下可绕臂杆的轴线旋转任意角度。推进器还可通过俯仰液压缸和摆角液压缸灵活调整打眼的角度和位置。直角坐标式钻臂的操作程序多，定位时间长，但其结构简单，适合钻凿各种纵横排列的炮眼。

直角坐标式钻臂的臂杆支撑凿岩机及各构件的重量，并承受凿岩过程中的各种反力，有定长式和可伸缩式两种。

2）极坐标式钻臂。如图 11-17 所示，极坐标式钻臂由臂杆、回转机构、推进器、自动平行机构和各个起支撑作用的支撑缸等组成，它利用钻臂后部的回转机构，可使整个钻臂绕后部轴线旋转 360°。钻臂液压缸调节钻臂夹角，以调节钻臂投射到工作面上的旋转半径。岩孔的位置由旋转半径和钻臂旋转角度来确定。极坐标式钻臂确定孔位的操作程序少，定位时间短，便于钻凿周边孔，但其对操作程序的要求比较严格，司机操作的熟练程度对定位时间的影响较大。

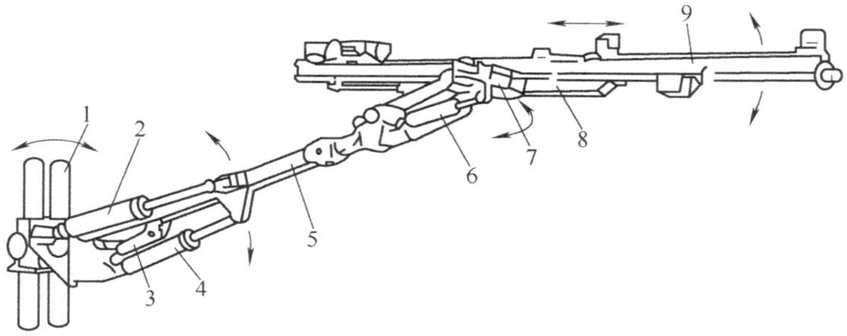

图 11-17　极坐标式钻臂

1—回转机构　2—摆臂液压缸　3—平行液压缸　4—钻臂液压缸　5—臂杆　6—俯仰液压缸　7—摆角液压缸　8—托盘　9—推进器

极坐标式钻臂的臂杆、推进器、自动平行机构等与直角坐标式钻臂的臂杆、推进器、自动平行机构等基本相同。

（3）平行机构　为提高破岩效果，现代凿岩机广泛采用直线掏槽法作业，因而要求钻车能钻凿出平行炮眼，即在钻臂改变位置时，要求推进器始终和初始位置保持平行。在凿岩台车上采用液压平行机构就可满足此要求。

液压平行机构利用缸径相同、相应腔相连的引导液压缸和俯仰液压缸，借助液压油来传递运动，以实现托盘在运动过程中的自动平行。如图 11-18 所示，当钻臂摆动 $\Delta\alpha$ 角从Ⅰ位置运动到Ⅱ位置时，迫使平行液压缸 2 的活塞杆伸出，将小腔中的液压油排入俯仰液压缸 5 的小腔，使其活塞杆缩回同样长度，带动托盘反向摆动 $\Delta\alpha'$ 角。合理选择两液压缸的安装位置可使 $\Delta\alpha = \Delta\alpha'$，从而使托盘和推进器近似保持原来的水平位置。液压平行机构的特点是结构紧凑、质量小，不受行程限制，适用于长钻臂和伸缩式钻臂。

（4）回转机构

1）齿轮齿条式回转机构。液压缸活塞杆的末端有一齿条，通过齿条驱动齿轮旋转，齿轮与钻臂旋转轴相连，从而驱动钻臂旋转一周。一般多采用双齿条液压缸机构，使齿轮轴受力均匀，以保证动作平稳。

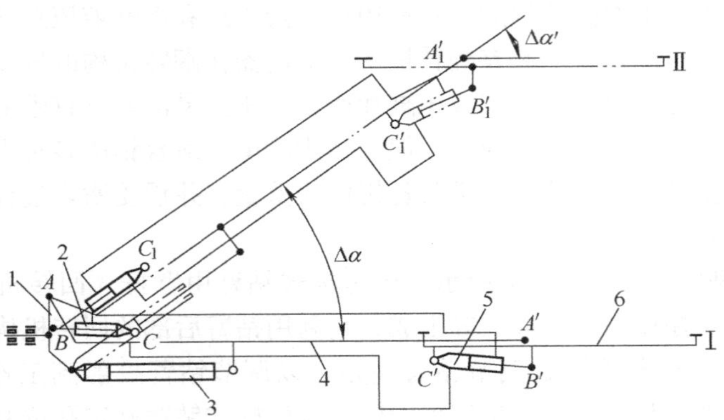

图 11-18　液压自动平行机构的工作原理

1—回转支座　2—平行液压缸　3—钻臂液压缸　4—钻臂　5—俯仰液压缸　6—托盘

2）液压缸圆盘式回转机构。利用两个液压缸驱动圆盘的偏心轴旋转，以完成钻臂的旋转动作。

3）液压马达-蜗杆副回转机构。通过液压马达驱动蜗杆副使蜗轮旋转，蜗轮与钻臂旋转轴相连，从而带动钻臂旋转。

二、CMJ17 型凿岩台车

1. 概述

CMJ17 型凿岩台车（图 11-19）结构紧凑、外形尺寸小、节约能源、噪声小、功能多、效率高，适用于煤矿等地下矿，以及化工、铁路、水电等部门的巷道掘进工程。其对工作面、顶板、侧帮、底板均能进行凿岩作业，装上短滑架还可以打锚杆孔。CMJ 系列凿岩台车的主要技术参数见表 11-1。

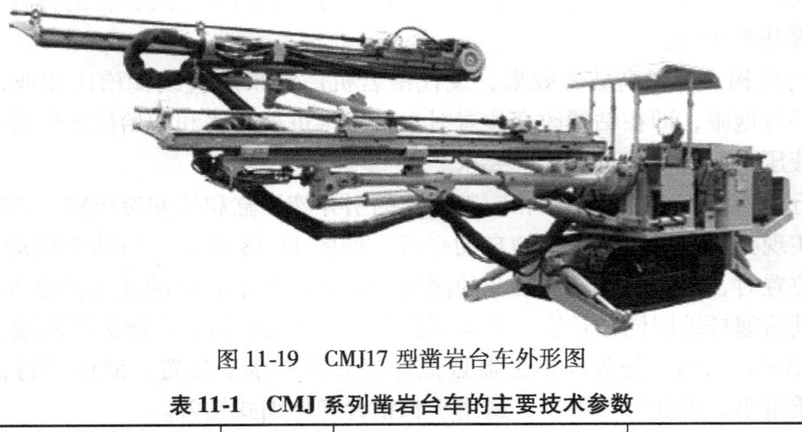

图 11-19　CMJ17 型凿岩台车外形图

表 11-1　CMJ 系列凿岩台车的主要技术参数

产品型号	单　位	CMJ17	CMJ27
外形尺寸		7200mm × 1030mm × 1600mm	8000mm × 1200mm × 1800mm
打眼直径	mm	$\phi27 \sim \phi42$	$\phi27 \sim \phi55$
钎杆长度	m	2. 475	2. 875/3. 475

（续）

产品型号		单　位	CMJ17	CMJ27
打眼深度（一次推进）		mm	2130	2530（3130）
冲击能		J	200	200
适用断面（$b \times h$）			2m×2m～5m×3.5m	2m×2m～6m×4.6m
最小转弯半径		m	6	6
行走速度		km/h	2.4	2
爬坡能力			±14°	±14°
钻	升降		升55°，降16°	升55°，降16°
	摆臂		内14°，外47°	内14°，外47°
臂	补偿	mm	1500	1800
	回转		±180°	±180°
推进器	俯仰		俯105°，仰15°	俯105°，仰15°
	摆角		内45°，外45°	内45°，外45°
配凿岩机型号			HYD200	HYD200
电动机功率		kW	45	55
供电电压		V	380/660	660/1140
整机质量		t	8	9.5

CMJ17型凿岩台车的结构特点如下：

1）外形尺寸小、结构紧凑、功能多、效率高。车体宽1030mm，能通过2m×2m的巷道，适应最大断面面积为17.5m^2。该机不仅能打掘进孔，还可打锚杆孔，对掌子面、顶板、侧帮、底板均能钻凿炮眼，装上短推进器打锚杆孔很方便。

2）该车采用模块式结构，可解体为四部分（行走底盘、左右钻臂、动力部分、凿岩机构），拆装方便。

3）双臂凿岩机动灵活。钻臂具有六种动作，能在工作面的任意位置凿岩，补偿定位准确。

4）底盘为整体刚性组合履带行走。刚性底盘为焊接结构，整体性能好，刚性和强度大，是全机的基础。底盘后部的空腔为主油箱，底盘中部上面左右各安装一个钻臂座，承受左、右钻臂凿岩结构的动载和静载。前部内腔装有两组行走操纵阀。通过拉杆将手柄集中安装在控制台上，控制钻车的前进、后退和转弯。在底盘的前部左右各安装一个支腿，用于打眼作业时保持整台钻车的稳定性和可靠性。行走采用液压马达驱动，经齿轮减速箱减速，带动链轮转动，最高行走速度为40m/min。液压马达与减速箱之间装有液压多片式制动器，为失效安全式，保证制动安全可靠。

5）钻臂采用轻型旋转钻臂，带行程倍比结构的推进器（行程倍比结构由推进液压缸、滑轮组、钢丝绳、凿岩机滑板和钢丝绳张紧装置等组成）。推进液压缸行程为1065mm，最大打眼深度为2130mm。

6）动力单一化，耗能低。从钻车行走与凿岩工况彼此独立出发，共用一台四联液压泵供油，其他动作分别集中单独操作，因此整机功率仅为45kW，全部动力集中组成动力模块，分别用于四联泵、两联泵和空压机。

7）液压系统先进。采用中高压系统，油路左右对称，系统保护齐全。凿岩系统采用逐步打眼机构，开始凿孔时可缓慢冲击，待孔定位后可逐步加压到最大冲击能量，凿岩终止时可自动停止。卡钎时也可自动停止凿岩和推进，待故障排除后可继续凿孔作业。系统保护中有液位控制器，用来防止油位过低；油温控制器可防止油温过高；有回油过滤和凿岩机高压过滤等装置。

2. 结构组成及工作原理

（1）CMJ17 型凿岩台车的结构及工作原理　CMJ17 型凿岩台车的结构组成如图 11-20 所示，主要由钎头 1、钎杆 2、管路系统 3、接杆套 4、凿岩模件 5、顶棚 6、行走机构 7、动力模件 8、铭牌 9 和电气系统 10 等组成。

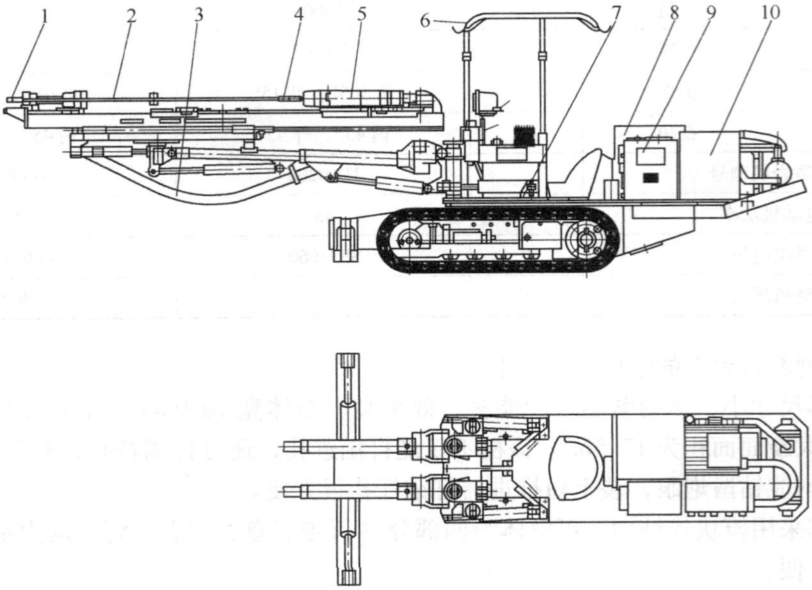

图 11-20　CMJ17 型凿岩台车结构图

1—钎头　2—钎杆　3—管路系统　4—接杆套　5—凿岩模件　6—顶棚　7—行走机构　8—动力模件　9—铭牌　10—电气系统

动力供应系统即电源（包括高压电缆、变压器、低压电缆和电气开关箱）将动力源接入凿岩台车的隔爆电动机，由隔爆电动机驱动四联泵和两联泵把电能转化成液压能。凿岩台车行走时，油压打开多片式制动器，由液压马达经减速箱驱动链轮转动。凿岩时，首先由液压系统驱动两边的支腿稳定钻车，然后操纵钻臂动作选择孔位，通过补偿装置使推进器定位，操作凿岩打眼系统，完成凿岩作业，供风水系统冲洗炮眼。

（2）行走机构

1）结构组成。如图 11-21 所示，车架体 1 为焊接的刚性底盘结构，是全机的基础。后部的内腔为凿岩台车的主油箱。前部左右两侧各安装一个液压缸稳定支腿 12，供凿岩时支撑稳车用。车架体前部的上平面供安装左、右钻臂座用，钻臂铰接在钻臂座上。车架体中部上平面安装有操纵阀架 2，用来安装各种操纵阀。车架中部安装有座椅 3，座椅前部空挡处铰接有行走阀操纵杆。车架体后部上平面安装有泵站 13、电动机 16、冷却器 17、隔爆电控箱 15 和副油箱 14，副油箱下部与主油箱接通。泵站包括四联泵、两联泵、水泵及空压机、油雾器等，为安全起见，泵站有网板箱形成防护罩盖。

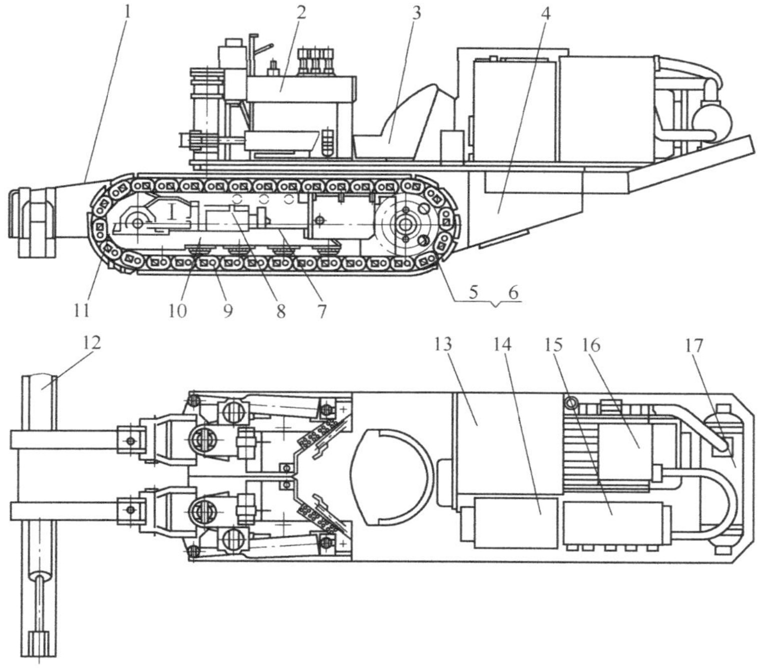

图 11-21 行走机构

1—车架体 2—操纵阀架 3—座椅 4—油箱 5—行走马达 6—驱动轮 7—履带架 8—履带张紧装置 9—履带 10—支重轮 11—导向轮 12—支腿 13—泵站 14—副油箱 15—隔爆电控箱 16—电动机 17—冷却器

车架体中部有两个左右隔开的内空腔，用来安装两个履带行走减速箱。左、右履带行走结构是两个完全独立的机构，履带行走机构由履带部件和减速机构组成。减速机构由一个二级直齿圆柱齿轮减速（装在车架中部的空腔内）、液压制动器、行走马达 5 和驱动轮 6 组成；履带部件包括履带 9、张紧装置 8、支重轮 10、导向轮 11，它们都安装在履带架 7 上。左、右履带架分别用螺栓固定在车架体的左右两侧。

2）工作原理。凿岩台车的履带行走由行走液压马达带动。当液压系统向行走马达供油时，同时向液压制动器中的液压缸供油，高压油推动活塞压缩弹簧解除制动。此时，行走马达通过液压器、减速机构向驱动轮提供动力，带动履带使钻车前进、后退和转弯。当液压系统不向液压马达供油时，液压制动器在弹簧力的作用下压紧制动片实现制动。

履带的松紧程度靠涨紧液压缸调节，油压通过高压润滑脂枪由油嘴注入液压缸。凿岩台车的机重由履带架下的 8 个支重轮来支承。为防止履带松落，液压马达上方安装有托链板与侧护板作为行走马达的防护罩。

（3）液压凿岩机构 液压凿岩机构主要包括钻臂、钻臂座、推进器和凿岩机等，如图 11-22 所示。钻臂一端由销轴与钻臂座铰接，另一端与推进器摆动架转座铰接，钻臂座固定在钻车车架底座上。推进器由推进器摆动架 2、推进器导轨 1、推进液压缸 4、补偿液压缸

3、液压凿岩机托板5和钢丝绳缠绕机构等组成。

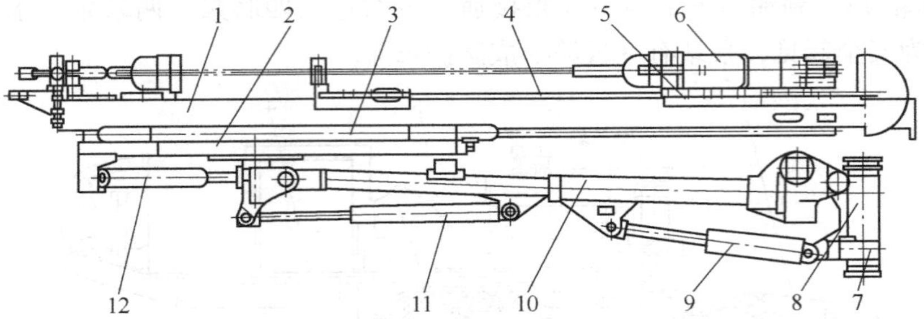

图11-22　液压凿岩机构

1—推进器导轨　2—推进器摆动架　3—补偿液压缸　4—推进液压缸　5—凿岩机托板　6—液压凿岩机　7—摆臂液压缸　8—钻臂座　9—升降液压缸　10—钻臂　11—俯仰液压缸　12—摆角液压缸

钻臂水平回转的摆臂液压缸7铰接于车架体和钻臂之间。由液压缸与活塞杆的相对往复运动，来完成钻臂绕钻臂座水平摆动的动作。

钻臂升降液压缸9铰接于钻臂座与钻臂之间。由活塞杆在其液压缸中的往复运动支撑钻臂的升降和起落。为保证钻臂升起后工作时的稳定性，在进油路上装有双向液压锁；为保证钻臂下落时的平稳性，在钻臂下落时的回油路上装有节流阀。推进器摆角液压缸12铰接于推进器摆动架转座与推进器摆动架之间。由于活塞杆在其液压缸中作相对往复运动，故推进可绕转座作左右摆动。

推进器俯仰液压缸11铰接于钻臂的转动臂与推进器摆动架转座上，依靠活塞杆在其液压缸中的往复运动使推进器完成俯仰动作。

推进器补偿液压缸3安装于推进器导轨与推进器摆动架之间，依靠液压缸活塞杆的相对运动，使导轨沿着推进器摆动架往复运动。钻臂的回转由BM200液压马达驱动，通过蜗杆副的运动转换使钻臂缓慢转动，蜗杆副的减速比为32∶1。

液压凿岩机6固定在凿岩机托板5上，凿岩机连同其托板，在推进液压缸和钢丝绳缠绕机构的推动下，在推进器的导轨上作往复运动，完成打眼和退钎动作。为了适应各种围岩条件，钻车的液压推进系统上装有节流调速阀和逐步打眼阀，可根据不同岩石来调整钻进速度和轴压力。

推进器导轨的截面是四个方形，上面两个导轨用于凿岩机推进时的导向（同时也作滑轮板的导向），下面两个导轨用于推进滑架补偿时的导向。滑架前端有一个十字头顶尖，凿岩时顶尖始终顶着掌子面，以免打眼时移动孔位而出现故障。

中、前扶钎器的作用是避免打眼时钎杆弯曲，增强钎杆的抗弯强度。凿岩机的托板是用于凿岩机与滑板连接的过渡板。滑轮用来穿绕钢丝绳，并与滑轮托板推进液压缸组成滑轮组系统。钢丝绳的张紧是通过张紧器来实现的。

推进液压缸的活塞杆固定在滑架上的，当液压油通过进油口进入推进液压缸的无杆腔时，在压力的作用下产生推力，将推进液压缸的缸体向前推进，同时带动凿岩机向前推进。

钻臂由臂架组件、滑道定向补偿装置、摆臂液压缸、摆角液压缸、俯仰液压缸组成，可实现钻臂的摆动、升降和回转动作。

（4）液压系统　CMJ17型凿岩台车的液压系统如图11-23所示，主要包括1台流量为4×40L/min的四联径向柱塞泵、1台流量为2×15L/min的两联径向柱塞泵、一个容积为295L

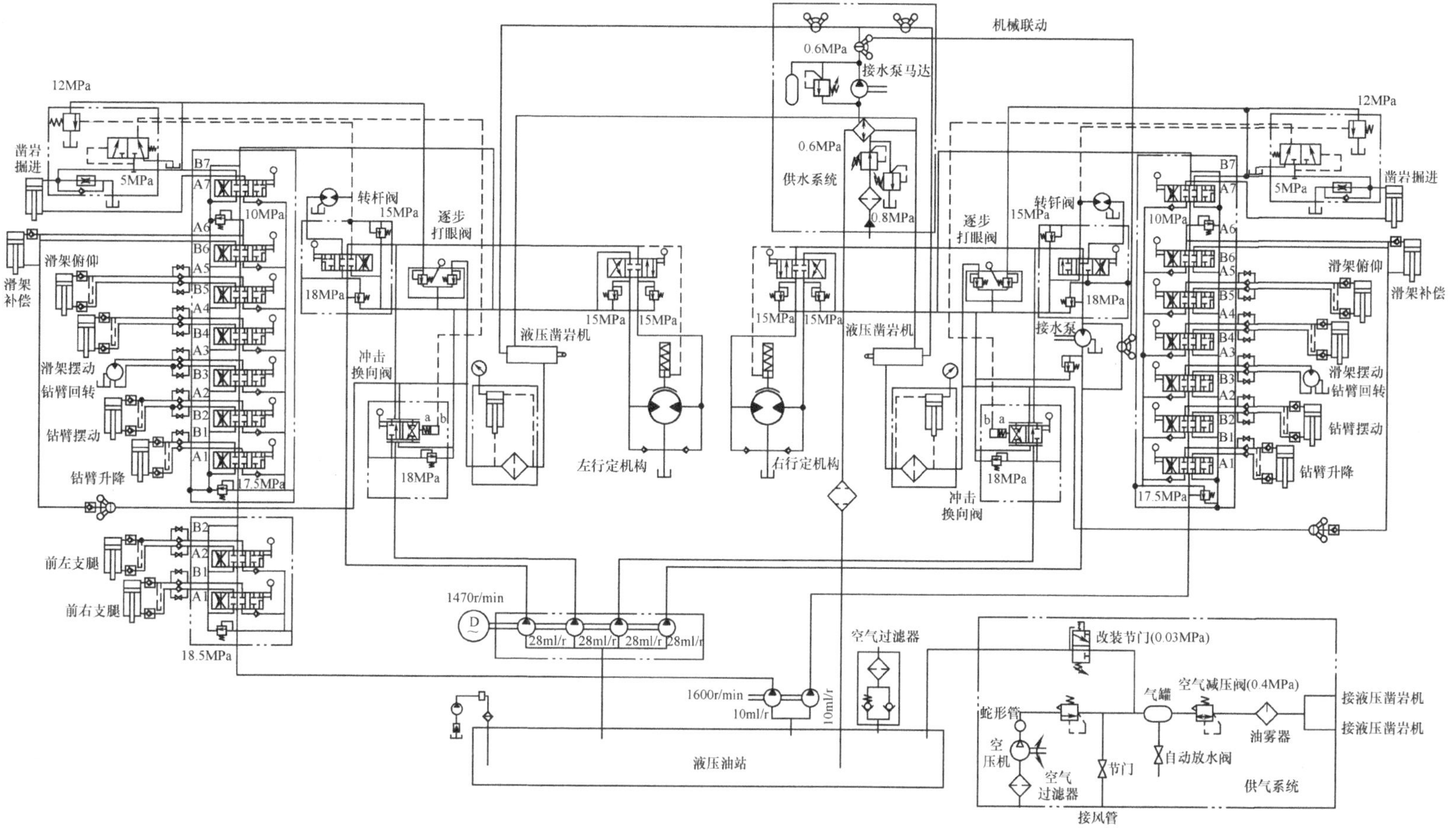

图 11-23 CMJ17 型凿岩台车液压系统原理图

的油箱、2 组七联多路换向阀、2 个冲击换向阀、2 个转钎换向阀、2 个逐步打眼阀和液压集成块、7 个摆线马达、14 只液压缸及其他液压辅助元件。

1）液压系统的主要特点。钻车行走和液压凿岩机冲击、转钎共用一个四联泵，由于钻车在凿岩作业时不行走，行走时不凿岩，所以四联泵交替供油。行走时，四联泵中各两联合流向左、右液压缸供油，同时向液压制动器供油，打开制动器控制即可行走；停止行走时，即停止向马达供油，并将液压制动器油口接回油箱，液压制动器在弹簧的作用下制动，行走停止。行走马达的制动器为失效制动，确保了制动的可靠性。

2）液压系统工作原理。

① 油箱加油回路。如图 11-24 所示，加油过程是由一个手动加液压泵 3 把液压油从油桶中吸出，通过单向阀 2，经手动加液压泵加压后，再通过单向阀 4、过滤器 5 到油箱。

② 钎杆旋转液压回路。钎杆旋转液压回路如图 11-25 所示，它由主泵 1、溢流阀 2、转钎换向阀 3、溢流阀 4、转钎马达 5、测压接头 6 及油箱 7 组成。通过手动转钎换向阀 3 来控制转钎马达 5 的正反转。

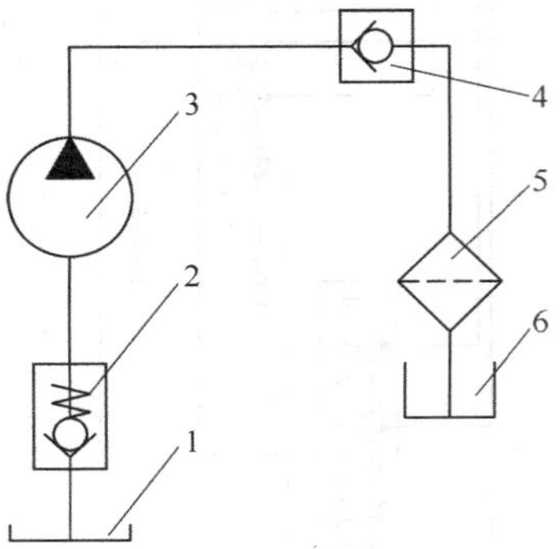

图 11-24　油箱加油回路

1、6—油箱　2、4—单向阀

3—手动加液压泵　5—过滤器

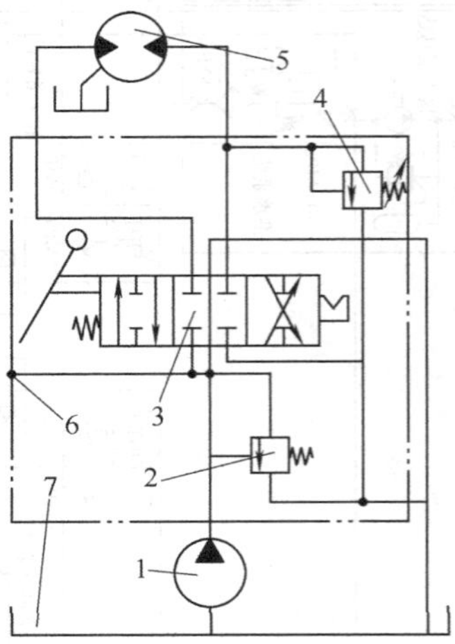

图 11-25　钎杆旋转液压回路

1—主泵　2、4—溢流阀　3—转钎换向阀

5—转钎马达　6—测压接头　7—油箱

③ 凿岩冲击液压回路。凿岩冲击液压回路如图 11-26 所示。正常工作时，当凿岩机在工作面推进受到阻力时推进油路的油压升高，当油压升高到顺序阀的调定压力（5MPa）时，顺序阀动作，液压油通过顺序阀到冲击换向阀的冲击小液压缸 *b* 腔，冲击阀动作，从而使主泵 2 的压力通过冲击阀 4 和过滤器 7 进入凿岩机驱动凿岩机冲击。

该系统的压力由逐步打眼阀控制，通过控制冲击压力，可以实现控制冲击能量的目的。当推进结束时，推进油路卸荷，顺序阀在弹簧的作用下复位，冲击小液压缸失压并在其弹簧力的作用下复位，凿岩机的冲击油路被切断，冲击停止。凿岩机的整个冲击及停止过程都是由推进系统油压的高低来控制的，是一个自动过程。

④ 凿岩机的推进液压回路。凿岩机的推进液压回路如图 11-27 所示。当液压泵 1 向系统供油时，操作换向阀 4 就可以控制推进液压缸 6 活塞杆的伸出与缩回。

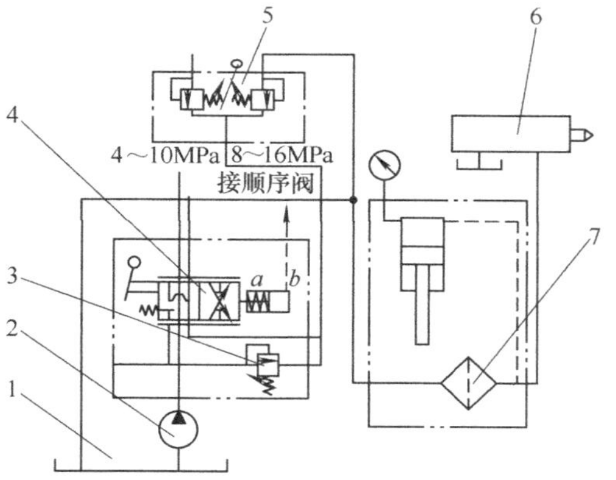

图 11-26 凿岩冲击液压回路

1—油箱 2—液压泵 3—溢流阀 4—冲击阀 5—逐步打眼阀 6—凿岩机 7—过滤器

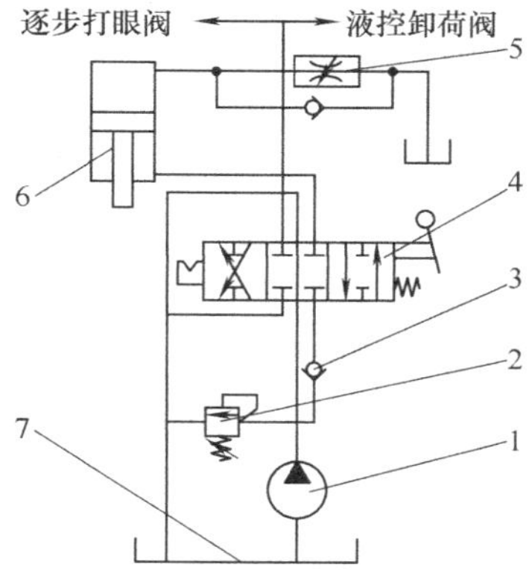

图 11-27 凿岩机的推进液压回路

1—液压泵 2—溢流阀 3—单向阀 4—换向阀 5—流量阀 6—推进液压缸 7—油箱

凿岩机的推进压力由逐步打眼阀调节，其后退压力由溢流阀 2 决定，最高压力不会超过其调定压力（17. 5MPa）。

⑤ 行走液压回路。行走液压回路如图 11-28 所示，该回路主要由主泵 1、冲击阀 2、转钎阀 3、行走换向阀 4、过载保护溢流阀 5 和 6、制动器 7、行走马达 8 及具有浮动补油作用的单向阀 9 和 10 等组成。

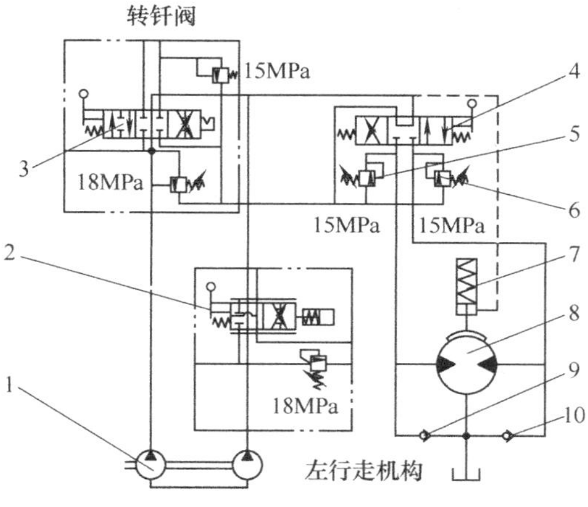

图 11-28 行走液压回路

1—主泵 2—冲击换向阀 3—转钎阀 4—行走换向阀 5、6—过载保护溢流阀 7—制动器 8—行走马达 9、10—单向阀

当主泵向系统供液压油时，操作行走换向阀 4 即可控制行走马达旋转。只有当冲击换向阀 2 及转钎阀 3 处于中间位置时，行走液压回路才能形成。在液压回路形成后，行走通过操作行走换向阀 4 来控制钻车的前进或倒退、转弯或停止。当钻车停止即操作换向阀 4 处于中间位置时，不能形成行走液压回路，故制动器 7 失压，制动器 7 被打开，弹簧处于压缩状态。

行走回路的压力保护是由两个溢流阀5、6来实现的，钻车的最大行走压力不会超过调定压力（15MPa）。当钻车突然制动时，由于惯性作用，行走马达8会变成泵来工作，使一腔的油压急速升高，而另一腔则形成相对部分真空区（造成负压）。高压腔通过溢流阀5或6溢流（前进制动，有一个溢流阀溢流；后退制动，则另一个溢流阀溢流），两部分真空区则通过单向阀9或10浮动补油（前进时突然制动一个单向阀补油，后退时突然制动则另一个单向阀补油），从而行走回路起到保护作用，避免发生故障。

⑥ 推进器补偿液压回路。推进器补偿液压回路如图11-29所示，该回路主要由副泵1，溢流阀2、5，换向阀4，单向阀3，液控单向阀6，补偿液压缸7及油箱10等组成。当副泵向液压系统供油时，操作换向阀4即可控制补偿液压缸活塞杆的伸出及缩回。

节门8与单向阀9串联，且与冲击油路及补偿液压缸相连，当凿岩机的冲击压力低于补偿液压缸7有杆腔的压力时，回路不起补油作用。由于单向阀9的作用，补偿缸有杆腔的液压油也不会回到凿岩机冲击油路中去。当凿岩机冲击油路的压力高于补偿液压缸有杆腔的压力时，凿岩机冲击油路的高压油就通过节门8及单向阀9进入补偿缸的有杆腔，起补油作用。即凿岩机冲击油路的高压油只能进入补偿缸，而补偿缸内的液压油不会反流回冲击油路。

⑦ 钻臂升降液压回路。钻臂升降液压回路如图11-30所示，它主要由副泵1、溢流阀2、换向阀3、单向节流阀4、双向液压锁5、升降液压缸6及油箱7等组成。

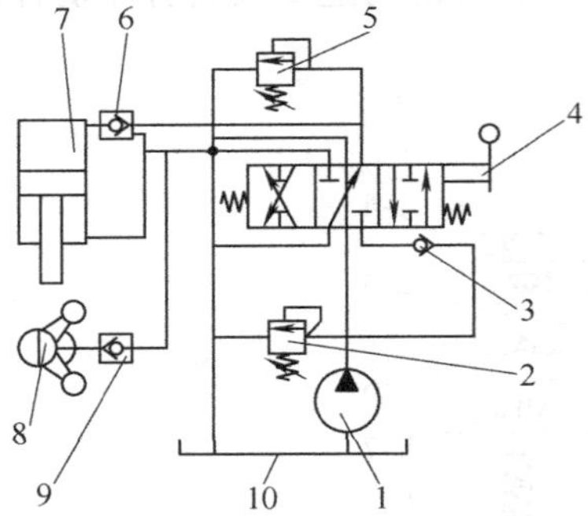

图11-29 推进器补偿液压回路

1—副泵 2、5—溢流阀 3、9—单向阀 4—换向阀
6—液控单向阀 7—补偿液压缸 8—节门 10—油箱

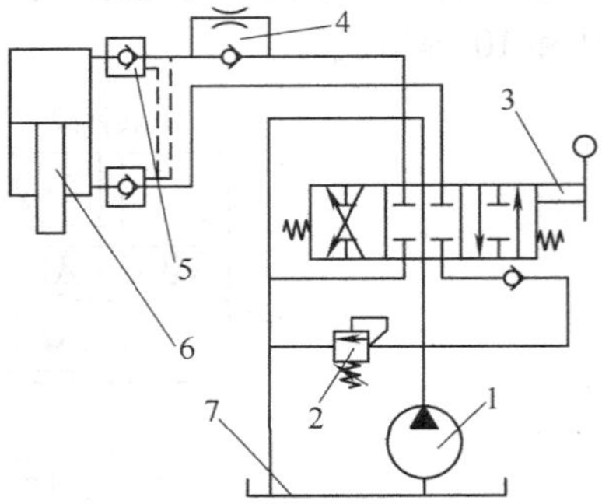

图11-30 钻臂升降液压回路

1—副泵 2—溢流阀 3—换向阀 4—单向节流阀
5—双向液压锁 6—升降液压缸 7—油箱

当副泵1向系统供液压油时，操作换向阀3即可控制升降液压缸活塞杆的伸出或缩回，实现钻臂的升降。升降液压缸的动作压力由溢流阀2控制，最高不会超过其调定压力（17.5MPa）。

⑧ 钻臂摆动液压回路。钻臂摆动液压回路如图11-31所示，它主要由副泵1、溢流阀2、换向阀3、单向节流阀4和5、双向液压锁6、摆臂液压缸7及油箱8等组成。

摆臂液压回路的压力由溢流阀2控制，最高不会超过其调定压力（17.5MPa）。单向节流阀4、5的作用是使回油产生一个背压起阻尼作用，从而使摆臂液压缸的动作平稳可靠。双向液压锁6的作用是在副泵不供油时将摆臂液压缸锁住，避免在凿岩时由于振动移位而影响打眼的定位精度。

⑨ 钻臂回转液压回路。钻臂回转液压回路如图11-32所示，它主要由副泵1、溢流阀2、

换向阀 3、单向节流阀 4 和 5、转臂马达 6 及油箱 7 等组成。

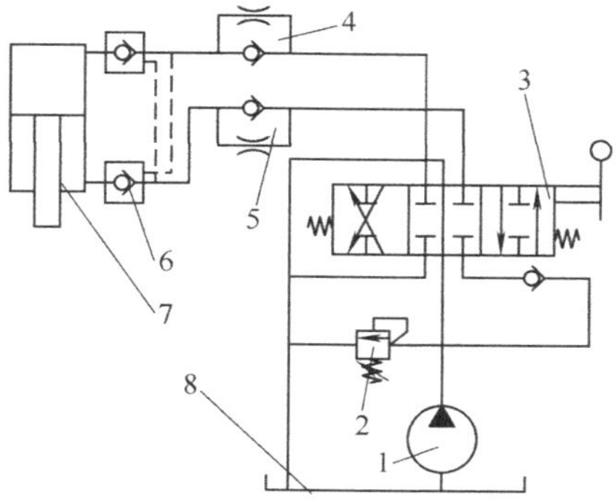

图 11-31　钻臂摆动液压回路

1—副泵　2—溢流阀　3—换向阀　4、5—单向节流阀　6—双向液压锁　7—摆臂液压缸　8—油箱

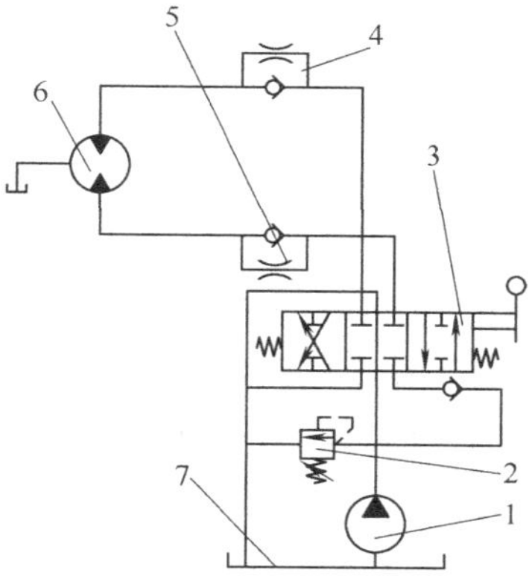

图 11-32　钻臂回转液压回路

1—副泵　2—溢流阀　3—换向阀　4、5—单向节流阀　6—转臂马达　7—油箱

操作换向阀 3，可以控制转臂马达的正、反转，即转臂的回转。由钻臂马达驱动蜗杆蜗轮减速箱，因蜗杆蜗轮有自锁性，故此回路中无双向液压锁。钻臂无论转到任何位置锁住，都不会影响定位精度。

推进器俯仰液压回路、摆角液压回路的工作原理与钻臂摆动液压回路的原理相同。

⑩ 支腿伸缩液压回路。支腿伸缩液压回路的工作原理如图 11-33 所示，操作支腿换向阀 3、4，即可控制支腿液压缸活塞杆的伸出或缩回，即支腿的起落。回路压力由溢流阀 2 控制，最高不会超过其调定压力（18.5MPa）。

此回路的特点是：液压油进口与液压油出口串联到七联多路换向阀进油口，然后经七联多路阀回到油箱，这种连接形式称为串联。支腿换向阀 3、4 的手柄既可独立操作，也可同时操作。

⑪ 防卡钎自动控制液压回路。防卡钎自动控制液压回路如图 11-34 所示，它由冲击换向阀 1、顺序阀 2、液控卸荷阀 3、推进液压缸 4、转钎换向阀 5 和溢流阀 6 组成。

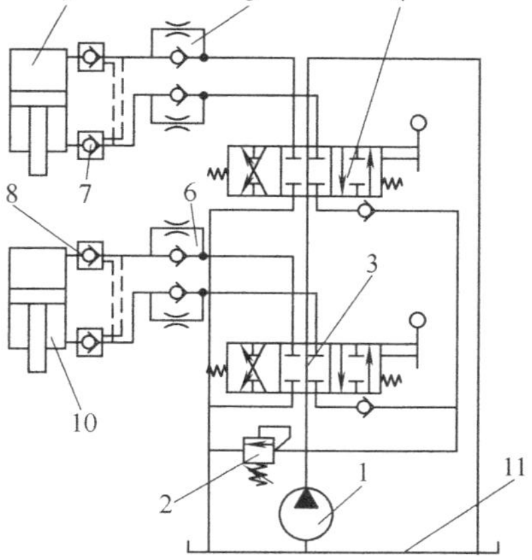

图 11-33　支腿伸缩液压回路

1—副泵　2—溢流阀　3、4—支腿换向阀　5、6—单向节流阀　7、8—液压锁　9、10—支腿液压缸　11—油箱

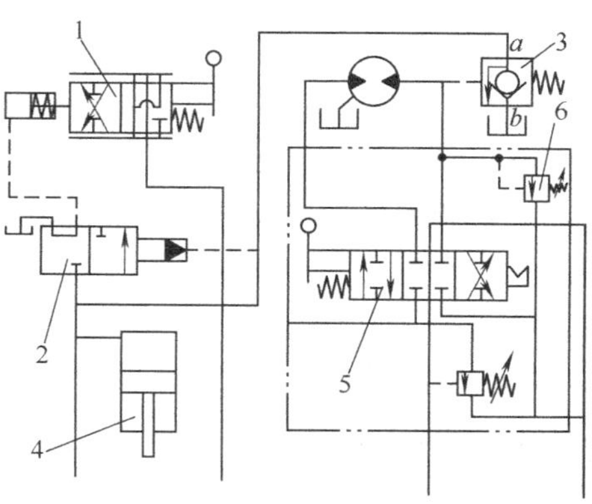

图 11-34　防卡钎自动控制液压回路

1—冲击换向阀　2—顺序阀　3—液控卸荷阀　4—推进液压缸　5—转钎换向阀　6—溢流阀

当推进压力低于顺序阀 2 的调定压力（5MPa）时，顺序阀 2 连通卸荷。因为冲击换向阀 1 无控制压力，小液压缸不动作，冲击换向阀不换向，所以凿岩机不冲击。当推进液压缸继续推进，钎头接触到岩面时，推进压力升高，当压力升高到顺序阀 2 的调定压力时（5MPa），顺序阀接通。液压油进入冲击换向阀 1 的小液压缸内，冲击换向阀开始换向动作，接通凿岩机冲击油路，凿岩机开始冲击。此时凿岩机冲击，推进液压缸推进，钎杆旋转，工作正常。

当出现卡钎现象时，钎杆的旋转阻力增加，导致转钎马达油路的油压上升。当压力升高到液控卸荷阀 3 的调定压力（12MPa）时，液压油通过控制油口将液控卸荷阀 3 打开，液控卸荷阀 *a*、*b* 口接通，推进液压缸中的油压突然下降，推进停止。同时，顺序阀 2 在弹簧的作用下复位，冲击小液压缸失压，冲击换向阀 1 复位，使凿岩机停止冲击，待排除卡钎故障后，凿岩机再重新开始工作。

（5）供气系统　CMJ17 型凿岩台车自带独立的空气压缩机和供气系统，不需外接压气气源。供气系统由过滤器 1、空气压缩机 2、冷却管 3、卸荷阀 4、改装节门 5、气罐 6、空气减压阀 7、油雾器 8、自动放水阀 9 和节门 10 等组成，如图 11-35 所示。

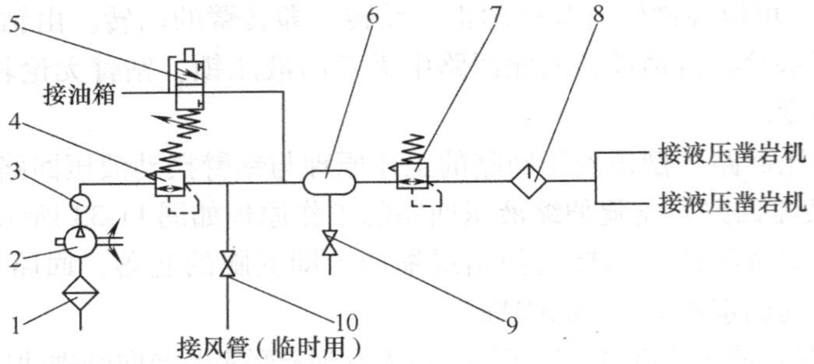

图 11-35　供气系统

1—过滤器　2—空气压缩机　3—冷却管　4—卸荷阀　5—改装节门　6—气罐　7—空气减压阀　8—油雾器　9—自动放水阀　10—节门

供气系统的工作原理是：由压缩机产生的压缩空气经冷却管冷却后进入调节器，将气压调至 0.3 ~0.6MPa 进入气罐后分为两路，一路经空气减压阀将气压减至 0.03MPa，进入副油箱，给液压油加上一个背压，以弥补主、副泵自吸能力差的不足；另一路经减压调节器将气压减至 0.3 ~0.4MPa，通过注油器携带油雾进入凿岩机，润滑凿岩机的转钎部分，同时可起到散热、防尘、防止岩屑进入凿岩机和密封凿岩机的作用。

（6）供水系统　供水系统由进水接头 1、过滤器 2、水减压阀 3、安全阀 4、冷却器 5、调压阀 6、水泵 7、蓄能器 8、水压表 9、联动油水截门 10、注水截门 11 和液压凿岩机 12 等组成，如图 11-36 所示。

CMJ17 型凿岩台车的供水水源可以是地面水，也可以是井水（地下水）。经过水管路接进水接头，通过过滤器对水进行过滤后至减压阀，将水压减至 0.6MPa，然后进入冷却器冷循环液压油，再进入水泵。通过水泵增压换向阀增压至 1.2MPa，经节门进入凿岩机，通过钎具冲洗孔底。供给凿岩机的水压可根据岩石的变化条件进行调节，以达到凿岩穿孔的最佳效果，但水压不能低于 0.6MPa。进入冷却器的水压由减压阀和安全阀控制，减压阀将水压

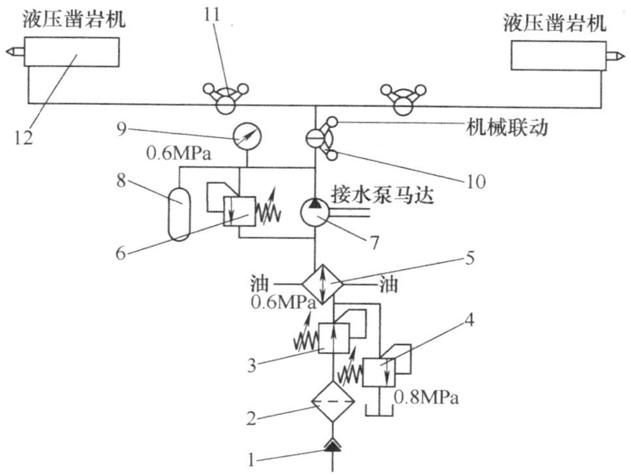

图 11-36　供水系统

1—进水接头　2—过滤器　3—水减压阀　4—安全阀　5—冷却器　6—调压阀　7—水泵　8—蓄能器　9—水压表　10—联动油水截门　11—注水截门　12—液压凿岩机

调定为 0.6MPa，如果减压失灵则由安全阀实现保护，水压不会超过 0.8MPa。

水泵蓄能器充的是混合气体，气压约为 0.6MPa，其主要作用是保护水泵排出的水压力及流量均匀，脉动小。水压的大小可通过水压表直接反映出来。供水系统的作用是用水泵排出的压力水冲洗孔底的岩屑；用流动的水通过冷却器冷却液压油，使油温不会急剧升高。

【任务实施】

一、任务实施前的准备

熟悉凿岩台车的结构特点、作用及工作原理。

二、任务实施的目的

1）能够正确识读凿岩台车的结构原理图。

2）能够正确操作凿岩台车。

3）提高学生发现问题、分析问题和解决问题的能力。

三、现场参观、实训教学

1）凿岩台车的结构组成及相关注意事项。

2）凿岩台车的起动和操作。

四、操作训练

1. 训练前的准备

（1）凿岩台车的操作

1）操作前的检查。先将钻车支腿支牢，然后对钻车进行检查。

① 软管：检查有无流体渗漏，支撑情况是否良好等。

② 油面：查看空压机、水泵、油箱、润滑油路等油面，必要时加油。

③ 传送带：检查泵和空压机传送带的松紧程度，有无脱落。

④ 水管：检查或接通供水软管。

⑤ 电缆：查看电缆并检查电缆接头情况。

⑥ 钎杆和接头：换下扭曲或损坏的钎杆，更换或重磨钎头。

⑦ 中扶钎器：查看中扶钎器的导向情况，以及有无卡阻。

⑧ 钢丝绳：检查滑道内钢丝绳的情况及滑轮有无脱槽或损坏。

⑨ 油嘴：检查润滑杆套和各油嘴，检查端头螺母的紧固情况。

⑩ 软管和拖板润滑：检查并润滑软管滑轮和拖板滑动部分。

2）凿岩台车的起动和行走。

① 起动前先接通电源。

② 电动机起动时，先点动数次，一是观察电动机的旋转方向是否按箭头指示方向（面向电动机后端盖排风扇逆时针旋转），二是给液压系统充满液压油。

③ 电动机运转正常后，先松开主液压泵和副液压泵上的放气塞，排放泵内空气。放气塞不能拆下，松开后见到出油后即可旋紧。也可重复数次，直到确认空气已排净为止。

④ 起动前先检查各手柄，均应处于中间位置。

⑤ 操纵各手柄使钻车钻臂和推进器均处于运输状态。

⑥ 操纵支腿换向阀手柄，将前支腿抬起。

⑦ 操纵行走阀手柄，行走马达开始运行，钻车开始行走至凿岩作业面。

3）钻车的凿岩作业。

① 起动电动机，把钻车调整到需要进行凿岩作业的位置。

② 凿岩作业的推进速度是预先调整好的，在凿岩作业过程中不允许改变或调整推进速度，如需调整应退出凿岩，调整好后再工作。

③ 将支腿落下，把钻车稳定好。

④ 接通供水管路。

⑤ 操纵各阀动作，将钻臂推进器放到要打眼的轴线方向。

⑥ 操纵定位补偿阀，将滑架与掌子面定好位置。

⑦ 打开水泵开关手柄，使水泵供水正常。

⑧ 打开注水节门给凿岩机供水冲洗炮眼。

⑨ 打开滑架补油开关，使滑架补偿定位，保持进给补油。

⑩ 操纵转钎阀，使钎杆回转。逆时针为凿岩作业，顺时针为卸钎杆。

⑪ 操纵凿岩推进手柄，使凿岩作业前进或后退。该操纵阀推进凿岩时固定，退回为自动弹跳式复位。

⑫ 推动逐步打眼阀手柄，先慢速小冲击凿岩，钎头进入岩石后推进力增大，冲击阀自动换向工作。

⑬ 当钎头充分进入岩石，确定不会再有偏斜危险时，将逐步打眼阀手柄推到底，正式进行凿岩作业。

⑭ 当推进行程到达终点时，凿岩机滑板与冲击自动停止工作。

⑮ 拉回逐步打眼阀手柄，回到原位。

⑯ 拉回凿岩推进手柄，使凿岩机后退回到原位。

（2）工作中的注意事项

1）凿岩台车行走前，应将钻臂收拢，以防止钻臂碰撞岩臂或支架，压住风管、油管和电缆等。

2）台车送电时，必须先合巷道中的总电源开关，后合台车的开关；断电时顺序相反。

3）开钻前先试液压系统油压，使其达到规定值。台车达到预定位置时，工作前应将机身固定。

4）打眼前及打眼过程中，要将钻臂顶尖始终顶紧岩壁，不准推进器悬臂打眼。钻臂移位时，推进器的推进速度要与岩石的软硬程度相适应，对于硬岩石不可推进过快。打眼时，先开动凿岩机，后起动推进器，在眼内退钎时，凿岩机不得停钻。

5）打眼过程中出现夹钎时，可利用凿岩机推进器拔钎，但不允许用推进器的补偿缸拔钎。

6）打眼时钻臂下方严禁站人，工作中人员必须离开凿岩机，以防发生人身伤害事故。

7）操作各液压缸、风缸、手动换向阀时，动作要缓慢，不可突然从中位推向终位。手柄从中位扳到预定位置后，应立机返回中位，使工作机构固定在预定位置上。

8）打眼结束后，凿岩机台车应退至离工作面20m以外的地方避炮，并加以遮盖，防止崩砸坏管路、照明灯等部件。

9）凿岩结束后操作人员离开台车前，必须断开台车的开关和巷道中的总开关。

2. 操作训练

1）观察凿岩台车的工作情况。

2）熟悉凿岩台车的结构组成和工作原理。

3）掌握凿岩台车的操作方法。

3. 注意事项

1）操作训练要认真、细致，注意方法。

2）善于总结，找出规律。

3）注意人身安全。

五、评分标准（表11-2）

表11-2 凿岩台车使用与维护评分标准

考核内容	考核项目	分值	检测标准	得分
素质考评	出勤、态度、纪律、认真程度	10	教师掌握	
认识凿岩台车的结构	了解凿岩台车的结构组成、作用及工作原理	30	每项10分	
凿岩台车操作前的检查	检查各项目	10	根据实际处理情况酌情扣分	
凿岩台车的操作	1. 台车的起动和行走 2. 凿岩作业	40	每项操作不正确扣20分	
安全文明操作	1. 遵守安全规程 2. 清理现场卫生	10	1. 不遵守安全规程扣5分 2. 不清理现场卫生扣5分	
总计				

【思考与练习】

1. 试述凿岩机的工作原理。
2. 凿岩机是如何分类的?
3. 简述 YT23 型气腿式凿岩机的冲击配气机构的工作原理。
4. 简述 YT23 型气腿式凿岩机的转钎机构的工作原理。
5. 试述 YYG80 型液压凿岩机的工作原理。
6. 凿岩机主要由哪些部分组成?它们是如何工作的?
7. 试述凿岩台车的组成和工作原理。
8. CMJ7 型凿岩台车的液压系统可以实现哪些动作?试述其原理。
9. 操作凿岩台车时有哪些注意事项?

第十二单元

装载机械

【学习目标】

本单元由耙斗装载机、铲斗装载机和立爪装载机三个课题组成。

把爆破下来的煤或岩石装到运输设备中的装载工序，是掘进过程中最繁重、最费时的工序。如果用人工装载，将占全部掘进工作量的65%左右。因此，在钻爆法掘进工作面中，采用机械装载对于减轻劳动强度，提高掘进效率和降低掘进费用具有重要的意义。

装载机械的类型很多：按其工作机构的形式来分，有耙斗式、铲斗式、蟹爪式、立爪式和抓斗式等；按其行走方式，可分轨轮式、履带式及轮胎式三种；按工作机构动作的连续性分，有间歇式和连续式两种。还可将凿岩台车和装载机结合成一体，形成既能钻岩，又能装载的钻装机。

通过本单元的学习，学生应了解耙斗装载机、铲斗装载机及立爪装载机的结构组成及各组成部件的位置和作用；能够对装载机进行基本动作的操作；掌握装载机使用和维护方面的知识。

课题一　耙斗装载机

【任务描述】

本课题主要对P30B型耙斗装载机作总体分析，以使学生全面了解和掌握耙斗装载机的结构、工作原理和使用维护方面的知识。

【知识学习】

耙斗装载机（图12-1）也称耙装机，它是以耙斗为工作机构，靠绞车牵引使耙斗往复运动，耙取煤或岩石并装入矿车、箕斗或转载机中的设备。耙装机具有结构简单、操作容易等优点，其适用范围较广，可在高度2m左右、宽度2m以上的水平巷道或倾角小于30°的倾斜巷道中工作，也能用于弯道处的装载。耙装机能装大块岩石，在岩石块度为300～400mm时装载效率最高。但耙装机是间断作业，因此其生产能力的提高受到了一定限制，而且其尺寸较大，无自行机构，机动性较差，钢丝绳和耙斗磨损也较快。耙斗装载机是我国目前煤矿掘进所使用的主要装载设备。

图 12-1 耙斗装载机外形图

一、P30B 型耙斗装载机的适用条件

P30B 型耙斗装载机适用于巷道高度大于 2m，断面积大于 $5m^2$，倾角小于 30°的各种巷道的掘进工作面。它不仅可以在平巷中使用，而且可以在斜井、上下山及拐弯巷道中使用，巷道的曲率半径应大于 15m。

我国煤矿常用耙斗装载机的主要技术特征见表 12-1。

表 12-1 常用耙斗装载机的主要技术特征

型号	技术生产率/(m^3/h)	耙斗容积/m^3	主绳牵引力/kN	钢丝绳直径/mm	功率/kW	机器质量/kg	适用巷道	
							最小截面积/m^2	最小高度/mm
P15B	15~25	0.15	7.2~10.4	12.5	11	2500	4	1800
P30B	35~50	0.30	12.3~18.5	15.5	17	4750	5	2000
P60B	70~110	0.60	20.0~28.0	15.5	30	6500	9	2500
P90B	95~140	0.90	31.0~50.0	17	45	9800	16	2800
P120B	120~180	1.20	37.0~55.0	18.5	55	12500	20	2900

二、P30B 型耙斗装载机的结构组成及工作过程

如图 12-2 所示，P30B 型耙装机主要由耙斗、绞车、台车、钢丝绳和卸载槽等组成。牵引钢丝绳分为工作钢丝绳和回程钢丝绳两段，均从绞车卷筒中引出，绕过导向轮 12、头轮 14 后，工作钢丝绳 24 与耙斗 25 的前端连接，回程钢丝绳 3 经尾轮 2 与耙斗 25 的后端连接。当绞车 18 起动后，通过操纵机构 8 可使耙斗作往复运动。在耙装行程中，耙斗靠自重插入岩堆，然后沿着簸箕口 4、连接槽 6、中间槽 10 到卸料槽 13，将矿石从卸料槽 13 的卸料口卸入矿车或其他转载设备。与此同时，回程卷筒处于浮动状态，使回程钢丝绳可以顺利地由回程卷筒放松下来。在工作过程结束后，松开工作操纵手柄，扳动回程操纵手柄，这时回程卷筒与绞车主轴旋转，返回钢丝绳就不断地缠到回程卷筒上，将耙斗拉回岩石堆，完成一个循环，重新开始耙装。由耙装到卸载的过程可以看出，耙斗装载机是间歇式装载岩石的，耙斗属于上取（岩石）式工作结构。

为防止工作过程中卸料槽末端抖动，特加一副撑脚 15 将卸料槽 13 支撑到底板上。撑脚

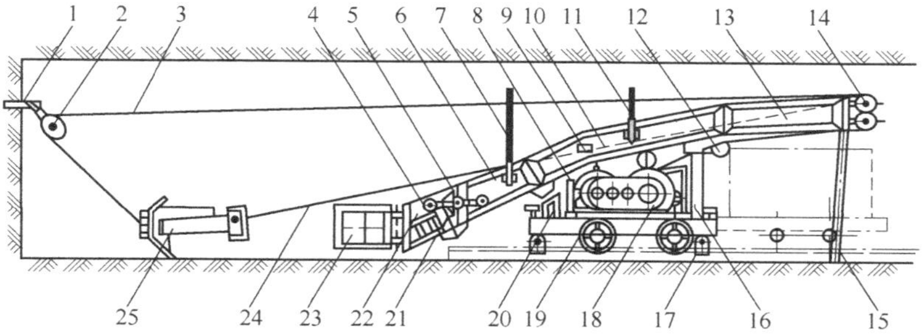

图 12-2　耙斗装载机的结构

1—固定楔　2—尾轮　3—回程钢丝绳　4—簸箕口　5—升降螺杆　6—连接槽　7—钎杆　8—操纵机构　9—按钮　10—中间槽　11—固定楔　12—导向轮　13—卸料槽　14—头轮　15—撑脚　16—支柱　17—卡轨器　18—绞车　19—台车　20—支架　21—护板　22—进料槽　23—簸箕挡板　24—工作钢丝绳　25—耙斗

安装在卸料槽尾部的两侧，用以支撑槽尾部，使之稳定和调节高度。它主要由梯形左旋螺杆和螺母等零件组成。

固定楔 1 固定在掘进工作面的作业面上，用以悬挂尾轮 2。移动固定楔和尾轮的位置，便可改变耙斗的耙装位置，从而扩大耙装宽度。拆除卸料槽，配合刮板输送机，即可用于规格较小的掘进巷道。

台车是耙装机的机架，装有轨轮，可以在轨道上行走，绞车、操纵机构和电气设备等都装在台车上面，溜槽之下。耙装机工作时，用台车前后的 4 套卡轨器 17 把台车固定在轨道上，若在倾角较大的斜巷内工作，还另设一个阻车器，以防机器下滑。随着工作面的推进，耙装机需靠人力或绞车牵引向前移动。台车末端装有弹簧碰头，可缓冲矿车对装载机的撞击。台车的固定地点应在轨道的端头，不使轨道伸到簸箕口外，使簸箕口能够贴着底板，防止簸箕口绊住耙斗和簸箕口下面漏进岩渣。

料槽容纳耙斗耙取煤矸，耙取的岩石依次通过进料槽、中间槽、卸料槽底部的卸料口卸入矿车。进料槽中部有升降螺杆，以调节簸箕口的高度。簸箕口两侧的簸箕挡板 23 起引导耙斗 25 进入溜槽的作用。挡板与簸箕口用销子铰接，以便拆装。头轮前装有缓冲弹簧，以缓冲耙斗卸载时的碰撞。耙斗宽度应比溜槽宽度小些，一般每边有 50mm 的间隙。挡板张开角度一般小于 30°，角度太大会影响对耙斗的导向。

此外，耙斗装载机的绞车、电气设备和操纵机构等都装在溜槽下面。为了使用方便，耙装机两侧均设有操纵手柄，以便根据情况在机器的任意一侧进行操纵。

三、主要部件的结构

1. 固定楔

固定楔（图 12-3）固定在掘进工作面上，用以悬挂尾轮，尾轮的位置要高于岩渣堆 0.8 ~1.0m，并离巷道两帮 0.5 ~0.7m。固定楔分为硬岩固定楔和软岩固定楔两种。硬岩固定楔由一个楔体 2 和一个紧楔 4 组成；软岩固定楔则由一个紧楔 4 和一个楔部带锥套的钢丝绳环 3 组成，软岩固定楔比硬岩固定楔长一些。

2. 耙斗

耙斗是由尾帮 2、侧板 3、拉板 4、筋板 5 等焊接成整体，组成马蹄形半箱形结构，如图

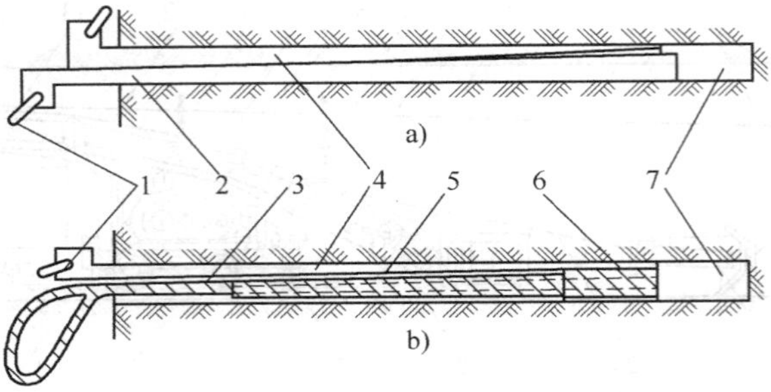

图 12-3　固定楔

a）硬岩固定楔　b）软岩固定楔

1—圆环　2—楔体　3—钢丝绳　4—紧楔　5—圆锥套　6—楔头　7—楔眼

12-4 所示。耙齿 7 用铆钉固定在尾帮下端，耙齿磨损后可更换。尾帮后侧经牵引链与钢丝绳接头连接，钢丝绳接头与回程钢丝绳固定在一起。拉板前侧与钢丝绳接头连接，工作钢丝绳则固定在接头上。

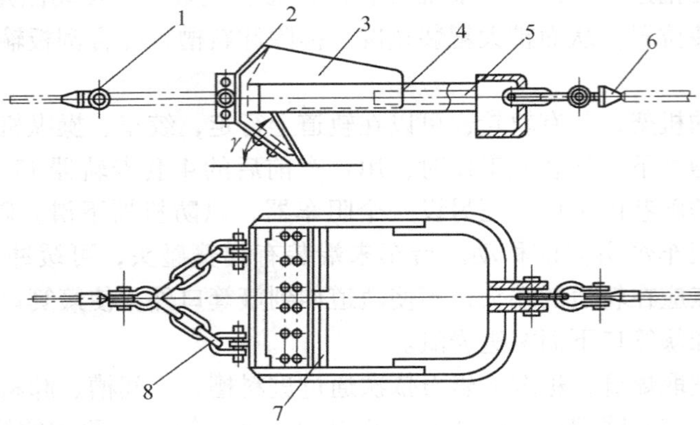

图 12-4　耙斗

1、6—钢丝绳接头　2—尾帮　3—侧板　4—拉板　5—筋板　7—耙齿　8—牵引链

3. 绞车

耙斗装载机的绞车按结构形式可分为行星轮式、圆锥摩擦轮式和内涨摩擦轮式三种。P30B 型耙斗装载机采用使用普遍的行星齿轮传动的双卷筒式绞车，它主要由电动机、减速器、卷筒、带式制动闸等组成，如图 12-5 所示。

（1）主轴部件　绞车的主轴部件主要由工作卷筒 1 和回程卷筒 8、内齿圈 3 和 6、行星轮架 4、绞车架 7 和 9、行星轮 11、太阳轮 12、主轴 13 和轴承等部分组成，如图 12-6 所示。绞车主轴 13 穿过两个卷筒的内孔，并用花键固定着两个太阳轮 12。工作卷筒和回程卷筒用键连接在相应的行星轮架 4 上，同时支撑在相应的滚珠轴承 2、5、10 上。内齿圈 3 和 6 的外缘就是带式制动器的制动轮，这两个内齿圈也支承在相应的轴承 2 和 10 上。整个绞车通过绞车架 7 和 9 固定在机器的台车上。主轴的安装方式很特殊，它没有任何轴承支承，呈浮动状态，这种浮动结构能自动调节三个行星轮 11 上的负荷趋于均匀，使主轴不受径向力，只承受转矩。主轴左端与减速器伸出轴上大齿轮的花键连接，以传递转矩。

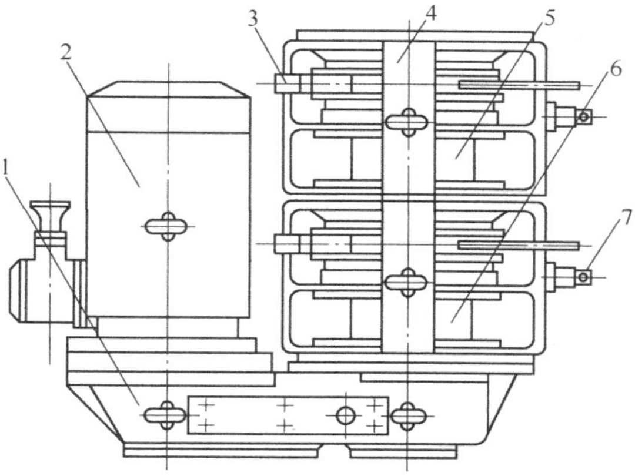

图 12-5 P30B 型耙斗装载机的绞车
1—减速器 2—电动机 3—带式制动闸 4—主轴 5—回程卷筒 6—工作卷筒 7—辅助制动闸

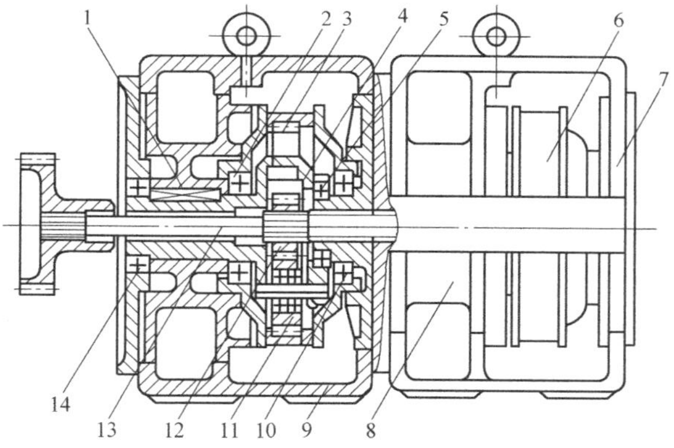

图 12-6 绞车的主轴部件
1—工作卷筒 2、5、10、14—轴承 3、6—内齿圈 4—行星轮架 7、9—绞车架
8—回程卷筒 11—行星轮 12—太阳轮 13—主轴

（2）带式制动闸 带式制动闸主要由钢带 4、钢丝石棉带 5、摇杆 8 和拉杆 10 等组成，如图 12-7 所示。石棉带磨损后可更换，闸带呈半圆形对称布置，两条闸带用圆柱销 7 与绞车机架连接。当操纵机构使摇杆 8 顺时针转动时（即摇杆右端向下拉），摇杆 8 使右闸带闸紧内齿圈外缘，同时，由于拉杆 10 随摇杆 8 向右移使左闸带也闸紧内齿圈外缘，从而实现内齿圈的制动。反之，当操纵机构使摇杆 8 逆时针转动时（即摇杆右端向上推），摇杆 8 使右闸带离开内齿圈外缘，同时拉杆 10 随摇杆 8 向左移使左闸带也离开内齿圈外缘，即左、右闸带几乎同时向外张开，从而实现内齿圈的松闸。为防止闸带松开距离过大，缩短制动时间，在闸带外缘上铆有凸肩 1。当该凸肩碰到固定在绞车架上的挡板 3 后，闸带便停止向外张开，使闸带内表面与内齿圈外缘（制动轮）之间保持一定的工作间隙。该间隙的大小可用调节螺钉 2 调节。两套带式制动闸可借助相应的杠杆操纵机构进行操作。

（3）辅助制动闸 辅助制动闸主要由铜丝石棉带 1、闸瓦 2、接头 4、支座 5、弹簧 6、活塞 7、回程卷筒 8 和把座 9 等组成，如图 12-8 所示。绞车工作时，只有一个卷筒的缠绕钢

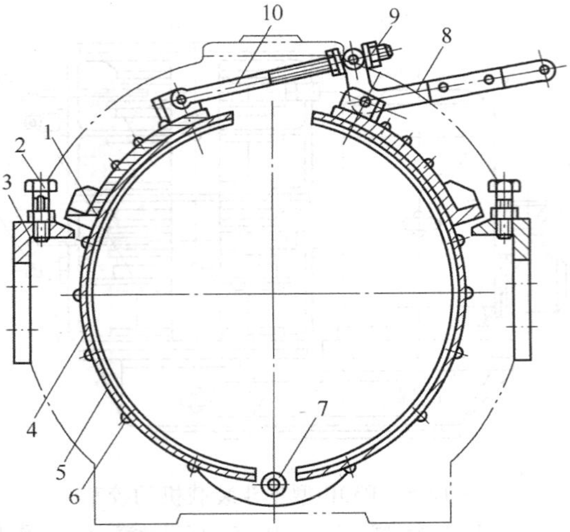

图 12-7　绞车的带式制动闸

1—凸肩　2—调节螺钉　3—挡板　4—钢带　5—钢丝石棉带　6、7—圆柱销　8—摇杆　9—调节螺母　10—拉杆

丝绳处于工作状态，另一个卷筒处于浮动状态，随着耙斗的移动松开钢丝绳。这样，当耙斗停止工作时，由于浮动卷筒的惯性，该卷筒继续转动而放出部分钢丝绳，使堆积在卷筒的出绳口处出现乱绳事故，使钢丝绳很容易损坏。为此，在两个卷筒的轮缘上各安装有一个辅助制动闸，其作用是以一定的制动力矩抵消浮动卷筒的惯性力矩。

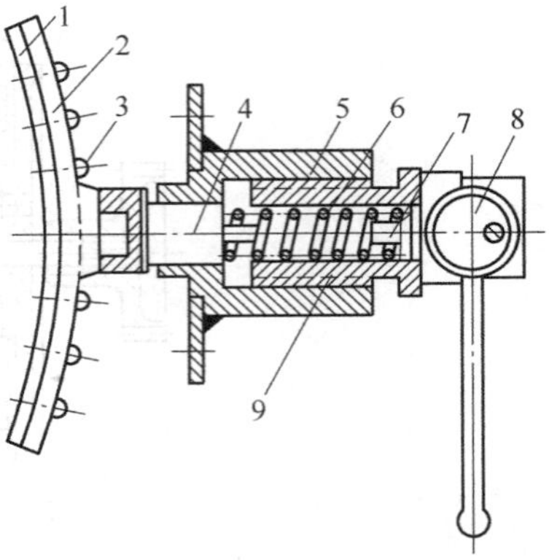

图 12-8　绞车的辅助制动闸

1—铜丝石棉带　2—闸瓦　3—铆钉　4—接头　5—支座　6—弹簧　7—活塞　8—手柄　9—把座

一般情况下，这个辅助制动闸始终闸紧卷筒轮缘，使卷筒旋转始终具有一定的摩擦阻力矩，以便耙斗停止运动时及时克服惯性力矩而使浮动卷筒停止放绳。辅助制动闸的力矩一般较小，不致影响卷筒的正常转动。若摩擦阻力矩过大，则会增加绞车无用功率的消耗，降低机械效率。

辅助制动闸的支座 5 用螺钉固定在绞车架上，把座 9 和支座 5 之间为螺纹配合，带偏心盘的手柄 8 安装在把座 9 上。

（4）传动系统　图 12-9 所示为 P30B 型耙斗装载机的钢丝绳布置图，其传动系统如图 12-10所示。

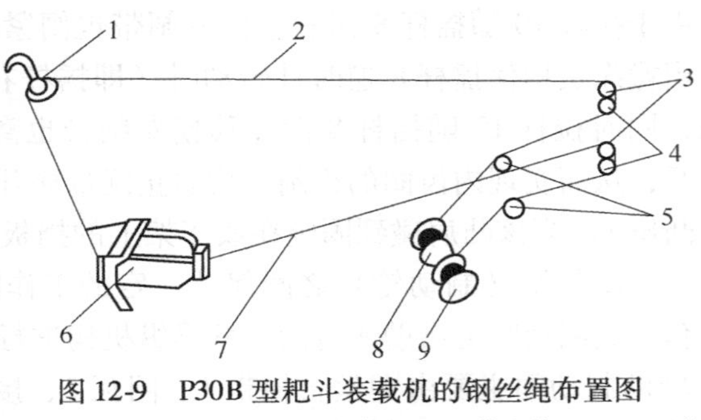

图 12-9　P30B 型耙斗装载机的钢丝绳布置图

1—尾轮　2—回程钢丝绳　3—上夹轮　4—下夹轮　5—导向轮　6—工作卷筒　7—回程卷筒　8—工作钢丝绳　9—耙斗

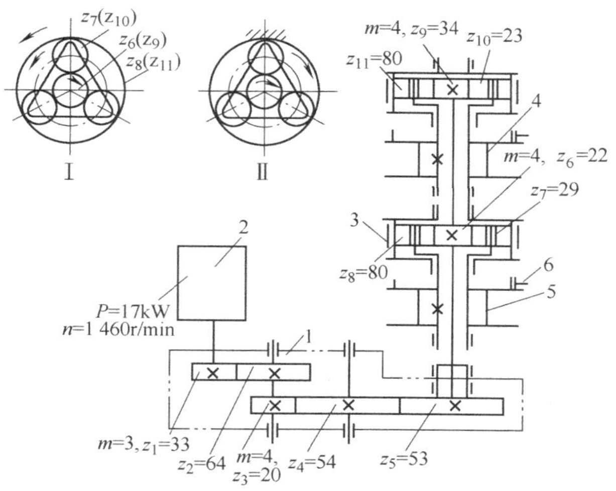

图 12-10　P30B 型耙斗装载机绞车传动系统

1—减速器　2—电动机　3—制动带闸　4—回程卷筒　5—工作卷筒　6—辅助制动闸

矿用隔爆电动机的功率为 17kW，转速为 1460r/min，超载能力较大，最大转矩可达转矩的 2. 8 倍，以适应短时的较大负载。减速器 1 的传动比为 5. 14，采用惰轮使进、出轴的中心距加大，以便安装电动机和卷筒。卷筒的主轴转速为 284r/min。两个带式制动闸 3 分别控制工作卷筒和回程卷筒与主轴的离合。耙装机工作时，电动机和主轴始终回转，工作卷筒和回程卷筒是否回转，要看两个带式制动闸是否闸住相应的内齿圈。使用这种绞车，可防止电动机频繁起动，耙斗的运动换向也很容易实现。由于耙斗在返回行程比工作行程时阻力小，为了减少回程时间，回程卷筒比工作卷筒的转速高，相应行星轮的传动比不同，使工作卷筒转速为 61. 2r/min，回程卷筒的转速为 84. 8r/min。

传动过程如下：电动机起动后，经减速器齿轮 z_1、z_2 和齿轮 z_3、z_4、z_5 传动卷筒太阳轮 z_6 和 z_9。工作卷筒 5 和回程卷筒 4 各由一套行星齿轮驱动，若两内齿圈均未制动，则行星轮 z_7、z_{10} 自转，系杆不动，两卷筒不工作。当下边内齿圈闸住时，工作卷筒转动；上边制动闸将上边内齿圈闸住时，回程卷筒工作。交替制动两个齿圈，就可使耙斗往复运动进行装载。必须注意，两个内齿圈不能同时闸紧，以免拉断钢丝绳和损坏机件。

绞车的两套行星轮机构完全相同，但太阳轮和行星轮的齿数不同，使耙斗装载行程和返回行程的速度不同。所以，在检修中切不可将两齿轮装反。不论是在装载行程还是返回行程中，总有一个卷筒被钢丝绳拖着转动，处于从动状态。在卷筒松闸停转时，从动卷筒有可能因为惯性不能立即停转，使钢丝绳松圈造成乱绳和压绳现象，为此在两个卷筒的轮缘上设有辅助闸，利用弹簧使辅助闸始终闸紧辅助制动轮。当需要调整耙斗行程长度或更换钢丝绳时，需用人工拖放钢丝绳。为了减少体力劳动，可转动辅助闸手柄，使其弹簧放开，此时闸不起作用，待调整更换结束后再恢复原位。

四、耙斗装载机的防护装置

耙斗装岩机的防护装置包括：

1）封闭式金属挡绳栏，用来防止钢丝绳跳动伤人。

2）操作侧的护栏，用来防止在装岩过程中钢丝绳与耙斗摆动较大而引起耙斗出槽、钢丝绳弹跳伤人和耙斗摆动较大掉矸伤人。

3）护身柱或挡板。当上山掘进的倾斜井巷倾角大于10°时，应在司机前方打护身柱或设挡板；当倾斜井巷倾角大于20°时，除了应在司机前方打护身柱或设挡板外，还应在耙装机前方增设固定装置，以防止矸石和物料滚落伤人。

4）防止机身下滑设施。倾斜井巷使用耙装机时，必须采取防止机身下滑的措施，如地锚、道卡等。

【任务实施】

一、任务实施的目的

1）掌握耙斗装载机的结构、作用及工作原理。

2）掌握耙斗装载机的操作方法及常见故障的处理方法。

二、耙斗装载机的使用

1. 井下安装与试运行

为了使用好机械，正确安装非常重要，必须达到完好标准。

1）下井前，应检查各部分及附件是否齐全，并在地面进行总装及试运转，运转正常后方可下井。

2）耙斗装载下井时要分解运输，运到工作地点后再进行总装。在断面较小的巷道使用时，应注意分解运输的顺序，以防重复调动，其顺序为：耙斗、进料口、台车部分（包括小绞车、中间槽、卸料槽）。下井安装后进行试运转，试运转前必须检查电源、电压与电动机额定电压是否相符，不符时禁止使用。

3）耙斗与钢丝的连接，应注意区分主绳和尾绳、工作滚筒与空载滚筒，工作滚筒与主绳受重载，主绳工作时应在料槽中心线上。

2. 操作方法及注意事项

（1）固定楔的安装、拆除方法　爆破后，先在工作面上部打好眼，或利用剩余炮眼安好固定楔。两种固定楔的固定和拆卸方法有所不同：使用硬岩固定楔时，先将带圆环的楔体放入眼中，再将紧楔插入并敲紧，拆卸时，用锤敲击楔体端部，使楔体松动，抽出紧楔，然后抽出楔体；使用软岩固定楔时，先把钢丝绳套环带锥套的一端放入钻好的眼中，再把紧楔插入并敲紧，拆卸时，用锤横向敲打紧楔的端部，使楔子松动，抽出楔体，然后抽出钢丝绳。

安好固定楔后，把尾轮挂在楔体的圆环上。尾轮的悬挂位置根据巷道的情况而定，一般悬挂在距工作面岩堆面300～1000mm的高度处为佳。为减少辅助劳动，提高机械效率，应视岩石堆情况左右移动悬挂位置，以耙净中央和两侧的岩石。

尾轮固定打眼的位置如图12-11所示。悬挂和取下尾轮时，应先将绞车滚筒边缘的辅助制动弹簧松开，以便能够轻松地拉动钢丝绳，便于悬挂。待尾轮悬挂好后，再将弹簧复位或调整到适当压力。安装好尾轮并经过安全检查后，便可起动电动机开始装岩工作。

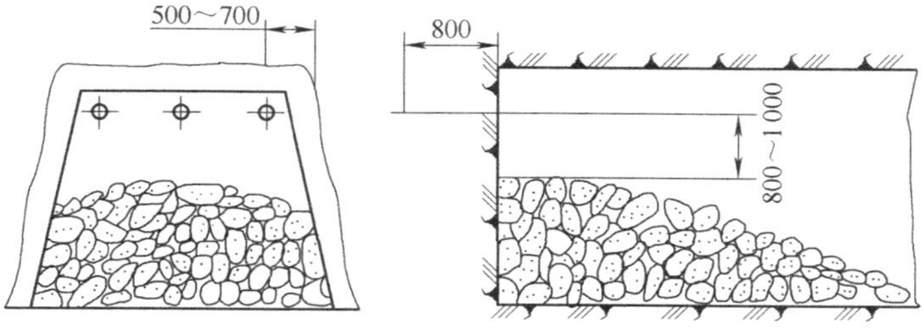

图 12-11 尾轮固定楔在工作面中的布置图

（2）操作前的准备

1）司机接班后，要闭锁开关，并检查其他情况是否达到要求：

① 顶板坚实，支护牢固；安设好固定楔，挂好尾轮，禁止将尾轮挂在棚梁或支护锚杆上。

② 机器各部位清洁，无煤、矸压埋，保持通风，散热良好。

③ 电气设备上方淋水时，应在巷道上部妥善遮盖。

④ 导向轮、尾轮悬挂正确，安全牢固，滑轮转动灵活。

⑤ 钢丝绳磨损、断丝不超过规定，在滚筒上排列整齐；闸带间隙松紧适当。

⑥ 耙装机的固定符合作业规程的规定，卡轨器紧固可靠，操作侧与巷壁的距离必须保持在 700mm 以上。

⑦ 耙斗装载机开动前应对下列各处进行检查：耙斗机和尾轮固定是否可靠；钢丝绳有无断丝，断丝是否过限，工作中钢丝绳在滚筒上缠绕不得少于 3 圈；操作机构是否灵活，闸带松紧程度是否适宜；过渡槽上的保护栏杆及机尾挡绳栏是否齐全、完好。

⑧ 各润滑部位油量适当，无渗漏现象。

⑨ 机器各部位连接可靠，连接件齐全、坚固；各焊接件应无变形、开焊、裂纹等情况。

⑩ 供电系统正常，电缆悬挂整齐，无埋压、折损、被挤等情况。通信信号灵敏、清晰。

确认上列各项无问题时，通知工作面人员撤离后方可送电试车。

2）试车前应发出信号，严禁在耙装机两侧及前方站人。起动耙装机，在空载状态下运转时应检查以下各项：

① 控制按钮和操作机构是否灵活可靠。

② 各部运转声音是否正常，是否有强烈振动。

③ 钢丝绳松紧是否适当，行走是否正常。

（3）操作方法

1）送电后，双手分别握住操作手柄，根据耙矸需要调整耙斗位置。

2）拉紧工作滚筒的操作手柄，工作滚筒便牵引耙斗，耙取的岩石沿槽卸入矿车内。然后松开工作滚筒的操作手柄，拉紧空载滚筒的操作手柄，使空斗回到工作面。重复耙岩动作，每耙 2~3 次便可装满一车；如后面配有箕斗，则可在中间槽和卸料槽之间加中间接槽，改变卸料位置，使箕斗对准卸料口，把箕斗装满。

3）操作耙装机时，耙斗主、尾绳的牵引速度要均匀，以免钢丝绳摆动跳出滚筒或被滑轮卡住。

4）正常装岩时，不可同时拉紧两个操作手柄，以防耙斗飞起或拔出固定楔，拉断钢丝绳；空斗回程时，应避免碰撞工作面尾轮；回斗时主绳手柄稍微闸紧使耙斗腾空而过，防止空斗带矸和回到下槽体时翻斗，防止耙斗跳动摇摆，防止滑轮钢丝绳脱槽卡住。升斗卸矸时，应避免速度过快，以免发生过卷碰撞卸料槽上的导绳轮。

5）遇有大块岩石或耙斗受阻时，不可强行牵引耙斗，应将耙斗退回 1 ~ 2m 后重新耙取或耙回，以防断绳或烧毁电动机。耙斗遇到障碍物时，应退回或稍微闸紧尾绳手柄，猛拉主绳使耙斗腾空飘过。耙斗机不宜耙的大块煤矸要预先破碎。

6）进行抛斗挖渣作业时，在耙斗靠近工作面 1m 处要快拉尾绳，快松主绳，将斗提起，再迅速松开尾绳手柄，耙斗以自重腾空扎下，这时再压紧主绳手柄，便可耙取迎头矸石，得到耙得多的效果。

7）耙斗拉翻时的处理方法为：

① 拉到槽体斜坡上猛松主绳，使耙斗翻跟头，再不弯找正。

② 拉到工作面猛拉起，使耙斗吊起，再猛松，耙斗将自动翻斗。

③ 主、尾绳同时拉紧，腾空自动翻斗。

3. 耙装机在拐弯巷道中的使用

P30B 型耙斗装载机在拐弯巷道中的使用如图 12-12 所示。第一次迎头耙岩时，钢丝绳通过在拐弯处的开口双滑轮 4 到迎头尾绳轮 1，将迎头的矿渣耙到拐弯处，然后将钢丝从双滑轮中取出，把尾绳轮 1 移至尾绳轮 3 的位置，即可按正常情况耙岩。

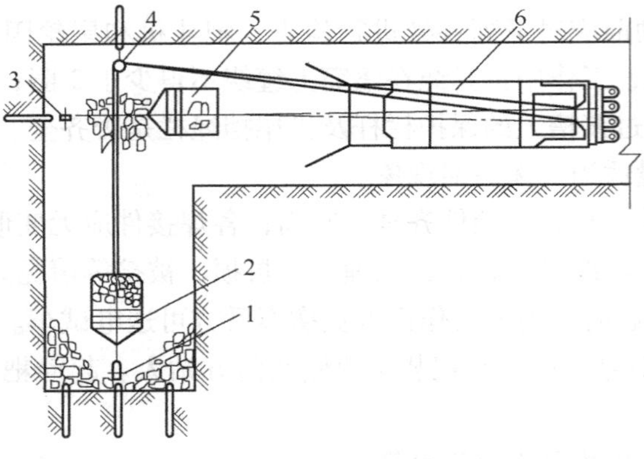

图 12-12　耙斗装载机在拐弯巷道中的使用

1、3—尾绳轮　2、5—耙斗　4—双滑轮　6—耙斗装载机

三、耙斗装载机的常见故障及其处理方法（表 12-2）

表 12-2　耙斗装载机的常见故障及其处理方法

序　号	故障现象	产生原因	处理方法
1	电动机声音异常，转速降低或停转	1. 耙斗被卡住，电动机过载 2. 电压降过大	1. 停止耙运，倒退耙斗再耙 2. 移近供电变压器或加大电缆直径
2	固定楔被拉出	1. 固定楔未打紧 2. 楔眼未带偏角	1. 打紧固定楔 2. 钻固定楔眼时带偏角

（续）

序　号	故障现象	产生原因	处理方法
3	滚筒内钢丝绳绕乱	1. 电动机反转 2. 拉绳时另一滚筒跟着转	1. 整理钢丝绳，检查并改变电动机转向 2. 放松滚筒的辅助制动闸，同时轻拉另一根绳
4	绞车内齿轮过度发热	1. 制动闸带与内齿轮之间有油渍 2. 制动闸带太紧或太松，导致松不开或抱不紧闸 3. 连续运转时间过长	1. 清理制动闸带与内齿轮表面的油渍 2. 调整制动闸带的调节螺栓使松紧合适 3. 避免长时间连续运转
5	制动操作费力	1. 操作系统底转轴和接杆动作受阻 2. 制动闸带调节螺栓太松 3. 制动闸带与齿轮之间有油渍	1. 清理障碍物 2. 调紧调节螺栓 3. 清除油渍
6	簸箕口提升不灵活	操作装置时两边用力不均匀	两边同时操作并注意协调
7	绞车工作时导向轮、尾轮不转	1. 轴承已无润滑油 2. 轮缘处有杂物卡住	1. 用油枪压入润滑脂 2. 清除卡住的东西

四、评分标准（表 12-3）

表 12-3　耙斗装载机的使用与维护评分标准

考核内容	考核项目	分　值	检测标准	得　分
素质考评	出勤、态度、纪律、认真程度	10	教师掌握	
耙装机的操作	操作前的准备	25	教师掌握	
	操作方法	25	每一项操作不正确扣 3 分	
故障处理	常见故障的处理方法	30	可笔试	
安全文明操作	1. 遵守安全规程 2. 清理现场卫生	10	1. 不遵守安全规程扣 5 分 2. 不清理现场卫生扣 5 分	
总　计				

课题二　铲斗装载机

【任务描述】

铲斗装载机用铲斗从工作面底板上铲取物料，将物料卸入矿车或其他运输设备，是煤矿岩巷掘进时使用较多的一种装载机械。按铲斗铲取岩后的卸载方式不同，铲斗装载机分为后卸式、侧卸式和前卸式三种；按行走机构不同，有轨轮式、轮胎式和履带式三种。我国煤矿多使用轨轮行走后卸式铲斗装载机和履带行走侧卸式铲斗装载机。

铲斗装载机一般用于井下水平巷道或倾角在 8°以下的倾斜巷道，可用来装坚硬或松散的岩石，岩石块度以不超过 200 ~ 250mm 为佳，它适用于高度不低于 2.2m，断面积在 7.5m^2 以上的单轨或双轨巷道。

本课题主要对ZC60B型侧卸式铲斗装载机作总体分析，使学生全面了解和掌握侧卸式铲斗装载机的结构组成及工作原理。

【知识学习】

侧卸式铲斗装载机（图12-13）主要用于较大断面巷道的掘进、矿石等物料的装运等。在大断面巷道中，后卸式铲斗装载机由于装载面较窄，使用不便，生产率也低，而使用侧卸式铲斗装载机就比较合适。与后卸式铲斗装载机相比，侧卸式铲斗装载机具有以下优点：铲斗宽度不受机身宽度的限制，所以铲斗容积可以选得较大；铲斗侧壁很低，甚至无侧壁，故插入料堆的阻力小，容易装满铲斗，并能装块度较大的岩石；采用履带行走机构，调动灵活，对装载面宽度没有限制；铲斗的升降和翻转行程较短，有利于提高生产率；司机可以坐着操作，安全省力。

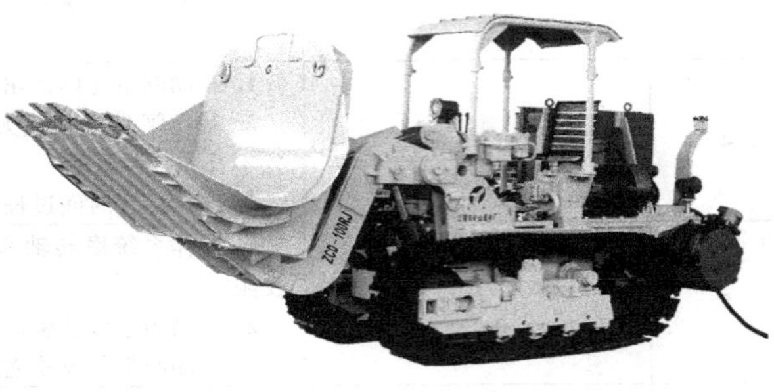

图12-13　侧卸式铲斗装载机的外形

一、ZC60B型侧卸式铲斗装载机的结构及工作原理

ZC60B型侧卸式铲斗装载机适用于断面积大于12m^2，上山小于10°，下山小于14°的双轨巷道的掘进装载。

图12-14所示为ZC60B型侧卸式铲斗装载机，它主要由侧卸式铲斗装载机构、履带行走机构、液压系统和电气系统等组成。装载机工作时，先将铲斗放到最低位置，开动履带，借助行走机构的力量，使铲斗插入岩堆。然后一面前进，一面操纵两个升降液压缸将铲斗装满，并把铲斗举到一定高度，再把机器后退到卸料处，操纵侧卸液压缸，将料卸到矿车或胶带上运走。将料卸净后，使铲斗恢复原位，同时装载机返回到料堆上，完成一个装载工作循环。

装岩方法是：调整插入角，使机器向前冲插；在铲斗插入岩堆的同时，点动操作手柄使铲斗向后转斗，以装满岩石；举升铲斗，机器后退。

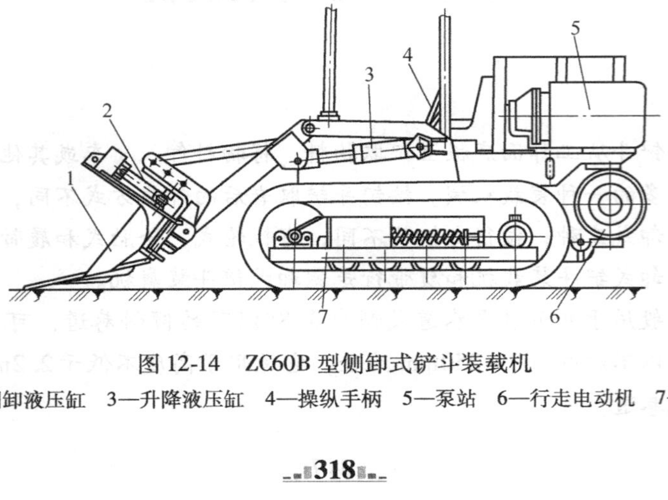

图12-14　ZC60B型侧卸式铲斗装载机

1—铲斗　2—侧卸液压缸　3—升降液压缸　4—操纵手柄　5—泵站　6—行走电动机　7—履带行走机构

二、ZC60B 型侧卸式铲斗装载机的主要部件

1. 铲斗装载机构

如图 12-15 所示，ZC60B 型侧卸式铲斗的装载机构主要由铲斗 1、侧卸液压缸 2、拉杆 3、摇臂 4、升降液压缸 5 和铲斗座 6 等组成。

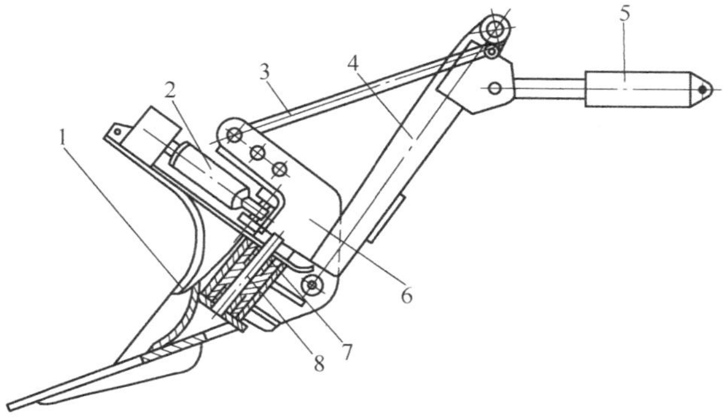

图 12-15　铲斗装载机构

1—铲斗　2—侧卸液压缸　3—拉杆　4—摇臂　5—升降液压缸　6—铲斗座　7—轴套　8—销轴

铲斗 1 支撑在铲斗座 6 上，彼此靠铲斗下部左侧（或右侧）的销轴 8 连接。铲斗座由拉杆 3 和摇臂 4 连接到行走机架上，组成双摇杆四连杆机构，在升降液压缸 5 的作用下，摇臂可上下摆动，使铲斗座（连同铲斗）完成装载升降动作。拉杆 3 在铲斗的升降过程中也作上下摆动，使铲斗座（连同铲斗）在上升时绕着摇臂与铲斗座的铰点作顺时针转动，使铲斗装满并端平；下降时作逆时针转动，铲斗回复到装载位置。铲斗上有 3 个供拉杆连接的孔，用以改变与拉杆的连接位置，获得合理的铲斗升降运动。侧卸液压缸 2 能使铲斗相对铲斗座绕销轴 8 转动，完成铲斗的侧卸动作。

装载机铲斗的容积为 0.6m^3。铲斗由钢板焊成，斗唇呈椭圆形，侧壁很矮，以减少铲斗铲入时的阻力，便于铲斗装满。铲斗后部左右两侧的上下位置均有一个销轴孔。上销轴孔用来连接侧卸液压缸活塞杆，下销轴孔用来与铲斗座连接。根据要求，向左侧卸载用左侧上下的 2 个销轴孔，向右侧卸载用右侧上下的 2 个销轴孔。侧卸液压缸是铲斗的侧卸动力，其活塞杆端与铲斗左或右侧的上销轴孔铰接，缸体端则与斗座的中间臂杆铰接。所以，在改变侧卸方向时，侧卸液压缸只要改变活塞杆的铰接位置即可。

铲斗座是支撑铲斗的底座，由钢板焊接而成。铲入岩堆时，铲入阻力全靠铲斗座承受。摇臂外形呈“H”形，也由钢板焊接而成。下端 2 个销轴孔与铲斗座连接，上端 2 个销轴孔与行走机架连接，两侧 2 个销轴孔则与左、右升降液压缸的活塞杆连接。

2. 履带行走机构

履带行走机构由左右对称布置的两个履带车组成。履带链封包在主链轮和导向轮上，主链轮装在履带行走减速器的出轴端。履带架上装有 4 个支重轮，机器的全部重量和载荷都经支重轮作用到与底板接触的履带链上。履带的张紧靠弹簧完成。

ZC60B 型侧卸式铲斗装载机履带行走机构的传动系统如图 12-16 所示。每个履带车由额定功率为 13kW、转速为 680r/min 的电动机驱动，经三级圆柱齿轮减速后，以 43.8r/min 的

转速带动主链轮旋转，使机器得到 2.62m/s 的行走速度。电动机与制动轮用联轴器连接，制动轮位于两履带之间。同时开动 2 台电动机正转或反转，机器为直线前进和后退。如果机器要向右转弯，则关闭右履带电动机并将右制动轮制动，只开动左履带电动机；反之，则机器向左转弯。如果机器要急转弯，可按相反方向（1 台电动机正转，1 台电动机反转）同时开动 2 台电动机，即可实现左或右急转弯。电动机的开停、制动闸的松开与合上靠脚踏机构联动操纵，以免误操作。

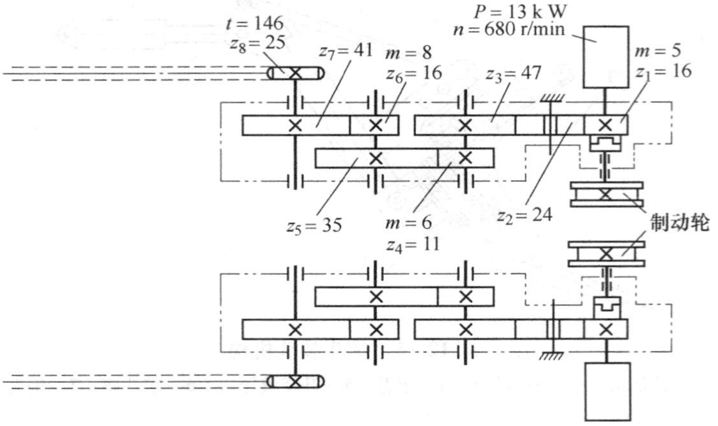

图 12-16　履带行走机构的传动系统

脚踏机构的联动操纵系统如图 12-17 所示，行程开关 1 和滚轮 2 连在一起。操纵时踩下脚踏板 3，压下滚轮 2，在切断电动机的同时，使摇杆 4 向上摆动，通过拉杆 5 使摆杆 9 绕支座 10 上的销轴中心向左摆动，制动闸 8 就将制动轮 7 闸住，电动机轴被制动。松开脚踏板的同时，制动闸松开，电动机转动。脚踏板为左右两只，左边操纵左侧履带，右边操纵右侧履带。

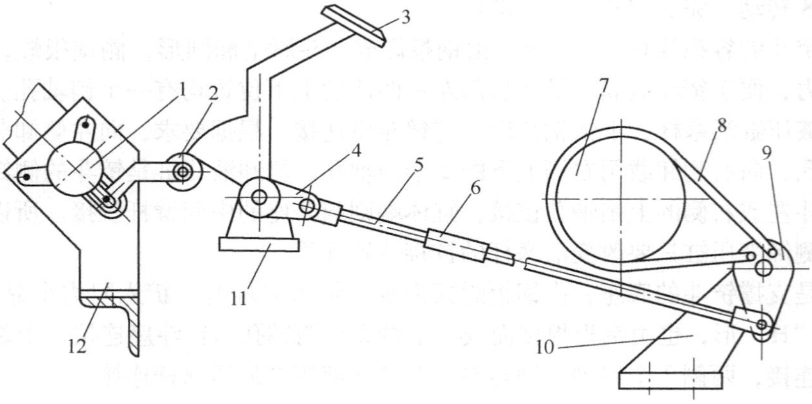

图 12-17　脚踏机构的联动操纵系统

1—行程开关　2—滚轮　3—脚踏板　4—摇杆　5—连杆　6—调节螺母
7—制动轮　8—制动闸　9—摆杆　10、11—支座　12—支架

3. 液压系统

ZC60B 型侧卸式铲斗装载机的液压系统如图 12-18 所示。该系统的油箱形状较为复杂，

除了具有储存液压油的作用外，还兼作电气隔爆箱的固定基础，同时还有支撑机架的作用。系统采用 L-HM32 或 L-HM46 液压油作为传动介质。油箱上部有一空气过滤器，用来排除箱内空气和其他气体，它也是液压油的加油口。

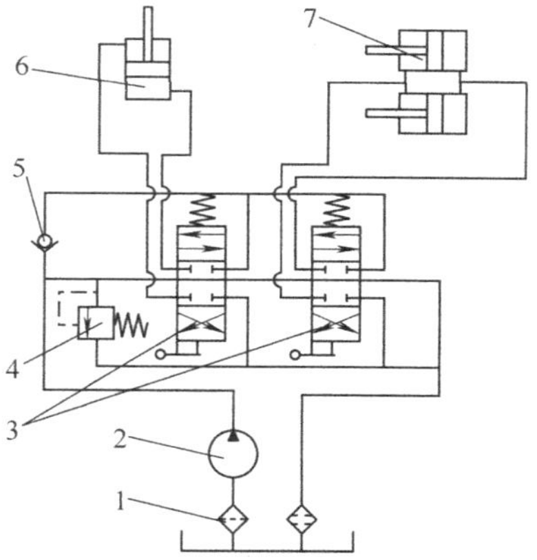

图 12-18　液压系统

1—过滤器　2—液压泵　3—操纵阀　4—安全阀　5—单向阀　6—侧卸液压缸　7—升降液压缸

系统采用 YB-58C-FF 型定量叶片泵，额定工作压力为 10.5MPa，排量为 58mL/r。换向阀、溢流阀、单向阀组成阀组，安装在司机座前面，两个操纵手柄分别控制铲斗工作机构中的升降液压缸和侧卸液压缸。当两个换向阀处于中位时，叶片泵实现卸载。单向阀起锁紧作用，使铲斗处于卸载位置时更加稳定。

【任务实施】

一、任务实施的目的

1）掌握侧卸式铲斗装载机的结构、作用及工作原理。

2）掌握侧卸式铲斗装载机的操作方法及维护方法。

二、侧卸式铲斗装载机操作规程

1）司机必须经过专门的技术培训，掌握设备的一般性保养和故障处理知识，经考试合格并颁发合格证，否则不得操作。

2）开机前检查机器各部件有无松动、损坏，电缆线有无破损，油箱的液面是否符合要求，照明是否良好。发现问题要及时处理，否则不得开机。

3）接通电源，操作液压泵运转，进行试车，液压泵的压力不准无故随便调整。

4）装岩时应先将装载机运行范围的巷道清理干净，不准跨越大于 20cm 的障碍物。

5）装岩时，必须有专人监护电缆，人员要位于装岩机 5m 以外，带上口哨，发现问题立即发出停机信号。

6）正确操作机器行走，熟练掌握装岩、卸载方法，做到“三准确、四注意、五严禁、六不装”。

三准确：铲斗落地要准，退车卸载要准（尽量降低高度），铲斗转斗液压缸的动作要准。

四注意：注意周围人员，注意不碰撞支架，注意机器不压电缆，注意未爆火药雷管。

五严禁：严禁在不停电并不垫枕木的情况下在铲斗下面维修机器，严禁在无矿车时用侧卸装岩机频繁倒岩，严禁用铲斗挖水沟，严禁将铲斗侧立后从事推铲作业，严禁用铲斗冲撞未爆破的大块岩石。

六不装：大于40cm的矸石不装，机器带病不装，卸载距离大于15m不装，照明无效不装，无人监护电缆不装，顶帮及支护不安全未处理不装。

7）允许用装载机辅助完成其他工序的施工作业，以发挥一机多能的功效。如工作面短距离运送支护材料，用铲斗起重重物（不得超过4t），将铲斗举升作为载人工作平台（但此时多路阀手柄需有专人监护，机器应停电）等。

8）装岩完毕后，退出距工作面50m以外，要将斗升起并掩护好照明灯；切断电源，将主令开关操纵杆置于停止位置，并用保险锁住；盘好电缆，保护好下部的支撑液压缸，放炮后应将铲斗落地。

9）及时检查机器各部件，清除机器上的杂物，加注润滑油和液压油。

三、侧卸式铲斗装载机的维护

1. 履带行走机构的维护

（1）履带张紧度的调节　正确调整履带张紧度可延长履带的使用寿命。履带过紧，机器动力消耗激增，磨损加剧；履带过松，则履带节振跳增加，链节内磨损加大，转向时履带易从导向轮上脱轨。因此，施工中应经常检查和调整履带的松紧度。履带在托链轮与引导轮（或驱动链轮）之间的下垂量为15～25mm，其检查和调整方法如下：

1）把机器开到平坦的硬底地面上，消除履带内原有的夹杂物。

2）将一平直木棒搭在托链轮和导向轮上部，测量履带的下挠度。

3）用高压润滑脂枪向缓冲装置中的注油，使履带适度张紧。

4）两侧履带的松紧要调得一致。

（2）履带主销（活销）的装拆　履带主销与链轨节孔之间是过盈配合，现场装配时要确保链节密封圈等的正确安装，装好履带后应在主销中加注润滑油。

（3）延长履带使用寿命的措施

1）及时铺轨，减少卸载距离。侧卸装岩机的最佳平均卸载距离为7～8m（配转载运输机），其在中硬以下岩石中的平均卸载距离可加长至12～15m。履带的使用寿命和机器的生产率随卸载距离的加大成倍降低。

2）严格控制装载一列矿车的数量。为减轻履带的磨损，装载一列3t矿车时，最多为4辆；装载1～1.5t矿车的数量最多为6辆，完备后配套传送带转载，是延长履带使用寿命的较佳途径。

3）及时排水。及时排尽工作面的积水对延长履带的寿命极为重要。实践证明，无积水时履带的寿命可达到有积水时的10倍以上。

4）每班作业后用水冲洗或用大锤震落挤入履带中的块状堆积物。

5）拧紧履带板固定螺栓，履带板固定螺栓的松动与否直接关系到链节的寿命。履带板固定螺栓应于机器下井后15天（或工作8h）用扭力扳手全部重新拧紧一次，拧紧力矩为180～230N·m。履带板固定螺栓长期使用后允许少量松动，但不得超过总数的6%（每侧8个）。

2. 行走减速箱的维护

为保证减速箱内各零部件充分润滑，油面高度以大齿轮浸入油池的深度为半径的1/3～1/2为佳。每经运转半年换油一次，优先采用220#中极压齿轮油或90#工业齿轮油。

3. 制动机构的维护

闸带与闸轮的间隙要求为1～2.5mm。间隙过大，踏板的制动行程大，制动不灵；间隙过小，则容易磨损闸带，造成发热并增加功率消耗。因此，在开机之前，一是要检查闸带制动系统能否灵活复位；二是要经常查看闸带的制动间隙是否符合要求，如果不合乎要求，则要进行调整，调整时只要拧紧或旋松制动拉杆上的调整套筒螺母即可，并应注意使左、右脚闸的制动行程尽量一致。脚闸部位的凸轮轴、各铰接点应及时注油润滑。

四、评分标准（表12-4）

表12-4 侧卸式铲斗装载机的使用与维护评分标准

考核内容	考核项目	分值	检测标准	得分
素质考评	出勤、态度、纪律、认真程度	10	教师掌握	
耙装机操作	操作前的准备	20	教师掌握	
	操作方法	20	每一项操作不正确扣3分	
机器维护	履带行走机构的维护	30	可笔试	
	行走减速箱的维护	5		
	制动机构的维护	5		
安全文明操作	1. 遵守安全规程 2. 清理现场卫生	10	1. 不遵守安全规程扣5分 2. 不清理现场卫生扣5分	
总计				

课题三 立爪装载机

【任务描述】

立爪装载机的工作机构是依靠两只立爪模仿人的手臂动作，从上方及两侧扒取爆落的煤岩，经自身的转载机构进行卸载的装载设备。它的主要优点是插入料堆和耙取物料的阻力较小，装载连续、平稳，装载范围大，动作灵活，生产率高，对巷道断面和物料块度的适应性强。同时还可以用来清理工作面和挖沟，减少工人的辅助劳动。适用于矿山巷道和平硐施工，装载能力一般为90～180m^3/h。

本课题主要对ZMY1型立爪装载机作总体分析，使学生全面了解和掌握立爪装载机的结构组成及工作原理。

【知识学习】

一、ZMY1型立爪装载机的结构及工作原理

ZMY1型立爪装载机的外形如图12-19所示，其结构图如图12-20所示。它由立爪工作

机构Ⅰ、刮板转载机Ⅱ、轨轮行走部Ⅲ、液压泵站及其系统Ⅳ及电控箱Ⅴ五部分组成。

图 12-19　ZMY1 型立爪装载机外形图

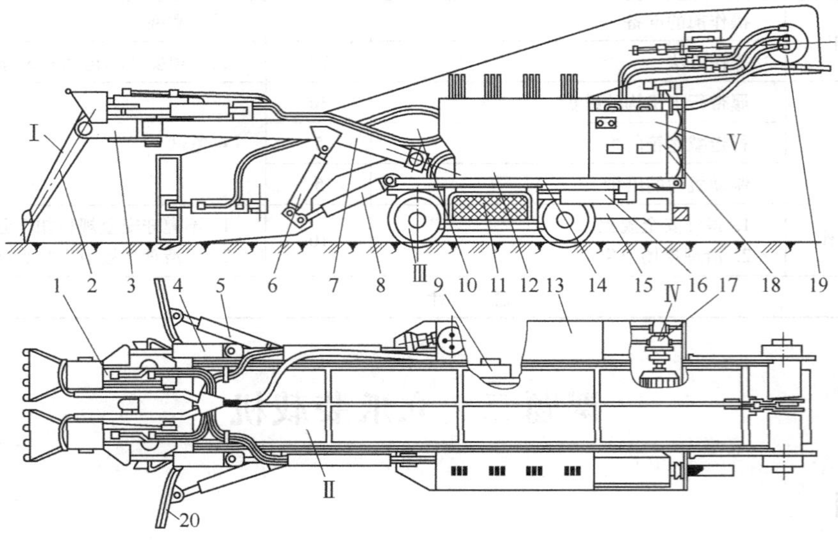

图 12-20　ZMY1 型立爪装载机结构图

1—扒取液压缸　2—立爪　3—小臂　4—小臂液压缸　5—积渣板液压缸　6—动臂液压缸　7—动臂　8—铲板升降液压缸　9—行走液压马达　10—刮板转载机　11—踏板　12—操纵箱　13—油箱　14—回转盘　15—减速器　16—回转盘液压缸　17—泵站　18—防爆电控箱　19—装载机液压马达　20—积渣板

当装载机接近料堆时，立爪由外向内摆动一定角度扒取物料，装入输送机，由刮板链将物料从输送机前端运到末端，然后卸入转载设备或直接卸入矿车。工作机构装载物料的过程如下：动臂升起，立爪向外张开（小臂回转也可同时进行），动臂落下，立爪向内扒取物料（小臂回转也可同时进行）。四个动作可以依次交替进行，也可以两个动作同时进行。

二、ZMY1 型立爪装载机的工作机构

如图 12-21 所示，立爪装载机的工作机构由动臂、小臂、立爪和液压缸等组成。它有单

立爪式和双立爪式两种结构，多采用双立爪式。

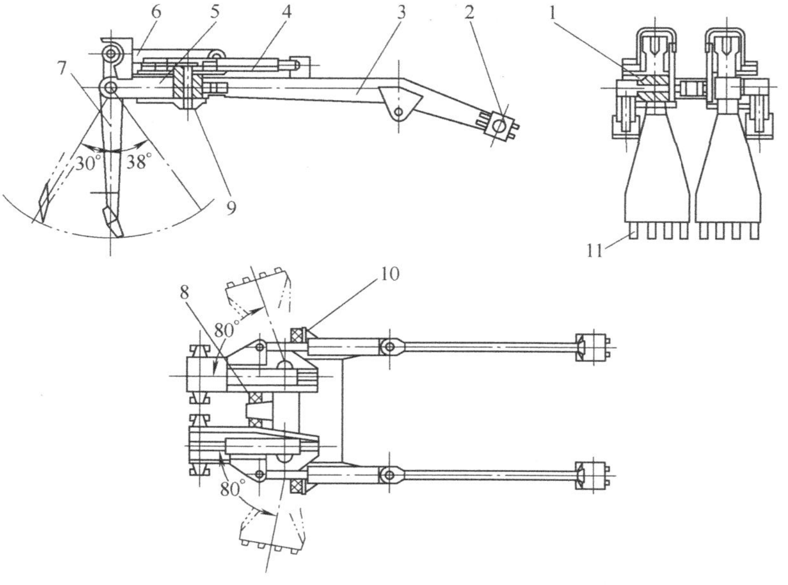

图 12-21　立爪装载机的工作机构

1—扒爪销轴　2—支座　3—动臂　4—小臂液压缸　5—小臂　6—扒取液压缸
7—立爪　8、10—橡胶碰头　9—小臂销轴　11—爪齿

动臂 3 是由厚钢板制成的整体 U 形框架结构。U 形框架的两个末端焊有支座 2，可固定在输送机机体两侧伸出的轴头上。动臂在动臂液压缸的作用下绕回转中心线转动，实现工作动臂的升降。在动臂上对称地安装有小臂 5，在回转液压缸的作用下，小臂可绕小臂销轴 9 向外、向内回转，工作转角为 80°。当小臂转动时，橡胶碰头 8 和 10 起定位和缓冲作用。左、右小臂上分别装有左、右立爪 7，立爪下端装有爪齿 11，左、右立爪在扒取液压缸 6 的作用下，能够向外、向内各摆动 30°，以扒取物料，并把输送机积渣板上积聚的物料装进刮板输送机。

当工作机构为单立爪式时，单立爪布置在动臂的中部，通过回转机构可使立爪向左、向右回转。立爪的爪尖由爪齿和插座组成，爪齿和插座磨损后均可更换。

动臂升降液压缸、小臂回转液压缸和立爪扒取液压缸均由多路换向阀控制。

三、ZMY1 型立爪装载机的刮板转载机

刮板转载机由机头、机尾、刮板链、机层两侧的积渣板及刮板机机体等组成。刮板机机体是一个全部由钢板焊接而成的溜槽，在机尾溜槽的前端焊有铲板，它配合积渣板可清理巷道底板，将散落的物料收集成堆，然后由立爪扒入溜槽运出。

转载机支承在回转盘上，回转盘由上盘、下盘和钢球组成一个推力轴承，下盘固定在齿轮减速器上，上盘的上平面安装刮板转载机、工作机构和操纵机构等。操纵回转盘液压缸使上盘转动时，可带动刮板转载机连同立爪工作机构一起向左或向右各摆动 15°，以加大立爪的装载面宽度。转载机铲板在铲板升降液压缸的作用下，向上可抬高 125mm，向下可达 40mm，若铲板处无轨道，卧底量可达 200mm。副板链由安装在后部机头处的两台液压马达

驱动，机头处还设有张紧装置，用以张紧或调整刮板链。

四、ZMY1 型立爪装载机的行走机构

ZMY1 型立爪装载机采用轨轮式行走机构。轨轮式行走机构由行走驱动装置、回转盘和液压缸等组成，采用电液驱动，由液压马达通过齿轮减速器驱动车轮转动。其特点是前、后车轮都可作为主动轮，一旦其中一对车轮出轨，可以利用行走机构和工作机构将车轮复位。在机器运行到弯道时，可以借助回转盘使机器在较小的弯道中通过。

【思考与练习】

1. 试述 P30B 型耙斗装载机的结构和工作原理。
2. 试述 P30B 型耙斗装载机绞车的结构及传动系统。
3. 试述 P30B 型耙斗装载机的操作方法。
4. 试述 ZC60B 型铲斗装载机的结构及装载原理。
5. 试述 ZC60B 型铲斗装载机的主要组成部件、结构原理及液压系统的工作原理。
6. 试述侧卸式铲斗装载机的主要维护内容。
7. 说明立爪装载机的结构及工作原理。

参 考 文 献

[1] 查丁杰，王永祥．采掘机械使用与维护［M］．徐州：中国矿业大学出版社，2009.
[2] 韩治华，黄文键．矿山生产机械操作与维护［M］．重庆：重庆大学出版社，2009.
[3] 赵济荣．液压传动与采掘机械［M］．徐州：中国矿业大学出版社，2009.
[4] 韩文东，黄艳杰．综采液压支架使用与维修［M］．北京：煤炭工业出版社，2008.
[5] 王志甫，毋虎城．矿山机械［M］．徐州：中国矿业大学出版社，2009.
[6] 国家安全生产监督管理总局宣传教育中心．液压泵站工［M］．徐州：中国矿业大学出版社，2008.
[7] 王国法．高效综合机械化采煤成套装备技术［M］．徐州：中国矿业大学出版社，2008.